U0055393

台灣的安全挑戰

翁明賢 主編

淡江大學出版中心

主編序

今 2015 年「淡江戰略學派」年會經過三天密集的討論，終於順利落幕，達到一定程度的豐碩成果。三天研討會議程包括：第一、全國戰略社群博碩士論文發表會與全民國防論文發表會；第二、第十一屆紀念鈕先鍾老師國際戰略學術研討會，以及第三、全英文進行的國際學術研討會。相關研討主題聚焦於：近期國際關係理論的爭辯與對話、位於十字路口的台灣的經濟安全、國家安全戰略的理論與實際。一言之，三項主題涵蓋國際事務與戰略課題，而其最終目標在於累積本所學術研究成果，持續建構「淡江戰略學派」的能量，這也就是本「淡江戰略學派叢書」出版的主要目的。

首先，在國際關係理論中，「安全研究」、「戰略研究」與「軍事研究」的對話與融合過程，是一個學界不斷辯論的過程。從學理上言，「政治學」是一個大的家族，「國際關係」屬於其次級體系，「安全研究」與「戰略研究」又是其下的另一個次級研究層次，「軍事研究」、「戰爭研究」則內含於「戰略研究」之中。雙方長期以來爭辯的焦點在於：國際關係與戰略之間的邏輯辯證關係，「安全研究」與「戰略研究」的相互「從屬性」與其「關連性」問題，換言之，上述研究範疇不在於其間的互斥性，必須從「本體論」、「認識論」與「方法論」的層次加以解析，以及如何從理論與實際的互為印證下，相互取得國際關係學理上的精進之道。

例如：曾尹亮之「中共與日本競爭釣魚台列嶼主權之評析：以洛克文化觀點」、王信力之「敵手共生：中日在釣魚台爭端中建構敵意的文化基礎」等兩篇文章從社會建構主義角度分析，行為體互動形成不同無政府文化，導致身份決定利益，利益決定政策的過程。曾尹亮認為中日建構「擦槍不走火」的規範，重新定義「擱置爭議」的社會現實，保持雙方「鬥而不破」的競爭態勢；王信力透過建構主義的「敵我共生」模式，分析中日兩國敵意上升，卻未發生戰爭的因素，透過此種身份認同的戰略性操作，對於中日未來關係的影響。以上兩篇論文顯示出建構主義國際安全理論在當代分析國際事務的熱門性，有別於傳統現實主義與自由主義所認定的一

種「無政府狀態」，以及從「權力」與「利益」的觀點分析國家間互動的不足。

　　至於，周宗漢之「武警在中國國家安全的角色與定位」詳細分析中國的三大武裝力量，在當代全球化變遷中，中國人民解放軍也進行裁減，多數被移轉至武警，在全球化下非傳統安全日益重要，因此，在「穩定壓倒一切」的大戰略思考下，武警也被賦予更多維繫內部秩序穩定與政權永續的角色。陳健全之「衝突解決之戰略建構：中東和平進程雙層賽局埃以大衛營協定與以巴奧斯陸協定之比較與檢驗」運用「賽局理論」深入分析「衝突解決」的理論與途徑，透過假設：衝突解決是國際政治的演變與國內政經互動的外交決策過程，透過兩個實際案例，得到實證性的成果。宋修傑之「從安理會否決巴勒斯坦建國探討以巴爭端的前景」同樣都聚焦於聯合國安理會在當代國際安全可以扮演的角色與實際發揮的功能。事實上，聯合國安理會除了面臨組織與職權的調整，相關國際維和行動與區域安全地維護功能有限。而張廖秋鄉之「聯合國『國家保護責任』的實踐與障礙：以伊斯蘭國為對象」從「國家保護責任」概念的具體實踐與障礙，透過「伊斯蘭國」案例，分析對於非國家行為體的制約效用、國家主權與人道干預問題，面臨何種挑戰與全球國家的因應之道。

　　宋修傑提出安理會否決巴勒斯坦建國為案例，以釐清以巴爭端的結構性因素為何與美等大國的「干預性」與「正當性」的相互邏輯性關係。最後，林穎佑之「必也正名乎：從國家安全角度討論網軍本質」，既有國際關係理論的運用，又有戰略研究的內涵，主要在於「網路安全」牽涉到「傳統」與「非傳統」安全議題的重疊性，未來結合「大數據」研究，攸關台灣的國家安全考量，更有其未來的發展空間。

　　同時，從傳統與現代角度詮釋「戰略」（strategy），透過對戰略泰斗鈕先鍾老師著作的「文獻檢閱」與詮釋學研究途徑的分析，了解戰略與國際關係理論的結合的必要性。此方面的文章包括：翁明賢之「反思與建構：地區安全複合體理論適用性：兼論中國一帶一路戰略對兩岸關係的影響」是從哥本哈根學派的「區域安全複合體理論」角度，分析中國國家安全戰

略下的歐亞區域「一帶一路」戰略，點出北京嘗試透過「安全共同體」的組建，整合亞歐大陸的整體利基，並為中國新國際經濟發展戰略奠定基石。此一研究凸顯出「淡江戰略學派」的研究主軸在於跨學科領域、政策實用為導向，以台灣主體意識為原則的戰略研究思考。

而李大中之「歐巴馬政府參與亞投行政策評析兼論台灣參與」，則是從華盛頓角度著手，分析現階段美中戰略競逐下，從全球安全戰略，轉向亞太區域經整合的重要政策議題，為何美國對於「亞洲基礎建設投資銀行」（AIIB）的消極態度，中國參與國際多邊機制的主導性，凸顯出美中新型大國關係的組建上有一段冗長的磨合期。

另外，施正權、張明睿之「戰略與安全關係的理解：以鈕先鍾戰略思想為解釋範疇」，基本上作者嘗試「釐清」或是尋找出「戰略」與「安全」的辯證關係，透過以鈕先鍾老師的畢生著作為文本，充分的解析鈕老師超越國際關係安全與戰略研究的藩籬，建構出一套兼具東西戰略思想的精華，值得戰略學術深入探討的主題。至於江昱蓁之「論先秦時期儒家將道思想及在當代之轉化與 示」、巫穎翰之「中國戰略文化的底 」等兩篇文章，都是從傳統中國歷代戰略思想出發，論辯其內在實質的精華，淬煉出不受時空影響的戰略三要素：力量、空間與時間的變化軌跡，嘗試圖出使用於當代戰略研究的範例，透過軟、硬實力包括戰略文化的分析，具有「推陳出新、耳目一新」的價值。其中，江昱蓁提出先秦時期儒家的「將道思想」內涵，及其與當代「戰爭形態」與「作戰方式」的辯證關係；巫穎翰提出「戰略文化」研究可以補充現實主義的戰略文化研究與以國家決策傾向與偏好為主體的戰略文化研究；兩篇文章都具有理論與實際運用的成效。

而陳麒安之「中國不聯盟戰略初探」、蔡東杰之「安全化下的亞太戰略環境：兼論台灣之挑戰與選項」、林廷輝之「台灣未來南海戰略的選擇與挑戰」，則是具體提出國家如何運用戰略在其對外安全政策上，包括陳麒安分析北京的不結盟戰略的「來龍去脈」，與「獨立自主」外交取向的關係，及其對於現階段中國對外政策的影響性，而台灣的亞太戰略選項如何也受到牽動。林廷輝提出面對美中參與南海競逐下，美國挑戰中國「填

砂造陸」，台北應該如何推動兩大難為小的南海政策，凸顯太平島為「天然島」俱有國際海洋法所賦予的各項權利，藉由「太平島」深入東協組織的南海衝突解決機制，以維護台灣最大的國家利益。

邱垂正分析「福建自貿區對台戰略與政策」一文，提出福建成為「一帶一路」的核心地區，台灣可將金門視為次區域合作的「中介區」，評估兩岸經貿發展之國民待遇的可能性。作者提出台灣可以區分與中國經濟整合的優先層次問題：從「福建自貿區」、「平潭綜合實驗區」再到「海西經濟區」，以確保台灣的經濟自由度與效益，亦可提供政策性的參考。

另外，「圓桌論壇」的主題在於面臨美中台戰略三角關係下，台灣如何增進本身的國家利益，如何因應美中在亞太地區戰略對峙下，求取台灣的國家安全利益。與會者從三面討論台灣的戰略選擇，台灣如何增進與強化本身的國家利益與國家安全？台灣應該如何強化本身的國防武力，以及如何建軍備戰等等。事實上，在「和中、友日、親美」三種戰略抉擇衝突下，如何進行「平衡」思維，對台灣而言是一個高度挑戰科目，或許台灣應該採取另類思維，以「台海和平」為主要目標，在無實力有效「抗衡」兩強與不願意「扈從」任何一方的途徑之外，積極的採取「和平中立」應該也是可行的戰略考量。

總之，透過嚴格的「叢書出版委員會」的審查過程，精挑細選三天會議的中、英文專論，經過作者修改之後，編輯成書，中文專書定名為《台灣的安全挑戰》，英文專書《台灣的經濟安全》*Taiwan's Economic Eecurity*，就是要呈現一個現實崛起的中國對於全球戰略情勢、亞太區域環境與兩岸關係的衝擊。針對「中國崛起」一事，目前國際關係與戰略學界有兩種不同的聲音出現，類似美國學者 David Schambagh 強調中國衰弱論、John Mearsheimer 認為美中兩強勢必有一戰，Henry Kissinger 出版《世界秩序》一書，認為美中兩強勢必要緊密協調世界事務。是以，目前如火如荼演變的「美中新型大國關係」，未來在兩岸關係、亞太區域與全球戰略的影響層面如何？尤其是台灣究竟要如何來自我定位，以及確定與中國交往的戰略與政策為何？將是未來「淡江戰略學派年會」重點課題所在。

本書能夠順利付梓，首先，感謝張校長家宜博士對於學校同仁的學術鼓勵與支持不遺餘力，其次，由本所陳文政老師率領的「淡江戰略學派」年會的系列研討會連續三年的工作小組，不僅有效掌握會議進行節奏，順利完成年會活動，還能夠迅速、有效的整理相關稿件審查與修改工作，居功厥偉。另外，為了儘快讓讀者能夠共享研討會的精華，在本所助理陳秀真的督導下，協同博士候選人江昱蓁的統領下，研究生劉宛禎等人協助下，加上，淡江大學出版中心「一如往昔」專業協助叢書的集結出版，希望在既有的出版成果之下，再度累積與創造「淡江戰略學派」的研究能量與學術成果，維繫淡江大學戰略研究持續領先的品牌地位。

翁　明　賢

淡江大學國際事務與戰略研究所教授兼所長

誌於 2015 年 6 月 8 日

淡水校園驚聲大樓 T1209 研究室

目次

中共與日本競爭釣魚台列嶼主權之評析：
以洛克文化觀點

曾尹亮[*]

摘要

　　1972 年中共與日本關係正常化後即在洛克文化的競爭中逐步建構雙邊關係，「日中友好」關係在 2012 年日本推動釣魚台列嶼「國有化」，及中共強烈的反制行動下跌宕谷底，再度激化東亞區域緊張局勢。本文從溫特「社會建構主義」的洛克文化角度觀察，「國有化」爭議是戰後經濟大國與新興崛起大國競爭東亞區域身分與利益的延續，在激烈的競爭下，發生衝突甚至是經過精算後的局部、有限戰爭的可能性已大幅提升；其次，爭議初期正值雙方權力交替之際，適給予重新檢視交往 40 餘年的雙邊關係，此次中共實踐崛起大國自信與東亞軍事強權之反射評價下，建構「擦槍不走火」做為處理爭議的新規範，並且重新定義擱置爭議的「社會事實」；再者，中共與日本維持「鬥而不破」的競爭態勢下，若能認同「經濟財富」做為雙方客觀國家利益最優先序位，將有助於東亞區域的和平穩定。

---

* 淡江大學國際事務與戰略研究所博士候選人

壹、前言

　　釣魚台列嶼主權屬中華民國所有，1972 年 5 月 15 日美國將行政權交予日本迄今，主權爭議緊緊牽動東亞局勢。2012 年日本推動釣魚台列嶼「國有化」，再次造成東亞緊張局勢。本文從溫特（Alexander Wendt）的「社會建構主義」（Social Constructivism）角度觀察，釣魚台列嶼「國有化」爭議的實質意涵是新興崛起大國（中共）與戰後經濟大國（日本）在洛克文化下，競爭東亞區域之身分與利益的延續。

　　中共與日本 1972 年 9 月 29 日共同發表「聯合聲明」走向關係正常化，可視為二戰以來雙方結束霍布斯文化的「敵人」身分起始。而「國有化」引發爭取領土與搶占戰略要域的「競爭」，尚不及惡化至國家生死存亡的關鍵，故循洛克文化的「競爭」邏輯思考，中共與日本之間確實存在暴力衝突的可能，甚至觸發範圍局部、規模有限與時間短暫之戰爭風險。

　　「國有化」爭議嚴厲考驗雙方建交 40 餘年的關係，卻也同時給予重新建構釣魚台列嶼主權爭議規範的機會。面對潛存衝突與戰爭風險的緊繃情勢下，雙方各自進行內部組織與機制改造，以強化爭議熱區及時資訊分享、整合指揮平臺與精簡決策鏈路，期以至當決策避免肇生意外；在對外方面則藉由各層面的溝通平臺逐步建立「海上意外相遇規則」[1]、磋商海上聯絡機制[2]、重啟安全對話等控制情勢。在陷入膠著的對峙中，中共依托崛起大國與東亞軍事強權的自信下，將過去雙方在處理爭議的「默契」，擴大建構為「擦槍不走火」的具體規範[3]，做為雙方避免意外事故的「集體性瞭解（Collective Understandings）」。

1　2014 年 4 月 24 日中共國防部證實修訂《海上意外相遇規則》是海軍艦機海上意外相遇時的海上安全程式、通信程式、信號簡語、基本機動指南，以及規則本身的法律地位、適用範圍等規範。目的是減少和平時期各國海空軍事行動的誤解誤判，避免海空意外事故，維護地區安全穩定。中華人民共和國國防部，〈2014 年 4 月國防部例行記者會〉，2014 年 4 月 24 日，< http://www.mod.gov.cn/affair/2014-04/24/content_4512904.htm >。

2　2014 年 9 月 25 日中共國防部證實：「建立中日防務部門海上聯絡機制是兩國和兩國防務部門領導人達成的共識，這樣一個機制有利於避免因誤判引發的海空意外事件，增進兩國防務安全互信。」中華人民共和國國防部，〈2014 年 9 月國防部例行記者會〉，2014 年 9 月 25 日，< http://www.mod.gov.cn/affair/2014-09/25/content_4539895.htm >。

3　「擦槍不走火」緣起於中共海軍司令員吳勝利於 2014 年 4 月 22 日在山東青島出席「西太海軍論壇第十四屆年會」致辭表示：「中日東海海域當前不排除任何可能，包括擦槍走火，但關鍵是兩國海軍如何擦槍而不走火。」24 日中共國防部證實上述說法並表示是形象的說法。中華人民共和國國防部，〈2014 年 4 月國防部例行記者會〉。

　　國家的對外政策受到國內因素之影響為溫特所認同，回顧 2012 年起「國有化」爭議的演變與中共、日本權力交替有著密不可分的關聯。在日本安倍晉三邁向「正常國家」之目標中，藉由釣魚台列嶼主權「國有化」操作「中國威脅論」之對「中」政策[4]，顯然發揮誘導日本選民投票意向的應援功效，執政聯盟得以繼續掌握執政優勢，於 2014 年 7 月藉內閣會議重新解釋「集體自衛權」，初步跨越憲法障礙的重大契機[5]，12 月第四十七屆眾議院選舉的壓倒性勝利，並且於 2015 年 7 月通過安保法案，助益安倍晉三跨越和平憲法範疇，持續推進「正常國家」的修憲工程。

　　相對於中共，習近平掌權初期延續操作大陸內部反日示威遊行外，同步派遣軍方與海事公務部門艦、機常態巡航釣魚台列嶼周邊海、空域，強硬回應「國有化」之對日政策，在民族情緒渲染下凝聚齊心護土的共識，爭取到扳倒薄熙來以「排除威脅」、查辦前軍委副主席徐才厚、郭伯雄以「握緊槍桿」，拔除前中央政治局常委周永康以「穩定政局」的空間與時間，迄 2015 年 4 月正式起訴周永康後，象徵最高權力已穩穩在握，同樣穩步推進實現「中國夢」[6]的期望。從時間的軸線觀察，很顯然的習近平與安倍晉三自 2014 年 7 月以來穩定掌握國內政治權力，造就 2015 年 3 月重啟安全對話的機會。

　　本文由「宏觀（macro-level）」之國際政治層次說明日本推動釣魚台列嶼「國有化」的舉動，激化洛克文化之「競爭」身分下與中共爆發局部戰爭的風險，並從「微觀（micro-level）」層次之國內政治因素角度，分析中共與日本競爭釣魚台列嶼主權下，安倍晉三走向「正常國家」目標和習近平掌握大權之下，國家行為體保持理性互動下產生身分與利益變化。

4　2014 年 8 月 5 日日本防衛省發表 2014 版《防衛白皮書》後，中共國防部表示：「日本對中國正當的國防和軍隊建設妄加評論，惡意炒作中國軍事透明度、東海防空識別區、中日軍機『異常接近』等問題，企圖渲染中國威脅，混淆國際社會視聽。」。中華人民共和國國防部，〈國防部新聞發言人楊宇軍　就日本防衛省發表 2014 版《防衛白皮書》發表談話〉，2014 年 8 月 10 日，< http://news.mod.gov.cn/headlines/2014-08/10/content_4528014.htm >。

5　2014 年 7 月 1 日日本召開內閣臨時會議，決議變更憲法解釋並允許行使集體自衛權。〈国の存立を全うし、国民を守るための切れ目のない安全保障法制の整備について〉，2014 年 7 月 1 日，《內閣官房》，< http://www.cas.go.jp/jp/gaiyou/jimu/pdf/anpohosei.pdf >。

6　習近平認為：「實現中華民族偉大復興，就是中華民族近代以來最偉大的夢想」。習近平，《習近平談治國理政》（北京：外文出版社，2014 年），頁 36。

貳、釣魚台列嶼「國有化」潛存戰爭風險

一、「擱置爭議」是競爭結構下的社會共識

　　國際關係理論中，以溫特（Alexander Wendt）為代表的「社會建構主義」（Social Constructivism）認為所謂的「文化」指的就是「社會共有知識」，也就是「結構」。「結構」具有「社會性（social）」，即行為體在選擇行動的時候，「考慮到（into account）」其他行為體，此一過程是基於行為體對「自我」與「他者」本質與角色的認識觀念。因此，社會結構所產生的「共有觀念」即構成「文化」。[7]「無政府結構（Anarchy）」是在本質狀態上假定國際社會不存在任何一個超越國家之上的中央權威機構，也就是國際社會上沒有任何的權威可以凌駕他國主權之上，所有的國家都是主權平等，沒有類似國內的社會存有階級的差別，故無政府結構包括洛克文化所代表的「競爭」身分，與「敵人」身分的霍布斯文化、「朋友」身分的康得文化等[8]。1971 年中共進入聯合國後，身分的轉化即由負向認同國際社會之革命性國家，進入正向認同國際社會、國際制度與規範的現狀性國家[9]，並且遵守國際社會秩序的互動中基本規範及其規則。[10] 故 1972 年 9 月 29 日中共與日本共同發表「聯合聲明」走向關係正常化，可視為二戰以來雙方結束霍布斯文化的「敵人」身分起始。

　　溫特認為雙方關係結構是透過相互建構、相互決定。[11]1970 年前後掀起的「保釣運動」沒有阻止美國於 1972 年 5 月 15 日將釣魚台列嶼行政管轄權交予日本。當時，中共面對文化大革命造成大陸社會窮困的窘境，促使其領導核心將經濟建設優先於領土主權問題，做為國家未來發展

7　翁明賢，《解構與建構台灣的國家安全戰略研究（2000-2008）》（臺北：五南，2010 年），頁 63-67。

8　Alexander Wendt 著，秦亞青譯，《國際政治的社會理論》（Social Theory of International Politics）（上海：上海人民出版社，2008 年），頁 244。

9　秦亞青，〈國家身份、戰略文化和安全利益─關於中國與國際社會關係的三個假設〉，《世界經濟與政治》，第 1 期（2003 年），頁 10-15。

10　由冀，〈尋求地區事務方向的主導權─中國崛起的理論與實踐〉，朱雲漢、賈慶國主編，《從國際關係理論看中國崛起》（臺北：五南，2013 年），頁 98。

11　秦亞青，〈國際政治的社會建構 - 溫特及其建構主義國際政治理論〉，《美歐季刊》，第 15 卷，第 2 期（2001 年 7 月），頁 253-254。

首要課題。由於中共領導核心認為發展經濟必須建立在和平的國際環境與友好鄰國關係上，因此在釣魚台列嶼主權爭議上的對外政策，抱持「釣魚島問題放一放，留待以後解決」的擱置概念，與日本進行關係正常化的談判。日本亦在雙方對此問題以「不涉及這個問題（釣魚台列嶼所有權問題）」[12]、「以後再說」[13]、「維持現狀」[14] 的默契，於 1978 年 8 月簽訂「中日和平友好條約」。建交後日本提供最大幅度的「政府開發援助（Official Development Assistance，ODA）」，成為中共改革開放後經濟發展的重要支撐，縱然 1980 年代日本首相中曾根康弘參拜靖國神社、修改侵華歷史教科書等引發歷史認知的齟齬，但在維繫「日中友好」的親近關係下，領土主權問題仍持「謀求大同、克服小異」的共識，因此擱置爭議的概念是雙方建構友好關係所「共同理解」之「社會事實（social facts）」。

二、觸發範圍局部、規模有限與時間短暫的衝突

1990 年代起，日本政府延續以往強勢控制釣魚台列嶼的行動，主權爭議已牽動東亞和平穩定局勢[15]。1992 年 2 月中共通過《領海及毗連區法》，1994 年《聯合國海洋法公約（United Nations Convention on the Law of the Sea，UNCLOS）》生效後，1996 年日本政府實施《有關專屬經濟海域及大陸礁層法》，以釣魚台列嶼的行政管轄基礎，擴大排他性經濟海域（EEZ：

12　孫崎享著，戴東陽譯，《日本的國境問題》（香港：中文大學出版社，2014 年），頁 54。
13　1990 年 10 月 27 日中共外交部副部長齊懷遠，針對釣魚台列嶼問題及「聯合國和平合作法」日本政府擬向海外派兵問題約見日本國駐華大使橋本恕，其中就釣魚台列嶼主權問題表達：「日本對此有不同主張，我們也知道」、「中日邦交正常化談判時，我們雙方都同意「以後再說」。」〈我副外長約見日大使　嚴正交涉釣魚問題〉，《大公報》，1990 年 10 月 27 日，< http://202.55.1.83/history/history_news.asp?news_id=158730 >。
14　1982 年日本首相鈴木善幸對到訪的英國首相柴契爾夫人透露，日本與中共曾就釣魚台列嶼的歸屬問題達成「維持現狀」共識，惟英國政府檔於 2014 年 12 月 30 解密後，相關內容未獲日本外務省證實。林忠謙，〈英檔案解密　釣魚台維持現狀曾是中日共識〉，《風傳媒》，2015 年 1 月 1 日，< http://bit.ly/1CK7CK2 >。
15　1990 年 10 月，日本海上保安廳預備承認島上燈塔並標上海圖，企圖將釣魚台列嶼主權造成既成事實，乃發生中華民國全國運動會高雄區運會聖火船前往釣魚台，規劃登島點燃聖火宣示主權，惟遭日方強力封鎖而未能如願。對此，中華民國國軍同期曾實施「漢疆演習」，計劃派遣國軍登島插旗、破壞燈塔等硬體，終雖未達演習目的，但武力介入釣魚台列嶼主權之衝突已達臨戰邊緣。中華民國外交部，〈中華民國對釣魚臺列嶼主權的立場與主張〉，2014 年 2 月 5 日，< http://www.mofa.gov.tw/News_Content.aspx?n=AA60A1A7FEC4086B&sms=60E CE8A8F0DB165D&s=B803FFD6FD6148DD >。另參見黃銘俊/主編，《規復釣魚台：從漢疆突擊隊出發》（臺北：菁典，2012 年）。

Economic Exclusive Zone），掀起一波風起雲湧的保釣運動。1998 年 11 月江澤民訪問日本再度清楚刻劃抗日歷史的傷痕，將靖國神社與軍國主義的歷史關聯成為對日本印象的鮮明符號，雙方建構的友好關係逐漸產生嫌隙。

　　造成雙邊互信破裂的關鍵則可回溯於 2010 年 9 月大陸「閩晉漁 5179 號」在釣魚台列嶼北端黃尾嶼附近捕撈作業，日本依國內《漁業法》逮捕船長事件，則是打破雙方 1975 年與 2000 年簽訂《中日漁業協定》中對「該水域內之取締僅對本國漁船為之，對於對方的漁船僅能提請注意。」的協議[16]，中共禁止稀土出口日本做為懲罰的手段。

　　2012 年 9 月 11 日日本政府收購釣魚台列嶼，中共採取 1972 年以來最強硬的實質行動，立即中止與日本交流並且派遣空、海軍所屬作戰機、艦及各負責海洋事務部門各型公務機、船進入釣魚台列嶼周邊海、空域巡航，具體展現「人不犯我，我不犯人，人若犯我，我必犯人」[17]的維權立場。當雙方屢屢傳出空中、海上近距離的激烈占位與艦載雷達鎖定的緊張對峙，讓維持 40 年「日中友好」關係面臨互信崩潰的困境，必然重新檢視過去所建構釣魚台列嶼主權爭議的規範。

　　從洛克文化「維護主權現狀、理性行為、保留動武選項、有限且局部戰爭」四個對外政策檢視現況，日本認為當前在領土主權、經濟權益的安全環境已更趨嚴峻，威脅的增加與周邊國家的競爭態勢已讓日本處於戰爭與承平時期之間的灰色地帶，其憂慮反映在 2013 年度國防預算較 2012 年度增加 0.8%，為 11 年來以首次成長，2014 年度再成長且較 2013 年增加 2.2% 得到印證。其國防預算的增加不只是在滿足新版「防衛計劃大綱」和「中期防衛力量建設計劃」當中，籌購垂直起降型戰鬥機、無人偵察機、魚鷹型運輸機、神盾型驅逐艦及組建水陸機動團的兩棲部隊等攻勢戰力之所需，亦投入更多資源提升情報、監視、偵察精度與整合指管通情系統、強化防禦島嶼應處能力以及防禦彈道飛彈攻擊等準備，應對中共在東海軍力急速擴張。[18]

16　呂建良，〈從中日漁業協定論臺日漁業糾紛之解決〉，《問題與研究》，第 50 卷，第 1 期（民國 100 年 3 月），頁 45-54。

17　中共國務院，《中國武裝力量的多樣化運用》，2013 年 4 月，頁 1-18。

18　日本防衛省，《平成 26 年版防衛白書》，2014 年，頁 142。

　　中共軍力的急速擴張體現在過去 10 年軍費開支呈現飛躍式的成長。2014 年軍費開支達到 2,160 億美元，較 20005 年成長 167%，僅次於美國但遠遠超出日本 458 億美元的 4.7 倍 [19]。檢視 2004 年起共軍的建軍方向，展現遠洋海軍的強烈企圖，空軍與海軍航空兵活動範圍已常態向周邊區域延伸，尤其指向釣魚台列嶼周邊空域 [20]，第二炮兵部隊的中程常規彈道飛彈和巡弋飛彈火力覆蓋範圍擴張至第一島鏈與第二島鏈之間海域，其自主研製的北斗導航衛星系統已完全覆蓋亞太地區，使中共在全球定位系統的使用上，可以擺脫美國 GPS 和俄羅斯 GLONASS 系統的鉗制，共軍在執行信息化戰爭形態下的軍事行動時，取得獨立自主的行動能力。[21] 因此，整體軍事力量在優渥的國防預算挹注下，將在未來 10 年成為東亞最強國家。[22]

　　中共與日本透過釣魚台列嶼主權爭議，是在爭取國家邊界領土、戰略優勢位置等利益，雖然雙方尚都保持理性並期望透過談判和平解決海洋權益爭端 [23]，但是相互猜忌之下亦已同步蓄積應對衝突所需的軍事力量與準備。由於決定反制暴力或發動戰爭的規模、範圍、程度的關鍵在於國家領導層的最後決策，故當雙方在衝突熱區海、空域對峙的維權兵力，由公務部門的機、艦跟監、併航升級至軍方機、艦之空中攔截、接近、低空飛行、艦載雷達鎖定等模擬攻擊行為時，緊繃的關係不在於「會不會」擦槍走火，而是雙方決策者決定「何時」爆發範圍局部、規模有限與時間短暫的衝突。

19　Dr Sam Perlo-Freeman, Aude Fleurant, Pieter D. Wezeman and Siemon T. Wezeman, "TRENDS IN WORLD MILITARY EXPENDITURE, *2014*," *SIPRI*, April 2015, pp.2-3.

20　防衛省統合幕僚監部表示，2014 年度（截至 2015 年 3 月底）航空自衛隊戰機緊急升空的次數為 943 次，僅次於 1984 年度的 944 次的最高紀錄，針對中共軍機共 464 次，比 2013 年度增加 49 次，其中中共軍機在 2014 年 12 月以後，集中在沖繩（琉球）本島及宮古島之間的公海及西太平洋上空。防衛省統合幕僚監部，〈平成 26 年度の緊急発進実施状況について〉，2015 年 4 月 15 日，＜ http://www.mod.go.jp/js/Press/press2015/press_pdf/p20150415_01.pdf ＞。

21　馬振坤，〈美國「再平衡」政策之戰略意涵〉，包宗和主編，《美國「再平衡」政策對東亞局勢之影響》（臺北：財團法人兩岸交流遠景基金會，2013 年），頁 6-10。

22　Michael J. Green and Nicholas Szechenyi, *Power and Order in Asia：A Survey of Regional Expectations* (Washington, DC: Center for Strategic & International Studies, 2014), pp.4-6.

23　2012 年 9 月 21 日中共國家副主席習近平針在廣西南寧出席「第九屆中國─東盟商務與投資峰會」表示：「中國堅定捍衛國家主權、安全、領土完整，致力於通過友好談判，和平解決同鄰國的領土、領海、海洋權益爭端。」〈習近平出席第九屆中國─東盟商務與投資峰會暨 2012 中國─東盟自貿區論壇開幕式並致辭〉，《人民網》，2012 年 9 月 22 日，＜ http://politics.people.com.cn/n/2012/0922/c1024-19077950.html ＞。

參、國內因素牽動爭議情勢走向

　　溫特雖然對於無政府文化的國內因素著墨甚少，但認為國內因素對於任何的無政府文化之身分轉化可能至關重要。國內政治因素之所以成為洛克文化中的微觀結構，原因在於國內政治與國家對外政策緊密關聯，而國家對外政策是國家行為體透過有意義的互動過程、相互認知所構建之身分，因此，中共、日本的國內政治因素，牽動當前「國有化」爭議情勢走向與發展，是必須關注的重點。

　　無政府文化當中身分轉化的動因是必須考慮國家行為體的對外政策，而回歸其本質則來自於國家行為體領導層的決策。學者翁明賢從三個策略面向，探討國內政治中的領導者如何因應內部反對力量而影響國家的對外政策：一是領導者為了避免國內的反對力量，通常會在對外政策上取得反對力量的一致性，通常此種對外政策不太會直接回應國際壓力，也不具有風險；二是領導者為了鞏固其內在地位，透過追求外交政策來尋求新的支持力量，進而削弱反對勢力；三是將內政與對外政策分離，孤立反對力量。以中共等內聚力強大的領導集權國家為例，則會採取壓抑反對勢力，或者在國內情勢發展至無法控制之前，從事許多「聲東擊西」的對外政策與行動。

　　例如：1969 年中國大陸內部的文化大革命正興起，共黨內部勢力爭奪方興未艾，中共領導階層卻於此時發動珍寶島事件，轉移國內視聽。[24] 另外 1989 年江澤民面臨天安門事件、蘇聯解體之內、外惡劣情勢下，為鞏固共黨統治地位，將日本做為其推動愛國主義的對象，透過歷史問題的激烈批判，煽動民族主義以贏得民意支持，促成 1992 年 2 月通過《領海及毗連區法》即為典型例證[25]。對照 2012 年「國有化」爭議的情勢演變與中共、日本國內政治權力交替同樣有著密不可分的關聯。

24　翁明賢，《解構與建構台灣的國家安全戰略研究（2000-2008）》（臺北：五南，2010 年），頁 136-139。
25　孫崎享著，戴東陽譯，《日本的國境問題》（香港：中文大學出版社，2014 年），頁 60。

一、日本

　　日本安倍晉三邁向「正常國家」的目標當中，自衛隊體制調整與行使「集體自衛權」為重要指標[26]，因為要調整建軍備戰方向，必須有明確影響國家安全的軍事威脅始足以獲得民眾支持。檢視「國有化」爭議的輿論中，日本將中共在釣魚台列嶼周邊海、空域積極維權之作為，與「中國威脅論」同步處理[27]，給予日本民眾普及化討論中共崛起後的國家戰略方向[28]，促使認真思考自身安全保障能力與堅守消極的戰後和平主義可能帶給國家安全的影響[29]。

　　此舉不僅將民眾意識型態的衝突降至最低，亦發揮誘導日本選民投票意向的應援功效，在贏得參、眾兩院選舉解決困擾已久的「國會扭曲」，執政聯盟得以組成「突破危機內閣」強勢開展經濟復甦政策、推動修憲，不僅將具有主動意涵之「遏制威脅、戰勝威脅」成為 2013 年 12 月 17 日通過的「國家安全保障戰略」中的國家安全目標，更於 2014 年 7 月 1 日藉內閣會議重新解釋憲法，爭取「集體自衛權」初步跨越憲法障礙的重大契機，12 月第四十七屆眾議院選舉的壓倒性勝利，奠定安倍晉三率領「實行實現內閣」推動修憲工程的基礎[30]，2015 年 7 月 16 日在反對黨退席抗議之下，仍然得以通過「和平安全法制整備方案」、「國際和平支援法案」在內的安保法案，助益安倍晉三跨越和平憲法範疇，賡續朝向「正常國家」的目標穩步邁進。

26　安倍晉三於內閣臨時會議決議變更憲法解釋並允許行使集體自衛權後表示，實現和平國家之路，是通過創建自衛隊、修改日美安保條約、以及參加聯合國維和行動（PKO）等。日本首相官邸，〈安倍內閣 理大臣記者會見〉，2014 年 7 月 1 日，< http://www.kantei.go.jp/jp/96_abe/statement/2014/0701kaiken.html >。

27　2014 年 8 月 5 日日本防衛省發表 2014 版《防衛白皮書》後，中共國防部表示「日本對中國正當的國防和軍隊建設妄加評論，惡意炒作中國軍事透明度、東海防空識別區、中日軍機「異常接近」等問題，企圖渲染中國威脅，混淆國際社會視聽。中方對此表示堅決反對，提出嚴正交涉」。中華人民共和國國防部，〈國防部新聞發言人楊宇軍 就日本防衛省發表 2014 版《防衛白皮書》發表談話〉。

28　宮本雄二、藤崎一郎、田中明彥，〈【亞洲崛起和回歸亞洲】美中新體制與日本外交走向座談會〉，《外交》，第 13 期（2013 年），《日本外交政策論壇》，< http://www.japanpolicyforum.jp/cn/archives/diplomacy/pt20130304181109.html >。

29　神谷萬丈，〈積極的和平國家 -21 世紀日本的國家戰略〉，《日本外交政策論壇》，2014 年 1 月 28 日，< http://www.japanpolicyforum.jp/cn/archives/diplomacy/pt20140128220210.html >。

30　自由民主黨，〈日本國憲法改正草案〉，2012 年 4 月 27 日，< https://www.jimin.jp/activity/colum/116667.html >。

二、中共

　　習近平延續胡錦濤操作大陸內部收放自如之反日示威遊行的動員實力，派遣軍方與海事公務部門、機首次常態巡航釣魚台列嶼周邊海、空域，強硬回應「國有化」之對日政策，有效凝聚大陸民眾齊心護土的共識，並在反貪腐的大纛下，成功轉移對共黨內部權鬥的注意力，爭取到 2012 年 3 月扳倒薄熙來以「排除威脅」、2013 年 12 月嚴辦前軍委副主席徐才厚、郭伯雄以「握緊槍桿」，同樣於 2014 年 7 月拔除前中央政治局常委周永康以「穩定政局」的空間與時間。2015 年 3 月「兩會」彰顯習近平掌握全域的「四個全面」[31]，4 月起訴周永康後，象徵最高權力已穩穩在握，同樣穩當的推進至 2023 年的掌權之路。

三、小結

　　從時間軸線觀察，顯然中共與日本的國內因素都與習近平、安倍晉三各自緊抓權力轉移有著密不可分的關聯，巧合在於當 2014 年 7 月各自穩定掌握國內政治權力後，促使雙方開始緩和「國有化」爭議以來的緊張關係，造就 9 月恢復高峰會的隔空對話[32]、11 月各自解讀的「四點原則」[33]，以及 2015 年 3 月重啟安全對話的機會，印證國內因素足以影響國家對外

31　2015 年 2 月 25 日中共人民日報定義習近平之「四個全面」：全面建成小康社會、全面深化改革、全面推進依法治國、全面從嚴治黨。

32　2014 年 9 月 25 日日本首相安倍參加聯合國大會後表示，「11 月將在北京召開 APEC。我認為，中國的和平發展，可以說對日本、對世界都是機遇。我希望能在 APEC 會議訪問北京時，能實現日中首腦會談，為此，兩國需要相互付出不斷的靜心努力。」＜安倍內閣總理大臣國內外記者招待會＞，《日本首相官邸》，2014 年 9 月 25 日，＜ http://www.kantei.go.jp/jp/96_abe/statement/2014/0925naigai.html ＞。

33　2014 年 11 月 7 日中共與日本為優先實現重啟高峰會談，就處理和改善雙邊關係達成四點原則共識：一、雙方確認將遵守中日四個政治檔的各項原則和精神，繼續發展中日戰略互惠關係；二、雙方本著「正視歷史、面向未來」的精神，就克服影響兩國關係政治障礙達成一些共識。三、雙方認識到圍繞釣魚台等東海海域近年來出現的緊張局勢存在不同主張，同意通過對話磋商防止局勢惡化，建立危機管控機制，避免發生不測事態；四、雙方同意利用各種多雙邊管道逐步重啟政治、外交和安全對話，努力構建政治互信。雖然日本外相岸田文雄回應表示，四點共識不具有國際約束力，但日本首相安倍晉三以面向未來的立場，提出四點展開各個層次的合作建議：一是促進國民間的相互理解，二是進一步深化經濟關係，三是開展東海合作，四是穩定東亞安全環境。日本駐華大使館，〈日中首腦會談（概要）〉，2014 年 11 月 10 日，＜ http://www.cn.emb-japan.go.jp/bilateral/j-c141110.htm ＞。由此雙方使用都能接受的最低限度的表達。事實上雙方擱置兩國間根本的懸案。〈中日對 4 點原則共識有不同解讀〉，《日經中文網》，2014 年 11 月 11 日，＜ http://zh.cn.nikkei.com/politicsaeconomy/politicsasociety/11792-20141111.html ＞。

政策。但是溫特認為宏觀結構不能被「還原」為微觀結構，而是「附著」於微觀結構而存在時[34]，亦即中共與日本針對釣魚台列嶼主權問題建構穩定競爭的態勢，各自穩定的國內政治僅能是原因之一。由此推論，安倍晉三未達「正常國家」之終極目的、習近平未圓「中國夢」之前，雙方將是維持「鬥而不破」的競爭態勢，惟在不「破」之前提下，「鬥」的力度與幅度，雙方國內政治因素是重要觀察指標。

肆、中共建構「擦槍不走火」的新規範

中共與日本自 1972 年關係正常化以來，雙方對於釣魚台列嶼主權爭議的互動，各自以「他者」對待「自我」的「反射評價（reflective appraisal）」，確認身分與利益後達成擱置釣魚台列嶼主權的共識。2012 年日本推動「國有化」適給予雙方新任領導者得以藉由互動檢視「他者」行為，以對應「自我」之反射評價而重新檢視交往 40 年後的身分與利益，亦是中共自 1990 年代崛起後，藉此重新建構東亞格局的機會，並且在實質面對釣魚台列嶼主權爭議下，尋求過去「問題放一放」的社會事實以外，處理領土爭議的新規範。

一、中共劃定衝突熱區

中共面對「國有化」爭議，迅速依據國際法、國際慣例以及其國內法，發布「關於釣魚島及其附屬島嶼領海基線的聲明」、向聯合國提交「釣魚島及其附屬島嶼領海基點基線的座標與海圖」、「東海部分海域 200 浬以外大陸礁層劃界案」、公佈實施「海島保護法」等。其充分的準備顯然是將「釣魚島問題放一放」後，自 1990 年代日本強勢控制釣魚臺列嶼行動所獲得的反射評價，積極做好面對問題的備案。選擇於國有化前後公佈，印證中共判斷日本之戰略企圖已悖離 40 年前所建構擱置爭議的社會事實，並且感受領土主權的完整遭到威脅，而必須採取斷然作為。其目的除在彰顯維護主權的決心外，亦是在東亞崛起大國的身分支撐下，主導建構維護主權與保持爭議區域穩定的新規範。

34　Alexander Wendt 著，《國際政治的社會理論》，頁 151-154。

　　建構主義認為規範屬於一種社會約定，包括規則、標準、習慣、習俗等。它是指對某個特定國家本體做出適當行為的集體期待，其重要的特徵是「創造行為模式」。[35] 規範的建立必須能夠維持衝突熱區的穩定，穩定的力量則來自於足夠的軍力支撐。中共與日本除原本雙方依法劃界的重疊海區成為維權兵力爆發衝突的熱區之外，2012 年 12 月 13 日中共 1 架巡邏機飛臨釣魚台列嶼上空，與海監維權船隊展開海空立體巡航，日本 8 架戰機和 1 架預警機予以攔截，雙方強勢對應的行動讓衝突引爆點從海平面升高至附近空域的立體空間。在當時競爭激烈的時空環境下，中共派遣公務機單機執行遠海巡邏的自信，無非來自於「人不犯我，我不犯人，人若犯我，我必犯人」的用兵信念，以及中共海、空軍戰機與指管監偵力量足以做為有效側應與後盾，但更重要的是對日本採取理性應處判斷的「他者」眼中，所見東海軍力的急速擴張而對「自我」的肯定。由此可見，中共於 2013 年 11 月劃設東海防空識別區（ADIZ，Air Defense Identification Zone）之目的，是在東亞崛起大國的信心支持下，爭取在法理上與日本軍機在此區域巡弋的同等地位 [36]，同時維持必要的海、空軍與海事公務部門的維權兵力，力爭主導事態控制在衝突熱區內，並能夠有效管理爭議海、空域的規範效度，避免衝突外溢。

二、「擦槍不走火」規範已具體成形

　　面對一觸即發的情勢，緩和雙邊關係的危機控管於 2013 年 3 月中共駐日大使程永華呼籲防止「擦槍走火」出現曙光 [37]，2014 年 4 月中共海軍司令員吳勝利在第十四屆西太平洋海軍論壇中提及「擦槍不走火」的立場後，中共國防部雖未對此具體說明，但是在此期間內雙方艦船屢傳出緊張對峙，惟未肇生意外，然而觀察 2014 年的數據顯示，中共公務船

35　倪世雄等著，《當代西方國際關係理論》（上海：復旦大學出版社，2001 年），頁 228。

36　李貴發，〈繼「東海防空識別區」後，中國需要建立「南海防空識別區」嗎？〉，《臺北論壇》，2015 年 1 月 21 日，< http://140.119.184.164/taipeiforum/view_pdf/189.pdf >。日本防衛省，《平成 26 年版防衛白書》，2014 年，頁 184。

37　2013 年 3 月 3 日中共駐日大使程永華認為雙邊關係處於 1972 年邦交正常化以來的谷底，當前要加強危機管控，防止「擦槍走火」。〈中日應避免「擦槍走火」和平解決問題〉，《新華網》，2013 年 3 月 3 日，< http://news.xinhuanet.com/politics/2013-03/03/c_114869010.htm >。

舶進入熱區巡航的次數，已較 2013 年大幅減少 50%，雖然大陸漁船被驅趕次數為 2013 年整年 2.4 倍，甚至是 2011 年 26 倍，顯然中共採取「民進官退」策略，削弱日本的實際控制[38]，凸顯中共強勢進入爭議海、空域執行常態化巡航以外的靈活作為，展現主導控制事態並有效加以管理的能力，力求將「擦槍不走火」成為擱置爭議的「集體性瞭解（Collective Understandings）」。

中共建構「擦槍不走火」最大的意義，在於維護其穩中求進的經濟發展所需的和平國際環境與友善的鄰國關係[39]，其中「擦槍」象徵釣魚台列嶼主權存有爭議的事實，雙方各自依據法源所採取的維權行動，透過執法艦、機在熱區的活動，強迫日本接受存在爭議的現實；「不走火」則是雙方在短兵相接之維權行動中，遵循雙方認同的危機管控機制，避免肇生意外。故面對潛存暴力衝突的情勢下，雙方內部透過分享熱區及時資訊、調整組織架構、整合指揮平臺與精簡決策鏈路，力求精確掌握爭議熱區動態，期做出至當決策。其最直接的具體作為：一是在於第一線接觸的巡航兵力避免肇生意外，二是權責統一的業務指管單位，三是整合各類資訊平臺，讓北京決策核心的耳目可直接通達東海前線，掌握及時訊息，避免誤判情勢走向；四是雙方建構溝通熱線。

首先，第一線執勤艦、機，在熱區保持執法默契。從雙方發布海事公務部門船在熱區活動的訊息中觀察，中共不定時且短暫進入釣魚台列嶼 12 浬內的領海巡航，日本艦船相對應的跟監、喊話、併航舉措，是雙方長期以來所建構執法的默契。

其次，中共海軍與海監、漁政單位於 2012 年 10 月，在東海海域舉行「東海協作 -2012」海上聯合維權演習，探索聯合維權之指揮與因處作為[40]，2013 年 7 月整合國家海洋局的「海監」、公安部「邊防海警」、農業部「漁政」、海關總署等單位，將複雜海事業務交由新整合的「中國海

38　秋田浩之，〈中國漁船蜂擁而至藏玄機？〉，《日經中文網》，2014 年 10 月 13 日，<http://zh.cn.nikkei.com/columnviewpoint/column/11352-20141013.html >。

39　〈習近平會見博鰲亞洲論壇理事會代表〉，《人民網》，2014 年 10 月 30 日，< http://politics.people.com.cn/n/2014/1030/c1024-25934659.html >。

40　中共國務院，《中國武裝力量的多樣化運用》，2013 年 4 月，頁 1-18。

警局」，先一步統一第一線維權兵力指揮鏈。2013 年 12 月 17 日日本通過成立「國家安全保障會議」，採中央集權的方式強化首相官邸在安全保障政策的決策能力，建構情報／戰略一體化的安全保障機制，期在面對緊急事態時，能夠完整資訊做出最有效率的政策反應[41]。

再者，為避免誤判情勢，同時掌握熱區精確動態方面，中共在原偵察機、艦外，2013 年 9 月部署無人機進入釣魚台列嶼海域活動，將偵察範圍涵蓋第一島鏈以西全境，顯見東海前線的監偵範圍已具備全時段軍事指管及情傳能力[42]，而中共亦認為建立聯合作戰指揮體制，是資訊化條件下聯合作戰的必然要求，而將東海前線資訊整合在聯合作戰指揮架構亦屬必然[43]，中共的表態意味大陸北京決策核心之耳目不僅可直接通達東海前線，決策命令亦可直接透過單一業務單位向前線傳達。

相對於日本，在原有天、海、空機動與陸基等全時監偵兵力的基礎上，整合防衛省自衛隊與海上保安廳等各部門機構之戰情傳遞，共用熱區情資[44]，同時在《日美防衛合作指針》（Guidelines for U.S.–Japan Defense Cooperation）的架構下，著手與美國磋商將負責美日聯合作戰指揮的「日美共同調整所」改為常設機構，並將利用衛星執行海洋監偵任務，提高平常時期監視與應對中共日益積極的海洋活動[45]，經過一年的協商，此項修訂案在 2015 年 4 月達成「將提出從沒有受到他國武力攻擊等威脅的『平時』就實施自衛隊和美軍對接合作的方針」的共識，直接提高對中共的遏制力度。[46]

41　蔡增家，〈日本通過國家安全保障會議設置法及特定秘密保護法之意涵〉，《臺北論壇》，2013 年 12 月 11 日，< http://140.119.184.164/taipeiforum/view_pdf/108.pdf >。

42　中華民國國防部，《102 年中華民國國防報告書》，2013 年，頁 50-56。

43　2014 年 7 月 31 日中共國防部例行記者會中表示，針對傳媒報導共軍設立「東海聯合作戰指揮中心」，建立聯合作戰指揮體制，是資訊化條件下聯合作戰的必然要求。〈國防部：對社會各界給予軍演的理解支持表示感謝〉，《中華人民共和國國防部》，2014 年 7 月 31 日，< http://www.mod.gov.cn/affair/2014-07/31/content_4525955.htm >。

44　日本防衛省，《平成 26 年版防衛白書》，2014 年，頁 180-184。

45　〈日米、有事協議機関を常設へ…尖閣で中國けん制〉,《読売新聞》, 2014 年 3 月 30 日，< http://archive.is/Mlrvn >。及〈日美防衛合作指針新增太空合作意圖遏制中國〉,《中國評論新聞網》，2015 年 4 月 12 日，< http://www.chinareviewnews.com/doc/1037/0/5/7/103705781.html?coluid=7&kindid=0&docid=103705781 >。

46　〈日美新防衛合作指針要提高對中國遏制力〉，《日經中文網》，2015 年 4 月 7 日，< http://zh.cn.nikkei.com/politicsaeconomy/politicsasociety/13825-20150407.html >。

三、小結

　　溫特認為「文化規範（cultural norms）」得以被遵行的理由在於：一是「被迫遵守（because they are forced to）」、二是「利益驅使（it is in their self-interest）」、三是「承認規範合法性（they perceive the norms as legitimate）」，[47]這三個理由體現「規範」得以內化的強迫、利己、合法性三種等級。[48]由此觀察中共與日本「國有化」爭議以來的互動情形，從內部方面雙方積極掌握爭議熱區情報資訊、整合軍情指揮決策鏈路，迄2014年中共開啟磋商大門，藉由國際交流平臺推動「海上意外相遇規則」，重啟軍事層次的海上聯絡機制與建議開設海、空軍熱線、制定海上共同規則等具體舉措[49]，目的指向建構危機管控機制。機制成形的效度已具體呈現於雙方在爭議熱區交鋒而未肇意外之默契，促使「擦槍不走火」之規範已然成形，然2014年11月「習安會」前各自解讀的「四點原則」，日本仍然不願意承認釣魚台列嶼主權存在爭議，且認為中共建構「擦槍不走火」的規範是「持續試圖單方面改變現狀」，並且抱持「堅決保衛領土、領海和領空的決心」，故當前在共識未成形以前，「擦槍不走火」將是雙方安全對話交鋒重點。

伍、未來情勢發展方向之蠡測

一、尋求「經濟財富」的利益共識以避免戰爭風險

　　建構主義的「進程理論（constructivist approach to process）」中指出，利益不是天生存在，需要國家行為體透過有意義的互動過程，相互認知建構的身分，確定行為體的身分後，才得以知其真正的利益所在而主導適當

47　翁明賢，《解構與建構台灣的國家安全戰略研究（2000-2008）》（臺北：五南，2010年），頁67-68。

48　Alexander Wendt 著，《國際政治的社會理論》，頁279-281。

49　2014年9月28日第十屆北京 - 東京論壇以「危機管控與構築東北亞和平」為主題，共軍軍事科學院中美防務關係研究中心主任姚雲竹、國防大學戰略研究所朱成虎少將等提出總共25項恢復海洋事務高級磋商、危機管理具體舉措。〈第十屆北京—東京論壇：東北亞的和平與中日兩國的責任〉，《人民網》，2014年9月28日，< http://japan.people.com.cn/GB/35462/389536/index.html >。

的利益形成。[50] 故中共與日本在「角色」身分驅動釣魚台列嶼周邊爭議熱區互動的選項當中，將持續維持洛克文化的競爭態勢，並且在互信基礎薄弱且危機管控機制尚未運作之下，雙方蓄積之軍事力量與準備，已讓暴力衝突甚至局部戰爭成為可能。

故要降低爭議所帶來的暴力衝突甚至局部戰爭的風險，由「生存、獨立自主、經濟財富、集體自尊」之客觀國家利益的優先排序中尋求共識。當然在現今保持理性、克制下，馬英九總統提出「東海和平倡議」與彭佳嶼談話 [51]，亦是雙方習得並認同「經濟財富」做為客觀國家利益最優先序位的選項，若然，後續逐步強化「擱置爭議」做為「社會事實」，並且聚合已潰散的互信，將是對於東亞區域的和平與穩定將是最佳的文化選擇。

二、中共展現管理衝突的能力與自信

日本推動「國有化」的自信顯然來自於 1970 年代與中共關係正常化以來的互動之中，所學習得到「他者」擱置爭議的態度，而將其內化為「自我」認為不存在主權爭議的合理行為，並沒有體會到 1990 年代以來自身經濟泡沫化所造成的發展遲滯，與中共迅速崛起所展現推動「亞洲安全觀」的大國自信 [52]，以及中共跨越式發展造成在東亞格局中身分地位的消長。此次「國有化」爭議是給予關係正常化 40 餘年來再檢視的機會，同時中共以高強度實質維權行動，建構「擦槍不走火」的新規範並形成常態，藉此展現管理未來東海衝突的決心與企圖，向國際社會展現崛起大國身分。

50　翁明賢，《解構與建構台灣的國家安全戰略研究（2000-2008）》（臺北：五南，2010 年），頁 101。

51　馬英九總統在「擱置爭議」方面，我們堅持主權，但在解決國際爭端上，希望能「擱置爭議、和平互惠、共同開發」，此一爭議可能使東海區域的和平與安全陷入不確定狀態，因此鄭重提出「東海和平倡議」：一、相關各方應自我克制，不升高對立行動；二、應擱置爭議，不放棄對話溝通；三、應遵守國際法，以和平方式處理爭端；四、應尋求共識，研訂「東海行為準則」；五、應建立機制，合作開發東海資源。中華民國總統府，《馬英九總統 101 年言論選集》（臺北：行政院，2013 年），頁 192-198。

52　2014 年 5 月 21 日習近平在亞洲相互協作與信任措施會議第四次峰會，以「積極樹立亞洲安全觀，共創安全合作新局面」為題發表演說，內容不僅明確表示「亞洲的事情歸根結底要靠亞洲人民來辦，亞洲的問題歸根結底要靠亞洲人民來處理，亞洲的安全歸根結底要靠亞洲人民維護。亞洲人民有能力、有智慧通過加強合作來實現亞洲和平穩定。」意味其他洲際大國不應插手亞洲事務，並且提出「共同、綜合、合作、可持續」的亞洲安全觀。習近平，《習近平談治國理政》（北京：外文出版社，2014 年），頁 353-359。

三、危機管控機制在互信薄弱下逐漸推動

　　中共與日本 1972 年 9 月 29 日共同發表「聯合聲明」走向關係正常化的溝通管道始終存在，且由此次「國有化」爭議以來，除維持外交管道的運作之外，雙方透過議會、民間組織的穿梭亦扮演重要角色。檢視自 1980 年代起日本首相參拜靖國神社、修改侵華歷史教科書、強勢控制釣魚台列嶼等一連串延續迄今的作為，適與安倍晉三推動日本走向正常化國家的過程相互呼應，亦衝撞二戰的歷史觀點，可視為中共與日本互信崩解的原因之一，造成原本溝通管道已不足以應付迅速變化的緊張局勢。

　　縱然 2014 年 9 月「恢復」、「發展」雙方關係成為層峰對話的共同期望，11 月雙方各自解讀的「四點原則」，其中「通過對話磋商防止局勢惡化，建立危機管控機制，避免發生不測事態」，是 2015 年 3 月啟動之安全對話焦點。由於雙方猜忌已深，且過去心結未解、當前日本通過安保法相關法案之下，短期內危機管控機制將在互信薄弱下緩慢建構。

四、雙方清晰的競爭意圖大幅降低意外風險

　　自「國有化」爭議迄今，雙方在清晰的競爭意圖下，都已各自強化熱區情報資訊掌握，並且調整組織架構、整合指揮平臺與精簡決策鏈路，甚至提議建置溝通熱線等，在熱區情報資訊相對透明與組織架構相對精簡，以及雙方在衝突熱區長期互動所建構的「默契」，發生意外衝突的風險顯然已大幅降低。然而，中共積極建構「擦槍不走火」做為處理釣魚台列嶼主權爭議的規範，尚未能有效強迫日本接受主權存在爭議的事實，雙方巡航釣魚台列嶼周邊海、空域之艦、機仍然有發生衝撞意外的可能，倘若狀況持續升溫，吾等所必須瞭解其意涵則是雙方決策者精心算計後所採取之對外政策，所彰顯之意義在於崛起大國與戰後大國在東亞區域，對身分與利益的競爭再起。

五、結論

　　自 1972 年中共與日本關係正常化以來，釣魚台列嶼主權爭議一直是雙方關係親疏的重要觀察指標。就宏觀層次分析，則是象徵東亞新興崛起大國與戰後經濟大國，競爭身分與利益的焦點，此次「國有化」爭議讓中共展現東亞崛起大國的身分，其積極與強勢之應對措施，將成為處理爭議的常態。從微觀的角度觀察，亦可發現雙方的國內政治因素影響對外政策與雙邊關係，且將延續在習近平與安倍晉三任期內。因此，「國有化」爭議當中，爆發衝突與局部、有限戰爭是雙方互動過程的選項之一，若雙方保持理性、克制將可大幅降低意外發生的風險，但仍然必須警覺國內政治因素的變化將牽動兩方對外政策走向，以及危機管控機制尚未具體成形前肇生的意外。最後，中共展現崛起大國的自信與軍事強權形象，使日本尋求《美日安保條約》對適用於爭議熱區的再確認，並修訂《日美防衛合作指針》提高對中共的遏制力度，而此也就意味在東亞區域身分與利益的競爭，將從釣魚台列嶼的局部海域擴大成為太平洋兩岸的角力，並且隨日本眾議院於 2015 年 7 月通過「和平安全法制整備方案」、「國際和平支援法案」在內的安保法案，雙方的競爭將投映於南海情勢爭端之上。

敵手共生：中日在釣魚臺爭端中建構敵意的文化基礎

王信力[*]

摘要

　　近年來中國與日本在釣魚臺問題上紛爭不斷，特別是 2012 年 9 月日本將釣魚臺國有化後，中、日雙方採取一連串動作來表達主權立場讓雙邊關係更趨緊張。許多專家學者預言中、日即將發生衝突，但實際上中、日兩國政府在外交與軍事上雖有言語上的衝撞與行動上的示威，卻從未發生直接的衝突。其背後因素似乎是中、日雙方都只想藉由島嶼爭端形塑敵人的形像，將民族主義情緒投射在對方身上，以凝聚國內共識與擴張軍事力量，並獲取國內、外政治利益。這種利用敵人的存在獲得利益的行為該如何解釋？本文嘗試透過溫特建構主義的霍布斯無政府文化—「敵手共生」模式中的「軍工複合體」、「自群體的內在團結」、「投射認同」等三個面向，分析 2010 年到 2014 年間中國與日本在釣魚臺問題上敵意上升卻未發生衝突的原因，並檢證身分認同的「戰略性操作」對於中、日關係的影響。本文認為「敵手共生」的概念，可以具體成為戰略操作的工具，但是此種操作仍具風險。因為一旦相互敵意的升高，可能會讓「安全困境」持續上升，最終引發真正的衝突，因此戰爭的潛藏危機仍然存在。透過本文之研究，可以預知中、日之間在短期內爆發戰爭的機率並不高，但因此種相互影響的戰略操作，未來的發展仍是悲觀的。

* 淡江大學國際事務與戰略研究所博士候選人

壹、前言

近幾年來,中國與日本在釣魚臺問題上糾紛不斷,其中以 2010 年大陸籍漁船「閩晉漁 5179 號」在釣魚臺海域與日本海上保安廳船艦發生衝撞遭扣押之事件最受矚目,自此雙方在釣魚臺的爭端持續擴大。2012 年 4月,東京都知事石原慎太郎(Shintaro Ishihara)提出收購釣魚臺的想法後,中日關係更趨緊張。2013 年 11 月中國於東海設立防空識別區(ADIZ)把釣魚臺納入其中,將此一事件推至高潮,許多專家學者紛紛預言中日即將發生衝突。[1] 自 2012 年 9 月日本正式宣佈將釣魚臺「國有化」後,中國即派遣海監船及改制後的海警船進入釣魚臺海域巡航,甚至直抵離岸 12 海浬內。中國海警巡邏船多次與日本海上保安廳的巡邏船對峙,藉以突顯對釣魚臺的主權。不堪其擾的日本開始大動作回應,逐年增加海上軍、警力量。雙方目前在釣魚臺海域均仍實施常態化戰備巡邏與進行近距離警戒監視,海上執法在釣魚臺周邊海域相互驅趕,軍艦與軍機亦時有發生近接與使用雷達鎖定等情況,存在著擦槍走火的可能性。

但中日兩國至今卻從未真正發生軍事衝突,此種發展耐人尋味。其背後或許存在著兩國間的經濟互賴、大國制約與核子嚇阻等因素。中國與日本是世界上第二大與第三大經濟體,彼此之間的經濟往來相當密切,互賴的程度亦相當的高。[2] 就互賴理論的觀點而言,經濟上的相互依賴確實會制約兩個國家之間的軍事衝突。而就新現實主義的觀點,中日關係其實是東亞的權力結構下的產物,而制約兩國軍事衝突發生的是美、中之間的權力平衡。美國並不願意日本與中國之間的衝突將美國捲入其中。尤其是中國

1　例如美國哈佛大學甘迺迪學院教授 Graham Allison、芝加哥大學教授 John J.Mearsheimer、美國海軍戰爭學院教授 James Holmes、澳洲國立坎培拉大學戰略研究教授 Hugh White 等人都曾經為文預測或擔憂中、日可能因為釣魚臺發生衝突。

2　中國是日本最大貿易夥伴。據日本貿易振興機構(Japan External Trade Organization)資料,2011 年日本出口額中有 20% 銷住中國大陸;相較之下,日本出口至美國貿易額則占 15.3%。《金融時報》觀察,中國仰賴日本科技與資金甚多,日本在陸直接投資金額在全球僅次於香港。舉例來說,日產(7201-JP)海外員工有 19 萬名,中國大陸即佔四分之一以上,北京應不會讓這種依賴關係受到影響。日本除了需要中國這個世界工廠,更需要中國這個世界市場。參照〈釣島不只帶來主權問題 專家:中日經濟戰已正式開始〉,《鉅亨網》,2012 年 9 月 17 日,< http://test.news.cnyes.com/Content/20120917/kfmquj7pwauib_2.shtml >。〈《金融時報》:中日釣魚台之爭 經濟傷很大〉,《鉅亨網》,2012 年 9 月 19 日,< http://test.news.cnyes.com/Content/20120919/KFMR9ISTL2UM7.shtml >。

是核武國家，一旦中國與日本之間發生衝突，美國必須依「美日安保條約」支援日本，這意味著兩個核武國家可能被迫要面對一場毀滅性的戰爭。因此美國會設法制約日本，避免日本與中國的衝突擴大為戰爭，這是權力平衡自我調整的機制。但是經濟互賴不一定能避免戰爭，日本也不一定就會遵循美國的約束。因此對於釣魚臺為何沒有立即發生衝突的研究，必須要回歸到中國與日本之間到底是怎樣看待釣魚臺爭端。

如何解釋中日在釣魚臺爭端上節制動武還可採用另一個途徑，就是建構主義的觀點。建構主義透過對身分認同的角度思考國際體系中「自我」與「他者」的互動與利益之間的關聯，來解釋當前安全問題的現況。[3] 近期釣魚臺的爭端，由問題形成的過程來看似乎並非中日兩國「無意識的互動」，而是在某種因素下，透過相互建構的方式刻意的產生的爭端，並且利用這個爭端來達成戰略性的目標。雙方原本就沒有打算在這個島嶼的主權問題上打上一仗，只是想藉由此爭端，對內形塑外在威脅的存在。中國與日本似乎自始至終沒有打算在釣魚臺問題上發生軍事衝突，而是保持一種「鬥而不破」的態勢來獲得國內的政治利益，這是「對外強硬、對內收割」的操作手法。[4]

學者林中斌表示，亞洲區域目前有多股勢力彼此拉扯，包括美國、中國大陸、日本等，各國基於內政考量，對外必須展現「強硬」態度。國家之間雖然互相競爭，卻因彼此經濟高度互賴，不會輕言開戰，呈現「鬥而不破」的局勢。林中斌指出包括美國總統歐巴馬（Barack Obama）、日本首相安倍晉三（Shinzo Abe）、大陸國家主席習近平等各國領導人都必須藉由對外展現強硬態度，來獲取國家內部的支持，但卻不會輕言開戰。[5] 此

---

3 翁明賢，〈安全研究的再省思：建構主義研究途徑與方法〉，翁明賢主編，《戰略安全：理論建構與政策研析》（臺北：淡江大學出版中心，2013），頁 39。

4 林中斌，〈東亞爭端：對外強硬 對內收割〉，《聯合報》，2014 年 6 月 6 日，< http://city.udn.com/54543/5111572 >。

5 林中斌分析，若在廿世紀以前，一國若欲展現國力及強硬態度，往往會發動戰爭，但現代國家彼此之間的經濟依存度「打破歷史記錄」，一旦動武「自己也會流血」；縱使兩股勢力互相拉扯，也會秉持「鬥而不破」原則，不會輕言開戰。〈林中斌：亞投行 中美勢力轉捩點〉，《聯合報》，2015 年 5 月 23 日，< http://udn.com/news/story/6809/920481-%E6%9E%97%E4%B8%AD%E6%96%8C%EF%BC%9A%E4%BA%9E%E6%8A%95%E8%A1%8C-%E4%B8%AD%E7%BE%8E%E5%8B%A2%E5%8A%9B%E8%BD%89%E6%8D%A9%E9%BB%9E >。

一論點在 2014 年 11 月以後的中日關係發展可以的到印證。當中國與日本在國內政治局勢較為穩定、政府領導階層取得政治上的優勢後，就已開始嘗試在釣魚臺問題上啟動對話，逐步緩解緊張的局勢，證實雙方並沒有將衝突升級為暴力衝突的意圖。這種透過形塑外在威脅來獲取內部利益的作法，似乎與建構主義學者亞力山大‧溫特（Alexander Wendt）的國際社會的無政府文化--「霍布斯文化」中內化第三等級的「敵手共生」概念相符。在「敵手共生」的假設中，政府透過「軍工複合體」、「自群體的內在團結」、「投射認同」等三種機制，讓敵我雙方扮演對方需要的角色，並透過與敵人相互間確立身分來獲取利益。最重要的是，敵我雙方並未如同現實主義的霍布斯無政府狀態中自我實現的預言一般的相互毀滅，[6] 而是在霍布斯文化的悖論中保持一種「共生」的狀態，並藉由這種共生狀態獲取利益。

　　本文透過建構主義的霍布斯文化的觀點，尋求分析與解釋釣魚臺爭端形成的原因。首先分析敵意在國際爭端中的作用，並介紹霍布斯文化中敵手共生的理論。繼而透過的敵手共生的三種機制來解釋中日在釣魚臺問題上「保持爭端」的原因，分析此種身分認同的「戰略性操作」對於中日關係未來發展的影響。為建立「敵手共生」概念運用的操作框架，本文針對敵手共生的三種機制—「軍工複合體」、「自團體的內在團結」、「投射認同」分別建立三個檢證指標。在「軍工複合體」方面本文以「爭取國防預算」、「合理化軍事佈署」、「增加軍火工業獲利」等三個指標來檢證兩國軍方與軍火工業是否在釣魚臺爭端中發生作用。在「自團體的內在團結」機制方面設立「穩定國內政局」、「凝聚國內共識」、「爭取同盟關係」等三個指標，來檢證兩國在釣魚臺爭端背後是否有國內、外的政治因素；在「投射認同」機制方面則設立「虛擬的敵人」、「沒有道理的仇恨」、「刻

6　霍布斯的無政府狀態邏輯是眾所周知的「所有人反對所有人的戰爭」。這種戰爭中，行為體的行為原則是不故一切的保全生命，是殺戮或被殺。這是真正的自主體系。這種體系中，行為體不能求助於其他行為體，甚至不能採取最小的自我克制。生存完全依賴於軍事權力。這就意味著 A 的安全的加強必然導致 B 的安全削弱，B 也永遠不相信 A 的實力僅僅是為了自衛。安全是高度競爭的零合遊戲，安全困境十分尖銳，這不是因為武器的性質，而是因為對他者意圖的認定。即便國家真正希望得到的確實是安全而不權力，他們的集體性念也迫使他們採取好像是追求權力的行為。參照 Alexander Wendt, *Social theory of international politics* (Cambridge, UK: Cambridge University Press, 1999), p.265.

意的挑釁行為」等三個指標來檢證雙方是否刻意建構敵意。其能協助讀者
理解釣魚臺爭端並非只是現實主義下「權力政治」(Realpolitik) 的結果，而
是有更為深層的戰略思考存在其中。

貳、溫特建構主義的霍布斯無政府文化與「敵手共生」的理論

社會生活中的功能區分在很大程度上是基於「角色」區分的，角色可
以不對稱，也可以對稱。例如「敵人」在功能上是一樣的，但是「敵人」
的角色卻可以建構出不同類型的敵人身分。有時候，國家需要塑造一個敵
人來合理化自己的行為，包括讓國會通過軍備採購預算、在選舉中凝聚選
民的共識、或是投射自己不需要的情感在敵人身上（鏡射反應）。這種的
敵意可能是一種集體身分的需要。透過確認敵人的身分，有時可更清楚自
己的集體身分。

一、無政府文化中的敵意

國家之間的敵意是如何產生的？如果我們想要理解中國與日本這二個
近鄰為何會為了一個沒有涉及生死利益的問題而發生爭執甚至可能導致戰
爭，我們就應該先釐清這些問題。在建構主義的觀點中，敵意並非給定的，
而是一種共有知識分享的結果。在探究中國與日本為何會在釣魚臺問題上
針鋒相對，我們必須要先探究敵意在無政府文化中形成的原因與一國對外
政策中的作用。

霍布斯文化有關「敵意」的探討，是要釐清他者的位置以及這種位置
對自我姿態的意義。溫特認為在決定自我與他者之間使用暴力的角色關係
範疇中，敵意處於一端。敵意與對手、朋友分屬不同的類別，這三種位置
構成了社會結構。[7] 溫特借用了卡爾・施密特（Carl Schmitt）的觀點定義
敵人：敵人是由對他者的再現所構成的，這種再現把他者表現為具有以下
特徵的行為體：（1）不承認自我作為獨立的行為體存在的權利；因此（2）

7　Alexander Wendt, *Social theory of international politics* (Cambridge, UK: Cambridge University Press, 1999), p. 260.

不會自願限制使用暴力的程度。這種定義比國際關係學中使用的「敵人」定義要狹窄。國際關係理論中的「敵人」是指「使用暴力的對抗者」，也就是任何使用暴力與自我對抗的他者就是敵人。但溫特建構主義中的「敵人」主要是用來區別「對手」的，所以必須要清楚無誤。

在溫特建構主義中，雖然「敵意」和「對手」的位置都包含了「他者不完全承認自我」的意思，因此就會以改變現狀的態度來對待自我。但承認和改變的客體是不一樣的。「敵人」根本不承認自我作為自由主體存在的權利，因此希望改變自我的生命或自由的權利，以就是所謂的「深層改變」。「對手」則不同，可以承認自我的生命與自由，因此希望改變的只是自我的行為和財富，此種改變是「表層改變」。「敵意」和「對手」的位置都賦予他者「侵犯」的意圖，但「敵人」的意圖從本質上說是無所限制的，而「對手」是有所限制的。這與預測他者「使用暴力的程度」有關。敵人之間的暴力如同在自然狀態中發生，是沒有內在限制的，即使存在限制也是因為實力不足（均勢或力量耗盡）或是外部制約力量（利維坦）所造成的。但是「對手」之間的暴力則是受到相互承認生存權利的制約，而會自我約束暴力的使用。換言之，對手之間的暴力是具有文明特徵的暴力。[8] 透過「敵意」和「對手」的位置對暴力使用程度的差異，溫特清楚劃分了霍布斯文化與洛克文化的差異性。

溫特認為把他者再現為敵人，對國家的外交政策至少有四種含意，包括強烈的改變現狀行為最壞的打算、對軍事力量的重視、無限制的使用暴力並產生了某種特定的互動邏輯。[9] 基於以上的四種邏輯，當國家面臨敵人的時候，現實主義的觀點認為必須要做的事就是實行「權力政治」。但是溫特認為衝突並非現實主義的證據，正如合作不是非現實主義的證據一樣。關鍵是用什麼來做出解釋。溫特提出的理論在解釋權力時是參照自我和他者的「認知」，所以把權力視為本質上具有韋伯意義的社會性質的現象。溫特把現實主義作為一種最終以物質力量—無論是生物性質力量還是技術性質的物質力量—作為參照來解釋權力的理論，正因為如此現實主義

8　Alexander Wendt, *Social theory of international politics,* p. 261.

9　Alexander Wendt, *Social theory of international politics,* p. 262.

觀點從根本上來說是不具有社會性質的。[10] 溫特認為任何物質產生毀滅力量的可能因素，實現的機率取決於觀念和觀念所建構的利益。[11] 換言之，敵意的形成與雙方物質力量的大小沒有多大的關係，而在於雙方之間「共有觀念」。當彼此的共有觀念是「敵人」時，物質力量才會產生威脅的感覺。[12]

二、溫特建構主義中的三種無政府文化

現實主義主張國際結構是一個無政府狀態，結構現實主義認為這種無政府狀態是一種單一邏輯，建構主義對此提出不同的看法。溫特認為無政府狀態在宏觀層次上至少有三種結構，屬於那一種結構取決那一種「角色」（role）、敵人（enemy）、競爭對手（rival）還是朋友（friend），在體系之中占了主導地位。[13] 主體位置是由「自我」與「他者」的再現建構的。[14] 每一個主體位置在使用暴力方面涉及到一種獨特的自我對他者的姿態或取向。敵人的姿態是相互威脅，他們在使用暴力上沒有任何的限制，對手的姿態是相互競爭，他們可使用暴力來實現自我的利益，但不會相互殺戮；朋友的姿態是相互結盟，他們之間不使用暴力解決爭端，並團結共同對抗安全威脅。[15] 溫特指出，國家會處於相應的壓力之下，將這種角色內化於他們的身分和利益之中。[16] 他藉由英國學派學者馬丁‧懷特（Martin

---

10　Alexander Wendt, *Social theory of international politics*, pp. 262-263.

11　溫特指出 500 件英國核武對於美國的威脅遠不如北韓的 5 件核武來的具有意義。因為使這些武器產生意義的是共同的理解。使毀滅力量具有意義的是這種力量置身其中的「毀滅關係」（Relations of destruction），即構成國家間暴力的「共有觀念」。這樣的「共有觀念」可以是合作性質的，也可以是衝突性質。這些觀念構成了個體性角色和條件，國家通過這些條件進行互動。 Alexander Wendt, *Social theory of international politics*, pp. 255-256.

12　溫特並不同意華爾茲的本質主義假定把摧毀關係還原到摧毀力量，以及新自由主義抱持結構馬克思主義的假定，認為觀念是上層建築，是相對獨立於物質基礎但最終取決於物質基礎的兩種觀點。他認為毀滅力量和毀滅關係之間 -- 即在自然與文化之間一沒有必然存在的預設關係，在某些情況下物質力量產生關鍵作用，但在另一些條件下，觀念起到關鍵作用。溫特認為從經驗角度來看，觀念往往比物質力量重要的多。在大多數的國際生活中，是觀念使物質條件具有意義，不是物質條件使觀念具有意義。在解釋世界政治時，溫特認為不應當如同新現實主義者一樣把物質結構放在先優位置，而是應該先考慮國家觀念以及國家觀念所建構的利益，然後再考慮有多少物質力量的問題。參照 Alexander Wendt, *Social theory of international politics*, p. 256.

13　Alexander Wendt, *Social theory of international politics*, p. 247.

14　Alexander Wendt, *Social theory of international politics*, p. 257.

15　Alexander Wendt, *Social theory of international politics*, p. 257

16　Alexander Wendt, *Social theory of international politics*, p. 259.

Wight）以及英國學派的話語，將這三種結構分別稱之為霍布斯、洛克與康德結構。[17]霍布斯結構的主體位置是敵人、洛克結構的主體位置是對手、康德結構的主體位置是朋友。本文分析主體是中日關係，那麼中日之間處於什麼樣的無政府文化呢？筆者認為中日之間雖然有正式邦交，可以確認雙方都承認對方的主權地位，也沒有想要消滅對方的動機，因此是處於洛克無政府文化中的對手。但在釣魚臺問題上，雙方卻很明顯的存在「敵意」，並且在釣魚臺主權爭議上明顯處於敵對狀態。而這種敵意容易引發衝突，因此本文是以霍布斯文化作為分析的基礎，來探究中日雙方的敵意。

三、「霍布斯文化」得以內化的三種等級

溫特指出霍布斯文化可以在三個等級上得以內化，這又產生了三種實現該文化的途徑：武力（傳統現實主義假設）、代價（新自由制度主義或理性主義假設），合法性（理性主義或建構主義？）雖然這三種途徑的結果是相似的，但他們之間的不同影響到許多理論和經驗問題：國家為什麼服從霍布斯文化？這種服從的性質到底是什麼？這種服從對變化有什麼阻力？這些服從的不同途徑到底有產生什麼不同？[18]以下我們逐一介紹霍布斯文化中的三個等級的內化的假設。

表一、溫特建構主義國際文化的實現方式

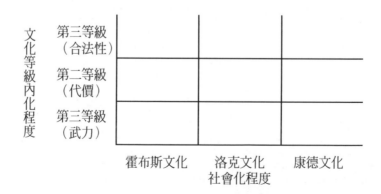

資料來源：Alexander Wendt, *Social theory of international politics* (Cambridge, UK: Cambridge University Press, 1999), p. 254.

17　Alexander Wendt, *Social theory of international politics*, p. 247.
18　Alexander Wendt, *Social theory of international politics*, p. 268.

（一）第一等級內化

當文化在第一等級得以內化時，行為體知道規範是什麼，但只是因為受到外力脅迫的情況下才服從規範，而不是真心接受。這種脅迫可能是直接的，也可能是某種勢必構成脅迫、逼近的懲罰威脅。在這種情況下，行為體的服從僅僅因為受到脅迫而不得不這麼做。行為體的行為完全是外力造成的，而不是內力的使然。[19] 因為行為是外力導致，所以服從的程度很低。脅迫必須要不斷的進行才能繼續。只要強制的力量一消失，行為體可能就會打破規範。即便行為體有著關於規則的共有知識，也不會接受共有知識對自己所具有的意義。他者把行為者定位為一個特定的角色，但行為者並不接受這個角色。如果行為者得以成功，就必然會打破規範；如果行為者失敗了，只好接受服從規範。在這種情況下，最具有解釋能力的原因不是文化，而是私有意義加上物質性脅迫。這正是現實主義思考規範意義的常用方式。[20]

（二）第二等級假設

第二等級得以內化時，行為者願意遵守規範，但是並非承認規範，而是認為遵守規範對自己有利。要明確區分第一等級與第二等級很困難，尤其我們把單純的武力威脅當作脅迫考慮的時候。直覺上的區別是「選擇」的概念，通常第一等級的情況下行為體沒有選擇的餘地，只能服從規範。在第二等級情況下，行為體有著「有意義的選擇」，服從文化規範不是因為規範具有合法性（這是第三等級的情況），而是因為這麼做符合他們的自我利益。行為體看到服從會對自己外生給定的利益有好處，所以他們對規範的服從是具有「工具主義」性質的。[21] 換言之，行為者只是出於利己的目的來利用規範而已。在這種情況下，即使沒有脅迫，行為體仍會服從。但若與第三等級的情況相比較，出於利己目的的服從仍然是由外力決定的。對於服從規範，行為體沒有內在的需求，所以仍然把規範作為「外部制約」因素。另一種表達這種情況的方式是從行為體是否接受「共有知識」

19　Alexander Wendt, *Social theory of international politics*, p.p. 268-269.

20　Alexander Wendt, *Social theory of international politics*, p. 269.

21　Alexander Wendt, *Social theory of international politics*, p.p. 270-271.

對他們自己產生的意義的角度來審視。在第一等級中，行為體的「共有」文化，是他們認知了這種文化，但是並沒有接受文化對其行為的意義。在第二等級中，行為體接受共有意義，所以會出現一種或多或少是規範化的文化，但是這種接受只是「工具主義」性質的。一旦服從規則的代價超過了收益，行為體就可能會改變行為方式。[22]

（三）第三等級假設

第三等級得以內化時，人們遵循規範並不是因為他們認為這樣做會達到什麼外生給定的目的，而是認為「規範具有合法性」，所以願意遵循規範。「規範具有合法性」是指行為體完全接受規範對自己的要求。這意味著行為體承擔一種被廣泛的他者定位的角色，並將其當作主觀認定的身分。[23] 在第三等級情況下，行為體與他人的期望認同，把自我最作為他者的一部分。這樣，他者就在自我的認知範圍內，也建構了自我成為自己確定的、相對於他者的身分，即自我認定的「實我」。只有這一等級上的內化，規範才真正建構了施動者。在這種內化之前，行為體的身分和利益都是外生於規範的。進而由規範建構了行為體的身分，所以行為體在這種情況下就會對規範產生以前沒有的關係。他們的行為是受利益的驅動，但不是受私利驅動。這時，他們對規範的服從程度是很高的，同樣，他們對規範變化的抵制也會很強。[24]

如果把第三等級的推理運用於霍布斯文化，就會出現一個明顯的悖論，成為建構主義分析的一個難題。這個悖論涉及到敵人角色的特殊性。所謂敵人角色，就是表示一個行為體應該能夠力圖奪取另外的行為體的生命和／或自由，但這些另外的行為體的期望正是他人需要內化才能構成他們作為敵人的身分。對於一個文化而言，如果其邏輯基礎是行為體企圖摧毀的對象，這個行為體怎麼能夠與它聯繫起來呢？把敵人的角色內化到這種程度會產生甚麼意義呢？從表層意義來說，這個問題的回答可能是自我對他者的敵意和強烈的改變現狀的意義必須成為一種利益，而不是僅僅是一種戰略。[25] 強烈的改變現狀的欲望是可以通過征服得到滿足的，但是

22　Alexander Wendt, *Social theory of international politics*, p.271

23　Alexander Wendt, *Social theory of international politics*, pp. 272-273.

24　Alexander Wendt, *Social theory of international politics*, p. 273.

25　Alexander Wendt, *Social theory of international politics*, p. 273.

懷有敵意則無法通過征服加以消除。強烈的改變現狀欲望使國家力圖把他者從遊戲中排除出去，敵意則需要「他者的存在」來建構自我的身分。強烈改變現狀的欲望把霍布斯文化當成一種「需要克服的障礙」。敵意則將霍布斯文化作為其「目的」。換言之，由敵意產生的自我對於他者的姿態似乎深刻的否定了霍布斯文化的內化，因而構成了利益。[26]

　　這個難題的解決取決於一個物質制約條件，即國家沒有足夠的權力消滅對方。明顯的均勢或是軍事技術不足等這些物質制約因素能夠防止這樣的結果。如果存在這樣的制約因素，不僅敵意可以被視為不可少的內容(第二等級情況)，而且還被視為合法。這樣一來，國家就可以合法的承擔敵人身分，並獲得與之相應的利益。這樣，權力政治不僅僅是手段，而且也成為目的，成為集體建構的價值，如「權益」、「光榮」或「道德」。結果，國家需要他者扮演敵人角色，以便可以創造可以實現這些價值的場所。這種情況下，起作用的就是「打一場正義戰爭」，目的是擊敗你的敵人，而不是尋求自己的成功。如果你真的成功的話，結果反而是一種「認知失衡」。因為一旦失去了敵人，行為者也就不清楚自己的身分了。這一現象有時會被用來解釋冷戰後美國外交政策的搖擺不定。[27]

四、敵手共生（adversary symbiosis）理論的框架

　　透過霍布斯文化第三等級內化的假設，溫特提出了一個國家之間相互的需要對方成為敵人，來獲取某種利益的理論—敵手共生（adversary symbiosis），也是本文據以分析中日釣魚臺爭端形成原因的主要觀點。敵手共生可用簡單的中國諺語「狡兔死，走狗烹；飛鳥盡、良弓藏；敵國破、謀臣亡」來反證。敵手共生意味著自我需要他者作為敵人來突顯自我的利益，一旦作為敵人的他者消失，自我也失去了存在的角色身份，而失去部分或全部的利益。國家之間需要相互成為敵人，至少有三種方式，包括了軍工複合體、自群體的內在團結、投射認同等。所有三種方式均可稱之為「敵手共生」形式。[28]

26　Alexander Wendt, *Social theory of international politics*, p. 273.

27　Alexander Wendt, *Social theory of international politics*, pp. 273-274.

28　Alexander Wendt, *Social theory of international politics*, pp. 274-275.

（一）軍工複合體（military-industrial complex）

　　關於「敵手共生」最傳統的說法是軍工複合體（military-industrial complex）。溫特指出在霍布斯體系中的互動實踐隨著時間的推移會造就國內利益集團。這些利益集團從軍備競賽中得利，因此會遊說國家決策者不要削減軍費開支。如果遊說成功，這些集團會幫助建構國家身分。這種國家身分只有存在敵對他者的情況下才能夠成功。例如有人認為美國和蘇聯的軍方在延續冷戰方面有共同的利益，因為冷戰使雙方的軍方得益。國家把他者描述成對自我生存最大威脅會得到最大利益，所以不僅誇大他者造成的威脅符合自己的利益，而且以誇大現實的方式從事擴張式的行為也符合自己的利益。把他者再現為敵人並根據這種判斷採取行動，國家之間就相互鼓勵對方顯露出敵人身分，自我也因此就維持了自己的身分。所以好鬥身份不僅從因果意義上，而且也從邏輯意義上取決於和「敵對的他者」（enemy-other）的共同理解的意義。[29] 因此軍工複合體可以涉及到三個方面的意涵，第一個是國家的國防政策得以合理化。第二是軍方可維持軍隊規模與獲得武器裝備預算。第三是軍火工業可獲取足夠的利潤。透過敵手共生的操作，政府、軍隊、軍火工業三方面都獲得了利益。[30]

（二）自群體的內在團結（in-group solidarity）

　　敵手共生的第二個意義是涉及「自群體的內在團結」（in-group solidarity）。這關係到敵人角色在使國家滿足國家利益上起的作用。溫特指出在最近的國際關係研究中，坎貝爾（compbell）和莫塞爾（Mercer）的論點再解釋「自群體的內在團結」最具意義，但二者論述的方式並不一

29　Alexander Wendt, *Social theory of international politics*, p. 275.
30　英國軍事史與戰略思想家富勒（J. F. C Fuller）指出，在 15 世紀中在義大利所流行的溫和戰爭手段中，職業性傭兵將戰爭當作是一種行業，戰爭是一種生意也是一種手藝，在這種戰爭中，勒索俘虜的贖金，是比殺死其僱主的敵人遠較有利。對這些職業傭兵而言，延長一個戰爭顯然要比結束戰爭更為有利。當時的職業性傭兵服從的是個人的利益而非僱主的利益，而當代的職業軍人也必須要凸顯敵人的存在，才能讓自身團體的利益獲得保障。這種與敵人「共生」的型態，正可以說明「敵手共生」在人類社會中早已存在。這也解釋了為何職業軍人在對外關係上經常透過操作「敵手共生」形塑外在威脅來爭取政府與國會通過提高國防預算來維持軍隊規模與購買軍事裝備。參照富勒（J. F. C Fuller）著，鈕先鍾譯，《戰爭指導》（The Conduct of war 1786- 1961：a study of the impact of the French, industrial, and Russian revolutions on war and its conduct）（台北：麥田出版，1996），頁 24。

樣。坎貝爾是從後現代主義的角度提出，美國國家依賴於一種「危險話語」（discourse of danger），據此，國家菁英不斷的杜撰或誇大對美國整體的威脅，以便造就和延續相對於「他們」的「我們」，並因此證實國家存在的理由。在這一層次上，這個假設討論的文化機制中，與「團結在國旗之下」現象的文化機制一樣，支撐這種現象的是「轉移視線戰爭的理論」（diversionary theory of war）。根據這種理論，虛弱的政府可能會通過發動對外戰爭來轉移國內的不滿情緒。坎貝爾新增加的內容是一個假設：危險話語者首先造就了「內部」和「外部」的區別，所以建構了一個獨特群體的整體觀念，國家的團體身份正是依賴這種觀念而確認。[31]

坎貝爾強調國家安全的安全需要，而默塞爾則強調「國家的自我尊重」需求。他指出國民會像任何會群體成員一樣，認為自群體成員優於其他國家的國民，以此來加強自我尊重。如此，就預先設定國家以利己的方式來界定國家利益。這裡很重要的一點是強調這種「自群體偏見」自身並不意味著侵略和敵意。但是這種偏見的確構成這類行為的認知根源。如果只存在一種共識，即這就是國家相互構成的方式，那麼國家會發現敵意本身就具有價值，因為國家通過自群體／他群體關係所產生的動力，就可以大大提高群體自我尊重的意識。[32] 自團體內在團結操作上可滿足三個方面的需求，第一是穩定政府的政權提高控制的程度。第二是為達成某個特定議題而形成內部共識。第三是藉由形塑共同敵人以爭取同盟關係。

（三）投射認同（projective identification）

敵手共生的第三種機制是投射認同（projective identification）。透過這種機制，霍布斯文化可以建構利益。溫特認為這種機制在國際關係研究中沒有得到普遍的注意。投射認同理論強調，敵人的角色是投射自我不需要情感的場所。根據這種觀點，個人由於病理原因而無法控制無意識的潛在破壞性幻覺，例如憤怒、侵略、自憎等情感，有時行為者會認同這些情感或是呈現這些情感，然後自我就可以通過控制和消滅他者來控制和消滅

31　Alexander Wendt, *Social theory of international politics*, pp. 275-276.
32　Alexander Wendt, *Social theory of international politics*, p. 276.

這些情感。如同社會理論一樣，這是一個「自我尊重」的功能，但是這裡的自我尊重需求的滿足不僅僅是以自我比他者優越，而是通過「消滅他者」來實現的。因此這一個過程的一個要求是將自我分解為「好」和「壞」兩種成分，並把壞的成分投射到他者身上。這一點又可以作為從文化層面建構敵意的一個基礎，因為分裂的自我需要他者與自我投射的成分認同並與自我合作，以便證明通過消滅他者來消滅這些不良成分是正確的。當他者也把自己不需要的成分投射到自我，雙方則都會扮演對方需要的角色，雙方在這方面共有（即使是不明朗的或是下意識的）的知識就會使他們改變現狀的意願具有意義。行為者各自都會需要作為敵人的他者，因為這樣會使他們能夠控制或消滅自己身上的憎恨的成分。[33] 溫特的理論揭示了國際關係中難以解決的衝突的某種特徵，這些特徵恰恰是其他理論不易解釋的，例如：虛擬的敵人、沒有道理的仇恨、無法認識自我的挑釁行為在衝突中所起的作用，人們似乎是宣洩長期壓抑的敵視或憤怒而進行戰爭的熱情等。如果試圖毀滅他者的過程就是毀滅自身的一部分，那麼所有的上述現象都有了十分自然的解釋。[34]

　　這三種假設都表示，國家之間存在一些方式使霍布斯文化的規範可以建構敵意，而不是僅僅對已經由外生因素構成相互敵意的行為體產生影響。這裡的敵意是由上而下構成的，不是由下而上構成的。因此具有矛盾意義的是，雖然極化程度加深，在第三等級上「敵人的關係」卻比在內化程度較小的霍布斯文化中更為密切。敵人根據共有的體系文化確定了自己的身分和利益後，就成為一個群體，當然這是一個具有機能障礙的群體，他完全壓制了自我的意識。藉由這三種敵手共生的機制，我們也可理解中國與日本之間的敵意不只是由外生因素構的，有一部分是透過建構而來的，而且這種敵意的建構是中國與日本政府由上而下促成的，因此「敵人的關係」比在內化程度較小的霍布斯文化中更為密切。

33　Alexander Wendt, *Social theory of international politics*, p. 277.

34　Alexander Wendt, *Social theory of international politics*, pp. 277-278.

五、「敵手共生」概念的操作

建構主義的作用是希望能夠透過行動來改變體系。如果「敵手共生」這個概念只能夠用來解釋霍布斯文化下，國家透過確認敵人身分來獲取利益，那這個理論對於改變國家之間的文化是沒有幫助的。因此我們必須先理解到「敵手共生」這個概念是否具有操作的可能，才能夠運用此依概念對現有國際情勢進行分析。溫特指出，理論與實踐之間的問題時指出，不同的知識有著不同用途。現實主義這種「解決問題理論」的知識對於現有體系內解決問題是有用的，但對於改變體系是沒有用處的。理念主義認為國際生活的文化依賴於國家的行動，即「無政府狀態是國家造就的」，因此國際關係學應該將重點置於突顯國家是怎樣創造這種文化的，這樣才能夠改變這種文化。因為反思或是批判理論造就的知識可用之處是改造世界，而不是在現有世界範疇內進行運作。[35]

「敵手共生」是一種概念，溫特並未說明「敵手共生」的具體操作，但他也認為「敵手共生」是一種「戰略」。[36] 既然「敵手共生」可視為是一種戰略，就應該有其戰略思考的脈絡，也必須要能夠指導行動。要將「敵手共生」操作化首先必須要理解敵手共生是一種互動的過程。根據建構主義的觀點，自我是通過再現活動向他者表示：你是 X，我期望你像 X 那樣行事，我也是把你當成 X 來對你採取行動的。他者在互動過程中的身份取決自我對他者的定位。同理，自我相對於他者的自身角色身份也是這樣確定的，即取決於自我認為他者怎樣看待自己。角色身份是行為體在把自己當成客體 (即以他者的眼光看待自己) 時對自身賦予的意義。當自我已採用他者的視角來預測他者的行為時，他就以某種特定方式建構了自我或說是確定了自我的位置。溫特認為自我和他者最初是通過學習而確立了關於自我和他者的共有觀念，而後在不斷的互動中以因果方式加強了這些觀念。[37]

35　Alexander Wendt, *Social theory of international politics*, pp. 377-378.
36　溫特認為「自我對他者的敵意和強烈的改變現狀的意義必須成為一種利益，而不是僅僅是一種戰略」顯示他認為敵手共生也是一種戰略，但重點在於獲取利益而非僅視為是一種戰略。參照 Alexander Wendt, *Social theory of international politics*, p. 273.
37　Alexander Wendt, *Social theory of international politics*, p.335.

　　國家又是何以會選擇霍布斯文化核心的利己概念？溫特國家在文化選擇的模式下會通過學習而成為利己主義者。溫特指出身份的學習是一種互動過程，他使用「互動理論」的框架建立一個簡約模式解釋利己身分的進化。互動理論的基本觀點是身份及其相對應的利益是學習而來的。然後行為體根據有意義的他者對待自我的方式作出相對應的反應，這種反應又加強了學習所得的身份與利益。這就是「反射評價」（reflective appraisal）或是鏡射反應（mirroring）。這種反應的假設是：行為者對自己的看法是他們認為他者對自己的看法或評價的反應。是以他者為鏡子來再現自我。如果自為認為他者把自己當成敵人，根據反射評價的原則，行為體就可能會在自己相對於他者的角色中內化這種信念。[38]因此在敵手共生的操作中，如何透過互動與學習讓對方理解自己的行為是很重要的步驟。

　　根據上述的互動過程，筆者認為「敵手共生」的概念有二個重點，第一是敵手身份的確認。國家必須要先確認他國的身份是敵人，並透過互動的過程確認對方也認知到我方是敵人的身份，透過敵手身份的確認來獲得特定的利益。或許我們可以根據溫特指出自我與他者互動的四個情節，來建立敵手共生的操作步驟。[39]第一個步驟，自我必須要根據對現有的情境中預設定義採取某種修正行動，向他者發出信號，告訴他者自我在互動中將要扮演敵人的角色。第二個步驟，他者需要思考自我採取行動的意義，當他者因為自我採取的行動而修正自己的觀念，互動中的學習現象便產生了。這裡修正的觀念可能是重新定義自我的角色是敵人。第三個步驟他者根據自我對情境的新定義，開始採取行動。這個行動發出的信號是要告訴

38　Alexander Wendt, *Social theory of international politics*, p.327.

39　行為體是如何在互動中確立自我與他者的角色？溫特提出了一個如同戲劇的情節發展來說明此一過程。第一情節：自我根據對情境的預設定義採取某種行動。這就向他者發出了信號，告訴他者自我在互動中要扮演的角色和自我要設定的角色。第二情節：他者思考自我採取行動的意義。第三情節：他者根據自我對情境的新定義，開始採取行動。第四情節：自我解讀他者行為，準備做出回應。像他者一樣，這種解讀反映了預設情境的定義和對於不和諧訊息的學習。假定沒有人消滅對方，那麼他者與自我會重複這一種社會行動的過程，直到一方或雙方認為互動已經結束。這樣的過程中，它們就會相互認知，把原來僅僅是獨佔的知識分配狀態（單純社會結構）變成一種至少是部分共有的知識分配狀態（一種文化）。這裡的基本邏輯是一種自我實現的預言：自我與他者相互對待的方式是假定可以預期對方以某種方式做出反應。這樣一來，自我與他者最終都會學習到產生這些反應的共有觀念。Alexander Wendt, *Social theory of international politics*, p.331.

對方，他者要扮演的角色和他者要設定的自我的相應角色是敵人。第四個步驟，自我解讀他者的行為，準備做出回應。這個循環完成後就產生了「互為敵手」的狀態，而這種循環是不斷的進行，直至有一方消滅另一方或是雙方都改變共有知識才會停止。

　　第二個重點是兩國必須能夠共生。在敵手共生的操作下，敵人必須要持續存在，不論是發生衝突消滅對方或是雙方透過外交管道解決紛爭，敵人都會消失。因此兩國必須要設法維持敵人的存在，並持續保持某種僵局而不發生衝突，這就是所謂的「鬥而不破」。國家是透過這種僵局獲取利益。換言之，一旦打破僵局，利益將會消失。也就是說「敵手共生」的具體操作上，似乎必然有一方會先透過一個存在兩國之間的特定議題進行挑釁，讓此一議題變成兩國之間的爭端，並透過此一爭端產生敵意，再將此一敵意傳達給對手國。等對手國採取強硬的回應時，彼此的敵意便確立了。兩國並從此一敵意的確立或得某種利益——可能是國內的政治利益，也可能是國際上的政治利益。俄羅斯入侵克里米亞，並在烏克蘭東部製造事端的原因，但並未直接入侵烏克蘭，而是透過批評美國，迫使美國佈署重兵在東歐地區，從而確立了美、俄是敵手的身分，來轉移國內的經濟問題。[40]這是敵手共生操作的例證之一。當敵意確立後，雙方必須要能夠控制危機，不讓爭端便成衝突，才能夠維持「共生」的立場。為了維持共生的狀態，敵我雙方必須要維持外交對話管道的暢通，不論是正式或非正式。當危機有升溫的趨勢或第一線部隊有發生衝突的可能，或是雙方已達到當初設定的利益目標時，外交管道的對話機制就必須要發揮降溫的作用，否則爭端一旦因為第一線人員的擦槍走火而導致情勢的升級，被迫要武力相向時，敵人共生的操作便宣告失敗。

40　俄羅斯經濟學家謝爾蓋·古里耶夫表示，北約推翻利比亞領導人格達費（Muammar el-Qaddafi）的統治、阿拉伯之春及隨後發生的莫斯科街頭的抗議活動，讓普京緊張。「普京知道自己失去了俄羅斯中產階級的支持，所以他開始從其他地方尋找合法性」，也就是極端民族主義和反美主義。但俄羅斯並未直接入侵烏克蘭，而是一直批評美國，迫使美國佈署重兵在東歐地區，來轉移國內的經濟問題的壓力。參照 Thomas Friedman, "Cold War Without the Fun," *The New York Times*, June 26, 2015 , <http://cn.nytimes.com/opinion/20150626/c26friedman/dual/>.

參、釣魚臺主權爭端的起源與現況

釣魚臺問題起源於 1894 年甲午戰爭末期，日本趁滿清戰敗之際，將原屬於臺灣傳統海域的釣魚臺諸島納入其國土。[41] 二次大戰後釣魚臺連同琉球群島交由美國託管，在 1960 年代並沒有引起太多的爭議。此一階段中華人民共和國 (以下簡稱中國) 與日本及中華民國（以下簡稱臺灣）三方面都沒有針對釣魚臺主權有太多的意見。1968 年聯合國亞洲及遠東經濟委員會（UNECAFE）支持的一項研究報告指出日本與臺灣之間的東海地區，可能是世界最大的油礦蘊藏地之一。[42]1969 年日本東京大學的探勘隊探測到釣魚臺附近海域有大量的沉積物，初步判斷有油礦存在。我國政府於 1969 年七月發表正式聲明，確保中華民國在該地區之權益，並開始對此海域進行探勘。此舉引發日本政府抗議，臺日雙方開始在釣魚臺主權歸屬問題爭吵不已。[43]1971 年美國與日本簽署沖繩返還協議，1972 年 5 月 15 日該協議生效，將釣魚臺群島的「行政權」隨琉球群島移轉給日本。[44]自此中、日、臺三方為了釣魚臺主權爭執不休。

1972 年中日建交，中共總理周恩來提出擱置釣魚島歸屬問題。1978 年中日簽署《和平友好條約》時，鄧小平表示釣魚島問題可留日後解決。中國政府明確宣佈擱置（釣魚島）主權爭議，留待子孫後代解決。[45] 但隨後日本透過在釣魚臺建設燈塔、海上保安廳驅趕中國及臺灣漁船與保釣船隻等行動，逐漸掌握釣魚臺水域的實際控制權。[46]2003 年日本政府宣佈與擁有釣魚臺所有權的日本國民簽訂租借合同，租下釣魚臺及附近的南小

41　張劍鋒，《波起東海─中日海上島嶼爭端的由來與發展》（北京：海軍出版社，2015），頁 61-69。

42　翁明賢，〈釣魚臺與區域安全意涵〉，淡江大學，《釣魚臺爭議與和平解決途徑學術研討會論文集》，2012 年 6 月 14 日，頁 16。

43　丘宏達著《關於中國領土的國際法問題論集》（台北：臺灣商務印書館，2004 年），頁 69-71。

44　楊志恆，〈釣魚臺爭議的緣起與 2000 年前臺灣因應經驗〉，發表於「釣魚臺爭議與和平解決途徑學術研討會」（台北：外交部研究設計委員會、淡江大學國際事務與戰略研究所合辦，2012 年 6 月 14 日），頁 86-102。

45　〈釣魚島問題的由來〉，《知識窗》，第 7 期（2005 年），頁 61。

46　〈中日釣魚島主權爭端進入新階段　爭奪公開化〉，《中評社》，2010 年 8 月 31 日，< http://mag.chinareviewnews.com/doc/1014/3/2/1/101432129_2.html?coluid=7&kindid=0&docid=101432129&mdate=0831121511 >。

島、北小島三個島嶼，獲得釣魚臺管理權後，日本海上保安廳開始在釣魚臺附近海域構建海上巡邏與監控體系，進一步對中國籍漁船及保釣運動船隻進行驅逐甚至逮捕。[47] 但這段時間內中、日、臺三邊在釣魚臺海域發生的紛爭與執法問題所引發的外交爭議，大多能夠以外交折衝解，不致影響三邊的關係。影響釣魚臺爭端的重要轉折是 2010 年 9 月中國漁船與日本海上保安廳的執法船隻在釣魚臺發生的撞船事件。[48] 此一事件後，中國對釣魚臺主權的態度越趨強硬，中日關係跌入低谷。[49]

　　2012 年是釣魚臺問題的另一個重要轉折點。2012 年 1 月 16 日，日本內閣官房長官藤村修宣佈將在 3 月底以前完成釣魚臺周邊 39 個無名、無人小島的命名。[50] 為此，中國外交部發言人劉為民隨即向日本提出抗議。[51] 中共中央黨校國際戰略所教授張璉瑰指出，日本此舉帶有相當的進攻性，中方必須表明自己的立場，做出有力反應。[52] 中國國家海洋局在 2012 年 3 月 2 日公佈釣魚臺及其附屬島嶼標準名稱，這是繼 2012 年一月底日本對釣魚臺部分島嶼完成暫命名後，中國首次以正式命名釣魚臺的方式重申主

47　同註 46。

48　2010 年 9 月 7 日上午，日本海上保安廳巡邏船在釣魚島附近海域與中國大陸福建籍漁船「閩晉漁 5179 號」漁船發生碰撞。隨後，日方巡邏船對中方漁船實施攔截。8 日，日本海上保安廳逮捕了漁船船長詹其雄，引發中日外交的爭執。10 日，日本沖繩縣石垣簡易法院批准拘留詹其雄 10 天。19 日，日方宣佈繼續非法扣押詹其雄。在中國大陸的外交施壓與經濟制裁後，9 月 25 日凌晨 4 時，被日方抓扣 17 天的中國漁船船長詹其雄與 15 名船員搭乘中國政府派出的包機安全返抵福州，事件始告一段落。〈中國處理日非法扣押漁船事件始末〉，《中國評論網》，2010 年 9 月 26 日，< http://www.chinareviewnews.com/doc/1014/5/7/2/101457230_3.html?coluid=7&kindid=0&docid=101457230&mdate=0926091259 >。

49　中日關係經此波折，直至第八屆亞歐領袖峰會時，中國國務院總理溫家寶與日本首相菅直人在 2010 年 10 月 4 日進行了所謂的「走廊交談」，兩國關係才得以稍微回升。〈中日首腦「走廊交談」帶來的訊息〉，《中評社》，2010 年 10 月 6 日，< http://www.chinareviewnews.com/doc/1014/6/6/2/101466264.html?coluid=59&kindid=0&docid=101466264&mdate=1006081320 >。

50　近年中日圍繞劃分東海經濟海域的糾紛中，存在一些日本主張是島，中國大陸主張只是礁岩、不成為島的爭論。東海存在 99 個這類小島，其中原來 49 個無名，2011 年 5 月日本已經給其中 10 個命名，還有 39 個無名。日方的依據是 1994 年起生效的《聯合國海洋法公約》規定，沿海國家從領海界限算起有不超過 200 海浬的專屬經濟海域。日本《共同社》指出日本政府認為這些島嶼是其專屬經濟區（EEZ）的基點。參照〈確定主權　日本將對 39 個無人島命名〉，《今日新聞》，2012 年 01 月 16 日，< http://www.nownews.com/n/2012/01/16/431172 >。

51　〈中國抗議日本計劃命名東海無人小島〉，《BBC 中文網》，2012 年 1 月 30 日，< http://www.bbc.co.uk/zhongwen/trad/chinese_news/2012/01/120130_china_japan.shtml >。

52　〈陸學者：日命名釣魚島有攻擊性〉，《中央社》，2012 年 3 月 3 日，< http://udn.com/NEWS/BREAKINGNEWS/BREAKINGNEWS5/6938094.shtml#ixzz1oFouVlWV >。

權。[53]2012 年 4 月 16 日東京都知事石原慎太郎在華盛頓表示東京都政府決定從私人手中購買釣魚臺島。[54] 到了 7 月份，日本首相野田佳彥開始著手籌措預算，正式啟動釣魚臺「國有化」程序。

　　野田首相宣佈進行釣魚臺國有化的理由，是為避免讓石原慎太郎有機會藉由收購釣魚臺問題炒作選舉議題，[55] 並避免極右派勢力在收購釣魚臺相關島嶼後，會在島上有更進一步刺激中國的動作，遂決定自行收購釣魚臺中幾個私人所有的小島，包括魚釣島、北小島和南小島。[56] 此舉原本是日本政府對中國表達善意，意在降低衝突的風險。[57] 但是野田政府似乎誤判中國政府的反應，導致情勢不斷的升高。尤其日本政府是在 918 事件前夕宣佈釣魚臺國有化，刺激了中國的民族主義，在中國掀起一陣的抗議聲浪。中國的民族主義情緒亦激發日本民族主義情緒。中日關係跌至冰點，官方往來暫停。[58] 中國海事單位在釣魚臺海域開始進行例行性的巡邏、解

53　亓樂義，〈強勢對日回應 大陸公佈釣魚島 71 處名稱〉，《中國時報》，2012 年 3 月 4 日，版 21。

54　石原慎太郎在演講中表示將買下釣魚臺列嶼中的釣魚島、北小島及南小島，價格為 10 億至 15 億日圓。他表示，這些島嶼本來已由日本治理，但一些激進派想要打破現狀；國土防衛本來應該由國家來收購，但是國家不買，所以才由東京都出面來買。引自〈石原慎太郎收購釣魚臺之說 引爭議〉，《大紀元》，2012 年 04 月 18 日，< http://www.epochtimes.com/b5/12/4/18/n3568508.htm%E7%9F%B3%E5%8E%9F%E6%85%8E%E5%A4%AA%E9%83%8E%E6%94%B6%E8%B3%BC%E9%87%A3%E9%AD%9A%E5%8F%B0%E4%B9%8B%E8%AA%AA-%E5%BC%95%E7%88%AD%E8%AD%B0.html > 。

55　有分析指出，石原慎太郎是為組新政黨而發此驚人之語，此外亦為其子石原伸晃參選而累積政治資本。參照楊中美，《中國即將開戰：中國新軍國主義崛起》（臺北：時報出版社，2013），頁 26。

56　媒體指出日本政府以 20 億 5000 萬日圓向地主直接購買釣魚臺。根據日本的說法，釣魚臺列嶼包括魚釣島（釣魚臺）、北小島、南小島、久場島與大正島（臺灣稱赤尾嶼）五個島嶼與三個岩礁，其中大正島為國有，久場島由防衛省租借。這次日本政府準備購買的是釣魚臺、北小島和南小島，打算將三座島嶼國有化後，由管轄海上保安廳的國土交通省保有。參閱〈日政府購釣島 明與地主洽約〉，《世界新聞網 - 北美華文新聞》，2012 年 9 月 2 日，< http://www.worldjournal.com/view/full_news/20007056/article-%E6%97%A5%E6%94%BF%E5%BA%9C%E8%B3%BC%E9%87%A3%E5%B3%B6-%E6%98%8E%E8%88%87%E5%9C%B0%E4%B8%BB%E6%B4%BD%E7%B4%84?instance=in_bull > 。

57　美國華府智庫布魯金斯研究所（Brookings Institution）東北亞政策研究中心主任卜睿哲（Richard Bush）撰文指出，中國大陸官方和民族主義人士必須瞭解，日本首相野田佳彥以政府名義購買釣魚臺的用意，是為了防止情勢更加惡化。〈卜睿哲：日方買島為防形勢惡化〉，《中央社》，2012 年 9 月 7 日，< http://www.cna.com.tw/news/aopl/201209070018-1.aspx > 。

58　BRAHMA CHELLANEY, "East Asia's Defining Moment," The New York Times, December 27, 2012 <http://cn.nytimes.com/article/opinion/2012/12/27/c27chellaney/dual/>.

放軍海軍亦進行軍事演習。[59] 而日本亦開始調整西南海域的軍事佈署，強化與美方的演訓來反制中方的壓力。中日可能發生意外衝突的論點浮上檯面。[60]

2013 年 11 月中國大陸軍方宣佈劃設置「東海防空識別區」（ADIZ），賦予了中國識別前述島嶼附近的飛行器，以及可能對之採取軍事行動的權利。日本拒絕承認中國劃設的識別區，美國未經通報即向該區域派遣軍機表達對中國的抗議，釣魚臺情勢再次升高。[61] 日本首相安倍晉三隨後批准了《五年國防計畫》，展現日本自二戰以來最強硬的軍事姿態。[62] 在中國設置東海防空識別區後，日本自衛隊即忙於應付日益頻繁進入釣魚臺海域的中國海事單位巡邏機艦。[63] 為反制中國的行動，日本防衛省開始佈署包括釣魚臺在內的西南群島多層化警戒監視措施。[64] 在這種相互警戒的行動中，最終中國、日本發現它們似乎陷入了一個難以走出的惡性循環，而有擦槍走火的危機感。防止發生意外戰爭似乎已經成為緊迫的工作。[65]

為了避免在釣魚臺問題上的擦槍走火，2014 年開始中日透過一連串的外交動作改善雙邊關係。中國國家主席習近平與日本首相安倍晉三於 2014 年 11 月 10 日在北京 APEC 首次正式會面。近半年後兩人於 2015 年 4 月 23

59　〈外媒：習近平對日強硬 或攻釣島〉，《文匯報》，2012 年 12 月 16 日，< http://news.wenweipo.com/2012/12/16/IN1212160003.htm >。

60　遲全華，《釣魚島之爭》（北京：世界知識出版社，2014），頁 160-162。

61　儘管美國軍機直接飛進中國宣不得防空識別區，但歐巴馬政府同時建議美國的商務航空公司遵從中國要求，在進入該區飛行前提前通知北京。

62　Helene cooper, "In Japan's Drill With the U.S., a Message for Beijing," *The New York Times*, February 24, 2014, <http://cn.nytimes.com/usa/20140224/c24ironfist/zh-hant/>.

63　2013 年 10 ～ 12 月日本航空自衛隊飛機的緊急出動當中，針對中國飛機的緊急出動超過一半。〈日本自衛隊監視補給態勢向西南轉換〉，《日經新聞》，2014 年 1 月 23 日，《日經中文網》，< http://zh.cn.nikkei.com/politicsaeconomy/politicsasociety/7795-20140123.html >。

64　日本計畫在日本最西端的與那國島上修建雷達設施，通過自衛隊專用線路，提高收集和傳遞信息的能力。另外還商討在沖繩和九州增加進行子彈補給的彈藥庫。日本防衛省計劃在與那國島上設立陸上自衛隊的海岸監視部隊，準備到 2015 年度結束時配備約 100 名自衛隊人員。通過建立雷達設施來監視周邊海域的飛機和船舶。雖然目前宮古島雷達設施負責監視釣魚臺周邊，日本防衛省希望能夠更有萬全的態勢來因應中國的軍事擴張。〈日本自衛隊監視補給態勢向西南轉換〉，《日經新聞》。

65　紐約時報評論指出中日兩國的武裝艦艇和飛機經常在東海無人居住的島嶼附近彼此挑釁。這種接觸雖然都是和平性的，但任何一個失誤就可能升級到軍事衝突。Martin Fackler, "In Security Meeting, Japan and China Inch Toward Mending Ties," *The New York Times,* March 20, 2015, <http://cn.nytimes.com/asia-pacific/20150320/c20japan/dual/>.

日在印尼「亞非峰會」再次見面。[66] 雙方在會面時強調，習近平強調應就中日第四個政治協議中「中日互為合作夥伴、互不構成威脅」轉化成廣泛社會共識。並願與日本加強溝通對話，希望兩國為國際和地區和平、穩定、繁榮作出更大貢獻與承擔責任。安倍則重申堅持「村山談話」立場不變，[67] 也願意落實中日 2014 年 11 月達成的有關承認雙方在釣魚臺存在不同主張的四點共識。[68] 顯示雙方自 2012 年日本將釣魚臺國有化後惡化的關係已獲的初步改善。[69] 2015 年 4 月日本和中國的官員舉行了四年來的首次安全事務會議，就通過創立熱線來緩解東海緊張局勢進行了討論。[70] 這些發展顯示釣魚臺爭端在 2015 年已不再是中日之間主要的外交議題，兩國似乎已逐漸回到外交的常軌進行互動。但 2015 年 7 月日本執政黨在眾議院強行通過安保改革法案，為中日關係的前景埋下新的變數。

　　藉由上述釣魚臺爭端形成的背景與現況的分析，我們可以理解到「釣魚臺問題」並非是中國與日本之間的固有爭端，而是隨著時空背景的轉換而變動。兩國政府關係良好時釣魚臺問題可以被擱置，當兩國關係交惡時釣魚臺問題便浮上檯面，甚至變成凝聚國內民氣的工具。我們或許可說——釣魚臺爭端並非中國與日本交惡的原因，而是兩國相互產生敵意的工具，

66　有關習近平與安倍在雅加達的會面，中國官方媒體事先未提，看來是為了淡化其意義。中國新聞媒體後來報道說，會面是在日本的要求下舉行的。Jane Perlez, "Xi Jinping of China and Shinzo Abe of Japan Meet Amid Slight Thaw in Ties," *The New York Times*, April 23, 2015, <http://cn.nytimes.com/asia-pacific/20150423/c23indonesia/dual/>.

67　「村山談話」是日本前首相村山富市就日本侵略表達反省與歉意的談話。

68　〈習安會：互為夥伴 互不威脅〉，《中國時報》，2015 年 04 月 23 日，< http://www.chinatimes.com/newspapers/20150423000534-260108 >。

69　日本政府為了安排習近平與安倍晉三的會面可說是煞費苦心，除了主動安排會面外，也在其他舉措上特別小心。例如在參拜靖國神社問題上，安倍未再次親自前往參拜，而是以致贈祭禮的方式表達敬意。日本媒體報導安倍政府對此次參拜事宜下達了避免日中首腦會談當天的指示等，可謂是體現了對中國方面的考慮。而日本總務相高市早苗等 3 名女性閣僚在首相安倍晉三與中國國家主席習近平舉行首腦會談後的第二天參拜了靖國神社。此舉雖然招致了國內外的批評意見，但日本外務省高層確自信的表示「這不是首相或外相的參拜，所以沒有影響」。日中關係似乎正在逐步邁向改善。但日本媒體共同社指出，日本政府選擇不在元首會談舉行當天參拜靖國神社，可能是在美國要求改善日中關係與準備五月底訪美的背景下作出的決定。〈解讀：日方出於對華考慮 要求閣僚避免習安會談當天參拜〉，《共同社》，2015 年 04 月 23 日，< http://tchina.kyodonews.jp/news/2015/04/96312.html >。

70　這是自 2011 年 1 月以來，兩個亞洲大國的國防官員和外交官的首次會面。官員表示，東京談話的重點是尋找辦法—例如熱線電話或者類似的電話連接—來及時與對方交流，以避免海上摩擦，或至少防止這些摩擦演變為規模更大的衝突。Martin Fackler, In Security Meeting, Japan and China Inch Toward Mending Ties, *The New York Times*.

目的在於獲取某些政治上的利益。這種敵意似乎並非是「給定」的，而是國家之間透過行動「建構」而來的。這種運用對於他者的「敵意」來凝聚國內向心的操作手法是如何運作的，本文將在透過溫特的建構主義思想的脈絡在下文進行探究。

肆、中日在釣魚臺爭端中的「敵手共生」操作

釣魚臺爭端為何會發生？或許是因為爭端雙方刻意造成「鬥而不破」的局面來獲取利益。從 2010 年撞船事件到 2015 年 7 月的情勢發展，筆者觀察到一個問題，為何中日雙方會在這段時間內從幾乎簽訂漁業協定到發生嚴重的對峙，但旋即又展開對話來進行風險管控？尤其是釣魚臺除了地理位置的重要性值得關注外，似乎不足以產生可以讓中日雙方劍拔弩張的重大的利益。[71] 美國喬治亞大學（University of Georgia）教授 Krista E. Wiegand 提出一個理論，認為領土爭端是爭端國討價還價的手段，來解釋為何爭端會持續存在。[72]Wiegand 指出領土爭端難以解決並非雙方沒有辦法達成共識，而是爭議的一方（主要是主權的挑戰國）企圖運用爭端達成其他的目的來獲取利益，而不願意立即解決紛爭，換句話說，就是因為有利可圖而不願意解決紛爭，爭端只是用來討價還價的手段而已。[73] 這也就是敵手共生的意涵。

下文將透過「敵手共生」的論點，從「軍工複合體」、「自群體的內在團結」、「投射認同」三個面向探討中國與日本在釣魚臺爭端中如何透過建構敵意來爭取國家利益。為方便檢證，本文在「軍工複合體」（H1）以「爭取國防預算」（H1a）、「合理化軍事佈署」（H1b）、「增加軍火工業獲利」（H1c）等三個指標來檢證兩國國防（安全）部門與軍火工業

71　據美國《國家利益》雜誌的文章指稱，美國加強與日本軍事合作，承諾保衛日本在釣魚台的主權是基於戰略考量。但一個毫無價值的島礁，卻可能引發第三次世界大戰，是否值得必須要多加的考量。〈美媒指釣島無價值 挺日恐致大戰〉，《中時電子報》，2015 年 05 月 04 日，< http://www.chinatimes.com/newspapers/20150504000736-260309 >。

72　Krista E. Wiegand, *Enduring Territorial Disputes: Strategies of Bargaining, Coercive Diplomacy, and Settlement* (Georgia: University of Georgia Press, 2011), pp. 2-3.

73　Krista E. Wiegand, *Enduring Territorial Disputes: Strategies of Bargaining, Coercive Diplomacy, and Settlement* , pp. 4-5.

是否藉由釣魚臺爭端獲得利益。在「自群體的內在團結」（H2）機制方面設立「穩定國內政局」（H2a）、「凝聚國內共識」（H2b）、「爭取同盟關係」（H2c）、等三個指標，來檢證釣魚臺爭端背後是否有其他的國內、外因素；在「投射認同」（H3）機制方面則設立「虛擬的敵人」」（H3a）、「沒有道理的仇恨」」（H3b）、「刻意的挑釁行為」（H3c）等三個指標來檢證釣魚臺爭端中，中日是否將對自我的不必要情感投射於對方身上，而讓情勢趨於緊張。

一、軍工複合體（H1）：

　　近年來中國與日本之間的摩擦似乎越來越有嚴重的趨勢，此一發展可能讓北京與東京透過發展軍力來試圖阻止競爭對手的活動，並保護自己的聲稱的權利和利益。國家的國防（安全）部門會刻意的突顯外部威脅的存在，目的在於提醒文人政府外部存在敵人的威脅，國家必須在有限的國家預算下維持軍隊的規模，提供足夠的預算支撐軍隊與邊境安全部隊的規模。軍火工業則藉由遊說讓政府相信外部威脅而維持國防（安全）部門的規模，以維持或是擴大軍事採購的預算的額度，以獲得足夠的利潤。而國防（安全）部門與軍火工業往往是相互依存的，這是「軍工複合體」機制的假設。下文以「爭取國防預算」（H1a）、「合理化軍事佈署」（H1b）、「增加軍火工業獲利」（H1c）等三個指標等三個指標來檢證中國與日本兩國的國防、海事單位與軍火工業是否藉由釣魚臺爭端的危機獲得自身的利益。

（一）為爭取提高或維持預算而形塑外在威脅（檢證 H1a）

　　中日雙方在釣魚臺爭端白熱化後，雙方的國防與海事部門似乎都想透過爭端來取的足夠的預算，來維持本身的規模與裝備的更新。本小節將由檢視近年來日本與中國的國防預算發展來進行檢證。在日本方面，日本輿論似乎藉由國有化後中國實施的海、空巡邏措施，鼓吹日本政府強化軍備，實施更主動防禦政策的觀點。[74] 此一觀點在《中期防衛能力整備計劃》得

74　〈外媒：習近平對日強硬或攻釣島〉，《文匯網》，2012 年 12 月 16 日，< http://news.wenweipo.com/2012/12/16/IN1212160003.htm >。

到落實。2013 年《中期防衛力量整備計劃》確定的 5 年整備費用達到 24 兆 6700 億日元。與 2010 年決定的《中期防衛力量整備計劃》相比，增加了 1.28 兆日元。[75] 日本 2015 年度（2015 年 4 月至 2016 年 3 月）預算總額達 96 兆 34 億日圓（約台幣 25 兆 36 億元），防衛預算高達 4.98 兆日元（約台幣 1.31 兆），比 2014 年度增加 2.0%，創史上新高。[76] 此外，日本 2015 年度編列 371 億日圓的「戰略性海上保安體制構築費」，以增加海上軍力，較 2014 年大增 52%。[77] 顯示日本國防與海事單位的預算在釣魚臺爭端後的幾年都有成長。[78]

同樣的在中國方面釣魚臺爭端也是解放軍爭取預算的理由。過去臺灣問題是解放軍爭取國防預算的藉口。[79] 但近年來的情勢發展似乎有改變的趨勢，而擴及到周邊海域的領土爭端。美國國防部 2013 中共軍力報告指出，中國 2013 年的軍費開支超過 1450 億美元，高出中國大陸自行公佈的金額逾 20%。[80] 美國國防部採用 2013 年的物價及匯率進行估計，推算出中國去年的軍費開支為 1450 億美元，比中國所公佈的官方資料 1195 億高出 21%。[81] 中國政府在 2014 年 3 月公佈其軍費預算同比增加 12.2% 至 8082 億元人民幣（約 1320 億美元）。2013 年中國公佈的軍費預算則為 7207 億人民幣（約 1140 億美元），比 2012 年增長 10.7%，金額僅次於美國的 6004 億。2015 年中國的國防預算在增加 10%，大約為 1450 億美元，約佔中央政府

75　〈日本安保戰略切換成中國模式〉，《日經中文網》，2013 年 12 月 18 日，< http://zh.cn.nikkei.com/politicsaeconomy/politicsasociety/7395-20131218.html >。

76　〈日本 2015 年度防衛費將創出新高〉，《日經中文網》，2015 年 1 月 6 日，< http://zh.cn.nikkei.com/politicsaeconomy/politicsasociety/12591-20150106.html >。

77　〈釣島爭議不相讓 中日關係今年難解〉，《中央社全球資訊網》，2015 年 2 月 17 日，< http://www.cna.com.tw/news/acn/201502170032-1.aspx >。

78　媒體報導日本是為因應中國軍事力量倍增、中日島嶼主權爭議而調高預算，以加強防衛毗鄰中國的西南海域。參照〈日本年度國防預算　創新高紀錄〉，《蘋果日報》，2015 年 01 月 14 日，< http://www.appledaily.com.tw/realtimenews/article/new/20150114/542255/ >。

79　Susan L. Shirk（謝淑麗）著，溫洽溢譯，《脆弱的強權》（China：Fragile Superpower）（台北市：遠流出版社，2008），頁 91。

80　該報告指出中國正致力於軍事現代化，發展無人機、軍艦、戰鬥機、導彈和網路攻擊武器而導致經費持續上升。

81　〈五角大樓：中國 2013 軍費開支逾 1450 億美元〉，《德國之聲》，2014 年 3 月 6 日，< http://www.dw.de/%E4%BA%94%E8%A7%92%E5%A4%A7%E6%A5%BC%E4%B8%AD%E5%9B%BD2013%E5%86%9B%E8%B4%B9%E5%BC%80%E6%94%AF%E9%80%BE1450%E4%BA%BF%E7%BE%8E%E5%85%83/a-17688563 >。

總支出 5% 與 GDP 的 20% 左右。[82] 由這幾年國防預算仍持續上升，顯示中國的國防支出在釣魚臺爭端之後持續增加。分析認為，這是習近平發出的強烈信號：北京不會在亞洲、特別是海事爭議中退讓。[83] 路透社指出此次預算增加正值北京近期一系列宣示主權、擴大軍事影響力、挑戰美國在該地區地位，亦引發亞洲鄰國緊張之際。[84] 顯示中國增加國防預算與釣魚臺爭端存在著某種連結。

（二）為合理化軍事佈部署行動強調外部威脅（檢證 H1b）

日本如果要強化其西南軍事部署，勢必會引起中國方面的疑慮，也不一定能夠獲得國內輿論支持，尤其是對美軍佈署反彈的西南諸島民眾。因此最佳的行動方案便是刺激中國表現出強硬的軍事態度，讓日本方面可以藉由中國威脅論順勢調整西南海域各島嶼的軍事部署，也讓美軍有理由繼續存在。事實上，在釣魚臺國有化爭端發生後，日本便開始積極計劃增加其南部島嶼的軍事存在。[85] 日本防衛省計劃在沖繩縣的宮古島和石垣島等西南島嶼部署陸上自衛隊。[86] 日本政府的消息來源聲稱這些軍事佈署是因應中國海軍艦艇在太平洋海域這些島嶼附近增加活動的反應。[87]

82　Franz-Stefan Gady, "China's Defense Budget to Increase 10 Percent in 2015," *The Diplomat,* March 04, 2015, <http://thediplomat.com/2015/03/chinas-defense-budget-to-increase-10-percent-in-2015/>.

83　〈中國國防預算增加 12.2%〉，《德國之聲》，2014 年 3 月 5 日，《德國之聲中文網》，< http://www.dw.de/%E4%B8%AD%E5%9B%BD%E5%9B%BD%E9%98%B2%E9%A2%84%E7%AE%97%E5%A2%9E%E5%8A%A0122/a-17476807 >。

84　〈中國國防預算增加 12.2%〉，《德國之聲中文網》。

85　日本政府在 2013 年 12 月 17 日的國家安全保障會議（NSC）和內閣會議上通過了新的防衛計劃大綱和《中期防衛能力整備計劃》（簡稱中期防，2014 ～ 18 年度），計畫設立奪島能力強的水陸兩棲部隊「水陸機動團」、計劃分 5 年引進 52 輛用於登陸作戰的水陸兩用車，17 架「魚鷹」垂直起降運輸機。此外還將採購 3 架「全球鷹」無人偵察機，提高在東海等地的警戒監視能力。〈日本確定新防衛大綱 強化機動能力〉，《日經中文網》，2013 年 12 月 17 日，< http://zh.cn.nikkei.com/politicsaeconomy/politicsasociety/7387-20131217.html >。

86　俄羅斯媒體指出日本計畫佈署的陸上自衛隊人員裝備包含大約 600 名的軍事人員與陸基的反艦導彈，時間可能在 2016 年四月份。此外據日本 NHK 電視台的報導指出，日本防衛省計劃在在 2016 年三月底於日本最西南端的島嶼與那國島、琉球的八重山群島部署雷達與沿海觀測裝置。2018 年並將在長崎縣的佐世保市，佈署兩棲快速反應旅，並在鹿兒島縣的大奄美島佈署 550 人的快速反應部隊。2015 年四月日本自衛隊開始考慮加入美國在南海和東海的海空巡邏任務。 "Japan Planning Military Deployment to its Southernmost Islands," *Sputnik*, June 05, 2015, <http://sputniknews.com/asia/20150506/1021761879.html#ixzz3ZXOTZVol>.

87　Zachary Keck, "Watch Out, China: Japan Deploys 600 Troops, Missiles near Disputed Islands," *The National Interest*, May 7, 2015, <http://nationalinterest.org/blog/the-buzz/watch-out-china-japan-ramps-military-forces-near-disputed-12831>.

受中國海洋戰略的刺激，日本的防衛體制產生重大轉捩點。日本政府於 2013 年提出將防衛重心從北方轉移至西南諸島的長期戰略。此舉是因為中國軍隊加快進入海洋與日本的摩擦增加。[88] 中國軍隊在東海的活動日趨活躍，日本自衛隊飛機應對中國飛機的緊急升空次數在最近 3 年裡增加至 3 倍。[89] 為因應此一趨勢，日本防衛省將航空自衛隊戰機部隊進行重新佈署。[90] 此外，日本海上保安廳為強化釣魚島的警備，計畫到 2015 年度為止建造 10 艘巡視船，負責釣魚島周邊海域。[91] 這些提升海上自衛隊與海上保安廳的做法，顯示日本已利用釣魚臺爭端達到強化西南海域的防禦與執法能力的初步目標。可見得未來，不論釣魚臺是否發生衝突，自衛隊與海上保安廳已找到其在西南海域的強化佈署的合理化的理由。

在中國方面為何釣魚臺問題會成為中國軍事佈署的合理化作為？釣魚臺情勢的升高，可能涉及到馬英九政府時期台海局勢的趨緩。學者翁明賢指出由於台海情勢趨緩牽動了東亞情勢，使其他問題躍然臺上，成為舉世注目的焦點。[92] 但筆者認為，釣魚臺的爭端白熱化或許是兩岸關係改善後，中共有能力將國家權力投射於其他的主權爭端地區，包括了東海與南海的爭端。另一方面的解讀或許是兩岸關係雖有改善但卻充滿不確定性，中共軍方須要有合理的理由持續在接近臺灣的東海地區強化軍事佈署，來防範臺灣的局勢生變與預防美國的介入。這或許是另一個可以解釋為何 2008 年以後東海問題會成為中國對外強硬的施力點。《路透社》的報導亦指出，過去中國軍事現代化的目標主要是針對解決臺灣問題而準備，最近幾年則

88　〈日本安保戰略切換成中國模式〉，《日經中文網》。

89　〈日美新防衛指針意在威懾中國〉，《日經中文網》，2015 年 4 月 28 日，< http://zh.cn.nikkei.com/politicsaeconomy/politicsasociety/ 14147-20150428.html >。

90　日本航空自衛隊目前配備有 F15 戰鬥機約 200 架、F2 約 90 架、F4 約 60 架。日本把用於緊急升空的 F15 戰機部隊從福岡縣的築城基地調整至沖繩縣的那霸基地，並增強為 2 個飛行中隊。具有對艦攻擊能力的 F2 戰機部隊則從東北青森縣的三澤基地調至西部的築城基地。並預定於 2017 年後，在三澤基地部署最先進的 F35 戰機。參照〈日本重組戰鬥機部隊加強西南諸島防禦〉，《日經中文網》，2014 年 2 月 28 日，< http://zh.cn.nikkei.com/politicsaeconomy/politicsasociety/8253-20140228.html >。

91　其中 6 艘大型巡視船預定 2015 年下水。屆時將有一支由 12 艘大型巡邏船及約 600 人組成的「釣魚臺警備專伍」成形，被認為是對大陸強勢主張的釣魚臺主權的最大挑戰。〈日本海保廳新增 2 艘巡視船下月起警備釣魚島〉，《新浪網》，2014 年 09 月 26 日，< http://mil.news.sina.com.cn/2014-09-26/1752803265.html >。

92　翁明賢，〈從敵手共生模式解析東亞情勢〉，翁明賢主編，《變遷中的東亞戰略情勢》（台北：淡江大學國際事務與戰略研究所，2011 年），頁 13。

是轉向海上領土爭議。[93]

（三）為提高軍工產業能力與獲利強調外部威脅（檢證 H1c）

軍工複合體的主要檢證對象是中日雙方的軍火工業在爭端中扮演的角色。釣魚臺爭端白熱化後，日本政府希望透過強化與東亞國家的合作來抑制中國的軍事擴張，為此日本政府於 2011 年 12 月 27 日放寬禁止將武器與相關技術轉移到海外的武器出口三原則。[94]這是日本1976年頒布實施「武器出口三原則」後首次修正。[95] 媒體指出，日本政府把參與戰鬥機的國際共同開發與生產、向聯合國維和行動（PKO）等以維護和平與人道主義活動為目的提供裝備將作為出口三原則的例外。通過參與國際性的共同開發生產，日本的防衛產業可以增加接觸最尖端技術的機會，有助於降低採購成本及提高相互相容性。[96] 此外，日本政府並於 2014 年 4 月 1 日通過了取代武器出口三原則的「防衛裝備移轉三原則」，對象將瞄準越南、菲律賓和印度等國家。雖然很多日本民眾反對首相安倍晉三解除了武器出口禁令，但安倍晉三卻說「早就應該這麼做了」。中國日益增長的實力為安倍晉三的主張增加了說服力。[97]

事實上，日本在放寬武器出口三原則後，日本企業將獲得零部件等訂單的機會。[98] 日本軍火工業中，三菱重工生產戰鬥機和艦艇，川崎重工業

93　David Algue and Charlie Zhu, "Insight: China builds its own military-industrial complex," *Reuters*, Sep. 17, 2012, <http://in.reuters.com/article/2012/09/16/us-china-defence-idINBRE88F0GM20120916>.

94　武器出口三原則始於 1967 年佐藤榮作首相在國會宣佈對（1）共產主義陣營國家；（2）按照聯合國決議進行武器禁運的國家；（3）屬於國際紛爭當事國或有可能發生糾紛的國家進行武器禁運。1976 年三木武夫首相擴大為全面禁運，1983 年中曾根康弘內閣把向美國的武器技術供應作為例外。由於該原則屬於國會答辯，因此沒有法律約束力，歷代內閣都是通過官房長官談話單獨設定例外。〈日本放寬武器出口三原則〉，《日經中文網》，2011 年 12 月 27，< http://zh.cn.nikkei.com/politicsaeconomy/politicsasociety/1044-20111227.html >。

95　有評論認為日本解禁武器出口的目的是要藉著放寬軍火出口，來強化日本的安保關係，並促進軍火工業發展。參照筆鋒，〈日本是亞洲新冷戰馬前卒〉，《亞洲週刊》，第 28 卷，15 期（2014 年 4 月 20 日），< https://www.yzzk.com/cfm/content_archive.cfm?id=1397101735623&docissue=2014-15 >。

96　〈日本放寬武器出口三原則〉，《日經中文網》。

97　Jonathan Soble, With Ban on Exports Lifted, "Japan Arms Makers Cautiously Market Wares Abroad," *The New York Times*, July 13, 2015, <http://cn.nytimes.com/asia-pacific/20150713/c13japanarms/dual/>.

98　〈三菱重工將為 F35 戰機製造後部機身〉，《日經中文網》，2014 年 3 月 31 日，< http://

生產運輸機和監視敵艦的巡邏機，而 NEC 和三菱電機則生產雷達裝置等。如果在戰鬥機和無人偵察機等領域擴大國際共同生產，包括下屬承包在內的日本防衛產業領域將更為擴大。[99] 日本解除武器出口的禁令後，目前獲得的成果包括了三菱重工將參與新一代主力戰鬥機 F35 的零部件生、[100] 與法國啟動面向武器的共同開發無人潛水器，強化新一代核反應爐「高速反應爐」的研究等在內的核能合作。[101] 日本並與美國正在共同開發新型海基攔截飛彈「SM-3 Block 2A」；[102] 以技術合作的方式爭取出售蒼龍級（Soryu-class）傳統動力潛艦給澳洲；[103] 向英國推銷二架日本川崎重工生產製造的 P-1 反潛巡邏機；[104] 考慮出口救援飛艇「US-2」給印度；[105] 透過推動預警機的國產化來掌握尖端技術等，[106] 開始啟動參與軍火銷售的行動。此外，日本政府亟欲推動的安保法案允許海外派兵可能也與軍工複合體有關。日本桃山學院大學（Momoyama Gakuin University）政治和國家安全教授松村昌廣（Masahiro Matsumura）表示「你不打仗，對軍事工業發展就沒有多大

zh.cn.nikkei.com/industry/manufacturing/8665-20140331.html ＞。

99 〈日本武器出口原則轉向有三個目的〉，《日經中文網》，2014 年 4 月 2 日，＜ http://zh.cn.nikkei.com/politicsaeconomy/politicsasociety/8700-20140402.html ＞。

100 〈日本武器出口三原則或進一步放寬〉，《日經中文網》，2013 年 3 月 4 日，＜ http://zh.cn.nikkei.com/politicsaeconomy/politicsasociety/4962-20130304.html ＞。

101 〈日法將啟動防衛裝備品合作談判〉，《日經中文網》，2014 年 5 月 6 日，＜ http://zh.cn.nikkei.com/politicsaeconomy/politicsasociety/9146-20140506.html ＞。

102 〈日本防衛產業之變（上）：安保新牌〉，《日經中文網》，2014 年 4 月 17 日，＜ http://zh.cn.nikkei.com/columnviewpoint/column/8876-20140417.html ＞。

103 這項交易是為了澳洲替換六艘科林斯級（Collins-class）潛艦，交易的金額可能高達 500 億美元。Ankit Panda, "A First: Japan Will Share Classified Submarine Technical Data With Australia," The Diplomat, May 07, 2015, <http://thediplomat.com/2015/05/a-first-japan-will-share-classified-submarine-technical-data-with-australia/>.

104 川崎重工的 P-1 是配備四具噴射發動機的反潛機，航程可達 8000 公里，最高時速 996 公里。為了探測和跟蹤潛艇以及小型水面艦艇，配備了尖端的聲納與雷達技術。Franz-Stefan Gady, "Tokyo has ambitions to become a global supplier of military hardware," The Diplomat, July 09, 2015, <http://thediplomat.com/2015/07/japan-seeks-to-export-its-new-sub-hunting-plane/>.

105 US-2 水上飛機是新明和工業（ShinMaywa Industries）為日本海軍研製的產品。US-2 可以幫助印度軍方巡邏隊前往與印度洋大陸相距數百英里的遙遠群島，比如安達曼和尼科巴群島。Jonathan Soble, "With Ban on Exports Lifted, Japan Arms Makers Cautiously Market Wares Abroad," The New York Times. 日本武器出口原則轉向有三個目的〉，《日經中文網》。

106 全球有能力獨立研製預警機的國家只有美國、俄羅斯、中國、以色列、瑞典等少數國家，日本若能掌握該技術，無疑能為其在國際軍火市場上立足增加重要籌碼。〈日本藉口未發現釣魚島中國飛機 強推國產預警機〉，《新浪網》，2014 年 09 月 23 日，＜ http://mil.news.sina.com.cn/2014-09-23/0840802560.html ＞。

幫助」，[107] 點出日本安保政策調整與軍工複合體之間的關係。

　　在中國方面，中國軍方能夠獲得充足的預算來提高軍備效能，擴大軍工產業的投資，也與近幾年來的周邊海域主權爭端有關。路透社報導指出，過去西方國家對於中國的武器禁運，使中國體會到自製武器的創新與效能的提高。依據斯德哥爾摩國際和平研究所（SIPRI）的報告，中國國內軍火工業的增長已經使其穩步減少軍事進口。[108] 在過去 10 年間，中國正逐步減少了武器的進口，比例從 2007 年到 2011 年之間下降了 58％，但同時中國國內民營化的軍工產業集團例如中國船舶工業集團公司（CSSC）、中國航空工業集團公司（AVIC）和中國航太科工集團公司正持續的擴大，逐漸成為中國主要的武器來源。路透社指出最近幾年在南海與東海之間的島嶼主權爭議，使其中國軍方獲得充足的資金來提升武器裝備的效能，並且協助中國的國防工業從對俄羅斯及其他國家的技術依賴上解放出來。[109] 此外近年來中國似乎亦正尋求擴大其軍火市場。美國媒體指出中國有可能向俄羅斯出售江凱 -II（054A）級護衛艦。在 2009 至 2013 年，中國出口了價值 140 億的常規武器。巴基斯坦是中國生產的傳統武器主要客戶為，在撒哈拉以南的非洲，中國亦是佔有主導地位的頂級武器供應商。[110] 顯示中國的軍火工業已逐漸開始成為其國家賺取外匯的來源。

　　中國在釣魚臺爭端上操作「敵手共生」的部門，主要是以解放軍海軍與海事單位為主，目的在爭取獲的新式船艦。對中國來說，海軍是近年來發展最快速的軍種。中國的造船業為海軍研製、建造和交付幾十艘各型戰

107　松村表示，由於生產批量小，日本的重型裝備比較昂貴。另方面日本武器缺乏實戰經驗。他說「美國打了很多仗，所以獲得了武器性能的回饋」、「日本沒有打仗，所以也沒有回饋」，似乎暗示著若日本可以廣泛的參與戰鬥，對日本的軍火銷售將有實質的助益。日本自第二次世界大戰以來沒有出兵作戰過，其戰後憲法放棄用武力「作為解決國際爭端的手段」。安倍政府正在進行的改革包括制定新法律，讓自衛隊可以在更廣泛的環境下前赴國外開展行動，其中包括為美國等盟友承擔防務。參照 Jonathan Soble, With Ban on Exports Lifted, "Japan Arms Makers Cautiously Market Wares Abroad," *The New York Times*, July 13, 2015, <http://cn.nytimes.com/asia-pacific/20150713/c13japanarms/dual/>.

108　Franz-Stefan Gady, "China's Defense Budget to Increase 10 Percent in 2015," *The Diplomat,* March 04, 2015, <http://thediplomat.com/2015/03/chinas-defense-budget-to-increase-10-percent-in-2015/>.

109　David Algue and Charlie Zhu, "Insight: China builds its own military-industrial complex," *Reuters*, Sep. 17, 2012, <http://in.reuters.com/article/2012/09/16/us-china-defence-idINBRE88F0GM20120916 >.

110　Ankit Panda, "What the Pentagon Thinks of China's Military," *The Diplomat*, May 11, 2015, <http://thediplomat.com/2015/05/what-the-pentagon-thinks-of-chinas-military/>.

艦和潛艇，修復二手航母「遼寧艦」。[111] 在海事單位方面，中國宣佈將新建萬噸級的海洋監視船，以回應日本稱號世界最大的海上保安廳的「敷島級」巡防艦的新艦服役。[112] 據新華社報導，從 1999 年到 2011 年，中國增加了 13 艘千噸級巡邏艦和五架直升機。截至目前，中國最大的監測船海監 -50 的排水量約為 4000 噸，不足以應對日本敷島級巡邏艦，因此新的萬噸級巡邏艦預計將會安排於東海海域。[113] 由此可知，中國將會藉由釣魚臺的爭端繼續發展海軍力量，建造高性能的新型艦艇與美、日進行對抗。

二、自群體的內在團結（H2）：

國家的對外政策是內政問題的延伸。有時國家希望透過外交政策的強硬態度，來豎立敵人的威脅存在，凝聚內部的團結與共識。有時卻是因為國內的政治壓力，使主政者被迫要透過對外強硬來對內表態。自團體的內在團結意味著雙方透過形塑敵人的形象，來區分「自我」與「他者」的身分，藉由外在威脅的存在來促進自我團體內部的團結。在這個面向上建立「穩定國內政局」（H2a）、「凝聚國內共識」（H2b）、「爭取同盟關係」（H2c）等三個指標，來檢證釣魚臺爭端背後是否有權力政治以外的其他國內、外因素。

111　這些船艦中最令人矚目的是排水量 7500 噸的 052D 型飛彈驅逐艦。052D 滿載排水量 7500 噸，長 155.5 公尺，舷寬 18 公尺，最大速度可達 30 節。大陸設計師為其配備新型動力系統，包括兩台渦輪發動機（功率各 37500 馬力）和兩台新型柴油機（總功率超過 1.3 萬馬力），艦上乘員為 280 人。配備有射程達 200 公里內的「紅旗 -9」防空飛彈與近程的 FL-3000N 防空飛彈系統。還有兩門 H/PJ-12 高速快炮。在攻擊敵方潛艇時，還有兩套魚雷發射管可供選擇。目前中國海軍至少有 1 艘至 2 艘 052D 型驅逐艦服役。據俄羅斯軍事評論網報導，中國造船業在 2014 年已陸續向海軍交付 052D 型驅逐艦，顯然掌握的造艦技術已相對成熟。媒體指出中國軍方急著讓精銳的戰艦快速服役，自然是為了因應可能發生的釣魚臺和南海衝突。今後幾年內中國海軍各艦隊還將配備至少 10 艘 052D 型驅逐艦。以這樣快速部署能力，確實可和美國、日本海軍在太平洋中一較長短。〈奪島、捍南海　陸 052D 戰艦待命〉，《中時電子報》，2013 年 12 月 29 日，< http://www.chinatimes.com/newspapers/20131229000722-260309 >。

112　敷島級巡防艦排水量 6500 噸，最大排水量 7175 噸；長 150 米，寬 16.5 米，吃水 9 米；航速 25 節。首艦被命名為「敷島」號，於 1992 年服役。2012 年 7 月 4 日，「敷島級」二號艦「秋津洲」號下水，2013 年服役。「敷島」號巡邏艦自建成至今一直是世界最大的巡邏艦。〈日本海上保安廳「敷島」級：世界最大的巡邏艦〉，《新華網》，2012 年 9 月 27 日，< http://big5.huaxia.com/thjq/jsgc/jsgcwz/2012/09/3019526.html >。

113　Shannon Tiezzi, "China To Build World's Largest Marine Surveillance Ship," *The Diplomat*, January 24, 2014, <http://thediplomat.com/2014/01/china-to-build-worlds-largest-marine-surveillance-ship/>.

（一）透過對外強硬穩定國內政治局勢（檢證 H2a）

中國與日本在釣魚臺問題上並非一直保持緊張，雙方在漁業與資源開發上都曾幾近達成合作的協議，但似乎在關鍵時刻都會因為國內的因素而破局。[114]1980 到 1990 年代中日關係是較為穩定的時期，於 1990 年代末期才開始變得緊張、競爭與不穩。其原因可能是因為國內情勢激化兩國的競爭關係，並衍生難以掌握的情況。[115]美國學者謝淑麗（Susan L. Shirk）指出，隨著媒體將外交政策攤在陽光下，中國的決策者越來越難不從國內政治的角度來思考外交政策。[116]此一思惟似乎也可運用在解釋日本的外交政策上。謝淑麗指出中國政治人物會利用日本議題動員群眾支持強勢領導，或是移轉對國內困境的關注。而領導人越缺乏自信，就越會煽動反日民族主義情結。[117]

國內學者林中斌亦指出，2009 至 2012 年間東亞國家間發生的一系列爭端，原因是美國與東亞各國領導人正好在這兩、三年間遇到權力交接，被迫要透過對外強硬，來對內表態、對內減壓、對內收割。[118]日本《產經新聞》也指出由於中、日兩國的釣魚臺主權爭議讓解放軍鷹派勢力逐漸抬頭，解放軍對胡錦濤的軟弱回應也早有不滿。[119]如果報導屬實，胡錦濤很可能是為了維繫解放軍對黨中央的絕對效忠做出讓步，而在外交上改走強硬路線。這一點說明暸國家外交政策的強硬有時是為了強化內部的控制。就建構主義的觀點而言，這就是敵手共生中的「自團體的內在團結」的邏輯。

114　James Manicom, *Bridging Troubled Waters: China, Japan, and Maritime Order in the East China Sea*(Washington D.C.: Georgetown University press, 2014) p. 8.

115　Evan S. Medeiros（麥艾文）著，李柏彥譯，《中共的國際行為：積極參與、善用機會、手段多樣》（China's International Behavior：Activism, Opportunism, and Diversification）（台北市：國防部史政編譯室，2011 年）頁 137。

116　Susan L. Shirk（謝淑麗）著，《脆弱的強權》，頁 96。

117　Susan L. Shirk（謝淑麗）著，《脆弱的強權》，頁 180。

118　林中斌以中國為例，指出前中共領導人胡錦濤受到薄熙來勢力的挑戰一事，迫使胡錦濤改變了鄧小平「韜光養晦」的外交原則，態度轉趨強硬。林中斌指出 2008 年前，中國大陸的外交成績是非常亮麗，但到了 2009 年，北京突然變臉。背後的原因是 2009 年 5 月美國《華爾街日報》報導，前重慶市委書記薄熙來時常在住所接待的解放軍將領，批評領導人外交太軟弱。林中斌，〈東亞局勢重回基調　釣魚臺不會開戰〉，《天下雜誌》，2013 年 1 月 29 日，< http://opinion.cw.com.tw/blog/profile/70/article/99 >。

119　〈不滿胡錦濤對日態度軟弱 挺習近平 共軍發言強硬〉，《蘋果日報》，2012 年 08 月 02 日，< http://www.appledaily.com.tw/appledaily/article/international/20120802/34410989/ >。

近幾年來中國與日本在釣魚臺爭端上有很明顯的操作「自群體的內在團結」的痕跡。以近期幾次衝突來分析，中國與日本內部的政治局勢穩定時，釣魚臺問題就會趨緩。反之，一旦國內政治局勢嚴峻，釣魚臺問題就會變得嚴重。似乎雙方都有意藉由釣魚臺爭端轉移國內注意。尤其是兩國在 2010 年發生撞船事件後，國內的政治情勢一直不穩。[120] 這些發展讓兩國領導人在釣魚臺問題上不得不針鋒相對來轉移國內注意，並通過對外強硬來凝聚向心。2012 年的日本釣魚臺國有化事件發生後，正逢中國與日本政府面臨改組的壓力。中國即將召開第十八屆人民代表大會議（簡稱十八大），新領導人不會對外讓步。日本面臨眾議院可能解散的問題，弱化野田政權的基礎。對華強硬派前首相安倍晉三當選自民黨新總裁後，致力眾議院大選，不斷批評當前政權「過於軟弱」。[121] 在此一氛圍下，中日雙方似乎透過了「敵手共生」的操作，確認了敵人的身分，讓兩國迅速進入了霍布斯文化之中，透過敵意的提升來轉移國內的政治壓力，獲得政治上的利益。

（二）透過強調外部威脅凝聚民意共識支持特定議題（檢證 H2b）

「自群體的內在團結」另一個作用是利用強化對他者的敵意，來凝聚國內民意共識支持特定議題。在釣魚臺爭端中，安倍晉三操作與中國的敵對關係的目的之一，似乎是為了解除憲法對集體自衛權的限制，並進而廢除日本的和平憲法，讓日本為成「正常國家」。[122] 修改和平憲法是安倍晉三政治生涯的核心目標之一。自 2012 年 12 月再任日本首相至今這幾年，

120　中國方面是胡錦濤與江澤民的較勁引發的薄熙來事件造成的內政治動盪。日本方面則是民主黨主政後新政府新手上路卻頻頻更換閣揆，造成外交政策的擺盪。

121　〈處於政權過渡期的中日都難讓步〉，《日經中文網》，2012 年 9 月 28 日，＜ http://zh.cn.nikkei.com/columnviewpoint/viewpoint/3740-20120928.html ＞。

122　紐約時報一篇專文指出，長期以來安倍晉三一直呼籲日本拋棄戰後的被動姿態，成為一個「正常」國家。日本通過對憲法的解釋擴大了集體自衛權遭到示威民眾的抗議，顯示出此舉在選民中造成的分歧。然而，大部分日本人似乎至少暫時接受了新解釋。紐約時報專論指出，這個跡象表明，中國日漸崛起的軍事實力，以及對爭議島嶼愈發強勢的領土主張，已經使日本民眾感到越發焦慮。東京明治學院大學（Meiji Gakuin University）的政治問題專家川上和久（Kazuhisa Kawakami）指出：「來自中國的壓力越來越大，改變了日本國內的政治辯論….。日本人第一次發現，自己不得不開始現實地考慮保衛國家這件事」，顯示對中國的恐懼，使日本民眾更願意接受安倍晉三更強勢的安全立場。Martin Fackler, "Japan Moves to Permit Greater Use of Its Military," *The New York Times*, July 2, 2014, <http://cn.nytimes.com/world/20140702/c02japan/dual/>.

安倍晉三透過重新提出對「憲法第九條」的政府統一見解，來解除「集體自衛權行使」的限制。雖未一步到位完成修憲，但基本上已突破 1954 年自衛隊組建以來僅允許行使「個別自衛權」的桎梏。[123] 日本社會對於解禁「集體自衛權」存在高度爭議，目前仍有過半民意抱持疑慮，但安倍晉三對於修憲仍懷抱希望。日本輿論與民意調查顯示日本民眾仍反對修改憲法，讓安倍在修憲的議題上更為謹慎。[124]

　　事實上，安倍政府於 2014 年 7 月通過了「解除集體自衛權限制」的內閣決議，突破了日本在二次大戰後長期奉行的「專守防衛」路線，為日本自衛隊海外派兵解除了憲法上的限制。[125] 為確保集體自衛權的合法行使，安倍開始致力於相關安保法制的修改。2015 年 4 月，安倍訪美期間，美國和日本聯合發佈新版日美防衛合作指針，允許日本武裝力量在全球扮演更具進攻性的角色。[126] 為了貫徹安倍對美國的承諾，日本眾院全體會議 2016 年 7 月 16 日表決通過了解禁集體自衛權、大幅轉變戰後日本防衛政策的安保相關法案。[127] 儘管在野黨主張應在進行充分審議，對表決表示反對，但執政黨仍實施強行表決。[128] 民調顯示在眾院決議前民意並不支持安

123　何思慎，〈時論－搶救安倍大兵難又難〉，《中時電子報》，2014 年 11 月 19 日，< http://www.chinatimes.com/newspapers/20141119000851-260109 >。

124　但在 2015 年的伊斯蘭國人質危機後，安倍的態度有所轉變。日本右翼人士抓住了危機的機會，呼籲民眾支持日本軍隊捍衛國家的利益。參照 Martin Fackler, "Prime Minister Abe Appeals to Japanese on Pacifist Constitution," *the New York Times*, February 5, 2015, <http://www.nytimes.com/2015/02/13/world/asia/abe-makes-impassioned-appeal-to-change-constitution.html>.

125　安倍政府 2014 年 7 月的內閣決議修改了以往的憲法解釋，允許行使集體自衛權。以此為基礎的安保法案，安倍晉三首相以 1972 年的政府見解稱「必要最小限度的自衛措施」符合憲法作為依據，主張為應對安保環境的變化，有必要「有限行使」集體自衛權。〈分析：日本安保法案在眾院通過 國內對「違憲立法」的擔憂加劇〉，《共同社》，2015 年 07 月 16 日，< https://china.kyodonews.jp/news/2015/07/101598.html >。

126　〈背景資料：日本安保法案是啥貨色〉，《新華社》，2015 年 07 月 16 日，< http://news.xinhuanet.com/world/2015-07/16/c_1115950176.htm >。

127　日本的安保法案共由兩個部分組成，一是《武力攻擊事態法修正案》、《重要影響事態法案》、《自衛隊法修正案》、《ＰＫＯ協力法修正案》、《船舶檢查法修正案》、《美軍等行動通暢化法修正案》、《海上運輸規制法修正案》、《俘虜待遇法修正案》、《特定公共設施利用法修正案》和《國家安全保障會議（ＮＳＣ）設置法修正案》等 10 部法律的修正案綜合構成的《和平安全法制完善法案》，二是隨時允許為應對國際爭端的他國軍隊提供後方支援的新法《國際和平支援法案》。參照〈背景資料：日本安保法案是啥貨色〉，《新華社》，2015 年 07 月 16 日，< http://news.xinhuanet.com/world/2015-07/16/c_1115950176.htm >。

128　〈詳訊：日本眾院全體會議表決通過安保法案〉，《共同社》，2015 年 07 月 16 日，< http://tchina.kyodonews.jp/news/2015/07/101568.html >。

保法案，[129] 日本執政聯盟仍強行通過法案，引起國內輿論的反彈。甚至連自民黨的政務官也批評安倍未能凝聚國民共識就強行通過法案。[130] 媒體認為日本民眾對行使集體自衛權「違憲」的意見以及對行使條件「存亡危機事態」的定義等自衛隊制動機制模稜兩可的擔憂尚未消除，安保法案在這種情況下通過將難以避免引發對「違憲立法」的強烈擔憂。[131]

如果安倍晉三打算修改日本和平憲法、調整安保政策，最好的說客可能是中國。形塑中國的威脅有助於日本民眾理解外部環境並不安全，進而提高對於修憲的支持。這也是敵手共生中自團體的內在團結的操作手法之一。《法新社》指出安倍晉三加強軍隊的作用的原因之一，是為了應對中國在東亞地區不斷增長的實力。[132] 日本外相岸田文雄在一場演講中說明考慮到中國的海洋活動，因此安保法案有其必要性，雖然避免直接指名中國但同時暗示中國的潛在威脅，希望以此獲得輿論的支持。[133] 日本首相安倍晉三向日本國會及民眾解釋為何須要通過安保法案的主要原因是安全環境的改變與中國的軍事擴張，特別是中國在東海及釣魚臺問題上對日本產生的威脅。[134] 可見日本政府在中日關係改善的同時，為了

129　據《朝日新聞》在 11 日、12 日以電話方式進行的全國輿論調查資料顯示，安倍內閣的支持率為 39%，不支持率為 42%，發生了逆轉。關於對安全保障關聯法案贊成與否，26% 表示「贊成」，56% 表示「反對」，延續了上次調查中反對之聲過半數的形勢。關於是否認為法案違反憲法一問，48% 認為「違反」，24% 認為「不違反」。〈安倍內閣支持率逆轉　過半數反對安保法案〉，《朝日新聞》，2015 年 7 月 14 日，< http://asahichinese.com/article/politics_economy/AJ201507140061 >。

130　本媒體指出日本前首相小泉純一的兒子，現任日本復興廳政務官小泉進次郎，對安倍政權進行了批判。他認為安保法案無法獲得日本國民的理解，主要原因在自民黨自身。〈不滿強行通過安保法 日政務官批判安倍〉，《中廣新聞》，2015 年 7 月 17 日，< https://tw.news.yahoo.com/%E4%B8%8D%E6%BB%BF%E5%BC%B7%E8%A1%8C%E9%80%9A%E9%81%8E%E5%AE%89%E4%BF%9D%E6%B3%95-%E6%97%A5%E6%94%BF%E5%8B%99%E5%AE%98%E6%89%B9%E5%88%A4%E5%AE%89%E5%80%8D-024601990.html >。

131　〈分析：日本安保法案在眾院通過 國內對「違憲立法」的擔憂加劇〉，《共同社》，2015年 07 月 16 日，< http://tchina.kyodonews.jp/news/2015/07/101598.html >。

132　Mari Yamaguchi, "Japan＇s Lower House of Parliament Has Approved an Expanded Military Role," AP, July 15, 2015,< http://time.com/3960365/japan-military-expanded-role/>.

133　日本外相岸田文雄 2015 年 7 月 18 日在廣島縣尾道市發表演講，說明了安保法案的必要性是考慮到中國的海洋活動。岸田指出中國在東海和南海有試圖單方面改變現狀的行為，強調「為了以防萬一，必須建立無懈可擊的體制」。有分析認為，在國民對安保法案的理解沒有進展的情況下，岸田的上述發言在避免直接指名的同時暗示中國的潛在威脅，希望以此獲得輿論的支持。〈日外相強調安保法案的必要性 或暗示應對中國〉，《中國評論新聞網》，2015 年 07 月 19 日，< http://tchina.kyodonews.jp/news/2015/07/101741.html >。

134　"保法衆院通過　日本の守り向上へ前進だ　国民の理解深める努力尽くせ," 新聞, 2015. 7. 17., <http://www.sankei.com/column/news/150717/clm1507170002-n1.html>.

順利通過安保法案，必須再次將中國定位為威脅來凝聚國內民眾對安保法案的支援，敵手共生的操作相當的明顯。基此分析，未來日本政府雖然會持續尋求與中國建立安全預防機制，但對於中國威脅的批評不會有所鬆動。

在中國方面，透過釣魚臺爭端強化改革決心的操作亦清晰可見。習近平主政後對外態度強硬，一方面是因為中國經濟實力已達一定程度，對外政策由保守的不干涉轉趨於承擔責任。另一方面的原因可能是內部的政制改革壓力必須要適時的疏解。習近平一上任，對日本擺出「強勢遏制」態勢，包括劃設「東海防空識別區」、海軍軍艦頻頻在日本近海演習、穿越日本海峽、繞航日本島嶼等。這些動作，讓中國民眾眼睛為之一亮。民眾普遍認為，習近平對日本態度之強硬，為中國民間出了一口悶氣。習近平如此的做法，背後的意義是以對外強勢來為對內支撐興革事項；另一方面也藉其對內興革事項的雷厲風行，來強化習近平自身的領袖形象，進而提高其對外的發言權。[135] 學者曾復生引述美國中情局研究報告指出，中國大陸經濟發展優勢不再，一旦大陸經濟成長動能停滯，勢必會衝擊習近平的權力基礎。[136] 習近平積聚權力的速度比數十年來歷任中國領導人都要快。但是許多觀察家同時指出，習近平政權目前也面臨著巨大的挑戰，包括民眾對霧霾、腐敗和攫取土地現象感到的不滿，新疆和西藏存在著的民族衝突，以及經濟增長速度放緩帶來的不確定影響。[137] 面對改革貪腐的改革壓力，分離主義的挑戰與經濟放緩的不確定性等因素，可能讓習近平透過對外強硬的態度來展現領導的能力，並避免內部政敵的挑釁。

（三）透過形塑共同威脅強化同盟關係（檢證 H2c）

「自群體的內在團結」的操作，似乎不僅是只針對國家內部的民眾，而且可以擴及到同盟國家內部的團結，亦可以將國家內部的政敵與外部的

135　中國新強人習近平的世紀大戰略：對內樹威，對外銀彈炮彈齊發財訊〉，《財經新報》，2015 年 05 月 03 日，< http://finance.technews.tw/2015/05/03/xi-jinpings-reform-war/ >。

136　曾復生，〈穩固政權 習近平遠勝歐巴馬〉，《中國時報》，2015 年 3 月 19 日，A17 版。

137　〈「新設計師」稱號強化習近平執政權力〉，《BBC 中文網》，2014 年 11 月 13 日，< http://www.bbc.co.uk/zhongwen/trad/china/2014/11/141113_xi_new_designer >。

敵人結合，藉由劃分自我於他者的界線後，凝聚國內支持群眾的團結。例如日本透過釣魚臺爭端強化了中國威脅論的效用，藉以將東亞的國家分為「中國」與「非中國」的兩個團體，並與「非中國」的國家強化了經貿與軍事上的合作，來增強與中國對抗的正當性與合法性。[138] 隨著中國的崛起與在東海與南海採取強硬態度，日本政府開始與區域國家 — 包括了澳洲、菲律賓、印度等國，進行海上軍事演習。[139] 從這方面可見到「自群體的內在團結」的操作。

　　日本在釣魚臺問題中與中國對立所獲的得最大利益是美日安保合作的強化。美國國務卿凱瑞和國防部長卡特（Ashton Carter）、日本外相岸田文雄（Fumio Kishida）和防衛大臣中谷元（Gen Nakatani）於 2015 年 4 月 27 日在美國紐約舉行美日「2+2 會談」（外交與國防的雙邊會談），發表了 1997 年以來兩國首次更新的美日防衛合作指針。雙方表示此次修改是考慮到中國不斷增強軍備、擴大海上活動的現狀。[140] 新的防衛指針授權美軍支援日本的奪島行動；同時也確認釣魚臺列嶼屬於日本管轄，釣魚臺的防衛適用於美日安保條約，意在因應北京的擴張。[141] 新指針雖然避免了明確點名，但顯而易見是針對中國。[142] 日本首相安倍晉三在 2015 年 4 月 30 日播放的日本電視台節目中，就再次修訂《日美防衛合作指針》一事明確表明是為了應對中國與北韓，[143] 但實際上的目標很明顯是針對中國。

138　日本的操作除了美國與東亞國家之外，尚包含了歐洲國家。2014 年 4 月 30 日訪問德國的安倍告訴梅克爾總理「烏克蘭問題並不僅僅是歐洲的問題，也是亞洲的問題。應當要求中國遵守法律、維護海洋自由」，梅克爾以「中國目前是民族主義」做為回應。中國增強軍備似乎成為歐、美、日加強合作的「催化劑」。〈「安倍外交」的死角（上）〉，《日經中文網》，2014 年 6 月 16 日，< http://zh.cn.nikkei.com/columnviewpoint/column/9711-20140616.html?limitstart=0 >。

139　Ankit Panda, "Will Japan Become a Permanent Part of US-India-led Naval Exercise?," *The Diplomat*, July 10, 2015, <http://thediplomat.com/2015/07/will-japan-become-a-permanent-part-of-u-s-india-led-naval-exercise/>.

140　〈日美修改防衛合作指針 合作範圍擴至全球〉，《朝日新聞中文網》，2015 年 4 月 28 日，< http://asahichinese.com/article/news/AJ201504280030 >。

141　與防衛指針相關聯的共同文件中明確表示，規定美軍對日本防衛義務的安保條約第 5 條的適用範圍包括釣魚臺。日本自衛隊和美軍將從平時起密切合作，以鞏固日本的防衛。〈美日更新防衛指針 意在因應北京擴張〉，《中央廣播電臺》，2015 年 4 月 28 日，< http://news.rti.org.tw/news/newsSubject/?recordId=709 >。

142　〈日美新防衛指針意在威懾中國〉，《日經中文網》，2015 年 4 月 28 日，< http://zh.cn.nikkei.com/politicsaeconomy/politicsasociety/14147-20150428.html >。

143　〈安倍就日美防衛指針的修訂舉出具體國名〉，《共同網》，2015 年 04 月 30 日，<

　　另一方面中國亦在強化盟邦關係，並透過與美日聯盟抗衡的手法在經濟與軍事方式尋找盟邦進行結盟。為抗衡美日同盟，中國與日本有領土爭議的俄羅斯強化軍事合作的關係，並採購俄羅斯生產，射程可涵蓋釣魚臺的 S400 防空飛彈，針對日本的意味相當的強烈。[144] 2014 年 2 月 7 日索契冬奧會開幕式中，俄羅斯總統普丁與中國國家主席習近平舉行會談，目的之一是希望與俄羅斯聯手在領土和歷史問題上牽制日本。據新華社報導，普丁總統表示「日本軍國主義對中國等亞洲受害國人民犯下的嚴重罪行不能被遺忘」。對於中方對日本的批評，俄羅斯與中國保持了一致的步調。[145] 隨後俄、中海軍艦隊於 2014 年 5 月 20 日在長江口以東，釣魚臺西北海域進行聯合軍演，傳遞出俄羅斯與中國是聯盟的訊號。2015 中俄「海上聯合－ 2015（Ｉ）」軍事演習首次於地中海舉行，大陸媒體認為此次聯合軍事演習是中國海軍遠洋訓練常態化重要一步，顯示中國海軍作戰半徑已突破美日島鏈限制，遠洋作戰力迅速提升。[146] 在此同時，俄羅斯舉行紀念二戰勝利的閱兵，習近平選擇親自出席，顯示兩國關係提升。[147] 此一發展顯示兩國未來結盟對抗美、日同盟的可能性亦正在提高，如此發展可能將東亞國家捲入一場經濟相互依賴但軍事競爭激烈的「涼戰」（cool war）之中，[148] 不利於區域安全的穩定。

---

http://tchina.kyodonews.jp/news/2015/04/96735.html ＞。

144　媒體指出俄羅斯武器出口官員證實，中國成為俄國最新型防空系統 S-400 的第一個外國客戶。根據公開資料，S-400 如果搭配 40N6 飛彈，最大射程可達 400 公里，從中國沿岸陣地發射，可以摧毀釣魚臺上空的目標。參照〈火力覆蓋釣魚臺！中國成俄羅斯 S-400 首位買家〉，《ETtoday 新聞雲》，2015 年 4 月 14 日，＜ http://www.ettoday.net/news/20150414/492453.htm ＞。

145　秋田浩之，〈普丁「腳踏兩條船」？〉，《日經中文網》，2014 年 2 月 18 日，＜ http://zh.cn.nikkei.com/columnviewpoint/column/8066-20140218.html ＞。

146　這中共海軍參與的距離本土最遠的一次演習，2015 年 5 月 11 日至 5 月 21 日的演習兩國共派出 9 艘水面艦艇。〈聯合軍演登場 中俄亮劍地中海 海軍展遠洋戰力 突破美日島鏈限制〉，《鉅亨網》，2015 年 5 月 12 日，＜ http://fund.cnyes.com/news/20150512/20150512082332755016311.shtml ＞。

147　Jane Perlez, "As Russia Remembers War in Europe, Guest of Honor Is From China," *The New York Times,* May 11, 2015, <http://cn.nytimes.com/world/20150511/c11alliance/dual/>.

148　涼戰（Cool war）一詞是美國學者 Noah Feldman 所著探討後冷戰時期國際情勢與中美關係的專書的主標題。涼戰的概念旨在描述一個矛盾的現象：兩國再展開權力競爭的同時，彼此間的經濟合作也變的深入。用以跟冷戰時期美蘇集團軍事對立而幾乎沒有經濟上的往來的情況有所區別。參照 Noah Feldman, *Cool war：the future of global competition* (New York: Random House, 2013), p.xii.

三、投射認同 (H3)：

　　Andrew J. Nathan（黎安友）與 Andrew Scobell（施道安）指出，當地緣戰略難以解釋兩國的衝突時的利益時，很容易被解釋為文化的衝突，這點對於建構主義是很重要的。大多數人研究中日關係的學者對於中日關係惡劣到今日這種地步都感到迷惑不解，而在解釋這種迷惑時，則通常會提到歷史和文化或民族主義，將之視為「無法控制的集體情緒」（ungovernable collective emotion），或政治上的有心人士發明出來的產物。[149] 這種「無法控制的集體情緒」與敵手共生的第三種種機制──投射認同（projective identification）相符。透過這種機制，敵人的存在可以建構利益。[150] 溫特曾指出這個互動的過程應用到國家就會出現擬人化、操作化和證偽性等難以解決的問題。而產生了虛擬的敵人、沒有道理的仇恨、無法認識自我的挑釁行為在衝突中所起的作用。本文依此設立「虛擬的敵人」（H3a）、「沒有道理的仇恨」」（H3b）、「刻意的挑釁行為」」（H3c）等三個指標來檢證釣魚臺爭端中，中、日是否刻意將對自我的不必要情感投射於對方身上，而讓情勢趨於緊張。

（一）透過「虛擬的敵人」強化敵意（檢證 H3a）

　　在釣魚臺爭端之中，我們似乎也可以看到敵意的投射作用。日本的重提「中國威脅論」與中國強調擔憂日本「軍國主義復甦」，都是將自我分解為「好」和「壞」兩種成分，並把壞的成分投射到他者身上，而產生「虛擬的敵人」情結。中國與日本並非把對方當成是根本不同或是格格不入的國家，而是互相的把自我身上難以控制、無法接受的成分投射到對方身上。這一點是從文化層面建構敵意的一個基礎，因為分裂的自我需要他者與自我投射的成分認同，並與自我合作，以便證明通過消滅他者來消滅這些不良成分是正確的。釣魚臺爭端一開始或許對方並未真正將自我當成敵人，也不會產生敵人的意象，如此並不會產生霍布斯文化的共有知識。但當對方也將自己不需要的情感投射到自我身上時，則雙方都會開始扮演對方需

149　Andrew J. *Nathan and Andrew Scobell, China's Search for Security* (New York: Columbia University, 2012), p. xix.

150　Alexander Wendt, *Social theory of international politics*, p. 277.

要的角色時便確立了「敵人」的共有知識。雙方在這方面的共有知識就會使他們產生「改變現狀」的意願具有實質的意義。這種共有知識的產生即使是不明朗的或是下意識的，也會產生效果。也就是說，中國與日本各自都需要作為敵人的他者存在，因為這樣會使它們能夠控制或消滅自己身上的憎恨的成分。[151]

　　日本外務省每年四月上旬發表的「外交藍皮書」，提及釣魚臺海域議題；批評中國公務船多次入侵日本領海「試圖單方面改變現狀」。日本外相岸田文雄 2015 年 4 月 27 日在美國紐約《不擴散核武器條約》（NPT）審議大會上，鑒於中國正在增強核實力，岸田將要求所有核武器持有國提高透明度並加快核裁軍談判。共同社指出在被 NPT 定位為擁核國家的美國和俄羅斯等 5 國中，中國是唯一在不斷增加核彈頭的國家。基於這一現狀，岸田將在演講中表現出強烈的危機感。[152] 日本首相安倍晉三向日本國會及民眾解釋為何須要通過安保法案的主要原因是安全環境的改變與中國的軍事擴張，特別是中國在東海及釣魚臺問題上對日本產生的威脅。[153] 這些舉動正是將中國定位為麻煩製造者與威脅來源，藉以突顯日本的安全處境。這是將中國視為是「惡」，來突顯自己的「善」。但如果中、日雙方都將對方當成是現實主義霍布斯無政府狀態中的敵人，就不會允許對方的生存也不會承認對方的主權，在使用暴力時也不會也所節制。就中日關係的發展來分析，雙方似乎並未真正的將對方視為必須消滅的敵人，只是運用敵意的投射來獲得利益。因此中國與日本或許只是將對方視為是一種「虛擬的敵人」。為了讓敵意持續的存在，即使中國與日本雙方都視對方是經濟上的必要夥伴，但在安全議題上仍必須要相互的指責。但因為對方並不打算消滅自己，自己也沒打算要消滅對方，敵意的存在只是因為互相存在著需要敵人的角色。

（二）激起「沒有道理的仇恨」來增加敵意（檢證 H3b）

　　中、日兩國經濟互賴緊密，為何仍會發生釣魚臺的爭端？可能是基於

151　Alexander Wendt, *Social theory of international politics*, p. 277.

152　〈日本外相將在 NPT 審議大會呼籲提高核實力透明度〉，《共同社》，2015 年 04 月 26 日，< http://tchina.kyodonews.jp/news/2015/04/96450.html >。

153　"安保法衆院通過　日本の守り向上へ前進だ　国民の理解深める努力尽くせ,"産経新聞.

雙方對於對方的國家實力發展的擔憂，透過歷史與民族主義的視鏡來檢視
對方的軍力發展，並進而透過釣魚臺爭端來確認對方的敵意。誠如《日經
中文網》特約撰稿人劉迪所言，這些年來「民族主義綁架了中日關係」。[154]
此種情形可能是一種「沒有道理的仇恨」，因為就事實來看，至少目前中
日雙方都沒有打算要消滅對方。但這種「沒有道理的仇恨」對自我而言是
確認他者的身份是敵人時不可或缺的元素。中日雙方在釣魚臺爭端後出版
的各項國防與安全、外交報告中都一再的增強這種敵意。例如日本國安智
庫發表的 2013 年版《東亞戰略概觀》，指出中方在釣魚臺問題上「有預
謀的激起主權爭議」，更稱中國「正在採取不惜與周邊國家發生摩擦的行
動」。[155] 日本《2014 年版防衛白皮書》亦稱中國「依靠海上和空中戰力從
質和量兩個層面迅速擴大海洋活動」，批評中國在 2013 年 11 月劃設的東
海防空識別區的做法是「試圖單方面改變現狀，很容易致使事態升級，引
發不測事態」。[156] 新華社批評這份白皮書是為了安倍的擴張性軍事政策背
書的同時，再次渲染「中國威脅論」。[157] 同樣的中國在 2013 年發表的國
防白皮書《中國武裝力量的多樣化運用》中，指出「有的國家深化亞太軍
事同盟，擴大軍事存在，頻繁製造地區緊張局勢」，針對美日同盟的味道
濃厚。特別針對日本指出「個別鄰國在涉及中國領土主權和海洋權益上採
取使問題複雜化、擴大化的舉動，日本在釣魚島問題上製造事端」，[158] 顯
示對中國對於日本的警戒。這種將爭端責任歸咎於對方的做法，是將自己

154　劉迪，〈誰對中日關係破局負責？〉，《日經新聞》，2015 年 7 月 1 日，< http://zh.cn.
　　　nikkei.com/columnviewpoint/column/14986-20150701.html >。

155　日本防衛省《東亞戰略概觀》指出，「中國正在採取不惜與周邊國家發生摩擦的行動」，中
　　　方在釣魚臺與南海問題上已陸續和日本、越南與菲律賓等國展現對立，措辭中的警惕意味比
　　　以往高出許多。報告指出中國在日本有意將釣魚臺列嶼「國有化」之前，就已先「預謀挑起
　　　釣魚臺主權爭議」。如中方曾在日本宣佈釣魚臺附近 39 個島嶼名稱隔天，也宣佈中國版的
　　　島嶼名稱。報告強調「今後中國仍存在侵犯日本領空、領海的可能，令人緊張」。〈釣島爭
　　　議 日本控中國預謀〉，《蘋果日報》，2013 年 03 月 30 日，< http://www.appledaily.com.
　　　tw/appledaily/article/international/20130330/34920557/ >。

156　白皮書聲稱，中國強化軍事力量的目的和目標均不夠明確，與軍事和安全保障相關的決策不
　　　夠透明。這些都顯示日本政府對於中國軍事能力的擔憂。這種觀點是將中國軍事力量的發展
　　　視為是區域安全的威脅與單方面改變現狀的行為者。〈日本防衛白皮書稱中國海洋活動質和
　　　量同增〉，《日經中文網》，2014 年 8 月 5 日，< http://zh.cn.nikkei.com/politicsaeconomy/
　　　politicsasociety/10465-20140805.html >。

157　〈日本政府批准 2014 年版《防衛白皮書》〉，《新華網》，2014 年 08 月 05 日，< http://
　　　big5.xinhuanet.com/gate/big5/news.xinhuanet.com/world/2014-08/05/c_1111945979.htm >。

158　中華人民共和國國防部，《國防白皮書：中國武裝力量的多樣化運用》，2013 年 4 月 16 日，
　　　<http://www.mod.gov.cn/affair/2013-04/16/content_4442839.htm>。

內心的「惡」投射在敵人身上，來突顯自己的「善」，似乎也是一種投射認同的作法。

（三）透過不顧後果的挑釁行為來激怒對手（檢證 H3c）

中日之間相互叫囂產生的另一個現象是雙方都無法意識自我的挑釁行為可能引發衝突，這也是「投射認同」容易產生的危機。雖然中日雙方相互需要對方擔任敵人的角色來宣洩情感，但過度的挑釁作為將可能讓虛擬的敵人變成真正的敵人。參拜靖國神社的問題一直是中日關係重要的議題，對於中國而言，日本政府官員參拜靖國神社等於是膜拜戰爭的罪犯、是軍國主義的復甦。但日本政府似乎明知道參拜靖國神社會引來國外的批評，但基於凝聚內部團結的利益，希望藉由參拜靖國神社引來中國的批評，再藉由這種批評來證實中國干涉日本內政，引發日本民眾的不滿。並藉由中國民眾的示威抗議而強調中國民眾的不理性，讓日本民眾對中國產生反感，轉而支持日本政府改變防衛戰略與修改和平憲法。這種參拜靖國神社的做法可說是日本方面不顧後果挑釁，對於可能引發中日外交衝突視而不見。這種為了滿足國內需求而對外挑釁的行為如果不予節制，將讓釣魚臺問題難以緩解。

當 2013 年底日本首相安倍晉三參拜靖國神社後，中國外交部立即命令駐各國大使通過當地媒體等指責該行為是日本軍國主義復活的前兆，開展「反法西斯主義」運動。[159] 數十名中國大使寫信給各國報紙對日本表示批評；其中中國駐英國大使劉曉明還將日本比作了《哈利·波特》（Harry Potter）當中的魔頭伏地魔（Lord Voldemort），把供奉二戰甲級戰犯的靖國神社比作黑暗的魔咒。[160] 日本駐英國大使林景一則在《每日電訊報》上指出中國目前面臨著兩個選擇：一個選擇是依照法治尋求對話，另一個選擇是放任軍備競賽和加劇緊張局勢，成為地區的伏地魔。[161] 專欄作家佩賽

---

159 〈中國以「歷史問題」為武器 外交包圍日本〉，《朝日新聞》，2012 年 2 月 24 日，<http://asahichinese.com/article/china_taiwan/AJ201402240015>。

160 Helene Cooper, "In a Test of Wills With China, U.S. Sticks Up for Japan," *The New York Times*, April 08, 2014, <http://cn.nytimes.com/asia-pacific/20140408/c08military/dual/>.

161 蒙克，〈透視中國：中日外交官在英國報紙上較量〉，《BBC 中文網》，2014 年 1 月 8 日，< http://www.bbc.co.uk/zhongwen/trad/china_watch/2014/01/140107_china_watch_china_

克指出，中日兩國領導人習近平和安倍晉三都需要依靠在外交上採取強硬立場以保證國內政策的推動。不過他認為這場中日之間「缺乏外交風度」的言語交鋒是一個令人擔心的信號，顯示兩國彼此間的敵意已經達到視彼此為「魔頭」的程度。[162] 這種不顧後果的挑釁，讓中日兩國之間的敵意難以立即的改善。

伍、「敵手共生」操作對中日關係的影響

不論以上三種投射認同是否真的將對方當成真實的敵人，但就如溫特所說：「無論敵人是真實還是虛構的，如果行為體認為敵人是真實的，那麼從結果來看敵人就是真實的。」[163] 中日兩國在 2014 年開始尋求對釣魚臺問題降溫，兩國領導人也在兩次區域峰會見面，兩國關係似乎正在改善。但日本官員對於中國改善雙邊關係的用意仍是心存懷疑，認為這並非是放棄對日本的敵意，而是為了經濟上的利益採取的「功利主義」作法。[164] 透過雙方的外交人士的談話，可以推論出中日雙方的關係雖已有初步的改善，但未來的發展仍令人憂慮。因為雙方潛藏著不信任感與敵意[165]。

由近期在南海問題上，我們亦可見到了中國與日本在外交與軍事領域的角力仍持續進行。中國大陸的媒體引述日本週刊的報導，日本首相安倍酒後失言，指出日本正準備在南海與中國的戰爭。[166] 此一報導引起大陸

japan_dumbing_down.shtml ＞。

162 〈中日互指對方伏地魔引媒體網民圍觀〉，《BBC 中文網》，2014 年 1 月 7 日，＜ http://www.bbc.co.uk/zhongwen/trad/china/2014/01/140107_china_japan_voldemort.shtml ＞。

163 Alexander Wendt, *Social theory of international politics*, pp. 261-262.

164 共同社引述自民黨幹部的發言表示：「鑒於經濟增長呈現放緩趨勢，中國希望與日本等周邊各國維持穩定的關係。正因為存在這樣的情況才得以實現首腦會談。」參照〈解讀：日方出於對華考慮 要求閣僚避免習安會談當天參拜〉，《共同社》，2015 年 04 月 23 日，＜ http://tchina.kyodonews.jp/news/2015/04/96312.html ＞。

165 社評：中日關係改善還在途中〉，《日經新聞》，2015 年 4 月 27 日，＜ http://zh.cn.nikkei.com/columnviewpoint/criticism/14114-20150427.html ＞。

166 中共黨媒《環球時報》引述日媒報導，日本首相安倍晉三 2015 年 6 月初在東京「赤阪飯店」與媒體高層聯誼的「懇親會」中表示，安保法案就是衝著南海上的中國大陸，並坦承自己在謀劃與大陸的戰爭。環時引述日本雜誌《週刊現代》的報導說，安倍 6 月初與各媒體負責人「懇親會」是安倍與媒體高層的聯誼會，讓媒體能對安倍進行擁護性、支持性的報導。環球時報還指首相官邸一再「恐嚇」媒體不得對外洩漏安倍上述言論，一些記者無法在自己報刊刊登相關報導，轉而把消息透露給週刊和網站。參照〈報導：安倍坦承謀劃與中國大陸的戰爭〉，《中央社》，2015 年 6 月 29 日，＜ http://www.cna.com.tw/news/acn/201506290066-

方面的反彈，批評日本政府近期在南海問題上的渲染製造了區域局勢的緊張。[167] 由日本最近在南海的動作，顯示東京似乎正在尋求在區域安全事務方面肩負更大的角色。「日本與湄公河流域國家峰會」2015 年 7 月 4 日在東京通過《新東京戰略 2015》的共同聲明，將加強區域的海洋安全保障與海上安全。[168] 聲明雖未點名中國大陸，但與中國大陸互別苗頭的味道濃厚。近期中國大陸在南海填造島礁，這份共同聲明似乎顯示日本有意藉由區域性的經濟與安全合作牽制中國大陸。[169]

此外，日本防衛省 2015 年版《防衛白皮書》的針對中國在南海強行推進岩礁填海造地的行為，稱中國「仍在繼續採取稱得上高壓的舉措」，並對此表示擔憂，對於中國的擔憂不言可喻。[170] 但問題在於日本並不是南海國家，也沒聲索的權利，為何要積極介入南海領海爭端的問題？美國《外交雜誌》分析指出，日本可能是試圖透過南海爭端來觀察中國對於領土爭端的解決方式，做為日本解決釣魚臺問題的參考。因此日本透過協助南海周邊國家來對抗中國，防止中國以武力威脅來解決領海爭端。[171] 如此發展讓人難以理解日本到底是要與中國和解，還是要繼續的向中國挑釁？由以上的發展現顯示中日雙方似乎陷入了霍布斯文化的自我實現的預言，讓敵意持續的加深而產生了安全困境。

1.aspx＞。

167　針對日本雜誌報導，日本首相安倍晉三 6 月初在與各媒體負責人內部座談時稱，安保法制改革是衝著南海上的中國，大陸外交部發言人華春瑩 2015 年 6 月 29 日在例行記者會上表示，日方近期在南海問題上渲染和製造地區局勢緊張，其消極動向及背後的真實意圖令人高度警惕。〈大陸外交部：日在南海問題動向 令人高度警惕〉，《旺報》，2015 年 06 月 29 日，《中時電子報》〉，＜ http://www.chinatimes.com/realtimenews/20150629004548-260408 ＞。

168　參與峰會的國家包含了泰國、緬甸、越南、柬埔寨、老撾等五國。日本同意於今後三年內 (2016-2018) 將向湄公河區域提供 7500 億日元（約新台幣 1900 億元）的政府開發援助（ODA）與政府間合作項目，主要內容包括：（1）完善產業基礎設施（2）培養各產業人才（3）在防災、氣候變化、水資源管理等領域進行可持續開發（4）與國際機構、NGO、有關各國開展合作等。〈《新東京戰略 2015》內容概要〉，《共同社》，2015 年 7 月 4 日，＜ http://tchina.kyodonews.jp/news/2015/07/100799.html ＞。

169　〈制衡大陸 日本巨款援湄公河 5 國〉，《中央社》，2015 年 7 月 4 日，＜ http://www.cna.com.tw/news/aopl/201507040220-1.aspx ＞。

170　白皮書同時分析在中國圍繞南海問題與美國等國家對立日趨加深的情況下，「可以看到可能導致不測事態的行為，對今後的方向感到擔憂」。〈日本防衛白皮書：中國在南海採取高壓舉措〉，《日經新聞》，2015 年 7 月 3 日，＜ http://zh.cn.nikkei.com/politicsaeconomy/politicsasociety/15075-20150703.html ＞。

171　"Japan' s South China Sea Strategy," *The Diplomat*, July 01, 2015, <http://thediplomat.com/2015/07/japans-south-china-sea-strategy/>.

　　溫特認為敵意是由上而下構成的，不是由下而上構成的，但是敵意一旦形成，也可能反過來由下而上制約領導者的決策。透過本文的探索，筆者理解到決策者或許可以透過敵意建構的操作來獲取政治上的利益，但是一旦敵意成為國內民眾的共有知識，就很難化解開來。對於敵人這個概念，溫特認為並不包含「敵人是否真實」的質疑。溫特指出必須理解的一個事實是，無論敵人是真實還是虛構的，如果行為體認為敵人是真實的，那麼從結果來看敵人就是真實的，這也是就所謂的「自我實現的預言」。[172] 以中日民眾互動為例，中國觀光客近年赴日本旅遊人數不斷攀高，2014 年共有 241 萬人次大陸民眾赴日本觀光旅遊，年增了 84%。但日本在大賺觀光財之餘，卻對中國的好感持續下降。中日媒體最近合作的一項調查顯示，93% 日本人討厭中國，近兩年大都拒絕到中國觀光。[173] 這點顯示日本政府雖然發覺必須與中國保持較為穩定的關係，但經過兩國在釣魚臺爭端中相互建構敵意的過程，日本民眾已將對中國的敵意內化為行為的規範，政府想要改善中日關係的努力，不一定會受到民眾的支持。但同時民眾卻支持日本暫緩加入亞投行的決議，反中的情緒似乎正在蔓延，讓中日關係增添許多變數。

　　換言之，在這種「自我實現的預言」情境下，即使是虛假的敵人，也會因敵意的內化被視為真實的敵人。當自我認為他者是敵人時，即使他者的威脅不存在，他者也會變成真正的敵人。這種情境可用來解釋中國與日本之間存在的「不必要的敵意」，但雙方為了某種利益，透過民族主義與歷史記憶的憎恨，將對方視為潛在的威脅。當雙方都將對方視為敵人時，對方就會變成真正的敵人，並在互動過程中逐漸升高敵意，而自我實現「敵人威脅」的預言，會讓「安全困境」變的更加真實。中日關係的發展說明敵手共生的操作要特別的小心，不要超過可控制的範圍，否則會造成決策者的新困境。

172　Alexander Wendt, *Social theory of international politics*, pp. 261-262.
173　〈中日調查：93% 日本人討厭中國〉，《中央社》，2015 年 5 月 11 日，< http://www.cna.com.tw/news/acn/201505110354-1.aspx >。

陸、結論

本文的分析基於建構主義的觀點認為中日之間的敵意是相互建構而來的，目的是藉由敵人的存在獲取政治上的利益。而這種操作模式是霍布斯文化中的「敵手共生」。「敵手共生」的分析模式必須將兩國的國內政治與外交政策納入分析，才能得到比較清晰的結論。本文就由「敵手共生」的模式進行分析後，提出下列幾點結論：

第一、中日在釣魚臺問題中的敵意，是兩國之間刻意建構出來的。這種建構敵意的行為不是單方面，而是兩個行為者相互建構的。透過相互建構的敵意，產生在釣魚臺問題中雙方是「敵人」的共有知識，藉以獲得某些利益。本文透過「敵手共生」的論點，從「軍工複合體」、「自群體的內在團結」、「投射認同」三個面向探討中國與日本在釣魚臺爭端中如何透過建構敵意來爭取國家利益。在「軍工複合體」（H1）確認了中日兩國的國防安全部門在釣魚臺爭端中確實有進行「爭取國防預算」（證實H1a）、「合理化軍事佈署」（證實 H1b）、「增加軍火工業獲利」（證實 H1c）等三個作為來獲得利益。在「自團體的內在團結」（H2）機制確認了中日雙方政府在釣魚臺爭端確實有為了達成「穩定國內政局」（H2a）、「凝聚國內共識」（H2b）、「爭取同盟關係」（H2c）等三個目標來操作「敵手共生」；在「投射認同」（H3）機制方面則可理解中日雙方透過「虛擬的敵人」」（H3a）、「沒有道理的仇恨」」（H3b）、「刻意的挑釁行為」（H3c）等三個作為，將對自我的不必要情感投射於對方身上，讓情勢趨於緊張。

第二、中日之間的敵意並非因為釣魚臺爭端而產生，釣魚臺問題只是建構敵意的工具而已。在 2010 年釣魚臺撞船事件前，中日幾乎已在東海問題上達成共識，可見過去雙方並非敵人的身分，而且有相互溝通的管道。2008 年台海危機趨緩，中國與日本必須要製造對於對方的敵意，中國方面是要轉移對臺灣的威脅，持續對軍備擴張的合理化理由，避免美國的擔憂；日本是因為擔心兩岸關係穩定後，日本無法再將中國視為亞洲動盪的威脅，必須要製造與中國之間的矛盾，才能合理化日本在亞洲的軍備擴張。

　　第三、建構敵意的手段是一種戰略操作的模式。雙方的敵意並非給定的，而是人為建構而來的，目的是為了擴大自己的行動自由，並限制對方的行動自由。也因為敵意不是給定的，所以雙方可以操作敵意的相互建構，也可以透過共有知識的建立來解敵意。但這個過程是具有風險的，就建構主義的觀點，觀念一旦內化為行為體的規範後是很難改變的，也就會讓敵意形成的安全困境難以解除。但改變仍然是可能的，只要中日雙方真誠的想要改變，透過互動的過程中建立新的共有知識，就可能造成改變。建構主義的觀點是，觀念一旦改變，文化也就隨之改變了。

　　第四、將敵意的建構進行戰略操作化並非溫特建構主義的本意，但藉由這種操作我們可以理解到中日釣魚臺爭端中釣魚臺本身並非關鍵因素，而是一種為了獲得戰略利益的蓄意操作。也因為是戰略操作，中日雙方將衝突控制在可掌握的範圍，雙方都在進行風險管理，自然會避免衝突。換言之，中、日沒有進一步衝突的原因，是雙方原本就沒有衝突的打算，而不是沒有交戰的勇氣。衝突會發生必然是有一方刻意的想要衝突，另一方在無法避免的情況下才會發生衝突。如果可以避免，其中一方或兩方面都會尋求外交斡旋、談判、妥協、讓步等等方式尋求避免衝突。只有衝突無法避免才會發生衝突，這些情況包括一方的持續挑釁讓另一方無法讓步，或一方的衝突利益大於妥協。

　　第五、「敵手共生」的操作，必須將敵意控制於一定的範圍內，透過敵意的維持獲得利益，但卻不至於發生衝突，並在目標達成後立即設法降低敵意，準備進一步的談判。在這過程中，只要對手默認了敵人的身分，利益就可以產生，而不需要直接衝突。特別是由於雙方的軍隊領導人會認知到衝突的成本太高，而且一旦消滅敵人就如同消滅自己的一部分，讓自己的角色身份失去價值，因此不會放任敵意無限的升高。中日在釣魚臺上的強硬態度似乎只是為了宣洩長期壓抑的敵意或憤怒，而相互的叫囂與指責，沒有打算毀滅對方。這樣說似乎不合理，但是透過「投射認同」的推論——「如果試圖毀滅他者的過程就是毀滅自身的一部分」，[174] 這些現象就有了合理的解釋。

174　Alexander Wendt, *Social theory of international politics*, pp. 277-278.

第六、溫特透過「敵意」和「對手」的位置對暴力使用程度的差異，清楚劃分了霍布斯文化與洛克文化的差異性。但就中國與日本在釣魚臺爭端中的發展，雙方並沒有否認對方作為自由主體存在的權利，且並未希望改變對方的生命或自由的權利，以達成所謂的「深層改變」。中日雙方比較像是處於「對手」的位置，承認對方的生命與自由，希望改變的只是對方的行為和財富(釣魚臺主權)，此種改變是「表層改變」。雙方在預測他者「使用暴力的程度」受到相互承認生存權利的制約，而會自我約束暴力的使用。因此，筆者認為中國與日本實際上並非處於水火不容的霍布斯文化之中，而是居於競爭狀態的洛克文化，但基於政治上的利益，兩國領導人或政治人物都刻意的營造敵意來獲取利益，也突顯了敵意並非只存在於霍布斯文化之中，「敵手共生」的概念同樣也是用在洛克文化的對手之上，只是在暴力的使用上更為節制。

透過以上的結論，可以預知中日之間在短期內爆發戰爭的機率並不高，但本文對中、日關係的未來發展的預測仍是悲觀的。誠如中國人民大學國際關係教授時殷弘所說：「中日關係離友好還差得很遠」。因為習近平仍對安倍晉三彼此並不信任，而這種不信任會影響雙邊關係未來的發展，為解決釣魚臺爭端埋下變數。北京外交圈預測未來日中關係雖然已漸漸改善，但真正的未來還由安倍戰後 70 週年談話及重要講話的內容而定。[175] 芝加哥大學教授約翰·米爾海默斯（John J.Mearsheimer）接受《日本經濟新聞》專訪時表示：「中國和日美在安全方面的交鋒有可能變得非常激烈。是否會發展到衝突還很難預測，但我想至少圍繞釣魚臺、臺灣、南海，發生衝突的危險性正在增高」，突顯了學者對中日衝突的擔憂沒有因為中日關係改善而改變。[176] 由此可知，操作「敵手共生」的手法雖可獲得短期的利益，但是對於兩國的長期外交關係並沒有助益。在雙方互動中確認的「敵意」更可能影響兩國民眾的共有知識，確認對方是真實的敵人，使兩國政府在達成戰略目標後企圖改善雙邊關係的努力化為泡影。

---

175   Jane Perlez, "Xi Jinping of China and Shinzo Abe of Japan Meet Amid Slight Thaw in Ties," *The New York Times,* April 22, 2015, <http://www.nytimes.com/2015/04/23/world/asia/xi-jinping-of-china-and-shinzo-abe-of-japan-meet-in-indonesia.html?_r=0>.

176   秋田浩之，〈米爾斯海默：中美爭奪將更激烈〉，《日本經濟新聞》，2015 年 2 月 5 日，< http://zh.cn.nikkei.com/columnviewpoint/viewpoint/12929-20150205.html >。

先秦時期儒家將道思想的轉變
及在當代之轉化與啟示

江昱蓁 *

摘要

　　早在先秦時期，中國的戰略思想已經因為豐富的戰爭經驗而趨於成熟。學者往往喻之為戰略思想的黃金時期。但是在諸子百家之中，一般人對於儒家的既定印象往往侷限於王道、仁政、禮、教等政治層面，議兵惟有兵家足以觀之。事實上這是一種偏頗的見解。孔子曾表示：「有文事者必有武備」。足以證明儒家並非不知兵，更非排斥兵事。若從選將與對將帥素養的要求來看，更可發現儒家有其獨到之處。諸如荀子論將有「六術」、「五權」、「三至」與「五無壙」，全面性的羅列將領的指揮藝術，以及所應具備的性格與品德。然而，現有文獻對儒家兵學思想的探討，卻又多著墨在戰爭哲學或軍事思想，而忽略了將道的論述。因此本文將概述先秦時期儒家將道思想的內涵，進而分析其中的轉變。

　　同樣地，這樣的思想面臨到當代的戰爭型態與作戰方式的轉變，是否仍有其適用性？能否提供我們啟示？先秦儒家思想應如何轉化使其更合乎當代戰爭之需求？此為本文另一個重點。

---

* 淡江大學國際事務與戰略研究所博士候選人，感謝本人的指導教授施正權老師對本篇文章的諸多指正，使得原本不成熟的概念能夠更臻完美。同樣地，許衍華博士與王信力博士候選人，在本文撰寫過程中也提供許多寶貴意見，在此一併致上感謝之意。當然，本文仍有許多不足之處，然此乃作者之責，也歡迎各種意見與評論。可透過以下信箱與作者聯繫：s8410101@gmail.com

壹、問題的起源：當前戰爭型態與將道的轉變

誠如托洛思基所說的：「你對戰爭不感興趣；但戰爭對你很感興趣。」[1]一語道破戰爭不但是人類社會的普遍現象，更與人類息息相關。揆諸歷史，由古至今人類始終脫離不了戰爭。鈕先鍾更認為早在文明出現以前，戰爭即已存在。[2] 隨著時序推進至後冷戰時期，戰爭此一社會現象是否仍然與人類歷史相生相隨，抑或是逐漸消失於國際舞台，成為學界關注的焦點之一。瑪麗·柯道爾（Mary Kaldor）主張，隨著暴力私人化的趨勢不停地發展，未來戰爭的型態將是傳統戰爭（國家或有組織的政治團體間的暴力衝突）、組織的犯罪與大規模侵害人權三者間的模糊化，而以低強度衝突或內戰為主。[3] 約翰·米勒（John Mueller）則指出，大規模的武裝衝突在未來恐怕絕跡，僅剩下低強度的「治安戰」（Policing War）。[4]奈伊（Joseph S. Nye）則認為，雖然後工業社會間由於高度地複合式相互依賴，難以爆發戰爭；但在新興工業國家間與前工業化世界，戰爭仍是有效的政策工具。[5]

從前面論述吾人可發現，隨著戰爭作為政策工具的效益日益降低，使得後冷戰時期大規模戰爭爆發的可能性大為降低。[6]但是當前對於軍事力量的運用仍然存在，並不曾消失。換言之，當代的軍事衝突可分成三部分來看：在光譜的最頂端，為高強度衝突／戰爭，如傳統的兩次世界大戰；光譜的中間段，為中強度衝突，越戰為一例子；光譜的最底層，為低強度衝突。[7]前述現象或多或少地反映出當前權力由傳統的國家行為者，流散至各

1　Ian Morris, *War! What is It Good for? Conflict and the Progress of Civilization from Primates to Robots* (New York: Farrar, Straus and Giroux, 2014), p.5.

2　鈕先鍾，《中國歷史中的決定性會戰》（台北：麥田出版社，2001 年），頁 1。

3　Mary Kaldor, *New and Old Wars: Organized Violence in a Global Era, 3nd* (Stanford: Stanford University Press, 2012), pp. 1-2.

4　John Mueller, *The Remnants of War* (Ithaca, N.Y.: Cornell University Press, 2007), pp. 1-3.

5　Joseph S. Nye, *The Future of Power* (New York: PublicAffairs, 2011), pp. 28-29. 主張由於相互複合互賴，使得戰爭難以爆發，雙方以其他方式競爭的觀點，尚可參閱：Noah Feldman, *Cool War: The Future of Global Competition* (New York: Random House Inc, 2013), pp. 3-15. 或是 Dale C. Copeland, *Economic Interdependence and War* (Princeton, New Jersey : Princeton University Press, 2015), pp. 16-50.

6　Klaus Knorr, *The Power of Nations: The Political Economy of International Relations* (New York: Basic Books, 1975), p. 105, 107.

7　謝奕旭，〈非戰爭性軍事行動的重新審視與分析〉，《國防雜誌》，第 29 卷，第 6 期 (2014 年 11 月)，頁 8。

種非政府組織與私人的手中。同時也凸顯出現今軍事權力的運作，相較過去而言更為多元且複雜。因此，在此一行動過程中扮演關鍵性角色的將帥，其所具備的軍事知識與技能、指揮與領導，甚至人格特質的內涵，勢必需要因應一變化趨勢而有所調整之必要。[8]

　　更進一步思考，當前所流行的非戰爭軍事行動、低強度衝突、小規模戰爭、穩定行動等，[9]皆具有兩項特點：第一，對政治的高度敏感性。克勞塞維茨 (Carl Von Clausewitz, 1781-1831) 曾指出戰爭無非是政治以另一種手段之繼續，[10]這在後冷戰時期依然適用，甚至有過之而無不及。就行動來看，不論是前述哪一種名詞，政治的考量將由上至下貫通各個階層；就政治目標而言，由於主要目標在於預防、限制或限縮可能敵意；或是擴大、建構雙方善意。因此，任何軍事上的行動，都必須更加地考量其所帶來的政治效益。第二，此等軍事行動相較於過去傳統戰爭而言，受到更多的國際公約、接戰規則的監督與拘束。[11]兩相影響之下，當前的軍事將領不但對政治的相關因素，必須有更全面的了解；而在行動自由上，也較傳統的軍人受到更多的拘束與限制。在這樣的前提之下，當前將道的內涵有其必要性再給予新的思考。而在中國戰略思想中，一般人議兵多以兵家的論述為主，儒家一向較為人所忽視。然而儒家兵學思想的特長在於文事與武備並立。更進一步而論，兵家對於政治層面的論述相較於儒家而言，明顯地較為淡薄。因此，從儒家的將道思想來思索前述問題，進而闡明過去文獻所未有之論點，為本文之目的。

　　從另一角度觀察，未來的作戰形態包含幾個特徵：第一，隨著資訊時代的來臨，電腦相關技術應用於戰爭，雖然使得戰場透明度提升，卻也

8　另外，戰爭固然被視為大規模的屠殺。不僅僅是大量的士兵死於野蠻凶狠的廝殺過程，隨之而來的飢荒、疾病往往造成更多地生命損失。但從戰爭對社會的影響來看，當代的社會相當程度是由戰爭所淬煉出來的。諸如：戰爭創造出強有力的政府、大而有組織的社會，可以抑制其內部之暴力事件，並塑造出較和平與安全的環境。甚至，從長期的角度觀之，戰爭也提升了生活水平，並創造經濟的成長。以上論述，可參閱：Morris, *op.cit.*, pp.7-10.

9　在西方軍事理論界，這幾個名詞定義上常常混淆不清，甚至是視為同義詞。然而，謝奕旭卻指出，就實質內涵而言，這幾個名詞彼此概念上存在著或多或少的歧異。相關論述可參閱：謝奕旭，前引文，頁 11-19。

10　Carl Von Clausewitz, *On War* (New York: Alfred A. Knopf, 1993), p.99.

11　謝奕旭，前引文，頁 3、8。

帶來同時間資訊大量流入的問題。傳統腦力應付當前的資訊量顯得力不從心，從而開啟人工智能(artificial intelligence, AI)的戰場應用時代。[12]換言之，雖然資訊取得更為容易，但判斷其真偽的難度亦提升。同時，為了顧及即時性，前線戰士勢必獲得更多的授權；[13]第二，各種無人科技的應用，使人類進入「後人類戰爭」的時代。人類力量逐漸由機器所取代。[14]這種種的趨勢不僅僅促成傳統軍事天才定義的質變，必然也帶動將道的轉化。那麼，傳統儒家對將領的論述，諸如品格、素養等等，是否能給予「後人類戰爭」時代的將道思想，帶來新的啟示？此為本文的另一目的。

貳、將道定義之界定

正如孫子所云：「兵者，國家大事，死生之地，存亡之道，不可不察」。[15]由於戰爭是攸關國家生存的大事，因此扮演靈魂人物的將軍，更應該給予重視及研究。軍隊可被視為具有生命氣息之有機體，並非由生硬的機器組成。[16]在此一有機體之中，將領扮演關鍵性的神經中樞之角色，其試圖協調君主、士卒、後勤與紀律之間的關係，使軍隊能夠產生最高的戰鬥效率。[17]此即「將道」的發揮。但是，何謂將道？最簡單的定義為：為將之道，意指身為將帥者所應具備的條件。[18]然而，若更進一步思索前述定義的具體內涵，即可發現其缺乏具體而精確的指涉對象。其次，這種過於簡單或空泛的定義，將使其內涵無所不包，進而使討論的雙方雖然用同一名詞交談，但彼此各有各的指涉對象，毫無交集。最終，該詞彙將面臨「可以有多重意義，最後卻喪失其有效性的術語」之危機。[19]因此，在

12　David J. Lonsdale, "Future Command and the Fate of Military Genius," *The Nature of War in the Information Age: Clausewitzian Future* (London : Frank Cass, 2004), pp.110-111.

13　Benjamin Sutherland, *Modern Warfare, Intelligence and Deterrence: The Technologies That Are Transforming Them* (New York : Wiley, 2012), pp. XIII-XV.

14　相關論述可進一步參閱：Christopher Coker, *Waging War Without Warriors?: The Changing Culture of Military Conflict* (Boulder, Colorado, : Lynne Rienner Publishers, 2002).

15　孫武撰、曹操等註、楊丙安校理，《十一家註孫子》（北京：中華書局，2012 年），頁 .。

16　J. F. C. Fuller, *Generalship: Its Diseases and Their Cure* (London: Faber and Faber Limited, 2010), pp.13-14.

17　史美珩，《古典兵略》（台北：洪葉文化，1997 年），頁 98-100。

18　王志文，〈戰國名將吳起的兵學思想—戰略、將道與治軍思想的探析〉，《國防雜誌》，第 24 卷，第 6 期（2009 年 12 月），頁 74。

19　Fred I. Greenstein and Nelson W. Polsby eds.，幼獅文化事業公司編譯，《非政府的政治學》

論述先秦儒家之將道思想之前，必須先對此一名詞的範圍、內涵與定義做出清楚之界定。

　　然而，當我們進一步進行文獻檢閱，卻發現現有文獻缺乏直接的定義。[20] 因此，必須另闢途徑，間接地拼湊出將道的內涵。由於歷史一向是戰略研究所憑藉的途徑之一。[21] 因此，透過歷史名將的研究，將可以提供我們一個思考的方向。在富勒 (J. F. C. Fuller, 1978-1966) 的《亞歷山大大帝的將道》(The Generalship Of Alexander The Great) 一書中，其從幾個要素來分析亞歷山大的將道：第一，品格與人格特質。諸如亞歷山大的俠義性格、勇氣、榮譽感、意志與自制力等等；第二，指揮與領導。在書中的第二篇，透過四大會戰、圍城戰與小戰等的戰史分析，間接地勾勒出亞歷山大的指揮與領導。而其領導力的來源，很大一部分源自於其人格所發散出的吸引力。第三，戰爭藝術的相關知識與技能。針對這部分，富勒歸納出諸如奇襲、集中與經濟、安全、目標維持等等的原則。[22] 因此，以下將從這三個

（Nongovernmental Politics）（台北：幼獅文化事業公司，1982 年），頁 1。

20　作者以〈將道〉或 generalship 做為檢索詞，在各資料庫檢索結果如下：1.《airitiBooks 華藝中文電子書》：得到 0 筆。2.《全國圖書書目資訊網》：將道得到結果 1 筆，但是是以小說筆法描繪解放軍將領彭雪楓之一生，不但學術性不足，同時與此處所要求的將道的概念與內涵之界定相去甚遠。Generalship 得到 4 筆，其中除 J. F. C. Fuller 的 *Generalship: Its Diseases and Their Cure* 直接針對將道之要素與將領的人格要素做出界定外，其他皆為偉人戰史之記述。如 J. F. C. Fuller, *The Generalship Of Alexander The Great* (Cambridge, MA: Da Capo Press, 2004)。3.《台灣期刊論文索引》：將道 29 筆，但除僅有一篇直接規範將道的原則與內涵，其餘與前類似，乃是透過戰史的研究，進而探究作戰原則與領導。該篇為：Charles Jr, Dunlap J. 著，黃文啟譯，〈新將道：廿一世紀的現代化戰爭原則〉(Neo-Strategicon Modernized Principles of War for the 21st Century)，《國防譯粹》，第 33 卷，第 9 期（2006 年），頁 82-92。4.《JStore Journals》：得到 10 筆。此等文獻或是從歷史途徑理解某位將帥的用兵之道，如：A. R. Burn, "The Generalship of Alexander," *Greece & Rome,* Vol.12, No.2, Alexander the Great (Oct., 1965), pp. 140-154.；或是研究某場戰役中的用兵作戰，如：Stefan T. Possony, "May 1940: The Pattern of Bad Generalship," *Military Affairs,* Vol. 8, No. 1 (Spring 1944), pp. 33-41.；缺少直接對將道定義與內涵做出界定的文獻。5.《中國期刊網》：得到資料約 12 筆，多為探討孫子、孫臏、諸葛亮的為將之道，雖然並沒有直接界定何謂將道，但其所揭示將領所應具備的各種特質，可以供吾人間接歸納得出將道的實質內涵。

21　有關於戰略研究為何倚賴歷史的詳細論述，可參閱：鈕先鍾，〈論戰略研究的四種境界〉，鈕先鍾，《戰略研究與戰略思想》(台北：軍事譯粹社，1988 年)，頁 2-6。

22　J. F. C. Fuller, *The Generalship Of Alexander The Great* (Cambridge, MA: Da Capo Press, 2004). 必須說明的是，亞歷山大的對波斯政策，一直不能為馬其頓部屬所理解，更構成兩次兵變之禍。然而，他彌平軍隊的叛亂，並非以強力鎮壓的手段，而是以其自身的人格魅力感動部隊，使他們放棄原本的訴求。因此，可以推測其領導力的來源，很大一部分源自於其人格所發散的吸引力。事實上，當時的希臘世界仍存留著「英雄時代」的遺緒，戰爭的勝負往往決定於將領間的單挑。一個擁有優秀武藝的武將，不但擁有強大的領袖威望吸引部屬，更能產生部隊

方向概述將道的相關內涵，茲述於下：

一、品格與人格特質

由於將帥直接左右戰爭的勝負，從將帥自身來看，其應具備何種品格特質，才能保證戰爭的勝利，成為我們思索將道內涵的第一項要素。如孫子從正反兩方面論述為將者應有之品格與修養。就前者言，指的是智、信、仁、勇、嚴等五德；就後者言，則是「故將有五危：必死可殺，必生可虜，忿速可侮，廉潔可辱，愛民可煩；凡此五危，將之過也，用兵之災也。」[23]魏菲爾（A. P. Wavell, 1883-1950）指出良將的品格，應該涵蓋：1. 堅實性，足以在不確定且高壓的戰場上承受種種刺激而不喪失穩定；2. 體魄健康與強壯；3. 肉體與精神的勇氣。[24]艾德格·普伊爾（Edgar F. Puryear）更直指品格是指揮藝術的一切。[25]

二、軍隊的管理與領導

正如前面所述，將帥在軍隊這一有機體中扮演著心臟的角色。其必須協調、激勵幕僚、部隊等各項因素，使之和諧地運作，軍隊方能具備戰鬥力。因此，軍隊的管理與領導應可成為界定將道本質的第二項要素。例如，識人與用人之道，識人，除了從其所言所行來鑑別之外，更須反覆地透過各種任務、環境反覆測驗之。[26]如《六韜》所提及的「八徵」，[27]雖然為測驗將領的八項標準，但用於將領測驗部屬，亦可通用。惟因識人，方能用人，避免用到言過其實之人。

魏菲爾對將領與部隊相處的論述，可以提供另一種途徑來思索為將者

管理所需要的安定力與向心力。而從阿里安對亞歷山大在各個戰爭中的武藝表現，更能證明前述論點。這種由武藝所發散出的威望，自然成為協調內部矛盾的重要武器。有關亞歷山大在各場戰爭中與敵對將領的格鬥描述，可參閱：阿里安 (Arrian, Flavius) 著，李活譯，《亞歷山大遠征記》（臺北市：臺灣商務印書館，2001 年）。

23　孫武撰、曹操等註、楊丙安校理，前引書，頁 8，158-160。

24　Archibald Wavell, *Generals and Generalship* (New York: The MacMillan Company, 1941), pp. 1-7.

25　Edgar F. Puryear, *American Generalship: Character is Everything : The Art of Command* (New York : Penguin Press, 2012).

26　史美珩，前引書，頁 119-123。

27　鄔錫非註譯，《新譯六韜讀本》，第 2 版（台北：三民書局，2009 年），頁 89。

應如何管理與領導。第一，其主張為帥者不只理解人性，更應該充分了解自身部屬的性格，何者可以獨力負擔任務，何者必須嚴加管制。第二，幕僚與參謀雖然是將帥的左右手，但不該讓彼等成為自身與部隊的隔閡。反面觀之，將帥也不該越俎代庖，侵犯的幕僚的職權範圍。第三，扮演良好的激勵者，使軍隊願意承擔責任、冒險犧牲。當然，傳統與紀律、光榮，或是對部隊良好的照顧，都可能產生作用。但由於各國民族性與國情的不同，實難以原則化。[28] 這相當程度地反映出將道的本質應為藝術。

三、戰爭藝術的知識與技能

具備軍事相關的知識與技能，應為將道的第三項要素。如諸葛亮在《將苑》中所提到的「五善」，明白地指出為將者需具備識機、識虛實、軍事地理學等技能。[29] 甚至，如同克勞塞維茨所指出的，這種知識技能不應僅限於軍事方面的，還應該包含政治、法律、道德、社會經濟、文化，等等所謂人類所應具備的知識。[30] 但是，除了具備相關的理論與知識，更要有豐富的實務經驗。[31] 兩者缺一不可，必須相輔相成。

概括前述內容，可給予將道明確之定義：「為將者所需具備的品格、戰爭執行所需要的知識與技能，以及管理與領導之道」。

參、從春秋至戰國戰爭型態的演變

先秦儒家代表性人物，為孔子、孟子與荀子，三者所處時代橫跨春秋末期至戰國末期。由於社會各方面劇烈變化，從而讓三者之將道思想有著不一樣之風貌。其中兩項變化，促成先秦將道的內容日產生轉化，分別是：[32]

28　Wavell, *op.cit.*, pp. 13-24.
29　五善者，所謂善知敵之形勢，善知進退之道，善知國之虛實，善知天時人事，善知山川險阻。諸葛亮著、段熙仲、聞旭初編校，《諸葛亮集》（北京：中華書局，2012 年），頁 80。
30　Clausewitz, *op.cit.*, pp. 115-131.
31　Wavell, *op.cit.*, pp. 8-12.
32　當然，春秋到戰國的變化絕非僅限於此兩大趨勢，在此僅列舉與本文較為相關者。此一時期的變化特徵還包括：1. 從兼併至各國劇烈兼併；2. 冶鐵技術的進步應用於兵器，使得戰鬥的殺傷力大為提升。；3. 井田制度徹底的崩壞，農田私有與自耕農的出現，「國」與「野」的分立消失。4. 隨著徵兵制推行，軍隊人數膨脹，戰爭規模擴大；4. 騎兵的成為新兵種，步兵地位提升，並取代了春秋時期以車戰為主的戰爭方式；5. 整體軍事技術的成長，讓攻城的難度下降。隨著都市不停發展成為政經中心，攻城的獲益較春秋時期更高，也讓攻城戰的頻率

第一，由「以禮為固」到「兵以詐立」。[33] 禮是宗法制度的重要元素之一，即使是戰爭也不例外地受到禮的規範。[34] 但此一現象到了春秋前中期，開始有所鬆動。但是整體來看，禮儀性的權威仍堅不可替。[35] 然而時至春秋後期，禮制已徹底崩壞，對戰爭不再具有拘束力，在戰場上出奇、用詭成為常事。[36]

第二，從西周到戰國時期，兵役制度由兵農合一改為全面徵兵制；文武之間界線則由模糊轉為涇渭分明。西周時期由於國野分治，因此野人不當兵，僅國人負有當兵義務。承平時期，貴族受軍事教育學習射御等技術，國人從事農耕生產、依年齡輪流服役，一年四次參與軍事訓練；遇有戰爭時，貴族披甲成為乘車甲士，國人則是隨車步卒。[37]

這種「國人當兵，野人不當兵」的等級徵兵制，一直到春秋前期仍能夠維持正常運作。然而，隨著生產工具的改良使得生產力有了長足的進步，從而讓都市人口快速成長。當都市居民不停向外擴展，與「野」的接觸、滲透，讓國野分界線日益模糊化。[38] 再加上各國開始不停擴軍，原有國人人數根本無法支持軍隊不停膨脹的需求，必須自野人身上開闢兵源。[39] 兩相影響之下，各國開始擴大徵兵範圍，將原本庶民（屬於野人）轉作農民者亦納入徵集對象，如魯國的「丘甲」。[40]

到了戰國時期，戰爭的頻繁與激烈更刺激對兵源的需求。隨著郡縣制

上升；6. 總總因素結合下，戰爭更為慘烈。詳參閱：楊寬，《戰國史》，增訂版（台北：台灣商務印書館，1997 年）。

33 黃朴民，《先秦兩和兵學文化研究》（北京：中國人民大學出版社，2010 年），頁 32、37。
34 西周最重要的大事為封建制度的建立。封建制度能夠遂行，必須有井田制度與宗法制度加以配合。就宗法制度而言，禮與樂是其重要元素。禮制規範了貴族階層在政治、社會家庭等等的生活常規，也就是貴族在朝會、覲見、冊命、巡守、養老、祭祀、射等等活動時所應遵循的儀式。藉由禮的輔助，不僅讓血親間關係融合，更增加了社會安定力。以上論述整理自以下文獻：錢穆，《國史大綱》，上冊（台北市：台灣商務印書館，1995 年），頁 38。鈕先鍾，《中國戰略思想史》（台北：黎明文化事業，1992 年），頁 36。何茲全，《中國古代社會及其向中世社會的過度》（北京：商務印書館，2013 年），頁 143-144。王貴民，《先秦文化史》（上海：上海人民出版社，2013 年），頁 69。
35 許倬雲，〈周東遷始末〉，許倬雲，《求古篇》（台北：聯經出版，2010 年），頁 114。
36 周亨祥，《中國古代軍事思想發展史》（深圳：海天出版社，2013 年），頁 24。
37 赫治清、王曉衛著，《中國兵制史》（台北市：文津出版社，1996 年），頁 17-19。
38 黃朴民，前引書，頁 48。
39 赫治清、王曉衛著，《中國兵制史》（台北市：文津出版社，1996 年），頁 27。
40 黃水華，《中國古代兵制》（台北：台灣商務印書館，2005 年），頁 13。

度的推行，各國無不以郡為單位進行普遍徵兵，軍隊人數更為成長。當然，為了讓戰技職能提升，各國在擴大軍隊規模的同時，也會針對已服役的士卒進行「選士」，編足為特別部隊。[41]

西周時期文武合一的現象反映出軍事理論尚未成熟，仍處於萌芽階段。因此雖然有專業的軍隊，但是沒有專職的將領。但是到了春秋末期，文武分立已經略具雛形，而至戰國時期此一趨勢更為明顯。指揮藝術的高度複雜化、專業化，需要專業人員專責處理。[42]軍隊的訓練、後勤管理、調動乃至作戰等等任務日趨複雜，因此設置各種職官的輔助。指揮體系的人員數因而膨脹、職掌分工日益細膩、專精。[43]

表 1：春秋至戰國時期戰爭之演變

春秋中葉以前	春秋後期	戰國期間
1. 暴力程度逐級遞升。軍事威懾為主，其次會戰。先是外交或是軍力的威懾，屈服對手接受己方之條件，其次才是以會戰定勝負。 2. 暴力程度因宗法受一定限制。當時諸侯國彼此或為宗族，或是姻親關係，因而離不開禮。 3. 強調義戰，依禮征討不義 4. 軍事行動受到禮與仁的限制 5. 交戰過程必須「正而不詐」 6. 「服而舍人」。戰後處置寬容，不以兼併為目的	1. 詭道的普遍運用 2. 軍隊中的職官制度走向成熟	1. 兼併激烈的戰爭 2. 戰爭規模擴大，參戰人數增多，戰爭時間持久化，戰場範圍擴大。 3. 戰術運用更為靈活，進攻方式較具運動性。 4. 軍事科學專業化，出現專門指揮官，指揮藝術高度發展。 5. 戰略理論日趨成熟、發展。 6. 軍隊成分平民化 7. 軍隊參謀組織龐大

資料來源：黃朴民，前引書，頁 33-35，37-40。楊寬，前引書，頁 300-327。

41　黃朴民，前引書，頁 123-125。
42　同前註，頁 24，53-55，132。
43　張文儒，《中國兵學文化》（北京：北京大學出版社，2000 年），頁 58-59。

肆、先秦儒家之將道思想

在此將前述將道的三個要素，檢視孔子、孟子與荀子三者的將道思想，最後總結先秦將道內涵的變化，茲述於下：

一、孔子

就為將者應具備的品格而言，雖然《論語》一書並不像兵家如孫子一般，直接載明將帥所應具備哪些品格。但是不可以忘記，孔子所受的教育為文武合一之教育。在《論語》一書所指的君子，其實就是春秋時期承平之時在朝為相，有事之時領軍出征的貴族。因此，整理論述其對君子人格的相關論述，亦可視為將領所應具有的品德與性格。

表 2：《論語》中將帥的相關品格特質

個人品格（正面）	個人品格（負面）	工作態度（正面）	工作態度（負面）	領導統御（正面）	領導統御（負面）
1. 禮 2. 孝悌 3. 仁 4. 信 5. 義 6. 見義勇為 7. 恕 8. 恭 9. 智 10. 勇	1. 巧言 2. 令色 3. 足恭 4. 匿怨友其人	1. 忠 2. 敬賢 3. 勤勞敏捷 4. 謹慎、敬事 5. 周而不比 6. 事上也敬 7. 居敬行簡	1. 比而不周 2. 居簡行簡	1. 舉直錯諸枉 2. 莊重態度對人 3. 舉善教不能 4. 臨事而懼 5. 好謀而成	1. 舉枉錯諸直 2. 放利而行 3. 暴虎馮河

資料來源：謝冰瑩等編譯，《新譯四書讀本》，六版（台北市：三民書局，2011 年）。

概括而言，《論語》一書對性格修養可分成三部分論述：第一，個人品格部分。性格是形塑將帥領導力的重要要素。當領導者擁有良好的品格、高道德標準、堅定的原則，並經得起檢驗，將會成為散發魅力之領導人。[44]因此，當表 2 的特質和諧的展現在一個將帥的身上，無疑地將釋放出道德

44　Wesley L. Fox, *Six Essential Elements of Leadership* (Annapolis, Maryland: Naval Institute Press, 2011), pp. 65-77.

的吸引力，激勵部隊的追隨。這時部隊能冒險犯難，並主動積極地完成任務。第二，就工作態度部分。忠、勤、敏、敬等特質，使將領在自身職務上能夠盡職。而比而不周的人，容易結黨營私，造成軍隊的分裂。第三，領導統御部分。人才錯置自然無法協調整合組織的各部分，組織自然無法效率運作。

另外，就組織管理與運用而言，識人與用人影響著人力的運用與組織的效率。其原則包括：1. 觀察言行，子曰：「視其所以，觀其所由，察其所安。人焉廋哉？人焉廋哉？」甚至，這種觀察應該是全面性，且從過去至現在地觀察。子曰：「始吾於人也，聽其言而信其行；今吾於人也，聽其言而觀其行。於予與改是。」[45]2. 九徵法，以親、近、煩、卒然問焉、急與之期、委之以財、告之以危、醉之以酒、雜之以處九種方法測驗一個人是否得以堪用。「故君子遠使之而觀其忠，近使之而觀其敬，煩使之而觀其能，卒然問焉而觀其知，急與之期而觀其信，委之以財而觀其仁，告之以危而觀其節，醉之以酒而觀其側，雜之以處而觀其色。九徵至，不肖人得矣。」[46]

欲稱職的執行將領職務，並須具備相關知識與技能，這就有賴學習以致之。換言之，知識是領導力的構成要素。[47]惟有透過不停地學習取得學識與技能，才能保證有好的將道。對此，孔子對於學習有其獨到見解。第一，就學習態度而言，不僅僅是好學，更是反覆地學習、複習，甚至學習與思考要並重。第二，就攝取知識的內涵而言，必須涉獵正確的知識學問。[48]第三，就學習的項目而言，包含禮、樂、射、御、書、數，亦即文武合一的教育。[49]「有文事者必有武備，有武事者必有文備。」[50]第四，就學習範圍而言，包含時當時的一切知識。從《史記》對孔子的描述可發現，孔子不但具備豐富的學識、實際政務與軍事經驗。例如，季桓子問「得狗」，孔子能夠正確回答出墳羊；吳使問骨於孔子，孔子詳細回答；在季

45　謝冰瑩等編譯，前引書，頁 79，112。
46　錦鈜注譯，《新譯莊子讀本》（台北市：三民書局，1997 年），頁 530。
47　Fox, *op.cit.*, pp. 77-84.
48　謝冰瑩等編譯，前引書，頁 67，69，80，81，82。
49　蕭鳳山，《儒道墨法戰爭哲學》（台北：三軍大學政治研究所，1985 年），頁 8。
50　韓兆琦注譯，《新譯史記》，第五冊世家二（台北市：三民書局，2008 年），頁 2353。

孫氏家中管理倉庫,對錢糧的出入掌握準確;管理牲口,牲畜繁殖良好;擔任司空與大司寇;與費邑人作戰得勝。[51] 一個優秀將領應該是各種理論與實務兼具的通才,而非專才。

軍禮在孔子的將道思想佔有重要地位。第一,其是評斷戰爭「義」與「不義」的標準。不僅戰爭的動機與目的要符合禮,連同戰爭的執行、戰後的處置、獻俘,皆須依禮而行。如不依禮而行,即為不義。[52] 第二,前述所論之將帥各樣品格修養,仍然需要以禮調和其中,不然會因過度發展而產生各種弊病。例如,勇是將領的美德,但是勇而無禮,則容易犯上作亂。「恭而無禮則勞,慎而無禮則葸,勇而無禮則亂,直而無禮則絞。」[53] 克勞賽維茨在論述將領的品格時,僅指出各種特性彼此必須和諧且統一地發揮,彼此互不阻礙與干擾地發揮作用。[54] 然而孔子卻更深入,藉由禮的運作將各樣品格協調、融合發揮於一體。這對於軍事組織的戰鬥力、向心力與安定力,有著正向的助力。第三,禮是管理軍隊組織的準則,不但修養將帥的道德素養,也讓軍隊內部形成等級的秩序。[55] 透過禮的規範與指導,各級人員各按其位,各盡其職,恪守本分,將使組織結構協調,有利於軍事力量有效性的發揮。[56]

雖然《論語》一書卻沒有論述軍禮的相關內涵,但從《左傳》等相關文獻,可歸納出軍禮的實質內涵,包括:第一,蒐授,透過田獵對貴族子弟與「國人」進行軍事教育與訓練。「則其制令。且以田獵,因以賞罰,則百姓通於軍事矣。」[57] 第二,校閱,透過軍隊的檢閱,以了解備戰的狀態。

---

51 同前註,頁 2345-2346,2352-2355。

52 施鴻琳,《左傳戰爭中的戰略與戰術研究》(台中市:天空數位圖書,2010 年),頁 318。另外,前面提到春秋時期,國家遂行其政治目的以軍事威懾為主,若不行才是戰爭解決,呈現暴力逐級累積的特徵。如孔子盛讚管仲之仁,即在於其輔助桓公九合諸侯不以兵車。暴力受到限制之原因,一則為各國皆為血親與姻親,受到親情的調和,另一方面也是受到禮的約束。若戰爭的發動沒有禮法的支持,而是單純利益考量,將喪失道德上的力量與國際號召力。換言之,禮之於戰爭,既是政治力量,也是約束力;既是戰爭行動的準則,也是評價戰爭的律法。因此,春秋時期的戰爭暴力程度,始終受到禮的一定限制。然而,到了戰國時期,禮制全面崩壞,戰爭的暴力程度也就全面解放,戰爭因此日益慘烈。

53 謝冰瑩等編譯,前引書,頁 149。

54 Clausewitz, op.cit., pp. 115-117.

55 黃朴民,前引書,頁 201-202。

56 Ashley J. Tellis et al, *Measuring National Power in the Postindustrial Age* (Santa Monica, Calif.: Rand, 2000), pp. 150-151.

57 湯孝純注譯,李振興校閱,《新譯管子讀本》,上冊(台北市:三民書局,2014 年),頁

「天子乃命將帥講武，習射御角力。」[58] 第三，出師，天子與諸侯率軍出征，在出征前必須祭天、祭地、告廟。[59] 第四，乞師，請求他國出兵，與己協同行動。「僖二十六年，夏，公子遂如楚乞師。」[60] 如同前面所指出的，春秋時期軍事力量的運用多以軍事威懾的方式進行。聯合他國一同行動，將產生較強的力量威懾對手。第五，致師，雙方展開正式會戰之前，往往會先以輕銳士兵侵襲敵軍。「晉魏錡求，公族未得，而怒，欲敗晉師，請致師」。[61] 第六，獻捷與獻俘。獻捷也有其應遵守的禮儀，如中原諸侯彼此互不獻俘，不然即為失禮。「三十一年，夏，六月，齊侯來獻戎捷，非禮也，凡諸侯有四夷之功，則獻于王，王以警于夷，中國則否，諸侯不相遺俘。」[62]

　　歸納前述內容，軍禮多半規範在各種軍事行動之儀式。配合軍事教育、訓練，構成儒家將領所具備之知識與技能。換言之，軍禮除了前面所提到的三種功能之外 (評斷戰爭義與不義、調和將帥各項性格特質、軍隊管理與組織的準則)，更存在著藉由相關軍事禮儀，以訓練軍人獲得戰鬥知識與技能。然而，與春秋後期甚至戰國時期的軍事著作內容相比（諸如《孫子》），軍禮不論是在謀略、後勤或是戰術執行等等，都顯得較為粗淺。這呼應了前面所述的幾個觀點，第一，當時的軍事科學尚屬於低度發展的狀態；第二，受到禮的約束，戰略與戰術施行皆較為拘束。特別是戰略是一種鬥智、尚詭的藝術，然而此時的戰爭過程甚至必須遵守動之以仁義、行之以禮讓，不趁人之危的規範。例如不鼓不成列，不伐喪，甚至是宋襄公的「不擒二毛」。[63] 因此，實在難以進一步的發展。要到了春秋末期禮制徹底地崩壞，戰略與戰略才能有較為靈活與彈性的運用，而這也使將道因此成熟發展。

　　　　305。
58　鄭玄著，孔穎達正義，《禮紀正義》，第一冊（台北：藝文印書館，1993 年），頁 344。
59　施鴻琳，前引書，頁 330-333。
60　姚彥渠撰，《春秋會要》（台北市：世界書局，1963 年)，頁 119。
61　郁賢皓、周福昌、姚曼波注譯，傅武光校閱，《新譯左傳讀本》，中冊（台北市：三民書局，2009 年），頁 690。
62　郁賢皓、周福昌、姚曼波注譯，前引書，頁 255。
63　施鴻琳，前引書，頁 347-348。

二、孟子

儒家軍事思想的特點為區分戰爭的性質，支持義戰，反對不義的戰爭。不論是孔子、孟子或是荀子，皆採取這樣的立場。[64] 至於義戰的標準為何，孟子認為只要除去仁義之賊，救民於水火的戰爭，即為義戰。

「齊宣王問曰：『湯放桀，武王伐紂，有諸？』孟子對曰：『於傳有之。』曰：『臣弒其君可乎？』曰：『賊仁者謂之賊，賊義者謂之殘，殘賊之人謂之一夫。聞誅一夫紂矣，未聞弒君也。』」[65]

「今燕虐其民，王往而征之。民以為將拯己於水火之中也，簞食壺漿，以迎王師。」[66]

戰爭的發動權，實掌握在君王的手上，而非將帥的權利。將帥所能做的，頂多為體察君王的心意，從而在戰爭的執行與戰後處置上，遵循義戰此一政治目標。雖然孟子曾因為燕王虐其民而鼓勵齊宣王征伐燕以救其民，但是綜觀《孟子》一書之中，並無論作戰的相關論述。甚至，孟子認為行仁政，即可達到天下無敵。

「王如施仁政於民，省刑罰，薄稅斂，深耕易耨。壯者以暇日修其孝悌忠信，入以事其父兄，出以事其長上，可使制梃以撻秦楚之堅甲利兵矣。彼奪其民時，使不得耕耨以養其父母，父母凍餓，兄弟妻子離散。彼陷溺其民，王往而征之，夫誰與王敵？故曰：『仁者無敵。』王請勿疑！」[67]

而對於戰後處置，孟子認為必須施行仁政，解決當地人民痛苦為主，至於是否將所佔領的土地納為己有，應以當地民意自決。

「取之而燕民悅，則取之。古之人有行之者，武王是也。取之而燕民不悅，則勿取。古之人有行之者，文王是也。以萬乘之國伐萬乘之國，簞食壺漿，以迎王師。豈有他哉？避水火也。如水益深，如火益熱，亦運而已矣。」[68]

64　黃朴民，前引書，頁 201-202。
65　謝冰瑩等編譯，前引書，頁 339。
66　同前註，頁 343。
67　同前註，頁 311。
68　同前註，頁 341。

　　或許因為孟子所處的時代為戰國時期，戰爭頻繁且激烈，因此其對於當時紛擾的國際社會所面臨的種種問題，皆採取政治而不願以軍事手段的解決。但是，較之於兵家，孟子僅僅論述該為何種目標作戰，卻不論如何作戰，使其並無完整的軍事思想，也因此難以尋找出相關將道的觀點。[69]

三、荀子

　　荀子身處戰國末期，此時戰爭藝術已經發展成熟，並且文武分立已成為普遍的現象。因此，《荀子》一書對於作戰的執行，相較於孔子有著更深入且具體地論述。當然，與兵家的觀點相比，固然是有所不如；但是論及為將者所應具備的文德精神，則又有其獨到之處。[70]

　　荀子的將道思想主要集中於〈議兵〉篇中，包括：「知」、「行」、「事」、「六術」、「五權」與「五無壙」。

　　「知莫大乎棄疑，行莫大乎無過，事莫大乎無悔，事至無悔而止矣，成不可必也。」[71]

　　「知」、「行」、「事」，為將帥品格與戰爭指導的表現。因為擁有智慧，思考深入、全面而不偏廢，所以能去除疑惑，並且決策與行動不會錯誤與後悔。

　　「故制號政令欲嚴以威，慶賞刑罰欲必以信，處舍收藏欲周以固，徙舉進退欲安以重，欲疾以速；窺敵觀變欲潛以深，欲伍以參；遇敵決戰必道吾所明，無道吾所疑：夫是之謂六術。」[72]

　　「六術」是將領指導戰爭進行時的六項原則。[73] 第一，「制號政令欲嚴以威」與「慶賞刑罰欲必以信」，屬於軍隊的管理與領導。武裝力量的戰鬥效率，往往受指揮與組織結構的影響。[74] 就指揮而言，制度與命令的

69　金基洞，《中國歷代兵法家軍事思想》（台北：幼獅文化事業，1987 年），頁 102。
70　張文儒，《中華兵學的魅力—中國兵學文化引論》（北京：北京大學出版社，2008 年），頁 209。
71　王忠林，《新譯荀子讀本》，再版（台北市：三民書局，1977 年），頁 230。
72　同前註。
73　趙國華，《中國兵學史》（福州：福建人民出版社，2004 年），頁 128。
74　Ashley J. Tellis et al, *op.cit.,* pp. 150-151.

傳達如果不以威嚴，便無法貫徹，進而影響部隊的戰鬥效率與應變能力；就組織而言，其內部的緊密程度，倚賴賞罰的執行率。越鬆散的組織，命令難以貫徹，行動效率緩慢，積極性、主動性與應變能力皆處於低度效能的狀態。並且須以金鼓協調、號令部隊行動，而不一將帥命令者即加以逞罰。另外，就均「孫卿子曰：將死鼓，御死轡，百吏死職，士大夫死行列。聞鼓聲而進，聞金聲而退，順命為上，有功次之；令不進而進，猶令不退而退也，其罪惟均。」[75]

與此相關的觀點為「至臣」，泛指當組織內各個官員與事務皆按其才情與事理安置得當，因和諧而產生的安定力。「凡受命於主而行三軍，三軍既定，百官得序，群物皆正，則主不能喜，敵不能怒：夫是之謂至臣。」[76]

第二「處舍收藏欲周以固」、「徙舉進退欲安以重，欲疾以速」與「遇敵決戰必道吾所明，無道吾所疑」，屬於行軍與作戰原則。第三，「窺敵觀變欲潛以深，欲伍以參」屬於戰場情報收集原則。

五權，指的是五種權衡。第一種為廉節的權衡，亦屬於為將者的品格之一。因求宦的欲念過深而使自身陷入種種不利，或是舉措失當。「無欲將而惡廢」。第二種為勝負的權衡，避免急於求勝而導致失敗。「無急勝而忘敗」。第三種為威的權衡。戰爭是一種雙方權力的角力，通常力大者能夠取勝。但是，力大者也往往容易輕敵，因而輕易求戰。「無威內而輕外」。第四種為利害的權衡。避免急於求利而蒙受其害。「無見利而不顧其害」。第五種為思考與獎賞的衡量，「凡慮事欲孰而用財欲泰」。[77]

「所以不受命於主有三：可殺而不可使處不完，可殺而不可使擊不勝，可殺而不可使欺百姓：夫是之謂三至。」[78]

戰爭因為「非線性」的特徵，使其具有不可預測性。這種不可預測性來自於雙方的意志辯證、摩擦以及機會。[79] 換言之，在戰場上瞬息萬變，

75　王忠林，前引書，頁 230-231。
76　同前註，頁 230。
77　王忠林，前引書，頁 230。
78　同前註。
79　Alan Beyerchen, "Clausewitz, Nonlinearity, and the Unpredictability of War," *International Security*, Vol. 17, No. 3 (1992), pp. 72-82.

身在後方的君主勢必無法完全掌握前線的狀況。特別是古代資訊傳遞效率低，更加深了前述狀況的嚴重性。因此，為了軍隊的安全與勝利，對於不當的干涉為將者必須忽略。而荀子認為這樣的狀況有三：處不完、擊不勝與欺百姓。因此，將帥固然應該忠實執行國君的旨意，但是本身亦應該發揮主動、積極與負責的精神，在國君不當侵越指揮權時應斷然拒絕。[80]

「夫是之謂大吉。凡百事之成也，必在敬之；其敗也，必在慢之。故敬勝怠則吉，怠勝敬則滅；計勝欲則從，欲勝計則凶。戰如守，行如戰，有功如幸，敬謀無壙，敬事無壙，敬吏無壙，敬眾無壙，敬敵無壙：夫是之謂五無壙。」[81]

就將帥品格與修養而言，由於主帥是協調、整合與應用戰爭中各項因素的關鍵核心。因此，荀子強調態度上必須敬且慎重，以此態度來面對包含謀略、戰爭、軍吏、百姓與敵人。

「不殺老弱，不獵禾稼，服者不禽，格者不舍，奔命者不獲。凡誅，非誅其百姓也，誅其亂百姓者也；百姓有扞其賊，則是亦賊也。以故順刃者生，蘇刃者死，奔命者貢。微子開封於宋，曹觸龍斷於軍，殷之服民，所以養生之者也，無異周人。」[82]

比較荀子與孟子兩者的義戰觀點，孟子雖然主張義戰，但是缺乏軍事力量的使用，主要以政治手段（仁政）加以完成；而荀子則是兩者兼具，在政治上以仁義來得民服人，在軍事上則是遂行戰爭手段的正當性，對於非戰鬥人員（百姓）、民間經濟財產（禾稼）、戰俘（服者）、散兵（奔命者）給予豁免權，而僅攻擊軍人、資助軍人的百姓，並且將敵國的百姓視做自己的百姓對待，戰爭的暴力程度因此收到約束。這點與春秋時期戰爭因軍禮而有諸如不伐喪等的限制雷同。

80　張文儒，《中華兵學的魅力—中國兵學文化引論》，頁 211。
81　王忠林，前引書，頁 230。
82　王忠林，前引書，頁 230-231。

表 3：荀子的將道內涵

將帥品格與修養（正面）	軍隊的管理與領導	戰爭執行
1. 智 2. 敬 3. 慎重 4. 五無壙	1. 禮 2. 制號政令欲嚴以威 3. 慶賞刑罰欲必以信 4. 至臣 5. 刑賞	1. 處舍收藏欲周以固 2. 徙舉進退欲安以重，欲疾以速 3. 遇敵決戰必道吾所明，無道吾所疑 4. 窺敵觀變欲潛以深，欲伍以參 5. 五權 6. 三至 7. 戰爭手段的正當性
將帥品格與修養（負面）		
1. 怠慢		

資料來源：王忠林，前引書，頁 230-231。

伍、儒家將道思想在當代的轉化與啟示

　　儒家將道思想在當代的轉化與啟示，可以從幾個層面來看：

　　第一，後冷戰時期軍隊的管理無疑較過去更為複雜。當前後勤因素之複雜，遠超過過去所能想像。諸如軍隊的外包政策、優秀人才的保留、減少閒置的基礎設施，以及人事政策等議題，其多元性與複雜性增添了軍隊管理之困難；而網際網路時代，資訊流通自由且快速，使得傳統上較為封閉與保守的部隊，也必須學習如何與社會溝通。這種種的因素使得現代的將帥在扮演「管理者」的角色上，遠較過去更為吃重。[83] 固然，不論是《論語》所提出的「舉直錯諸枉」，抑或是《荀子》的「至臣」，其所揭示「按才情與事理，將正確的人放在正確的位置」的精神；或是前述孔子透過「九識」來探索人才實情，以求組織與人力應用達到最高效率，放諸於今日仍然適用。但是，這樣的管理原則，面臨到軍隊與社會溝通之情境，甚至是與不同文化的社會交流之時，則顯得心有餘而力不足。

　　傳統上，儒家主張國家治理的最重要的三件事是「足食，足兵，民信

83　相關國防管理的詳細論述，可參閱：艾許頓·卡特、約翰·懷特著，高一中譯，《維持優勢：管理國防、因應未來》（台北：國防部史政編譯室，2002 年）。

之矣」。[84] 其中「民信」則可應用於前述部隊將領與社會溝通之情境上。換言之，在溝通的過程中，必須爭取視聽眾的信賴。「足食」傳統上的定義為充實糧食，在此可以擴張解釋為滿足視聽眾的欲求；其次，「主忠信，徙義，崇德也」。[85] 也就是充分維持自身行動的正當性，以爭取對方的信賴。這也是本文一開始所提到的非戰爭行動，何以必須受到更多的規範的拘束，其行動背後的政治目的，即在於減低對手的敵意，甚至是透過合宜行動所發散出的政治吸引力，增加雙方好感。

　　第二，儒家一向強調為學的重要性，孔子更是廣泛的學習當時一切學問。本文一開始所論述的非戰爭軍事行動、低強度衝突等等概念，其行動地點往往並非本國領土之內。而當軍隊身處於不同文化的社會，其執行相關軍事行動往往需要熟悉當地語言、社會學、心理學、宗教等等專門知識的技術人員。[86] 因此，這種勤學、博學、學與思並重的態度，應是當代將領應具備的基本態度。從另一層面來看，當前電腦和軟體領域發展快速，知識不停地更新，若不倚靠自我學習，而僅僅透過傳統學校教育，勢必會被快速變動的情勢所淘汰。換言之，為將者若不終身學習，即是在指揮上有虧職守。[87]

　　第三，隨著無人載具應用於戰爭的程度提升，人類在戰爭中的主體性逐漸為機械所取代，也因此產生以下影響：1. 傳統戰士在戰場上所面臨的勇氣、害怕、孤獨與忍耐的種種情緒，隨著臨場感的降低，也隨之下降。這種現象伴隨著指揮層級的上升，越為明顯。影響所及，「勇」這一要素在將領品格之中的比重也因此下降。2. 電腦程式與人腦最大的差別，在於電腦無法像人腦一樣幻想。換言之，在未來戰爭中，創造力是勝負的重要

84　謝冰瑩等編譯，前引書，頁198。
85　同前註，頁199。
86　以美軍在伊拉克戰爭後的行動為例，對於戰後的佔領與確保解放地區的安全上，美軍呈現幾個問題：1. 民族與宗教的紛歧，不能有效處理；2. 後續支援緩慢；3. 重要目標遭受劫略；4. 美軍應該在終戰後應該儘速派遣憲警進入該地，以防止騷亂、劫掠與報復發生。前述問題凸顯出美軍受過相關專業訓練人才的不足。以上請參閱：國防部史政編譯室譯，《伊拉克戰爭經驗教訓：大戰略之課題》(台北：國防部史政編譯室，2002 年)，第五章。
87　哈利‧萊維 (Harry S. Laver)、傑佛瑞‧馬修 (Jeffrey J. Matthews) 編，章昌文譯，《指揮的藝術：從華盛頓到鮑爾的軍事領導統御》(臺北市：國防部史政編譯室，2011 年)，頁8。

關鍵。[88] 固然，儒家不像西方軍事思想家，特別強調勇的重要性，而是更強調智（好謀而成）與敬（臨事而懼，或是如前述荀子所說的敬且慎重）。但是，這種創造性思考的素質，卻是儒家相關論述所未能見到的，但是卻是軍事天才所必須具備的。

　　第四，誠如本文一開始所指出的，當前後工業的國家之間因為高度複合互賴而享受著穩定的和平。但是自 90 年代以來，國際社會依舊歷經了波灣戰爭以及諸如波士尼亞、盧安達等地的內戰。伴隨著內戰而發生的種族屠殺事件，讓戰時暴力犯罪的懲治，成為國際注目的焦點。而伊拉克戰爭之後，關於佔領、政治重建與戰犯審判之「戰後正義」的問題，也浮出檯面。換言之，戰後處置的問題，在伊拉克戰爭後開始成為戰爭研究的熱門焦點。[89] 何以引起學界的興趣？或許 Michael Walzer 的說法可以道地的詮釋出背後的原因：

　　　　「一場以正當理由所發動的義戰，過程之中手段完全正當，但是卻在戰後深陷道德問題，甚至為下一場戰爭鋪好路；相反地，也可能一場不正義的戰爭，卻在戰後中創造了良好的政治秩序；抑或許，雙方都在正義的立場上站不住腳，卻因協商與相互強制下構成穩定的和平解決。」[90]

　　總結前述說法，雖然戰爭的目的在於追求和平，但是義戰若只注意到戰爭目標與過程中的正義，而缺少了戰後正義的部分，對於追求和平無疑是無力地。由於儒家的義戰概念遠較先秦其他諸子更為深入與成熟，[91] 在此試圖藉由其概念來檢視是否能提供戰後正義相關啟示，從而促成自身概念的轉化。

　　正義戰爭此一概念可以分割為幾個部分探討：[92]

88　Coker, *op.cit.*, chapter7.
89　朱元鴻，〈正義與寬恕之外：戰爭、內戰與國家暴行之後的倫理〉，汪宏倫主編，前引書，頁 355。
90　Michael Walzer, *Arguing about War* (New Haven: Yale University Press, 2004), p.163.
91　黃朴民，前引書，199。
92　John Arquilla, "Ethics and Information Warfare," Zalmay M. Khalilzad, John P. White, Andy W. Marshall eds., *Strategic Appraisal: The Changing Role of Information in Warfare* (Santa Monica, Calif.: Rand, 1999), pp. 381-384.

一、 發動戰爭理由的正當性（Jus ad Bellum）

戰爭的發動須具備有正當理由，方足以稱之為正義戰爭，包括正當的目的、參戰的決策由政府下達，以及戰爭必須是最後手段。這部分雖然孔子、孟子與荀子皆有所論述，但是由於戰爭的發起屬於國君的權責，而非將領所能干涉者，因此與將道並無關聯性，在此不多做論述。

二、戰爭遂行手段之正當性（Jus in Bello）

手段的正當性可以分成三個層面而論：

第一，非作戰人員的豁免，這類人員包括：已投降的敵方部隊與百姓。在儒家的將道思想中，也可以找到相同地對非作戰人員豁免之觀點（如荀子所說的百姓、服者、奔命者三種人），從而讓儒家的將道思想，相較於兵家更多了溫情主義在其中。但是，正如孫子所說的，「將有五危……愛民可煩」。[93] 如何在維護非作戰人員、自身安全與任務順遂執行三者間取得平衡，有賴指揮官的智慧與裁量，而這讓將道充滿濃厚的藝術性質。

第二，一次軍事行動必須衡量能夠帶來多少淨利，經計算後利大於弊者才是正義戰爭。雖然，儒家的相關典籍並沒有與此一觀點相符之觀點。但是，不論是孟子抑或是荀子，都認為行仁、義的國家，敵國的百姓會如同看到自己父母一般地來投靠。誠如〈議兵〉篇中荀子回答李斯的話：

「非汝所知也！汝所謂便者，不便之便也；吾所謂仁義者，大便之便也。彼仁義者，所以脩政者也；政脩則民親其上，樂其君，而輕為之死。故曰：凡在於軍，將率末事也。秦四世有勝，諰諰然常恐天下之一合而軋己也，此所謂末世之兵，未有本統也。故湯之放桀也，非其逐之鳴條之時也；武王之誅紂也，非以甲子之朝而後勝之也，皆前行素脩也，所謂仁義之兵也。今女不求之於本，而索之於末，此世之所以亂也。」[94]

若指揮官在戰爭遂行的過程中，展現出愛護敵方百姓，豁免相關非作戰人員，等於增加更多便利、籌碼，使己方行動的淨利值能夠增加。

93　孫武撰、曹操等註、楊丙安校理，前引書，頁 172。
94　王忠林，前引書，頁 231-232。

第三，對稱性，指敵我兵力存在著對稱性。然而足夠形成優勢的兵力與過多的兵力之間的分界線實屬模糊，因此適用上可能會有爭議。而對儒家而言，戰爭的優勢與否往往在於政治因素，而不是軍事因素。換言之，真正的優勢形成在於行仁義治國，而不在於軍隊人數多寡，因此這部分儒家並無相關的論述。

三、戰後正義（Jus Post- Bellum）

當前對於戰爭正義的爭點，圍繞在是否應該在侵略的戰敗國中進行佔領與政治重建的爭論中。[95] 然而，決定是否在戰敗國中進行佔領與政治重建，屬於政治家的權責，並非戰場指揮官的權限，故在此不對此加以著墨。有鑒於美國在伊拉克戰爭之後領略到佔領與軍事重建，比起戰爭更為困難，因此此處所要討論的是如何進行軍事占領與重建。

「在乎壹民。弓矢不調，則羿不能以中微；六馬不和，則造父不能以致遠；士民不親附，則湯武不能以必勝也。故善附民者，是乃善用兵者也。故兵要在乎善附民而已。」[96]

第一，「壹民」與「附民」。隨著正式戰爭的結束，此時佔領的需要的是建立秩序與政權基礎。因此，藉由「附民」建立社會安定力；透過「壹民」創造人民的向心力。[97] 如果所佔領的國家為多元文化與民族國家，「壹民」的重要性更為提升。

第二，至於「壹民」與「附民」的實質作為，包括：1. 自身品格的端正，所散發出的道德吸引力。「故上者、下之本也。上宣明，則下治辨矣；上端誠，則下愿愨矣；上公正，則下易直矣。」[98] 除了宣明、公正，還應包括表 3 的諸種性格與修養。2. 愛民。整體精神正如「三至」所體現的，

95　現有對戰後正義的論述，圍繞以下問題：侵略的戰敗國是否應該受到去軍事化或政治重建？支持者認為：第一，這可以防止未來的軍事侵略。第二，若是該戰敗政府對內部人民正進行種族屠殺或清洗，則進行政治重建，是戰後正義的責任。反對者則認為，這等於將自身的價值與制度強加在被征服國家，戰勝國的軍事勝利不必然等同文化價值與政治組織的優越。以上請參閱：Brain Orend, "Jus Post Bellum," *Journal of Social Philosophy,* Vol. 31, No.1 (2000), pp. 117-37. Garry Jonathan Bass, "Jus Post Bellum," *Philosophy and Public Affairs,* Vol.32, No. 4, pp.391-395, 398-403.

96　王忠林，前引書，頁 226。

97　方子希，《政治戰略》（台北市：中央文物供應社，1981 年），頁 77。

98　王忠林，前引書，頁 266。

寧可被殺也不願欺民，實質則是義、寬裕、恭敬、察。「臨事接民，而以義變應，寬裕而多容，恭敬以先之，政之始也。然後中和察斷以輔之，政之隆也。然後進退誅賞之，政之終也。」3. 施行「仁政」。仁政概念涵蓋司法、賦稅、經濟以及教育。「王如施仁政於民，省刑罰，薄稅斂，深耕易耨。壯者以暇日修其孝悌忠信，入以事其父兄，出以事其長上。」[99]

第四，舉凡重大事項，由當地民意進行決定。民意悅則為；不悅則不為。這背後反映的是重視溝通精神，避免自身主觀、武斷，進而構成傲慢的形象。

「取之而燕民悅，則取之。古之人有行之者，武王是也。取之而燕民不悅，則勿取。古之人有行之者，文王是也。以萬乘之國伐萬乘之國，簞食壺漿，以迎王師。豈有他哉？避水火也。如水益深，如火益熱，亦運而已矣。」[100]

從義戰理論看來，儒家將道在戰爭遂行上，的確能有所發揮。而在戰後正義，因為儒家的政治哲學性強，從而能給予戰後占領與重建更實質的指導原則。誠如麥納瑪拉所說的：「外來的軍事力量無法取代政治秩序與穩定」[101]

陸、結論

現有關於將道的文獻，多為對此一名詞的直接應用，而其本質為何卻缺少具體的界定。因此，本文一開始即對將道的內涵做出定義，以供操作。經整理後可將此一名詞概括為三部分：為將者所需具備的品格、戰爭執行所需要的知識與技能，以及管理與領導之道。

其次，從春秋到戰國時期，包含社會、政治、經濟等等層面皆產生巨變，從而使戰爭在進行的方式、戰爭的規模、戰爭的暴力程度等等也產生變化，將道也因此成熟、轉化。這可以從兩項趨勢觀察出來：第一，由重禮轉為尚詭詐；第二，軍事指揮的複雜化、專業化、靈活化。

99　謝冰瑩等編譯，前引書，頁331。
100　同前註，頁79，112。
101　Robert S. McNamara with Brian VanDeMark, *In Retrospect : the Tragedy and Lessons of Vietnam* (New York : Vintage Books, 1996), pp.333.

　　就先秦時期儒家的將道觀而言，除了孟子因為軍事思想不夠完整，難以歸納出具體地將道觀，孔子與荀子的思想中，皆可汲取出相關的將道思想。荀子因為所處時代為戰國末期，在軍事科學已經成熟發展，所以其將道思想相較於孔子，顯得更完備與具體。當然，兩者對於將領的品格修養，皆有其獨到之見解。但是，荀子對於戰爭執行的相關論述，遠較孔子來的具體、細緻（如三至與六術）；同時，就軍隊的管理與領導而言，兩者雖然都強調以禮治軍，但荀子更多了「法」的運用。

　　由於當代義戰的理論更強調戰後的正義，而戰後軍事占領與政治重建，考驗當地指揮官的政治能力。因此，當代的儒家將道，勢必往政治領域更多地拓展，而這又與儒家好從政治解決問題的習慣，相當符合。在當代，一個指揮官所具備的素養，使其不只是軍事家，更是一個政治家。

　　總結前述，儒家的將道觀，多半集中在將領的品格與修養之上，這點與兵家著重於軍事戰略與戰術執行較為不同。例如在《孫子》一書中，談到將帥的素養涵蓋了知天、知地、虛實、奇正、知勝、全勝、稱勝、速勝、安國等等，即將者應如何在戰場上取得勝利，這部分是儒家較少著墨之處。更進一步地說，前者的特色為將帥所應具備的人格特質，後者的焦點則是如何在戰爭中取得勝利。當然，這不是說兵家不在乎將帥的品格修養，因為諸如孫子有五德論，吳子則認為將帥應具備「理、備、果、約、戒」五種特質。只是兩者相較之下，彼此各有著重特點。至於如何整合兩者，使之形成更實質且具操作性的原則，則有待另為文章加以論述。

中國戰略文化的底蘊

巫穎翰 *

摘要

新現實主義 (Neo Realism) 過去在國際關係理論領域中一枝獨秀，其強調結構的物質權力基礎。Richard Rosecrance 與 Zara Steiner 即認為新現實主義是以外在權力關係 (external power relationships) 來決定國家政策作為。因此新現實主義的世界觀，是一種以國家間權力相互關係為主的互動模式，國家以此世界觀決定彼此的交往與互動。這種物質邏輯影響了學術界對國家行為分析的思維，卻忽略非物質要素的影響。因此以文化為輔助分析架構的戰略文化 (Strategic Culture) 便因運而生。而對於中國戰略文化究竟是王道還是霸道？是和平還是好戰？便成為了中國的戰略文化研究中，學者們爭論的問題。

本文認為學者們的爭論是有其學術意義，但也因為文本的選擇，而使得研究的成果呈現明顯的對比。中國的戰略文化究竟是王道或是霸道，這個問題是否有意義，取決於研究者採取何種類型的戰略文化研究。戰略文化除了在研究發展上被學者以世代來進行分類，還可以按照研究的目的而被區分為補充現實主義的戰略文化研究與以國家決策傾向及偏好為主體的戰略文化研究兩種類型。其中第二種類型的研究較容易陷入國家戰略文化屬性歸類的爭辯，對於戰略文化研究發展雖有貢獻，但常使研究不易從爭論中脫身。而第一類型的戰略文化研究則較能跳脫屬性爭論的議題，對於戰略文化研究的發展而言也較具有前瞻性。因此本文認為對中國戰略文化的理解，應該跳脫屬性歸類的問題，並且將其視之為第二世代工具論的戰略文化研究，才能放下爭議並回歸理論的持續發展。

---

*　淡江大學戰略研究所博士生二年級

壹、前言

　　新現實主義（Neo Realism）過去在國際關係理論領域中一枝獨秀，其強調結構的物質權力基礎。Richard Rosecrance 與 Zara Steiner 即認為新現實主義是以外在權力關係（external power relationships）來決定國家政策作為。[1] 因此新現實主義的世界觀，是一種以國家間權力相互關係為主的互動模式，國家以此世界觀決定彼此的交往與互動。這種物質邏輯影響了學術界對國家行為分析的思維，卻忽略非物質要素的影響。因此以文化為輔助分析架構的戰略文化（Strategic Culture）便因運而生。自中國國力漸豐後，有關中國戰略行為內含的文化底蘊是王道和平或是霸道思維，成為研究領域中一項議題。自習近平提出中國夢並指出：「中國人民愛好和平。我們將高舉和平、發展、合作、共贏的旗幟，始終不渝走和平發展道路…繼續同各國人民一道推進人類和平與發展的崇高事業」。[2] 但特定議題如主權爭議，卻有較為強硬的回應，進一步而有期望解放軍能「召之即來、來之能戰、戰之必勝」的論述。[3] 乍看之下在戰略行為上似乎回歸外在權力關係的邏輯，而王道與和平則非主要的思維邏輯。若是文化影響行為，則王道思想應對行為有直接影響。若文化只是將行為合理化，則王道思想便淪為工具，而霸道即是中國行為的核心邏輯。因此對於中國戰略文化究竟是王道還是霸道？是和平還是好戰？便成為了中國的戰略文化研究中，學者們爭論的問題。本文認為戰略文化的研究本身，可以大致上被區分為補充現實主義的戰略文化研究與以國家決策傾向及偏好為主體的戰略文化研究兩種類型。其中第二種類型的研究較容易陷入國家戰略文化屬性歸類的爭辯，對於戰略文化研究發展雖有貢獻，但不易從爭論中脫身。而第一類型的戰略文化研究則較能跳脫屬性爭論的議題，對於戰略文化研究的發展而言也較具有前瞻性。因此本文認為對中國戰略文化的理解，應該跳脫屬性

1　Ernest R. May, Richard Rosecrance, Zara Steiner, *History and Neorealism* (New York: Cambridge University press, 2010), p. 341.

2　新華社，〈習近平：在第十二屆全國人民代表大會第一次會議上的講話〉，《新華網》，2013 年 3 月 17 日，< http://big5.news.cn/gate/big5/news.xinhuanet.com/politics/2013-03/17/c_115055434_2.htm >。

3　曹智、李宣良，〈習近平提出解放軍 12 字強軍目標：能打勝仗是核心〉，《華夏經緯網》，2013 年 3 月 12 日，< http://big5.huaxia.com/thjq/jsxw/dl/2013/03/3243891.html >。

歸類的問題，並且將其視之為第二世代的戰略文化研究，才能放下爭議並持續發展。

貳、戰略文化與中國的國際關係

中國自從國力漸豐後，其在國際上的影響力已非昔日吳下阿蒙，做為政治、經濟與軍事大國，中國的再興以及實力的提升，不論是用崛起、發展、甚至是威脅來形容這個過程，現今的中國作為一個亞洲強權，已經是一個客觀上實際存在的事實。在國際關係與戰略的研究領域中，即便有眾多的子領域與議題可供學者發揮與鑽研，但國際上「極」的互動，卻一直都是吸引最多關注眼光的議題。國際關係的理論發展，也大多圍繞在極的互動之上，例如冷戰時期的美、蘇互動。而冷戰期間最為昌盛的理論群體即以現實主義為基礎所發展出來的新現實主義，新現實主義對於國家行為的解釋是以國際體系內的結構中成為權力分配的結果為主，Waltz 指出結構只是一種概念，是肉眼無法觀察的概念，[4] 同時新現實主義著重的是國家的相對地位和他們的權力分配狀況。[5]

並非國家的每個戰略行為都能夠透過權力的分配狀況來解釋，若是透過這樣的理論來看國家行為，則應該會出現一種機械式的邏輯現象，也就是不論研究對象是哪個行為體，面對相同環境時，其行為的邏輯都應該是一致的。但實際上卻並非如此，忽略國際關係行為體的內在特質，所發展出來的新現實主義受到了許多學者的挑戰，Alastair Iain Johnston 就認為新現實主義太過生硬，以至於從新現實主義的角度來看，只要當時的一切外在環境不變，不論是誰都會作一樣的決定。[6] 而面臨理論的反思之時，Richard Ned Lebow 也認為若是沒有對行為體的特性有所了解，那麼理論的動態就會變成一種不甚理想的演繹式理論。[7]

4　Kenneth N. Waltz, *Theory of International Politics* (Reading Mass: Addison Wesley press. 1979), p. 80.

5　*Ibid.*, p. 99.

6　Alastair Iain Johnston, *Culture Realism: Strategic Culture And Grand Strategy In Chinese History* (New Jersey: Princeton university press, 1995), p. 3.

7　Richard Ned Lebow, *A cultural Theory of International Relations* (Cambridge: Cambridge University Press, 2008), p. 1.

　　而時過境遷，冷戰的格局已成過往，距離 Jack L. Snyder 把文化做為區別美蘇戰略思考邏輯的根本差異而撰寫 *Soviet Strategic Culture: Implications For Limited Nuclear Operations* 一文，並且把戰略文化界定為國家的戰略社群透過對核武戰略指令或模擬，所共同擁有的一種整體的概念，有條件的情緒反應、習慣行為的模式的總合，[8] 至今也已過了數十年。即便新現實主義依舊是強勢的國際關係主流理論，但依舊有些問題是物質途徑所無法解答的。西方的學者往往對中國明明實力有限卻又格外強硬的行為感到訝異，例如共產中國建立之後，即便力量有限，卻對國際與周邊強權國家抱持激進的態度。[9] 而 Thomas J. Christensen 在分析中國近數十年來的對外動武行為之時，指出中國會動武對抗敵人或敵人的盟友是為了不讓戰略情勢朝向不利於中國的方向發展，以及為了要改變區域或國內長期的政治或安全情勢。中國的決策階層對於國內趨勢與其敵對集團的政軍趨勢皆相當關注，最後 Christensen 認為從過往的歷史來看，中國往往不會等到解放軍真正準備好才動武。[10] 這種與國際關係學界普遍強調的理性所截然不同的行為，往往讓西方學者看中國時，出現了理論與實際的落差。

　　因此討論有關中國對於武力使用的態度，或者是所謂中國的戰爭方式、大戰略偏好的文章，就如同雨後春筍般出現在學術界的舞台上。這一類型的研究，大多圍繞在相似的主題，也就是被廣泛稱之為戰略文化的國家決策偏好與傾向。暫且從定義來看，Andrew Scobell 認為戰略文化是一種出現在政治與軍事決策精英之中有關戰爭在人類事物中所具備的定位，以及對武力使用效益的一種持續性的想法。[11]Carnes Lord 則認為是一個社會在組織並行使軍事力量以達成政治目標時，其所持有的思維上的

8　Jack L. Snyder, *The Soviet Strategic Culture: Implications for Limited Nuclear Operations* (Santa Monica: RAND Corporation,1977), p.8.

9　Jonathan R. Adelman, Chin-Yu Shin, *Symbolic War: The Chinese Use of Force 1840-1980* (Taipei, Taiwan, Republic of China: Institute of International Relations, National Chengchi University, 1993), p. 20.

10　Thomas J. Christensen, "Windows and War: Trend Analysis And The Beijing's Use Of Force," in Alastair Iain Johnston and Robert S. Ross ed., *New Directions in the Study of China's Foreign Policy* (Stanford, Calif.: Stanford University Press, 2006), pp. 50-85.

11　AndrewScobell, *China And Strategic Culture* (Honolulu, Hawaii: university Press of the Pacific, 2004), p. 2.

傳統作法與慣性。[12]Yitzhak Klein 則是總結的認為戰略文化會反映在戰略的制定以及戰爭的指導之上。[13] 雖然在定義上來看，似乎沒有戲劇性的差異存在，但有關中國戰略文化的一系列研究卻呈現出了兩極化的成果，例如 Alastair Iain Johnston 著名的 *Cultural Realism: Strategic Culture And Grand Strategy In History* 認為，中國的戰略文化有兩種核心模式，其一是儒家思想（Confucian），第二則是兵道思想（Parabellum）。[14] 這兩種核心並非是完全平等的，中國的大戰略偏好核心主要是兵道思想，而戰略偏好的核心要件則是被稱為權變的決策原則，儒家思想只是一種理想化的論述，中國戰略文化的運作實際上有著現實政治（Realpolitik）的傾向。[15] 而王元綱也認為，普遍認為指導中國安全政策的儒家和平主義不過只是一種迷思。[16] 相反的，*Chinese Strategic Culture And Foreign Policy Decision-Making* 一書則認為儒家思維是深植於哲學及歷史經驗中的一種過程，這過程由三種特性所構成，非攻、防禦與義戰，並且自從孫子之後就塑造了防禦性的中國戰略文化。[17]

　　種種的研究結果顯示，中國戰略文化的基本底蘊是和平的王道思維，亦或是與現實政治相同的霸道思維，都沒有一個具備普遍共識的結論。眾多的研究也反映出世界對於中國再興的不確定心態，並顯示出學界對於非物質途徑理解國家行為的嘗試。這些種種的嘗試之中，也包含了中國學者們對於國際關係理論學派建構的努力，中國學者嘗試以中國自身獨特歷史文化與思維的角度，來重新建構屬於中國的國際關係理論。張登及指出這些趨勢證實一件事，就是「中國崛起」現象不僅是一個政策或實踐問題，其影響已經擴散到理論層面。其理論層面的影響，又不僅是「權力轉移」或「霸權穩定」等論題如何調整應用，而是國際關係是否可能有新學派、

12　Carnes Lord, "American Strategic Culture," *Comparative Strategy*, Vol. 5, No. 3(1985), p. 271.

13　Yitzhak Klein, "A Theory of Strategic Culture", *Comparative Strategy*, Vol. 10, No. 1(1991), p. 12.

14　亦有學者將此翻譯為備戰典範。

15　Alastair Iain Johnston, *Culture Realism: Strategic Culture And Grand Strategy In Chinese History*.

16　Yuan-Kang Wang, *Harmony And War: Confucian Culture And Chinese Power Politics* (New York: Columbia University Press, 2011), p. 182.

17　Huiyun Feng, *Chinese Strategic Culture And Foreign Policy Decision-Making: Confucianism, leadership and war* (London: Routledge Press, 2007), pp. 25-26.

新本體與新方法。[18] 這些嘗試,是期望能夠建立所謂「中國學派」的國際關係理論。在整個過程中,也曾經出現了中國與西方學者在國際關係理論發展上的分歧意見,中國學者認為西方學者所謂「為什麼沒有西方的國際關係理論」,是一種霸道、歧視性的提問。[19] 確實,西方的國際關係理論,是否能夠完整的應用在歷史經驗與民族風格有所不同的中國身上,一直以來也是眾多學者討論的問題。而當論述的重點牽涉到武力運用、對衝突本質的理解、戰爭觀、戰爭方式等戰略文化主題,西方學者對於中國戰略文化的詮釋與理解,就是中國戰略文化的本質嗎?這似乎也是不容易回答的問題。Jonathan R. Adelman 與石之瑜認為若是未能理解中國文化與國家自我形象,就無法去分析現代中國對武力使用的歷史。[20] 黃恩浩與陳仲志也指出,除非從中國的歷史與儒家思想文化去了解中國的世界觀,否則從西方的國際關係理論都似乎只能片面地解釋中國的國家行為。[21] 同樣的道理自然也適用於中國戰略文化的研究,文化本身就具有獨特性,即便戰略文化的研究還有待於其他理論的融合與發展,[22] 對於研究對象的文化背景分析,也是有其必要性。

　　文化既然是有獨特性,戰略文化的本身同樣如此,定義上可以呈現出具操作性質的定義,例如價值觀、信念等關鍵字在戰略文化的相關定義中相當常見。例如 Johnston 最初即把戰略文化定義為一個整合的符號體系,並且認為這套符號體系會呈現出一套普遍又持續的戰略偏好。[23] 乍看之下戰略文化似乎是一個一旦形成之後就會一直恆定不變的價值觀,但若是如此則又容易出現解釋行為上的盲區,畢竟完全的和平主義或全然的軍國主

18　張登及、陳瑩羲,〈朝貢體系再現與「天下體系」的興起?中國外交的案例研究與理論反思〉,《中國大陸研究》,第 55 卷,第 4 期 (2012 年),頁 91。

19　王義桅,《超越國際關係:國際關係理論的文化解讀》(北京:世界知識出版社,2008 年),頁 146。

20　Jonathan R. Adelman, Chin-Yu Shin, *op.cit.*, p. 235.

21　黃恩浩,陳仲志,〈國際關係研究中「英國學派」典範及其對建構「中國學派」之啟示〉,《遠景基金會季刊》,第 11 卷,第 1 期(2010 年),頁 66。

22　例如近年來有學者嘗試將地緣戰略與世界觀結合至戰略文化的研究中,詳請參閱王俊評,《和諧世界與亞太權力平衡-中國崛起的世界觀、戰略文化,與地緣戰略》(台北:致知學術出版社,2014 年)。

23　Johnston 最初有關戰略文化的定義可參閱 Alastair Iain Johnston, "Thinking about Strategic Culture," *International Security*, Vol. 19, No. 4(Spring 1995), p.46.

義都未貫穿中國的整段歷史。因此為了要讓戰略文化能有一定程度的彈性，不致於過度僵化，則必須抱持著戰略文化有不同類型的認知。秦亞青認為戰略文化是建立在三種「認識」上面，也就是對戰爭的認識、對衝突的認識和對暴力功效的認識，三種認識構成了戰略文化的認知圖譜，秦亞青認為透過這三種認識去分析，可以把戰略文化區分為衝突型與合作型兩種類別。[24] 因而戰略文化可能會在極端的兩面往返擺動，或是可能趨於中央位置而呈現出一種折衷的戰略文化類型。國家認識這個世界的結果，會顯著影響戰略文化的趨向。而國家如何去認識其所處的世界，則與國家的世界觀有所關聯。

　　中國對世界的理解，形成了中國獨特的世界觀，從中國二字來看，在歷史上而言，中國二字，即代表了中央之國（**Middle Kingdom**），反映了傳統中國人的世界觀。而中國傳統上，透過封建制度或周遭國家的朝貢，中國維持著層級性的關係，對中國而言，這樣的安排反映了自然之理。[25] 這基本上是一種對於地緣概念的反映，這種傾向是中西皆然，Stephen B. Smith 指出因為各種地理上的隔絕，以及大河流域所帶來的豐沛物產，使中國較不需要和其他國家進行貿易，也鮮少有必要和其他國家互動，這種地緣條件深刻的影響了中國的文化與自我認知。[26] 因此也可以說中國的國家自我形象設定是天下之共主，國際關係基本上就是朝貢體系，是一種以上對下的關係，並沒有平行的國際關係發展。因此蕭公權指出：「天下時期之一切政治關係皆為內政，而無國際間之外交。」。[27] 可以說中國的世界觀其實是與「天下」的概念密不可分，趙汀陽認為天下不僅是地理概念，而且同時意味著世界社會、世界制度以及關於世界制度的文化理念，因此它是個全方位的完整的世界概念。[28] 趙汀陽進一步的指出天下至少是地理、心理和社會制度三者合一的世界，而且這三者有著不可分的結構，如果分

24　秦亞青，〈國家身分、戰略文化和安全利益－關於中國與國際社會關係的三個假設〉，《世界經濟與政治》，第 1 期（2003 年），頁 12。

25　Thomas G. Mahnken, "Secrecy and Stratagem: Understanding Chinese Strategic Culture," p. 11, < http://www.lowyinstitute.org/files/pubfiles/Mahnken,_Secrecy_and_stratagem.pdf >.

26　Stephen B. Smith, "The Geographic Origins of Strategic Culture," p. 11, <http://jhss-khazar.org/wp-content/uploads/2012/02/04The-Geographic-Origins-of-Strategic-Culture2011new.pdf>.

27　蕭公權，《中國政治思想史上》（台北：經聯出版社，1982 年），頁 10。

28　趙汀陽，《沒有世界觀的世界》（北京：中國人民大學出版社，2003 年），頁 7。

析為分別的意義則破壞了天下的存在形式。天下意味者一種哲學、一種世界觀，它是理解世界、事物、人民和文化的基礎。[29] 趙汀陽指出的中國世界觀，也就是所謂天下觀，是一種包容多項要素的概念，也是一種對於中國在世界上扮演的角色，所進行的一種新的思考。趙汀陽自己就指出要討論的是中國這個概念的積極意義。[30] 雖然這樣的觀點不見得獲得普遍的接受，因為所謂中國的積極意義，往往容易在中國威脅論的架構中被曲解，變成了嘗試為中國追求霸權的目標尋求一個哲學上的理論依據。William A. Callahan 就曾批評趙汀陽所提倡的天下觀一樣還是擁有上下階級之分，中國的天下號稱是包容萬物，但其實是把一切都納入了層級分明的體制中。[31] 所謂天下的概念，實際上只是中國為追求新霸權的目地背書。[32] 而其他的研究也指出，中國的世界觀其實與其他國家沒有太大的不同，都有著自我中心的傾向，並且不乏有我者與它者的對立概念。例如傳統上具備地理上涵義的「四方」一詞，實際上也具備了政治意涵，王愛和認為「方」代表者他和邊緣，與「我」的中心相對照，異族的「他」襯托出同宗的「我」。[33] 這樣一套思維被繼承下來，融入了中國各家思想中，例如有論者在討論儒家外交思想中有關如何可以稱得上「士」的概念時指出，孔子是在教育未來的外交官，當他們到野蠻人中執行使命的時候，所要遵守的行為準則，並要記住他們始終代表的是華夏。[34] 並且這種中國中心主義的世界觀，又與中國自身的朝貢制度相互結合，因而呈現出一種與西方國家不同的思想體系。有學者指出「朝貢體系」及其「天下秩序」理念並非從儒家經典中憑空而起。它有其物質性的經濟條件，及藉此構成的思想基礎。此秩序反映農業帝國強調自存（self-sufficiency）的保守價值，而與游牧帝國或海洋文明強調進取開拓的價值不同。[35]

29　趙汀陽，《天下體系世界制度哲學導論》（北京：中國人民大學出版社，2011 年），頁 28。
30　同上註，頁 2。
31　William A. Callahan, "Chinese Visions of World Order: Post-Hegemonic or a New Hegemony?," *International Studies Review*, Vol. 10, No. 4(2008), pp. 754-755.
32　*Ibid.,* p. 758.
33　王愛和著，金雷、徐風譯，《中國古代宇宙觀與政治文化》（上海：上海古籍出版社，2011年），頁 48。
34　L. Perelomov, A. Martynov 著，林逸夫、林健一譯，《霸權的華夏帝國：朝貢制度下中國的世界觀和外交政策》（台北：前衛出版社，2006 年），頁 59。
35　張登及、陳瑩羲，〈朝貢體系再現與「天下體系」的興起？中國外交的案例研究與理論反思〉，

這種中心主義與優越感，與朝貢體系結合，呈現出一種融合了中心主義與天下觀念的世界觀。王俊評指出體系的秩序應該是所有行為者皆臣服於皇帝的帝國式秩序，最多只是依照行為者與中國在文化上的親疏關係，而使得他們在天下觀內的秩序位階安排有所差異，但所有行為者都應是皇帝的臣屬，這也是所謂的「王者無外」概念。[36] 王俊評所指涉的文化親疏關係，就是中國獨特世界觀的核心要件，中國獨特的世界觀與歷史經驗，塑造出一套不同於西方世界處理對外關係的邏輯。中國以文化優越感做為過往帝政時期思考東亞秩序的思維底蘊，因此殷、周時代的中國本位主義就已含有安排整頓世界的功用，而當時中國物質文明和文化比周圍民族更先進的事實，給「中國本位」的世界觀提供了客觀的條件。[37] 而當東亞秩序受到影響之時，中國作為體系的核心、秩序的維護者，自然必須要思考如何去動用各種手段來維繫體系內部的秩序，而此時就是戰略文化的體現。總結而言，可以說這套以中國自身為中心的世界觀，其秩序在必須要以武力來維持之時，就是戰略文化的體現。而這和中國儒、墨、道、法、兵家思想中有關武力的使用有關係，而從中建構了一套可以被稱之為戰略文化的一連串的信念與觀念。

參、對戰略文化研究的認識：屬性歸類亦或回歸務實？

戰略文化的研究至今已有數十個年頭，不同學者對於戰略文化的意義皆有不同的看法，而當戰略文化與國家行為主體掛勾時，則又會出現更多樣化的結果。戰略文化本身的定義相當多元，從以往 Johnston 提出的戰略文化是一個整合的符號系統，透過對制定軍事力量在國際政治事務中的角色及效能，以及賦予這些在戰略偏好中看似獨特且有效力的概念實際的光環，而建立一種普遍且長期存在的大戰略偏好。[38] 近期的研究中，認為

頁 96。

36　王俊評，《和諧世界與亞太權力平衡－中國崛起的世界觀、戰略文化，與地緣戰略》（台北：致知學術出版社，2014 年），頁 125-126。

37　L. Perelomov, A. Martynov 著，林逸夫、林健一譯，《霸權的華夏帝國：朝貢制度下中國的世界觀和外交政策》，頁 162。

38　Alastair Iain Johnston, "Thinking about Strategic Culture," *International Security*, Vol. 19, No. 4(Spring 1995), p. 46.

戰略文化是一個國家基於其獨特的地緣戰略位置和人文歷史傳統，經漫長歷史過程形成並延續下來的、為國家決策者所認同和採納的戰略觀念和理論，包括對國家地位和目標的認知，以及為實現其戰略目標而組織使用國家權力的習慣性戰略偏好。[39]

這些定義都說明了戰略文化做為一項分析途徑的特性；然而做為一種分析途徑，戰略文化自然會面臨不同的分析對象，因而在分析的過程與結果中，嘗試去將分析主體的戰略文化或行為偏好進行歸類。是故定義上往往極具操作彈性與適用性，但分析結果卻也呈現兩極。因此對於中國的戰略文化歸類，也常有著和平至上或兵道至上兩種不同的極端成果。雖然戰略文化有多種分類，例如兵道或和平等區別，但戰略文化基本上具有延續性的概念，其中並不經常性的存在明顯的斷裂，也就是說國家並不總是以單一特定的方式來處理戰略問題。就國家實際對外行為來說，自然也就難以去切割或劃分，因此要說某一時期的戰略文化是純然的兵道為主或是和平導向，實際上也是忽略了國家權力的多樣性，因此硬性的歸類是難免過於武斷的。例如有學者指出中華文明對很多周邊國家的國內政治和社會產生了持久的改造性影響，並且構成了一種國際秩序。又指出只要等級秩序得以遵守，中國的主導地位得到承認，國家間就幾乎不需要戰爭。[40] 但是當國際秩序受到衝擊時，中國卻往往並不排斥透過戰爭來解決問題，如果要將中國戰略文化歸類為儒家導向的和平戰略文化，則又難以解釋韓戰、台海危機、中印戰爭、珍寶島衝突等事件；反之若是認定中國就是兵家導向的現實政治戰略文化，則也難以解釋中國在過往歷史上的和親政策，以及朝貢體系之所以能夠維持的文化層面因素。

因此對於中國這樣一個行為主體，戰略文化的研究與歸類，往往有兩極的結論。本文認為國家對外行為的戰略文化屬性歸類，實際上是一種因應國家實力、地緣位置與情勢綜合影響下的結果，其中有許多現實因素的考量，因此往往呈現擺盪的狀態。單就以武力的使用來說，中國雖然對武

---

39   馮亮，《法蘭西戰略文化》（北京：社會科學文獻出版社，2014 年），頁 14。
40   Peter J. Katzenstein 主編，秦亞青、魏玲、劉偉華、王振鈴譯，《世界政治中的文明多元多維的視角》（上海：上海人民出版社，2012 年），頁 118-119。

力有所節制，但是當涉及核心利益例如領土完整之時，中國卻依舊不排斥以武力解決問題。內在文化蘊涵是慎戰思想，卻又會透過製造危機來試探敵人的反應。[41] 且在使用武力之前，又會覆蓋正義的外衣來將武力使用合理化，而在使用武力後，其用武的方式也反映出可以承受精打細算的風險之傾向。[42]Scobell 也曾經指出中國遠古神話故事中的黃帝、神農氏與蚩尤所代表的不同價值觀也反映在中國戰略文化的形塑之上，而中國受到皇帝的形象影響而傾向正確的使用武力來建立權威。[43] 最後他也認為並非只有單一的某一種文化傳統會產生影響力。[44] 甚至近期的研究也指出中國人對於和平與戰爭議題都是游刃有餘，文化上的先例並沒有辦法說明他們到底偏愛哪一個。[45] 換句話說，影響中國戰略文化的要素，並不是單一的儒家思想或是純然的兵家思想。這些都在在說明了，中國戰略文化的整體特色或許並不適用於明確的兩極區分法。

　　戰略文化的形成，有許多因素貫穿其中，而對中國而言，同樣是如此。中國的戰略文化是由許多根源交互影響而成，例如傳統戰略思想、國家的自我形象、馬列主義的戰爭觀以及歷史經驗都會是影響戰略文化的因素。如同前述，當中國以自身為中心發展出其獨特的世界觀時，其所處位置的國際秩序在必須要以武力來維持之時，就是戰略文化的體現。這套戰略文化則又和中國儒、墨、道、法、兵家思想中有關武力的使用有關係，並從中建構了一連串的信念與觀念。但是中國傳統思想中對於所謂戰爭的認識、對衝突的認識和對暴力功效的認識，常有被過度放大或扭曲的情形發生。例如 Johnston 從中國傳統戰略思想與毛澤東的思想中嘗試去歸結出中國戰略文化的特質，其認為毛澤東時期的戰略文化呈現出過往歷史的延續性，並且被現代中國的民族主義與馬列主義所強化；[46] 以及壓迫者與被

41　Mark Burles and Abram N. Shulsky, *Patterns In China's Use Of Force: Evidence From History And Doctrinal Writings* (Santa Monica, Calif: RAND, 2000), p. 17.

42　Andrew Scobell, *China And Strategic Culture*, p. 23.

43　Andrew Scobell, *China's Use of Military Force: Beyond the Great Wall and the Long March* (Cambridge: Cambridge University press, 2003), pp. 21-22.

44　*Ibid.*, p. 23.

45　Andrew J. Nathan and Andrew Scobell, *China's Search for Security* (New York: Columbia University Press, 2012), p. 24.

46　Alastair Iain Johnston, "Cultural Realism and Strategy in Maoist China," in Peter J. Kazenstein,

壓迫者之間所發生的衝突，其本質是零和的，在這種狀態下任何戰略與戰術都是可以接受的。最後 Johnston 指出對毛澤東而言在正義戰爭中，戰略與戰術都是方法問題而並非是道德上的問題。[47]

這些論述都看似將所謂歷史延續與中國現代的戰略文化結合起來，認為中國戰略文化的本質就是在具備零和特質的衝突狀態下，以追求勝利為主要考量的現實政治或稱兵道至上的戰略文化。但是這些特點，根本上只是緣自於對戰爭的一種正確的認知，例如雷海宗在討論戰國時期戰爭特性時，就指出戰爭都是滅國的戰爭，為達到滅國的目地，任何手段都可採用。這是一個文化區域將要統一時的必有現象。[48] 同樣的，克勞塞維茲也假定有一種所謂絕對戰爭（Absolute War）概念的存在，一切軍事行動都應以其為極限。這種概念也就是康德哲學中所謂的「事物本體」。但這種絕對概念卻只能存在於抽象的世界中，換言之，在現實世界中，任何事物都達不到百分之一百的「絕對」標準。[49]

因此誠如克勞塞維茲所想，事物總是存在著理想與現實兩面，各家思想在理想中對於戰爭或武力使用的觀點與看法，實際上並不一定就會直接反應在現實作為之上。儒家思想對於理想與現實的認知一直都相當明確，例如《史記孔子世家》指出：「有文事者必有武備。」而《論語述而篇》也說：「子之所慎，齋；戰；疾。」另外《論語子路篇》則說：「善人教民七年，亦可以即戎矣。」儒家思想認為要有七年之長的時間進行準備才足夠進行戰爭，顯示儒家思想中對於武力使用的謹慎態度，也說明了儒家思想中的務實特性。同樣的，兵家思想本來就更為務實，《吳子圖國》說到：「昔之圖國家者，必先教百姓而親萬民。有四不和：不和於國，不可以出軍；不和於軍，不可以出陣；不和於陣，不可以進戰；不合於戰，不可以決勝。」。而甚至是常被曲解為窮兵黷武的法家，也並非總是沉浸於戰爭的理想中，《商君書農戰第三》指出：「人君不能服強敵、破大國也，

---

ed., *The Culture of National Security: Norms and Identity in World Politics* (New York: Columbia University Press, 1996), p. 221.

47　*Ibid.*, p. 232.

48　雷海宗，《中國的文化與中國的兵》（香港：龍門書店，1968 年），頁 15。

49　鈕先鍾，《戰略研究與軍事思想》（台北：黎明文化事業公司，1982 年），頁 336。

則修守備，便地形，摶民力，以待外事，然後患可以去，而王可致也。」
因此不論是儒家、兵家或法家，對於所謂戰爭的認識、對衝突的認識和對
暴力功效的認識，基本上都是謹慎且務實的，其中當然有理想的和平主義，
但也不缺乏務實的備戰思維，更重要的是慎戰思想一直貫穿在各家經典之
中。例如《易師掛》就指出：「師或於尸，凶」，因此各家思想往往都是
在現實與理想中妥協出一種務實的概念。對於戰爭、衝突與暴力的綜合認
識上，並沒有長期的偏向戰爭或和平的任何一端。正如《中國軍事思想史》
一書所提的和平思想而具戰鬥精神、防守主義而有攻擊能力。[50]

　　因此必須要明瞭，各家思想往往都是在現實與理想中妥協出一種務實
的概念，若僅只是聚焦於理想性的觀點，將這些對於戰爭的純然思考應用
至現實層面的戰略決策上，並且將這些思考放大為戰略文化的屬性時，自
然會導向兩極分化的屬性歸類。也因為如此，對於中國戰略文化的基本底
蘊，就出現了和平至上與現實政治兩種極端。以國家為主體所作的戰略文
化研究，國家決策偏好的歸類固然是研究者所希望完成的課題。以中國而
言，強調戰略文化和平至上者，往往以儒家思想做為基礎，卻忽略了儒家
提到的有文事者必有武備；而兵道至上論者，則往往以兵家思想做為根基，
卻忽略了兵家也談將者死官也，不得已而用之。因此論者在兩家思想的極
端中去求得極端的戰略文化歸類，就難免會陷入無止境的爭論。本文認為
儒家思想並非在真空中運作，而中國對士的教育自古就文武合一，因此儒
家難以跟兵家完全切割，而兵家也並非只往戰爭極端面前進，因為兵家也
有不戰而勝的理想論述。

　　因此要從各家思想中去歸納、總結出中國戰略文化的屬性或傾向，實
際上是忽略了各家思想的相互融合與影響。然而這並不表示各家思想對於
中國戰略行為不會構成影響，但是影響行為畢竟與決定行為是有差距的。
但是就如同 Colin S. Gray 指出的一樣，人們都受到文化影響，我們對於利
益的追求，都受制於價值及偏好，並且這些或多或少會對我們的決策與行
為產生某種程度的影響。[51] 所以，強調戰略文化是影響，而不是決定戰略

50　魏汝霖、劉仲平著，《中國軍事思想史》（台北：華岡出版有公司，1979 年），頁 242。
51　Colin S. Gray, "Out Of The Wilderness: Prime Time For Strategic Culture," *SAIC*, Oct. 3, 2006, p.

行為這樣的研究前提，對於研究者來說還是很有意義的。[52] 同樣的，對於中國戰略文化而言，應該持有的認知是中國並不特定傾向於窮兵黷武或和平至上，中國的戰略決策與行為都很務實，而並不趨向於任何的極端。所以戰略文化不應該被切割為兩種極端的傾向，而是該回歸為務實的戰略文化基礎，也就是回歸到補強現實主義不足之處的基本位置之上。

肆、結論：中國戰略文化的底蘊，文本的取捨與研究世代的選擇

中國的戰略文化與中國的崛起，是常被討論的問題。究竟中國的行為與中國的戰略文化之間是否有直接的相關，中國的戰略行為之中，核心的思想究竟是王道還是霸道，都是研究中國再興議題時常接觸到的疑問。要解答這樣的問題，要先了解戰略文化的研究，可以大致上被區分為補充現實主義的戰略文化研究與以國家決策傾向與偏好為主體的戰略文化研究兩種類型。前者著重於長時間的國家戰略行為觀察中，如果出現了物質結構無法解釋的行為，則以文化的角度來補充解釋國家的行為。後者則致力於透過歷史、地緣環境、戰略思想等要素來討論並歸類國家戰略行為的傾向與偏好。因此前者的研究並不常會出現一國戰略文化的屬性或偏好；後者則會有和平的戰略文化或兵道至上的戰略文化兩種極端的區別。

中國的戰略文化究竟是王道或是霸道，這個問題是否有意義，取決於研究者採取何種類型的戰略文化研究。若是以第一類型的研究而言，戰略文化的意義即在於解釋國家的行為，使現實主義能夠更貼近國際現勢，是補充現實主義的不足之處。當戰略文化的研究概念出現於國際關係學界之時，有關戰略文化是要取代現實主義或是補充現實主義，也引起不少的討論。[53] 但實際上戰略文化的出現原本就是要補充現實主義，因此兩者之間本來就存在互補的可能性。例如 John Duffield 就認為不應該將物質的現實主義與意念的戰略文化推向對抗的極端，而應該是去探討兩造之間相容互

12, <http://www.fas.org/irp/agency/dod/dtra/stratcult-out.pdf>.

52　宮玉振，《中國戰略文化解析》（北京：軍事科學出版社，2002 年），頁 23。

53　有關戰略文化與現實主義理論群的相容性問題，可參閱 John Glenn, "Realism versus Strategic Culture: Competition and Collaboration?," *International Studies Review,* Vol. 11, No. 3(2009).

補之可能性。[54]

　　第二類型的戰略文化則是期望能夠透過以歷史經驗、戰爭次數、重要思想等作為研究文本，從中詮釋出一種國家決策者面對戰略決策時，所呈現出的持續性的偏好與傾向。因此研究的結論與現實主義的邏輯有時未必能夠完全的契合。按照第二種類型的研究，國家有時候因為文化思想的影響，而呈現出不同於現實主義邏輯的戰略決策。例如朱中博與周雲亨即以九個漢族王朝的對外戰爭次數做為分析基礎，期望以由中國主動發起的對外戰爭次數在總戰爭次數中的低比例性，來證明中國的戰略文化是具有和平性質的。[55] 反之則如同王元綱所指出的一樣，儒家思想對於中國安全政策的影響，僅只是在中國處於劣勢之時，為中國在軍事上採取守勢姿態提供一個文化上的正當性。[56] 這些不同的詮釋角度牽涉到詮釋文本的選擇，不同的文本會發展出不同的詮釋結果，因此往往造成研究結論上的無盡爭辯。而這也是第二類型戰略文化研究的特色。是故在戰略文化的研究中，對於戰略文化屬性歸類所做出的研究成果固然有其學術意義，同時也能從不同的途徑來增加對特定國家的理解，對於學術發展的重要性自然是無庸置疑。然而同一國家在不同時期的地緣政治環境、國力基礎、威脅與經濟型態等內外部因素，都可能使決策菁英採取不同的戰略路線，進而使國家的對外政策有不同樣的風格，而使得戰略文化呈現出不同樣的屬性。因此往往必須要以特定的朝代或時期來區分戰略文化的研究，例如以朝代做為戰略文化研究的基本範圍。而甚至於戰略文化的觀察標的究竟是廣義的思想研究，例如儒家與法家思想；抑或是決策者所偏好的思想才是戰略文化，以及應該以文本分析為主還是對外政策為主等問題，都是研究者常常需要面對的。[57]

54　轉引自黃恩浩，〈爭論中的國際關係「戰略文化」研究〉，《問題與研究》，第51卷，第4期（2012年），頁108。
55　朱中博、周云亨，〈中國戰略文化的和平性-《文化現實主義》再反思〉，《當代亞太》，第1期（2011年），頁36-51。
56　Yuan-Kang Wang, *op.cit.*, p. 187.
57　國內學者王俊評認為戰略文化的研究應同時著重分析決策圈對戰略決策的整體辯論，以及國家在歷史上的大戰略行為，而非僅探討思想性的著作所闡述的思想觀點。詳請參閱王俊評，《和諧世界與亞太權力平衡-中國崛起的世界觀、戰略文化，與地緣戰略》，頁238-239。

　　因此戰略文化的屬性歸類研究，常常會面臨這些不容易解決的問題。尤其是中國的戰略文化屬性歸類上，又牽涉到有數千年發展歷史且龐雜浩瀚的各家思想，且在共產主義流入中國後，馬列主義的影響也成為無法忽略的事實，並且帝制中國所發展出來的戰略文化是否有延續至現今的中國等問題，都還有待學者的持續鑽研，而這也是中國戰略文化研究的重要課題。

　　事實上，如同張鐵軍的結論一樣，中國傳統戰略文化中的儒家非暴力與外向擴張兩種趨向，都存在於現今中國對安全政策的盤算之中，但以中國對物質力量追求的目標而言，這些思想的影響都只是次要的。[58] 因此對中國來說，認為其戰略決策背後的基礎是王道思想還是霸道思想，或者說是文化現實主義還是文化道德主義，都會陷入文本取捨的爭論之中。因此對中國戰略文化的理解，應該置之於補充現實主義的架構中來進行討論，才能從中間的道路來詮釋中國戰略文化的底蘊。中國戰略文化的思維基礎並不應該被限定為純然和平或是外向擴張，而是應該以務實的角度來看待中國的戰略文化底蘊，因此與其在和平至上與現實政治中爭辯，倒不如說是務實的戰略文化。

　　誠然若是在和平成分較高的儒家思想與現實的兵家、法家等思想之間選擇了一條中間路線，則必然會使得研究的本身偏向於第二世代的戰略研究。戰略文化研究的發展過程，按照學者對於戰略文化的作用與理解，大致上可以被分為數個階段。Johnston 認為一共有三個階段，[59] 國內學者楊仕樂則認為有五個世代，[60] 第一階段大多被稱為決定論，決定論的研究學者認為戰略文化和行為之間是一脈相承的。例如 Snyder 似乎認為戰略文化會導致態度與行為之間的直接反應（one-to-one correspondence between

58　張鐵軍認為追求綜合國力的增長，是中國現代戰略文化的最大特色。詳情參閱 Tiejun Zhang, "Chinese Strategic Culture: Traditional and Present Features," *Comparative Strategy*, Vol. 21, No. 2(2002), p. 79-90.

59　Alastair Iain Johnston, *Cultural Realism: Strategic Culture And Grand Strategy In Chinese History,* pp. 5-22.

60　楊仕樂，〈物質基礎、理念慣性：中國「王道」戰略文化的實證檢驗 1838-1842〉，《中國大陸研究》，第 54 卷，第 4 期（2011 年），頁 1-27。

attitudes and behavior）。[61] 同樣的 Gray 也認為透過對戰略文化的使用，能夠預測國家在未來的決定。[62] 第二階段的戰略文化研究則被稱為工具論，其認為戰略文化與實際戰略行為存在根本的斷裂，戰略文化無非是政治菁英們模糊或掩飾他們戰略選擇的工具。[63]Johnston 則認為此一階段的學者所研究的戰略文化包含了象徵、故事、符號，而且全都是為了使國家過去、現在與未來的行為合法化。[64] 進一步的目的是為了要形塑在文化與語言上可以被接受的運作性的戰略，以此來降低未來可能的政治挑戰。[65] 第三階段則被稱為後實證文化主義或配置的文化主義，[66] 第三代的學者認為戰略文化並非是靜態的，而是一種會改變的狀態。Jan Angstrom 與 Jan Willem Honig 就指出戰略文化是根植於心中的推論架構，長期而言，這種架構是會改變的。[67]

　　因此如同 Edward Lock 所言，由於第二代戰略文化專注於討論國家支持的軍事力量使用的合法性與其行動的無可置喙性，這使我們不用再去爭論國家戰略文化的屬性，而是能著重於戰略中政治要素的分析。[68] 而本文亦認為戰略文化的研究，應該回歸至補充現實主義不足之處的位置之上，才能避免 Lock 提及的戰略文化屬性爭論。事實上將中國戰略文化視為現實政治導向的 Johnston，也被歸類為補充現實主義的戰略文化研究之中。[69] 曾有學者對 Johnston 的研究提出質疑，認為既然舊的現實主義模型就能夠在不涉及現實政治戰略文化的狀況下分析中國，那麼創建戰略文化的分析

61　Alastair Iain Johnston, *Cultural Realism: Strategic Culture And Grand Strategy In Chinese History,* p. 6.

62　Colin S. Gray, "National Style in Strategy: The American Example," *International Security,* Vol. 6, No. 2(Fall, 1981), p. 22.

63　趙景芳，《美國戰略文化研究》（北京：時事出版社，2009 年），頁 15。

64　Alastair Iain Johnston, *Cultural Realism: Strategic Culture And Grand Strategy In Chinese History,* p. 15.

65　Alastair Iain Johnston, *Cultural Realism: Strategic Culture And Grand Strategy In Chinese History,* p. 17.

66　黃恩浩，〈爭論中的國際關係「戰略文化」研究〉，頁 104。

67　Jan Angstromand Jan Willem Honig, "Regaining Strategy: Small Powers, Strategic Culture, and Escalation in Afghanistan," *The Journal of Strategic Studies*, Vol. 35, No. 5(October 2012), p. 673.

68　Edward Lock, "Refining strategic culture: return of the second generation," *Review of International Studies*, Vol. 36, No. 3(2010), p. 707.

69　國內學者以 John Glenn 的研究為基礎，將 Johnston 的研究成果歸類為補充現實主義的戰略文化。詳請參閱黃恩浩，〈爭論中的國際關係「戰略文化」研究〉。

模型又有甚麼意義?[70] Johnston 則回應指出現實政治戰略文化的持續,和實力分配與無政府結構的不同類型沒有關連,而是緣自於特定戰略文化的傳承,[71] 可見 Johnston 確實是站在補充現實主義研究不足之處的角度來進行研究。因此對於戰略文化的研究,應朝向理論互補的角度進行嘗試與發展,才能避免屬性的爭論。而有關中國戰略文化的底蘊究竟是王道或是霸道,也同樣是屬性問題的爭論,對於戰略文化的研究而言,反覆的爭論屬性問題,似乎並非是合宜的研究發展方向。Christensen 也曾指出,一國決策者常會為該國的大戰略與外交政策尋找一個道德或是意識形態的基礎,[72] 而文化這樣的意識形態操作,就自然能成為決策者的工具。與其在儒、墨、道、法、兵家思想中求取極端的分類,倒不如以第二代戰略文化的工具論述為主軸,將中國戰略文化理解為使國家過去、現在與未來的行為合法化的務實取向戰略文化。

70　Alastair Iain Johnston, *op.cit.*, p. 257.
71　*Ibid.*, pp. 261-262.
72　Thomas J. Christensen, *Useful Adversaries: Grand Strategy, Domestic Mobilization, and Sino-American Conflict 1947-1958* (New Jersey: Princeton University Press, 1996), p. 16.

我國因應 TPP 智慧財產權目標規範之戰略佈局研究

李中強 [*]

摘要

美國積極推動「亞太再平衡」政策，強調建立公開、自由、透明與公平的經濟體制，但其推動跨太平洋夥伴關係協定（Trans-Pacific Partnership Agreement，TPP），實欲與中國 FTA 議程對抗，競逐亞太地區經濟貿易的主導權。

其於智慧財產權爭議上，以「超高標智財權」與「保護藥商藥品專利」兩項，突顯其目標規範超出各國現有法規並不利消費者與開發者、過度保護美國智財權利益、藉藥品專利權妨礙開發中國家取得低價格學名藥及致談判國對該要求須付出過高代價等問題。

本文擬就美國 TPP 之智慧財產權的條款內容分析、探討其影響與經濟戰略佈局，剖析對我國法制與經濟利益可能形成之衝擊提出看法。

鑒於我國經濟部以爭取加入 TPP 為新目標，期能直接獲取經濟利益。惟在美國主導之規範對我國整體智慧財產權法制與經濟利益而言，頗具威脅，應謹慎評估，並預為因應佈局。本文研究分析發現，期能提供我產、官、學界運用的參考。

---

[*] 淡江大學國際事務與戰略研究所博士候選人

壹、前言

　　全球化下國際間互相影響，彼此互賴依存程度提高，單一國家無法獨自壟斷控制世界的力量，結合其他相同理念或利益的國家，形成戰略聯盟才可以提高為更有影響的勢力，掌控主導相關議題制度的走向。

　　美國在中國崛起的過程中，逐漸被排除在亞洲地區之外，為了要從新取得亞洲事務的主導權，在歐巴馬（Barack Hussein Obama）總統上任後，推動「重返亞洲」政策。其中在經濟上強化「跨太平洋伙伴關係協定」，其能以更自由、開放、公平的經濟制度，結合有意願參加的國家，建立一個世界上最大的經濟體，形成影響國際的力量，以促進美國的經濟利益與維持其在亞洲地區與世界的主導地位。

　　在 TPP 的條文中，包含了智慧財產權的議題，參與意願國如果認同且接受，即可進入談判程序。即使智慧財產權制度是美國的優勢，但是 TPP 規範的智慧財產權條文嚴格程度卻超過了美國現有的法制，更遑論其他國家。在知識取得便利性相較美國差的國家，為求發展急需獲取知識，在原有內容與管道已然受限的不對稱情形下，是否會因加入 TPP 而雪上加霜，增加不必要成本與阻礙，延緩其發展的步調、擴大落後的差距，其背後的戰略問題不可不察。

　　本文透過 TPP 智慧財產權規範，剖析 TPP 背後所隱含的戰略佈局，探討加入 TPP 之利與弊，提供決策者參考，期能做出對國家最有利的戰略抉擇。

貳、全球化下經濟效應

　　全球化下創造出成千上萬的跨國企業及策略聯盟，也生產不可數計的商品，擴張了資金的流動與各種新興科技的發展，強化了資本主義的作用，成為超資本主義（Hyper-capitalism）的現象。[1] 處於競爭劣勢的發展中國家的經濟主權、國家安全因此面臨更嚴峻挑戰和威脅，引發對全球化強烈之

1　Jan Aart Scholte, *Globalization –A Critical Introduction* (London: Macmillan, 2005), p. 160.

反感並保持對之高度警惕，其中包括以下幾個面向：[2]

1. 跨國企業對世界經濟發展影響重大，一些國家，尤其是發展中國家在做出重大決策時，徵求在當地的跨國公司意見成為可能選項，國家主權因此受到跨國公司的浸蝕。

2. 全球化大環境下，國際組織及其成員在享受權利亦要承擔相對之義務，國家在接受其規範及運作方式之際，某種意義上即等於同意讓渡出部分主權。

這些是反全球化者所不願意看到的，進而提出「在世界的同一性增強趨勢下如何維持世界文化的多樣性及確保民族國家主權免受衝擊」的問題，對文化完整性和國家主權可能處於危險之中日顯焦慮。此外，在全球化下的貿易自由化也帶給使用者額外的費用，使這些基本服務超出弱勢群體和窮人的承受能力，使發展較落後國家承受更多負擔。

先進國家有能力主導全球化的制度建立、規範形成，可以藉之創造出有利於自己的國際環境，變相促使其他國家讓渡出的主權、改變其文化及負擔相當費用等以為其利基，非但獲取經濟上利益，亦可拉大與其他國家發展的差距，戰略思考上則可維持其優勢，確保更多的利益。[3]

參、美國以 TPP 在全球化下操作經濟戰略

美國在冷戰後為世界僅存的超級強國，深知在全球化是一個動態的進行過程，如能主導全球化的制度建立、規範形成，就可以創造出有利於自己的國際環境，使其他國家的所讓渡出的主權、改變的文化及負擔的費用即是其利基，獲取經濟上利益可拉開與其他國家發展的差距，以確保長久

2　王麗娟等著，《全球化與國際政治》（北京：中國社會科學出版社，2008 年），頁 361-362。

3　如美國總統歐巴馬於 2015 年 1 月 20 日於美國國會大廈國情諮文演說提到，希望國會通過被稱為「快速審議程序」的「貿易促進授權法案」（Trade Promotion Authority, TPA）。歐巴馬說，「中國打算為這個全球成長最快速的區域訂定規範」、「該由我們制定規則」、「應創造公平競爭的環境」、「這是我請兩黨授予我貿易促進之權限，以亞洲、歐洲的新貿易協定來保護美國勞工，這些協定是為了保障自由及公平。」Barack Hussein Obama, "Remarks by the President in State of the Union Address," Office of the Press Secretary, *The White House*, January 20, 2015, <https://www.whitehouse.gov/the-press-office/2015/01/20/remarks-president-state-union-address-january-20-2015>.

的優勢。

　　因應國際局勢改變，美國在歐洲深陷債信風暴自顧不暇、中國崛起提升國際影響力、本國次貸危機及逐漸淡出中東戰事之後的背景之下，一方面為了保持其在亞洲的領導地位，另一方面為了平衡中國崛起後在亞洲與日俱增的影響力，便以戰略再平衡（strategic rebalancing）為外交操作的構想，提出「重返亞洲」政策，控制美國與中國之間的關係遂成為美國外交政策中的核心的議題。[4] 在經濟上，期能建立公開、自由、透明與公平的經濟體制，預計跨太平洋夥伴關係（TPP）12 個成員國[5]擁有 7.7 億人口市場，並成為全球最大規模經濟區塊。[6] 美國似即以之為現階段的亞太的經濟戰略佈局。

　　以下，分析美國提出加入 TPP 當時所處內外部環境：

一、外部環境分析

（一）歐洲狀況疲弱急需外援

　　歐洲主權債務危機（簡稱歐債危機），從 2009 年底希臘債務問題暴露開始，原是受到美債影響，同時也反映歐元整合後遺症，造成不少財政上相對保守的投資者對部份歐洲國家在主權債務危機方面所產生的憂慮，

4　趙全勝，〈美國對華的戰略考慮及中美關係〉，朱漢雲、賈慶國主編，《從國際關係理論看中國崛起》（台北：五南圖書出版有限公司，2010 年），頁 236。

5　TPP 的發展進程有三階段，第一階段草創期從 2005 年 6 月開始，由新加坡、紐西蘭、汶萊、智利簽署成立「跨太平洋戰略經濟夥伴關係協定〈TPSEP，簡稱 P4〉」，原計畫在 2015 年全部市場自由化，但因缺乏較大經濟體參與，並未受到外界重視；第二階段成長期從 2008 年 9 月開始，當時因美國遭逢次級房貸金融危機和雷曼兄弟連動債風暴連續衝擊，小布希政府才開始注意到 P4 的存在，希望藉由加入來擴大出口市場。自從美國加入後，TPSEP 名稱被縮減為 TPP，小布希更進一步邀請澳洲、秘魯、越南共同參與。2009 年歐巴馬政府執政，更積極建構「擴大出口推動經濟成長」之戰略，並支持馬來西亞加入 TPP，所有 9 個成員國也都希望能在未來 10 年內全部市場自由化；第三階段茁壯期從 2012 年開始，因為北美自由貿易協定〈NAFTA〉成員國加拿大和墨西哥獲准加入 TPP，日本也於 2013 年 7 月加入 TPP 成為第 12 個成員國，也讓 TPP 成為全世界最大的 FTA。中華民國全國工業總會，〈TPP 下台商因應之道〉，《產業雜誌》（台北：中華民國全國工業總會，101 年 8 月），< http://www.cnfi.org.tw/kmportal/front/bin/ptdetail.phtml?Part=magazine10108-509-3 >。

6　Jagdish Bhagwati, "Dawn of a New System," *Finance and Development*, Vol. 50, No. 4 (December 2013), <http://www.imf.org/external/pubs/ft/fandd/2013/12/bhagwati.htm>.

危機在 2010 年年初的時候一度陷入最嚴峻的局面。[7]一直到 2011 年 6 月底，希臘政府勉強通過新一輪的緊縮開支方案，從而獲得歐盟領袖承諾提供援助支持希臘經濟，該國引發的危機才得以受到控制。

這過程使得歐洲經濟狀況大不如前，影響力也弱化，反急需世界的援助，[8]對美國而言尚不具威脅，使其戰略重心可以安心轉移，或是尋求合作空間。中國的崛起動搖美國主導的國際社會

中國經濟實力急遽竄升是 1980 和 1990 年代國際世局最大的轉變。因此中國的國力、軍力與區域、全球影響力也隨之增強。[9]自 1992 年鄧小平南巡講話後，中國「政左經右」的「鳥籠經濟」到「社會經濟」的開放政策，促使中國經濟顯幅成長，西方學者預測，如果中國的實力維持像過去幾年那樣繼續發展，將會在本世紀某個時間點（概估為 2030 年）傳統的四大國力指標將超越美國成為世界的統治國。[10]對此，引發美國的戒心，並著手思考、規劃因應中國崛起的相關問題。

2005 年 7 月中國軍事力量年度報告突出了中國實力急劇上升，強調中國擴大核能力能對「美國全境」進行打擊，且該年國防開支達 900 億美元，成為世界上第三大軍事預算國（僅次於美蘇），並超越相對台灣軍事能力，中國不僅擴展海軍行動，從數與質量都提昇核導彈能力，此已賦予中國對美國第二次打擊能力。[11]

7　2010 年發生的債務危機，源自希臘急於援用鉅額融資來設法支付大量到期公債，以避免出現債務違約的風險。歐元區國家與國際貨幣基金會在 2010 年 5 月 2 日同意向希臘提供總值 1,100 億歐元貸款，但條件是希臘需要履行一系列的緊縮開支措施。在 2010 年 5 月 9 日，歐盟多國財長通過一個總值 7,500 億歐元的全面救助計劃，用以成立一個「歐洲金融穩定基金」（EFSF），希望防止希臘債務危機並確保歐洲整體的金融隱定。繼希臘以後，愛爾蘭在同年 11 月也獲得總值 850 億歐元的救助方案、葡萄牙則在 2011 年 5 月獲得另一個 780 億歐元的援助。一直到 2011 年 6 月底，希臘政府勉強通過新一輪的緊縮開支方案，歐盟領袖才承諾提供援助希臘經濟，該國引發的危機才得以受到控制。〈歐洲主權債務危機〉，《維基百科》，< http://zh.wikipedia.org/wiki/ 歐洲主權債務危機 #cite_note- >。

8　2011 年 10 月 25 日中國外長楊潔篪在北京會見到訪的歐盟外交與安全政策高級代表兼歐盟委員會副主席阿什頓時承諾，將支持歐盟應付主權債務危機所採取的行動。〈中國或向歐洲提供援助資金〉，《BBC 中文網》，2011 年 10 月 26 日，< http://www.bbc.co.uk/zhongwen/simp/business/2011/10/111026_eu_china.shtml >。

9　Sean M. Lynn-Jones, *The Rise of China* (US: The MIT Press, 2000), p. Vii.

10　National Intelligence Council of US, *Global Trends 2030: Alternative Worlds,* September 2012, p. 17, <https://globaltrends2030.files.wordpress.com/2012/11/global-trends-2030-november2012.pdf>.

11　Anne Scott Tyson, "Chinese Buildup Seen as Threat to Region," *The Washington Post,* July

此外，中國周邊台灣的問題、東海、南海領土主權之爭議及北韓的不確性皆需要與中國維持相當的平衡才可以維持穩定，[12] 此外，日本已「失落的二十年」，中國在亞洲的影響力已不容小覷。

（二）中國主導亞洲區域經濟組織整合

東南亞國家聯盟（ASEAN，本文簡稱東盟）成立於 1967 年，對於亞洲的共同體建設，尤其在政治與安全領域上最為活躍。到了 1990 年代起東盟就開始強調、認可亞洲國家合作的願望，即所謂「東亞合作」。

東盟本是為了防止共產主義滲透的國家聯盟，但到了 1997 年金融危機，加強「東盟」了朝向「東亞共同體」的意願與行動。更在馬來西亞總理馬哈蒂爾（Datuk Seri Mahathir Bin Mohamad）的主導下，開始有了反西方、反美的言論，雖終還是被忽略，卻也促成了「東盟 10+3」的改變。[13]

在金融危機時，西方主要的國際金融機構，如國際貨幣基金、世界銀行、亞洲開發銀行，及一些亞太經合組織與世貿國際組織等，似乎對危機的解除幫助不大，很明顯地，西方國家尤其是美國有其他優先考量，反而中國提出保證人民幣不貶值，使東盟國家有了喘息的機會，促成成員國間更深層了解與共同身分的認同。[14] 最明顯地就是《清邁協定》，強化了成員國彼此合作阻止貨幣投機的活動。此外，東協從「中國東協自由貿易協定」的經濟收益，主要來自更多的進入中國市場的機會，優先降低關稅的利益及促進東協各國同中國的相互投資。

在這段東亞區域組整合過程中，中國力量直接進入區域組織的核心，並得到東盟國家對其在亞太地位的尊重，相較於美國的力量明顯的被排除在外，引發美國關注。

20, 2005, p. A16, <http://www.washingtonpost.com/wp-dyn/content/article/2005/07/19/AR2005071900946.html>.

12　Hillary Rodham Clinton, "Remarks at the ASEAN Regional Forum, Thailand," *U.S. Department of State*, July 23, 2009, <http://www.state.gov/secretary/rm/2009a/july/126373.htm>.

13　東盟 10 國加上中、日、韓。

14　李勵圖，〈東盟、中國與東亞共同體〉，朱漢雲、賈慶國主編，《從國際關係理論看中國崛起》，頁 262。

現今東協已與中國、日本、南韓、澳洲、紐西蘭簽署 FTA、「東協加三」（中共、日本、南韓）亦已關閉對美窗口；中、日、韓也積極推動簽署三邊 FTA。[15] 由於美國擔心被排除在亞太區域經濟整合進程之外，故加入「東亞峰會」（East Asia Summit），設法改善情勢。但因美國尚未在「東亞峰會」大力推動區域經濟整合，故 TPP 實為美國追求融入亞太區域經濟整合之契機。而完成 TPP 談判，亦有助在經濟層面，實踐歐巴馬政府亞洲「軸心」（pivot）之戰略方向。[16]

二、內部環境分析

（一）次級房屋信貸危機尚未復元

次級房屋信貸危機（Subprime mortgage crisis，簡稱次貸危機）在 2007 年美國爆發。這場危機迅速向其它地區蔓延，並演化成為全球信貸緊縮，對世界主要金融機構和全球金融市場產生了巨大的衝擊，使美國經濟成長放緩，IMF 的統計美國在 2011 年 GDP 成長率為 1.7%、2012 年 2.0%、2013 年 2.2%、2014 年也僅達 2.4%，2015 的預估才大幅成長達 3.6%。[17] 並對世界經濟產生一定負面影響。

在 2007 年 6 月到 2008 年 11 月間，美國人失去了超過其資產淨值的四分之一、到了 2008 年 11 月初，美國股市標準普爾 500 指數，從 2007 年的高點下跌市值的 45%、房價從 2006 年的高峰下跌了 20%、期貨市場也透露出可能下降 30-35％的信號、住房資產淨值，從在 2006 年價值 13 兆美元的高峰，下降到 2008 年中期的 8 兆 8 千億美元，並還持續下降當中。美國第二大的家庭資產：整體退休資產，減少了 22%（由 2006 年時的 10

15　中國大陸、日本和韓國三國經貿部長本（2012）年 11 月 20 日共同宣佈正式啟動三邊自由貿易協定（FTA）談判。經濟部國際貿易局駐新加坡台北代表處經濟組，〈中日韓展開三邊自由貿易協定（FTA）談判〉，2012 年 11 月，
　　< http://www.trade.gov.tw/Pages/Detail.aspx?nodeid=45&pid=415609 >。

16　Joshua Meltzer, "The Significance of the Trans-Pacific Partnership for the United States," *Brookings Institution*, May 2012, <http://www.brookings.edu/research/testimony/2012/05/16-us-trade-strategy-meltzer>.

17　"World Economic Outlook (WEO) Update-Cross Currents," *IMF*, January 2015, <http://www.imf.org/external/pubs/ft/weo/2015/update/01/>.

兆 3 千億下降到 2008 年中期的 8 兆）、在同一時期內，儲蓄和投資的資產（除退休儲蓄）有 1 兆 2 千億美元損失，而養老金資產有 1 兆 3 千億美元損失。兩者合計，這些損失總額達到驚人的 8 兆 3 千億美元。

美國總統歐巴馬 2009 年 2 月 17 日簽署了 2009 年美國住房暨經濟恢復法案，是為 8000 億美元刺激計劃，以大範圍的開銷和減稅刺激經濟復甦。[18] 迄今，美國聯準會仍維持量化寬鬆刺激經濟政策，整體經濟元氣尚難稱完全恢復。

（二）雙邊自由貿易協議談判不力

美國對世界貿易組織（WTO）杜哈回合談判毫無進展感到失望，加上欲藉擴大貿易，以穩固盟國關係，故推動簽署一系列雙邊自由貿易協議（FTA）。該等協議雖多數對美國有利（可增加貿易額及創造工作機會），但談判過程中，同時遭受共和黨議員、工會及相關製造業（例如美汽車業因南韓長期限制美國車進口，積極反對與南韓簽署 FTA）強烈反對，歐巴馬政府為此費盡心力遊說、折衝及妥協，過程艱辛。

（三）總統選舉的內部壓力 - 總統選舉的具體議題

歐巴馬政府提出 TPP，適逢其第二任總統選舉之前，故藉以為爭取選票的策略以為提高當選下一任總統的機會。歐巴馬政府為轉移總統選舉的內部壓力並創造利益團體的利基，將 TPP 作為貿易政策基石，致力建構形塑 TPP 內涵，符合美國最大利益。

例如，2011 年美國對 TPP 會員國出口 1,050 億美元，進口 910 億美元，具有 140 億美元順差；歐巴馬政府預估美國由 TPP 獲得的好處，在 2015 年為 50 億，2025 年將成長至 140 億。若 TPP 再進化為亞太自由貿易區，美國在 2025 年將可獲利 700 億美元。在亞太自由貿易區下，美國製造業與服務業出口，預計可分別成長 1,200 億與 2,000 億美元。[19]

18　"US Congress Passes Stimulus Plan," *BBC News*, February 14, 2009, <http://news.bbc.co.uk/2/hi/business/7889897.stm>.

19　Joshua Meltzer, "*The Significance of the Trans-Pacific Partnership for the United States*."

　　此外，美國國內中小企業以往缺乏進出口經驗，但美國希望能增加其在 TPP 中扮演角色，強調鼓勵並保護中小企業，就能獲取國內支持。

（四）美國中東駐軍的撤離

　　2011 年 6 月 22 日，歐巴馬發表從阿富汗撤減兵力的演講，預計於 2014 年停止該區參與主要的作戰行動，歐巴馬提出幾項理由：一、戰爭之潮已退去；二、美軍在瓦解基地組織上取得重大進展；三、海外戰爭勞民傷財，美國必須把重心轉向國內經濟復甦。[20]

　　雖然批評者看到的是撤軍行動背後另一層目的，首先就是計劃中的撤軍完成幾個月後，歐巴馬就要開始競選連任。他們察覺總統對戰爭領導不力，可能揮霍得來不易的進展。並暗示白宮只是單純地在對民意調查顯示出來的厭戰情緒作出反應。但是無論如何，從美國中東撤出的兵力及軍事戰略的重心，須要尋求一個關注的重心，也許亞洲就是一個目標。

　　美國國務卿希拉蕊於 2011 年 10 月，在《外交政策》（Foreign Policy）雜誌發表〈美國的太平洋世紀〉（America＇s Pacific Century）一文，開宗明義指出，「由伊拉克與阿富汗撤軍後，美國站在轉捩點上。未來十年，美國的時間與資源，必須在外交、經濟、策略上鎖定於亞太區域。」，宣示美國重返亞太區的政策與決心。[21]

三、美國對 TPP 戰略評估

（一）可創造戰略操作空間

　　維持國際的主導權是美國國家利益所強調[22]，但美國即使為現存的超級強國，以其一國國力仍無法在世界上形成絕對的影響力，與他國合作形

20　Barack Hussein Obama, "Remarks by the President on the Way Forward in Afghanistan," *Office of the Press Secretary of The White House*, June 22, 2011,<http://www.whitehouse.gov/the-press-office/2011/06/22/remarks-president-way-forward-afghanistan>.

21　Hillary Rodham Clinton, "America's Pacific Century," *Foreign Policy*, October 11, 2011, <http://www.foreignpolicy.com/articles/2011/10/11/americas_pacific_century>.

22　"The Commission on America's National Interests, America's National Interests," *National Criminal Justice Reference Service (NCJRS)*, July 2000, <https://www.ncjrs.gov/App/publications/Abstract.aspx?id=189698>.

成聯盟為美國維持主導世界的方法。能夠建立新經濟組織才可以主導規
範、制度形成與運用，即能將美國的優勢融於新制度之中，藉以控制世界，
繼續獲取其國家利益。

　　綜觀當時美國的內外部環境，歐盟暫不會對其有所威脅、又從中東的
問題抽身，加上整個中國在亞洲已然成為區域強權，而內部的經濟問題與
選舉策略上又急需議題操作，亞洲即為其有利的壓力宣洩口，重返亞洲政
策儼然成形。經濟上利用尚無強權主導的暨有區域經濟組織乃為便利的管
道，只要其能主導議題，創造有利的制度，即可在經濟上彌補過去的損失，
自 2011 年 WTO「杜哈回合」跡判失利後，華府即有意藉「跨太平洋戰略
經濟夥伴關係」（TPP）促成亞太自由貿易區，美國貿易代表代表柯克（Ron
Kirk）在達拉斯舉行的 TPP 回合談判，亦重申上述目標，[23] 主導 TPP 即是必
然的選項。

　　美國只要利用對其有利的原物料採購限制、環保法規、勞動條件、智
慧財產權保護等遊戲規則融入 TPP 的規範之中，自然就提高了製造業的競
爭力。[24] 歐巴馬在《華爾街日報》訪談中更直言：「若我們不來制訂規則，
就會拱手讓中國制訂這個地區（亞太）的規則。」[25]

（二）TPP 預期效益大較易獲得國內支持

　　TPP 目前現已有澳大利亞、汶萊、智利、馬來西亞、紐西蘭、秘魯、
新加坡、美國、越南、加拿大、墨西哥及日本參與，將成為全球最大貿易
協議。[26] 大幅擴張美國經濟版圖之時，間接強化美國未來對太平洋區域的

23　Joshua Meltzer, "The Significance of the Trans-Pacific Partnership for the United States," <http://www.brookings.edu/research/testimony/2012/05/16-us-trade-strategy-meltzer>.

24　彭明輝，〈TPP ——與虎謀皮的兒戲〉，《天下雜誌》，2013 年 04 月 15 日，< http://opinion.cw.com.tw/blog/profile/30/article/279 > 。

25　Carol E. Lee And Colleen McCain Nelson, "With Japanese Leader's Visit, U.S. Attention Returns to Asia," April 28, 2015, <http://www.wsj.com/articles/with-japanese-leaders-visit-u-s-attention-returns-to-asia-1430229841>.

26　根據 IMF 的統計資料顯示，2011 年 TPP 十一成員國（紐西蘭、新加坡、智利、汶萊、美國、澳洲、秘魯、越南、馬來西亞、墨西哥、加拿大）GDP 約達 18.997 兆美元，占全球總值的 27.27%，高於歐盟（European Union, EU）（25.23%）及北美自由貿易區（North American Free Trade Area, NAFTA）（25.82%）之比重，且為全球經濟規模最大的區域經濟整合勢力。至 2013 年，加上日本進一步擴大至 TPP 十二成員國計算，其占全球總值比重甚至將增至

政治、金融及軍事影響力。歐巴馬政府認為，因其對美國效益較大，推動 TPP 較杜哈回合談判較雙邊更有機會獲國內支持。

（三）可進一步於亞太經濟獲得利益

TPP 若能納入日本，則該協議將涵蓋全球 GDP 達 40%，並為美國增加 600 億美元外銷市場。故當日本宣布有意願加入 TPP 時，歐巴馬政府及出口商隨即表示支持。美國 60 多個食品與農業組織 2011 年 12 月向貿易代表柯克（Ron Kirk）及農業部長威薩克（Tom Vilsack）遞交聯合聲明，鼓勵渠等為日本加入 TPP 認真鋪路。美貿易助理代表（Wendy Cutler）亦於次年 3 月在東京公開表示，若日本加入 TPP，美國極為重視且鼓舞。[27]

此外，短期而言增加對亞太地區出口，可刺激國內經濟。美國藉 TPP 增加對亞太地區出口，刺激國內經濟結構，促進本國出口，其從東亞經濟快速增長中獲益並幫助美國經濟復甦。美國透過 TPP 平台，要求亞太國家開放市場和降低關稅，使美對外出口在未來 5 年倍增，並創造 2 百萬個就業機會。

2011 年美國對 TPP 會員國出口 1,050 億美元，進口 910 億美元，具有 140 億美元順差；美國由 TPP 獲得的好處，預估在 2015 年為 50 億，到了 2025 年可成長至 140 億。若 TPP 可進化為亞太自由貿易區，美國在 2025 年甚至獲利可達 700 億美元。若在亞太自由貿易區下，美國製造業與服務業出口，預計可分別成長 1,200 億與 2,000 億美元，[28] 極有利於美國中小企業與製造業。

四、美國選擇的經濟戰略行動

（一）防範中國崛起及美國避免在亞太遭排擠

38.19%。IMF, "World Economic Outlook Databases (WEO)," April 17, 2012, <https://www.imf.org/external/pubs/ft/weo/2012/01/pdf/text.pdf>.

27　"U.S Perspectives on the Trans-Pacific Partnership & Japan," *Japan Society*, April 17, 2012, <https://www.japansociety.org/page/multimedia/articles/us-perspectives-on-the-trans-pacific-partnership-and-japan>.

28　Joshua Meltzer, "*The Significance of the Trans-Pacific Partnership for the United States.*"

美國加入 TPP 主要政治目標，是遏止中國在東亞地區崛起。美國以 TPP 稀釋和降低中國在亞太的影響力，可被視為是一種「軟對抗」。TPP 可以產生政治目的，防止中國將美國排擠在亞太地區之外，藉以限制中共崛起。

在經濟全球化趨勢中，假如中國無法在草擬國際貿易和經濟規則中有效的參與，這肯定會阻礙美國經濟全球化過程中的參與。經過整個 90 年代，中國在立場也相當清楚的認知，一是北京認定在未來一段相當長時間之內，美國仍會是唯一超級強國，中國充其量仍只是一個區域大國，中國應務實地和美國維持正常和穩定的關係，從中汲取最大利益；二是若中國融入全球經濟體系，意味著北京願意接受西方，而且很大程度上，接受美國的精神和價值。即使民族主義和極左思想依然存在，但都未能掩蓋上述兩個基本立場。[29] 對美國而言已有一定程度的成功。

（二）阻撓東亞經濟一體化並冀成為亞太經濟主導者

雖然 TPP 在短期內為美國所帶來直接經濟效益有限，但美國真實意圖為獲取加強美國在亞太地區的經貿關係，幫助美國企業享有 FTA 環境，並確保美國在區域貿易規則制訂中擁有主導地位等區域貿易規則制訂中擁有主導地位等間接長期經濟利益。

美國曾積極推動亞太經合會（APEC）框架，以建立亞太自由貿易區（FTAAP），但該計畫未成功；而「東協 10+3」框架則未將美國納入。美國加入 TPP 以增進亞太地區的合作，不僅可藉此遏止中國，亦可阻撓東亞區域經濟整合進程，並為美國在東亞區域取得主導地位鋪路。

（三）推動跨太平洋夥伴關係（TPP）對抗中國自由貿易協定（FTA）戰略

由於 TPP 乃是美國有針對性經濟戰略的展開，2011 年亞太經合會（APEC）開始中美交鋒的意味格外明顯。在整個會議中，美國總統奧巴馬

29　丁偉，〈中國崛起過程中「軟力量」的重要性 - 對中國參與國際制度的意義〉，朱漢雲、賈慶國主編，《從國際關係理論看中國崛起》（台北：五南，2007 年），頁 202-203。

聲色俱厲地指控中國，指控的重點包括人民幣被認為低估了 15% 至 25%、中國侵害了美國的著作權及智慧財產權、中國對國際社會的貢獻太少等，中國人權問題也被再提。當時美國對中國的抨擊增多，一方面是離美國大選不遠，奧巴馬為了吸引反中選票，自然會提高反中言論。但不能忽略的，除了這種時間因素外，中美間還存在美國的兩黨共識的既存的結構性矛盾。

五、以智慧財產權目標規範為 TPP 的戰略工具

　　TPP 協定從 2010 年 3 月擴大談判迄今，已舉行了 19 回合的談判。在 29 章的談判議題中，已接近完成的 5 項議題在未來的回合談判將不再協商。而最具爭議的議題仍集中在智慧財產權、競爭、環境與勞工等議題。[30]

　　美國多位國會議員也在 2009 年 7 月中旬致函美國總統歐巴馬，他們要求美國政府應該在 TPP 中對美國具有優勢的智慧財產權的規範採取高標準，至少需要以美韓 FTA 為範本。智慧財產權遂成為 TPP 談判的重點。

　　美國於 2011 年 9 月在芝加哥舉行的第 8 回合談判中率先提出 TPP 藥品智慧財產權保護提案，包含專利連結、專利期限延長，及資料專屬權條款。美國的提案中賦予傳統藥品的資料專屬權保護期限 5 年，但對於生技藥品的資料專屬權保護期限立場則尚未提出。

　　美國的 TPP 藥品智慧財產權保護提案遭致其他國家強烈反對與否決，紐西蘭、智利、加拿大、馬來西亞與新加坡 5 個 TPP 成員國為回應美方所提出藥品智慧財產保護之提案，在 2013 年 8 月在汶萊舉行的第 19 回合談判中共同提出美方提案之對案（counterproposal）。該對案乃依去年 5 月的 TPP 談判時 6 國集團（前 5 國加上澳洲）所提出的討論草案（discussion paper）補充修訂而成。該對案現已獲越南及汶萊之支持。墨西哥的態度則尚未明確，但學名藥廠已在積極遊說墨西哥政府支持此對案。[31]

30　經濟部國際貿易局，〈2013 年 3 月份國際經貿情勢分析〉，2013 年 3 月，< http://www.trade.gov.tw/error/error.aspx?aspxerrorpath=/App_Ashx/File.ashx >。

31　財團法人醫藥工業技術發展中心，〈泛太平洋經濟戰略夥伴協定（TPP）有關各國藥品智慧財產權保護之最新進展〉，2013 年 11 月 5 日，< http://www.pitdc.org.tw/member/knowledge/knowledge.asp?id=552 >。

此外，在談判過程中，對於「專利權授予前的異議期（pre-grant patent opposition）」有所爭議，澳洲、越南等國希望可以維持其國內原有的規範與廠商的利益，但美國卻持相左意見，不樂見此異議期規範納入 TPP 文本中，因美國認為此一規範的審查機制會拖延專利權生效時點影響利益的取得 [32]，可能造成廠商成本大量增加，並耗費更多時間在專利權的爭奪上。[33]

肆、TPP 智慧財產權目標規範之操作內容

一、參加意願國須符合目標規範

TPP 談判成員以同意強化與發展 WTO 既有之 TRIPs 的權利和義務，以確保 TPP 成員間能以有效與平衡的途徑，達成保護智慧財產權的目標為前提。TPP 成員討論多種智慧財產權的保護，包括商標、地理標示、著作權及相關權利、專利、商業秘密、特定需經批准使用之受管制資料，以及智慧財產權保護的法律執行和原始資源及傳統知識的保護等；TPP 成員同意在協定條文中，反映與「杜哈宣言」在針對 TRIPs 及公共衛生議題上之相同承諾。

二、談判方式不透明

TPP 談判方式採秘密協商的方式，無法從正常管道取得到條文，也無法讓各國公民以民主方式討論、表決。也因為它的不透明，從洩漏出來的文件當中很明顯地可以看到許多侵犯人權及國家主權的條文。

三、智慧財產權目標規範高於現有規定

32　"US Says No to Pre-Grant Patent Opposition in TPPA," *Don't trade our lives away,* April 2011, <https://donttradeourlivesaway.wordpress.com/2011/07/04/us-says-no-to-pre-grant-patent-op-position-in-tppa/>, "See Leaked US TPPA paper on eliminating pre-grant opposition," *Public Citizen,* <http://www.citizen.org/documents/Leaked-US-TPPA-paper-on-eliminating-pre-grant-opposition.pdf>, and "Leaked Paper Shows U.S. Fights Pre-Grant Patent Opposition in TPP," *Inside US Trade*, June 30, 2011, <https://donttradeourlivesaway.wordpress.com/2011/07/04/us-says-no-to-pre-grant-patent-opposition-in-tppa/>.

33　"Leaked Paper Shows U.S. Fights Pre-Grant Patent Opposition in TPP," *Inside US Trade*.

　　TTP 的智慧財產權目標規範，保護的範圍可大約分為三種面向，其一是專利（patent），其二是商標（trademark），其三是著作權（copyright）。各談判國對於此議題迄今仍未達成共識。其他爭議問題尚包括藥品研發、專利年限、網路服務提供者的規範及行政強制執行程序等。[34]

（一）學名藥（Generic Drug）與藥品研發與醫學技術

　　雖然 TRIPs 規定專利適用 20 年存續期間保護的規定，但有關醫藥保護，通常允許延長保護期間達 3 年。[35] 依美國在 TPP 提議，美國認為對於藥物管理機關處理上市許可之審利案件造成之上市期間的延宕，其專利期限得因此延展至 5 年，但對於當專利局延遲專利案件時，則沒有明確專利期限延展的限制。[36] 此外，並提出波爾（Bolar）實驗室佔位條款，[37] 藥品專利保護期間是否可以延長對於醫藥價格方面的影響相當重大。[38]

34　許峻賓，〈跨太平洋戰略夥伴經濟協議（TPP）第七回合談判進展〉，《APEC Newsletter》，142 期（2009 年 7 月），頁 5。

35　專利藥（Brand Drug），俗稱品牌藥或原廠藥，也就是新藥，是指新成分、新療效複方或新使用途徑製劑的藥品。為了鼓勵藥廠投入，先進國家通常會給予新藥二十年的專利保護期，在專利期間，禁止其他人進行生產、銷售及其它侵犯專利的行為。由於專利藥品的價格必須分攤藥廠的研發成本，是故價格通常是較為昂貴。新藥研發是典型的高成本、高風險、高獲利的事業。學名藥（Generic Drug），又名非專利藥，是指原廠藥的專利期過後，其他合格藥廠依原廠藥申請專利時登錄的公開資訊，產製相同化學成分的藥品，通過「生物可利用性」（BA）與「生物相等性」（BE）的試驗，證明兩種藥品投藥在同一人時產生的效用或副作用要相同。學名藥必須在原廠藥專利過期後，產品才能上市。因此普遍來說學名藥品生產的廠商多，進入門檻低，價格競爭激烈，利潤也較低。Ein And Cheryl，〈學名藥產業〉，《股感知識庫》，2015 年 1 月 14 日，< http://www.stockfeel.com.tw/author/ein/ >。

36　"The Trans-Pacific Partnership Agreement: Implications for Access to Medicines and Public Health," *UNITAID*（聯合國國際藥品採購機制組織），March 2014, <http://www.unitaid.eu/en/rss-unitaid/1339-the-trans-pacific-partnership-agreement-implications-for-access-to-medicines-a\nd-public-health>.

37　Bolar 條款主要是保障學名藥廠商可以在專利權有效期間內進行研發，以確保在專利權到期後能在第一時間進入市場，而形成無縫接軌。許多國家透過立法將 Bolar 實驗室例外明文規定於專利法，將學名藥廠商進入市場的專利障礙排除。然而，Bolar 實驗室例外將導致專利權有效期間可以進行實驗，使新藥廠商喪失專利權期滿後的市場利益。美國因此在 TPPA 建議尋求執行及延展專利權的規定（The leaked TPP Intellectual property rights chapter:, ARTICLE 8.），如果被採納，即限縮其他國家對於 Bolar 實驗室例外之適用。相關國家學名藥廠商進入市場的期間將延遲。葉雲卿，〈TPPA 之專利保護標準趨向嚴格不利學名藥上市將造成供給障礙〉，《北美智慧權報》，2014 年 3 月 18 日，< http://www.naipo.com/Portals/1/web_tw/Knowledge_Center/Infringement_Case/publish-84.htm >。

38　陳麗芬編譯，〈淺談 TPP 智慧財產權一章關於藥物專利之相關議題〉，《國際經貿專欄》（台北：中華民國全國工業總會，2014 年 8 月），< http://wto.cnfi.org.tw/all-module9.php?id=188&t_type=s >。

此外，美國的提議要求，將手術和診斷方法放入可授予專利之標的之內，將進一步阻礙了衛生保健提供者之治療服務。醫生只有在支付權利金的情況下才可以使用特定診斷方法診斷疾病或施行手術。而 TRIPS 協議中已經明確允許國家可以將醫療與診斷方法的專利排除，但美國的 TPPA 的建議，已將診斷方法與手術方法納入可專利的標的範圍。[39]

（二）大幅延長著作權年限。

TPP 要求將著作權美方盼將著作權保護期限從出版日期算起 95 年或創作時起 120 年，嚴格過於 TRIPs 的 50 年標準。[40]

（三）更強的科技保護措施（technological protection measures，TPM）

消費者購買商品上面若有廠商預先安置禁止拆解或破解的措施，該技術受到法律的保護，消費者即使購買取得所有權，仍不得對之拆解或破解，如此一來，智慧財產權將凌駕實體財產權之上。進而將形成壟斷鞏固，競爭禁止，間接否定了實體的私有財產權，並遏制中小企業競爭。

（四）強化行政執行程序

要求在執行中加入新的刑事責任，並增加刑罰和新程序來迫使履行智慧財產權保護。[41]

1. 法院判定之前，預設專利及商標有效。

2. 法院判定之前，控方即可索求「疑似侵權者」的個人隱私資料或公司商業機密。

3. 海關即可（而不必透過法官）判定是否侵權。

39　同上註。

40　The leaked TPP Intellectual property rights chapter: "This Document Contains TPP CONFIDENTIAL Information MODIFIED HANDLING AUTHORIZED," 5. of ARTICLE 4 .

41　The leaked TPP Intellectual property rights chapter: "This Document Contains TPP CONFIDENTIAL Information MODIFIED HANDLING AUTHORIZED," ARTICLE 12.

　　TPP 之對於智慧財產權有如此之強制執行（enforcement）的條款，但卻沒有相對對個人權利的防衛措施（safeguard），在法律確認是否誤判前，被控訴的個人或廠商，就必須要受到政策所侵害相關權利。

（五）快取（Cache）的限制

　　電腦瀏覽網頁後暫存在快取的頁面備份即可能成為非法擁有檔案，而違反 TPP 智慧財產權的保護規範。[42]

（六）ISP 負有清查辨識之管理義務[43]

　　若同意接受 TPP 智慧財產權目標規範，疑似侵權之資訊若有人將之於網路上公開，只要有對人之指控侵權，不用法院同或判決確定，網際網路服務提供者（Internet Service Provider，ISP）就必須負起責任撤下內容，若網站以「不負責任」態度面對，也可能因協助侵犯智財權而被告。[44] 網路管理人可能還要在侵權人毫不知情的情況下，被迫提供個人資料。這些要求都不需等到法院判決侵權確立。

伍、加入 TPP 智慧財產權規範之影響

一、犧牲人民知的權利、接近媒體的自由及破壞網路生態

　　TPP 相關著作權提議的保護議題，遠嚴苛於世界標準的規定，對相對貧窮國家取得知識的門檻限制更大，間接形成知識接近的落差。另於限制網路公開、經濟機會，以及民眾基本知的權利上的有相當大的影響。紐西蘭最大網路拍賣平台 Trade Me，以及 31 個消費者及遊說團體所組成之「公平交易聯盟」，於日前致函紐國貿易部長 Tim Groser，表達對 TPP 協定相

42　The leaked TPP Intellectual property rights chapter: "This Document Contains TPP CONFIDENTIAL Information MODIFIED HANDLING AUTHORIZED," 2. of ARTICLE 16.

43　The leaked TPP Intellectual property rights chapter: "This Document Contains TPP CONFIDENTIAL Information MODIFIED HANDLING AUTHORIZED," 3. of ARTICLE 16.

44　Glyn Moody, "Where TPP Goes Beyond ACTA- And How It Shows Us The Future Of IP Enforcement," *Techdirt*, April 6, 2012, <http://www.techdirt.com/articles/20120402/09551618327/where-tpp-goes- beyond-acta-how-it-shows-us-future-of-ip-enforcement.shtml>.

關內容之疑慮。[45]

二、違背憲法財產權之保障

TPP 智慧財產權保護規範要求法院判定之前，所設立新的刑事責任，並增加刑罰和新程序來迫使履行智慧財產權保護，結果可使原告索求「疑似侵權者」的理由請求窺探個人隱私資料或公司商業機密，或由海關或行政部門直接強制措施的決定，與使人民對財產的自主權利處於不穩定的狀態，對憲法保障人民財產權之制度性保障直接破壞。

三、危及全民健保制度

藥品議題目前仍為 TPP 談判國間難以形成共識的議題之一，美國持續要求更周延的專利保護制度，以如實反映其藥品研發成本；然而反對意見則認為，倘若採取美國之要求，將因無法使用學名藥（generic drugs）而導致藥品價格過於昂貴，進而使貧窮人口無法使用該等藥物來治療疾病。對此，人道團體無國界醫生（Doctors Without Borders）組織表示，美國之要求將危及已於國際間形成共識之公共健康保護制度，且給予藥商長久之壟斷權利保護；但於此同時，許多亟需用藥之病人正因藥品過於昂貴或根本無法取得等因素而死亡。[46]

健保支持者，希望壓低藥費用支出贊同採用學名藥。台灣的全民健保制度下學名藥的使用亦是重要，若禁止學名藥，醫療費上藥用將激增。台灣健保本可使用學名藥降低醫療支出，但若針對專利逾期且給付超過 15 年的藥品，須不分原廠藥或學名藥候將給付相同價格，所增加的負擔相當可觀，多付出的金額對健保制度傷害不可小覷。

四、未必利於台灣產業鏈

45　經濟部經貿談判代表辦公室，〈紐西蘭消費者協會等團體認為 TPP 協定部分內容可能不利於消費者權益〉，2013 年 06 月 14 日，< http://www.moea.gov.tw/Mns/otn/content/Content.aspx?menu_id=7973 >。

46　John O'Callaghan, "Solid progress' at Pacific trade talks but no quick Japan entry," *Reuters*, Mar. 3, 2013, <http://www.reuters.com/article/2013/03/13/us-trade-asiapacific-idUSBRE92C04Q20130313>.

　　台灣出口的科技產業及中小企業產品結構，有許多是代工或是對應相關科技產品的附屬配件，若依 TPP 的智慧財產權目標規範，相關產品若非授權於專利公司，則可能被列為侵犯專利權而遭禁出口 TPP 會員國的市場，對我國的相關產業的前景與出口而言，形成高度的障礙，若非成為擁有獨立專利大國或完成整體產業結構的調整，當台灣加入 TPP 後，相關產品也無法出口至會員國，所謂經濟利益則是空談，加入 TPP 後，未來的挑戰才是嚴峻。

　　此外，TPP 推出特別的原產地規則，堅持「紗線優先」原則，要求進入 TPP 市場的服裝或紡織品，從原料上紗線到布料的生產、以至加工上的剪裁到縫製等過程，均需在 TPP 成員國境內完成，否則不能享受 TPP 規定的關稅減免。越南積極加入即因其產業結構調整以取得優勢能排除同質產業競爭者，[47] 但兩岸在紡織品上有很多的產業鏈分工，將來台灣加入 TPP，在原料上或加工上若仍涉有中國大陸成分，即排除在 TPP 關稅減免之外，此將掐住台灣紡織產業拓展 TPP 成員國市場的機會。整體而言，皆未必有利於台灣產業鏈。

陸、美國約制參與國之戰略工具

　　反全球化者所認為，全球化帶給使用者更高費用，更難接近的管道，使這些基本服務超出弱勢群體和窮人的承受能力。其社會制度、結構的改革，將會是向美國標準化看齊的進程。參加 TPP，其影響想必同樣，難以例外。[48]

　　從日本的角度檢視，雖然贊成加入 TPP 的日本人期待著用零關稅進一步打開美國市場，使日本製造業重振雄風。日本學者，中野剛志卻不留情地指出：「美國已經無法繼續忍受貿易赤字以及國內居高不下的失業率，

47　越南經濟專家黎登營表示，越南國內紡織廠商按國外訂單加工生產，無法創造高經濟價值，目前越南紡織成衣業自製率僅達 25%，若越南未來參與 TPP，則須調高該自製率達 70%，因此越南紡織廠商須及早擬定相關因應計畫、致力提升生產水準、自行設計紡品款式、有效推動行銷、建置商標廠牌等，以有效開拓 TPP 商機。經濟部，《103 年動態分析雙週報》，2014 年，頁 4。

48　中野剛志著，孫炳焱譯，《TPP 亡國論》（台北：允晨文化，2012 年 11 月 01 日），頁 30。

而歐巴馬也早已宣布要利用貿易自由化將美國出口額擴大兩倍；當美國利用對她有利的原物料採購限制、環保法規、勞動條件、智慧財產權保護等遊戲規則提高其製造業的競爭力時，日本將反而淪為美國的輸出市場；另一方面，美國還會逼迫日本開放醫療保險與金融市場，要日本在制度上向美國看齊，而使得日本的醫療與金融體系崩潰，甚至在法律、制度與政策上受制於美國，重新回到戰後「美國佔領區與託管區」的地位。」，雖然我國經濟規模遠小於日本，受宰制的範圍與程度必然會大過於日本。

從智慧財產權架構來看，目前國際上既有 1994 年 WTO 所通過的TRIPs 條款的智慧財產權架構，兼顧給予作品及科技產品所有權人專利權與保障大眾、競爭對手、創新者的權利，以 TPP 的規範則會將此平衡打破。但目前已參與國既有的法律來跟 TPP 對照，皆不相容；即便是美國自己的法律也與 TPP 亦是如此。亦不顧美國府會於 2007 年發表協議給予開發中國家醫藥智財的彈性空間聲明。但 TPP 的確顯示美國勢力在這方面又更強勢地向前推進。[49] 因為從美國的利益而言，TPP 除了是歐巴馬推動多年的「亞洲再平衡」政策的實踐外，美國企業更需高度仰賴智慧財產權以保護投資，採取嚴格智慧財產權保護框架必然是較有利的，基本上 TPP 的規範還是以傾向保障美國優勢的智慧財產權為主。

日本加入 TPP 除了在政治上意義是加強和美國的雙邊安全合作，以及擴大在亞洲地區安全事務上的雙邊合作，[50] 加上中國大陸倡議的「亞投行」意外成功，全球重要國家中，只有美日未參加，美日都急欲靠談成 TPP 來扳回一城。經濟上則是希望能主導 TPP 的談判內容，捍衛日本在智慧財權方面的政策立場，而非一面倒向美國政策。TPP 嚴格保護智慧財產權的立場對於中國發展不利，亦可用以制衡中國經濟，因此中國目前尚未決定是否加入談判，加入談判的機率也不高。

49　TPP 著作權章節設計過度保護美國優勢，其擴張程度甚至超越了 Korea-U.S. Free Trade Agreement 與 ACTA 協議。Sean Flynn, Margot E. Kaminski, Brook K. Baker & Jimmy H. Koo, "Public Interest Analysis of the US TPP Proposal for an IP Chapter," *American University Washington College of Law*, 2011, <http://works.bepress.com/sean_flynn/13/>.

50　林介平，〈安倍稱美國和日本接近達成 TPP 雙邊協議〉，《新頭殼》，2015 年 4 月 17。< http://newtalk.tw/news/view/2015-04-21/59212 ＞。

柒、利益權衡

一、利基

（一）擴大市場佔有率

　　面對 TPP 擁有 7.7 億人口市場，商品貿易約占全球總貿易的 39%，台灣若能加入 TPP，將可擴大市場占有率。根據經濟部國貿局的資訊，將來台灣若順利加入 TPP，即可大幅提升相關產業的產值，以及創造龐大的出口效益。國貿局方面指稱，經由 TPP 各成員國彼此間減免關稅，我國的國內總產值將增加約 115.62 億美元，特別是工業部門將獲益最多，其中又以紡織業、化學塑膠橡膠製品業、成衣業、皮革業、金屬製品及汽車零件產業的成長幅度較大。在服務業部分，總產值預估可成長 27.57 億美元。至於出口部分，台灣對外總體貿易出口值可望大幅提升，估計約可增加 106 億美元。

（二）助於融入區域整合

　　我國 2012 年全年出口貿易總額占國民生產毛額（GDP）的 73％，是世界自由貿易活動的受惠國，如果不加入國際經濟區域組織，勢必被邊緣化，所有的工農漁業產品也將失去國際競爭力。透過自由貿易協定（FTA），如目前進行中的「中」日韓 FTA 談判、東協十加六「區域全面經濟伙伴關係」協商等，對臺灣融入區域整合不僅是一項助力，更是進入 TPP 的重要條件。[51]

（三）增加我國行動自由

　　在兩岸關係上，如果台灣真的轉向加入以美國主導的 TPP，屆時台灣對中國大陸市場的依賴度就會降低，進而使得中國大陸對台灣的影響力減弱，必然增大我國在國際上的行動自由。

51　經濟部國際貿易局，《2013 年 3 月份國際經貿情勢分析》，2013 年 3 月，< http://www.trade.gov.tw/error/error.aspx?aspxerrorpath=/App_Ashx/File.ashx >。

二、威脅

（一）相關國家未必支持

　　依照TPP規定，新加入成員國必須與現有的TPP成員國進行雙邊談判，並獲得所有成員國的同意才能參加TPP整體談判。目前TPP現有的成員國都與台灣沒邦交，甚至也沒有簽署任何形式的RTA/FTA，短期內要爭取各國公開支持台灣加入TPP，是有一定困難度，何況只要有一個TPP成員國不支持，台灣就加入不了TPP。

　　此外，相關國家由於亦須進入中國市場，在未得中國首肯之下，也未必願意得罪中國，直接同意台灣加入。

　　誠如前美國在台協會（AIT）理事主席薄瑞光於2012年7月12日在卡內基國際和平基金會演講時所指述的，台灣可以把加入TPP的時程縮得更短，但加入TPP需要共識決，其他國家是否樂意讓台灣加入則是一個問題。[52] 不容置疑的，這是台灣加入TPP的一大困局。

（二）自由化與開放產業高度障礙

　　TPP強調本身是一種「與時俱進」的貿易協定（Living agreement），又留下許多伏筆，隨時可視需要對新加入成員國提出開放要求。但由於TPP談判具體內容迄今均高度保密，只公布廣泛輪廓大綱，連我國負責推動加入TPP的經貿部門都坦承，對TPP實際條文和確切市場開放程度的掌握有限，也增加我國規劃相關因應措施的困難度。當進一步檢視TPP從邊境到邊境內議題，表面上是100%自由化，實際上對非TPP成員國的市場准入，卻是100%的高門檻。將來台灣一旦加入TPP，雖然工業、服務業的產業競爭力比開發中國家強，卻不敵美國、日本、加拿大、澳洲等先進國家，尤其弱勢產業（如農業）又夾雜有政治問題，屆時恐難抵禦得住TPP各成員國要求大幅度立即減免商品關稅之衝擊。

52　吳福成，〈TPP下台商因應之道〉，《產業雜誌》（台北：全國工業總會，2012年08月06日），< http://www.cnfi.org.tw/kmportal/front/bin/ptdetail.phtml?Part=magazine10108-509-3 >。

（三）貿易談判隱含利益犧牲的權衡

甚者，有學者直指，如果天真地把 TPP 看成純屬經濟活力的解放也許就跌入圈套之中，貿易談判永遠都是恃強凌弱複雜地利益算計，彼此公平對待不可能憑空產生。就如北方國家提出關稅減讓幅度與速度上有優惠誘引南方國家加入 WTO，促使對這場「禮遇」發展中國家的貿易談判充滿期待，冀盼以農產品與勞動力的優勢去換取北方的資金與工業技術。始料未及，北方國家反倒運用大額的農業補貼打敗南方的農業，並將在這些補貼用罄之前，再以用「藍箱」和「綠補貼」取代，繼續有效地保護其農業；而南方國家事先渾然不覺歐美國家農業補貼金額超過其成本的一半，事後又不了解藍箱和綠補貼的實質效果而半哄半騙地接受，待看清陰謀時已然後悔莫及。[53]

（四）本土產業結構調整與適應不及

TPP 談判議題除關稅或非關稅障礙外，更包括國有企業、勞工、環境保護、政府採購與智慧財產權等國內規範，加上參與談判的國家處於不同發展水準，在在都使談判的困難度提高，以八年為目標，忽略「國內經貿自由化」程度與產業結構調整，是否合適具備加入 TPP 條件？對本土產業的衝擊是否有了完全因應的準備？衝擊的結果是否為我國家發展所能承受？若非，這就是個危險、輕率的決定，主政者必須更審慎決策。

（五）中國制肘進入其他組織之虞慮

此外，我國的產品與韓國近似，同質性下反成為互為排擠的競爭者，2014 年 11 月 10 日韓國與中共與完成 FTA 談判，將致使我國在貿易條件下受大嚴重衝擊，[54] 積極的參與加入 TPP 也許可彌補我國弱勢的處境，但此舉必然引發中國大陸的警惕和戒心，對與中洽簽的 TIFA、RCEP 將會產生阻

53　彭明輝，〈獨立評論：TPP——與虎謀皮的兒戲〉，《天下雜誌》，2013 年 04 月 15 日，＜ http://opinion.cw.com.tw/blog/profile/30/article/279 ＞。

54　國際貿易局，〈關於自由時報報導「中韓 FTA 衝擊，馬政府瞎掰」之說明〉，2014 年 11 月 14 日 ），＜ http://www.moea.gov.tw/MNS/populace/news/News.aspx?kind=1&menu_id=40&news_id=39632 ＞。

力，不利於後續與他國洽簽相關 FTA。2015 年 4 月 13 日中國拒絕台灣成為其領導成立的亞洲基礎設施投資銀行（簡稱亞投行）之創始成員國，即是一例。[55] 台灣想兩面討好恐難如意。

三、綜合分析

若從台灣與主要貿易出口市場的發展變化看，2000 年台灣對美國的貿易結合度，台灣對美國為 3.8，對中國大陸則只有 0.5；到了 2010 年，台灣對美國降為 0.8，對中國卻攀升到 2.7，顯示出中國大陸市場對台灣出口的重要性提升，而美國市場對台灣的重要性則是減低中。

此外，IMF 對 2030 年世界主要國家的 GDP 預測，屆時中國大陸將占全球 GDP 的 23.9%，美國為 17.0%，日本占 5.8%。台灣對外經貿戰略，長期著眼，實也應隨趨勢調整。

對台灣而言，馬英九總統曾提出「排除障礙、調整心態、八年入 T（TPP）、能快就快」的十六字箴言，[56] 積極推動加入 TPP。但也須同時深化與中國大陸的經貿投資關係，譬如建立共同市場或簽署 FTA，尋求參與東協、東亞區域經濟合作也將是一條必行的道路。相較單靠選擇 TPP 這一條牽制我方通向美國為主導道路的戰略，並非明智。台灣參與全球貿易自由化，高門檻的 TPP 不該是的唯一選項，若不順利將使本國產業元氣大傷，如何加緊投入我國具有相對優勢的區域經濟組織活動，相對而言可保住國家的經濟命脈更是重要。

不可忽視的，各項區域經濟組織，如 FTA、TPP 或 RCEP 中，一旦成形，若準備不及，都有可能使得台灣產業在區域市場上的競爭力進一步「弱化」，導致台灣經濟處境更加艱難。尤其若 TPP 談判能在 2013 年或 2015年結束，則「八年加入 TPP」時間表，將變得毫無意義，而台灣應對台美

55　中國主導亞投行成立，企圖非常明顯欲藉其日益強大的政經實力重塑亞洲經濟版圖，與以美、歐、日為首的世界銀行、國際貨幣基金（IMF）和亞銀等較勁。

56　馬總統於 2012 年 5 月 20 日第十三任總統、副總統就職演說提出，未來 8 年做好加入「跨太平洋戰略經濟夥伴協定」（TPP）準備之目標。中華民國總統府網站，〈就職演講：堅持理想、攜手改革、打造幸福臺灣〉，2012 年 5 月 20 日，< http://www.president.gov.tw/Portals/0/president520/chinese/speech.html >。

貿易暨投資架構協定（TIFA）的「堆積木」談判策略，必然陷入籌碼盡失的困局。

捌、結論（TPP 僅為美戰略工具）

美國力推 TPP 談判的主要意圖是從經濟上重返亞太。美國深知，現在所有亞洲國家都希望和中國做生意，保持良好關係，美國就希望通過推動 TPP 平衡中國的區域經濟影響力。[57] 並且在貿易規範中融入一定的價值觀，美國想借此向東南亞尋求價值觀上的認同。[58]

新加坡國立大學政策研究所副所長張儷霖說：「美國主導的 TPP 談判牽涉到知識產權、環境等多個非關稅領域，一旦協議達成，可能在亞太地區建立起一套規則或一個範本，區域內國家如果要和美國做貿易，將不得不遵守這些規則。」[59]

美台商業協會會長韓儒伯（Rupert Hammond-Chambers）也不懷好意的提醒，「台灣不應當是花 8 年時間為加入 TPP 打基礎，而應當現在就改革並準備申請加入 TPP」。也就是說，面對 TPP 加速成形的時間壓力，台灣當前需要的不只是口頭期盼美方支持加入 TPP，更加迫切需要的是，務實檢討參與 TPP 所必須進行的「國內經貿自由化」的規劃。

但務實檢討參與 TPP 所進行的「國內經貿自由化」是否符合國家利益才是當為的戰略省思。在全般權衡參與 TPP 的利弊後，明白國家發展的處境，進而提出具體的市場開放期程與模式、經濟改革和法規調整構想，凝聚國內共識，集中國家資源做最有效的運用。如僅僅單純具體展現高度的「政治意願」，只期望早日拿到參與 TPP 談判的「入場券」[60]，而不顧及

57　美國再度重申重視台灣在亞洲所扮演角色。美國國務卿凱瑞最近向國會議員表示，台灣是美國亞太政策及亞洲再平衡的重要元素，並表示歡迎台灣未來參與 TPP。〈美國國務卿：台灣是亞洲平衡重要元素〉，《蘋果日報》，2015 年 05 月 08 日，< http://www.appledaily.com.tw/realtimenews/article/international/20150508/606566/applesearch/ >。

58　暨佩娟，〈TPP 談判進入"誰也不願妥協"階段（國際視點）〉，《人民網版》，2013 年 03 月 15 日，< http://world.people.com.cn/BIG5/n/2013/0315/c1002-20796852.html >。

59　同上註。

60　〈社論：TPP 談判加速 台灣很難再等 8 年〉，工商時報，2013 年 03 月 24 日。< http://stage.md.ctee.com.tw/pcmd0825/bloger.php?pa=y2iPNfBJbFQFdDf09m89Vj%2Fvf%2B6sjrEC78G0EhFq3D0%3D >。

未來可能面臨危機則似嫌草率。但對於我國而言不管能否加入,因為此一協定,將影響亞太市場,應於政策上調整產業結構以及早因應,尋找新的機會,才能保障經濟命脈的存續。[61]

　　此外,美國在除了積極主導 TPP 之各項進展,亦同步與歐盟推動「跨大西洋貿易與投資夥伴協定」(Transatlantic Trade and Investment Partnership,TTIP),期未來在法規制度與標準規則上有所具體進展,亦極可能成為國際間重要的新規範,如果努力讓渡主權配合爭取加入 TPP 後,如果欠缺國家整體戰略上的明確目標與長遠規劃,是否又要再度要受 TTIP 的宰制呢?

61　葉雲卿,〈TPPA 之專利保護標準趨向嚴格不利學名藥上市將造成供給障礙〉。

武警在中共國家安全的角色與定位

周宗漢 [*]

摘要

六四事件後中共為轉移形象,將約五十萬共軍改編成武警部隊,以警察形象來包裝軍事本質。武警的迅速擴編,也成為取代共軍控制人民的最主要武裝力量,成為共軍最佳的預備隊及兵力的緩衝。武警的雙重身分,使它可以從軍事任務迅速轉變成公安角色,在槍彈與棍盾間從容轉換,不論是維穩或處突皆能讓這支部隊作為主力投入。

因此武警所著重的在於地方關係的建立與社會民情的掌握,以期能迅速的調動指揮武警達到維護社會穩定的功能。藉由不斷整編和修正領導方式,黨不僅要牢牢抓緊槍桿子,但又無法使武警回歸單純的公安領導,因而最後確定了「雙重領導」的方式,既能發揮社會穩定的功能、又能在黨的掌握下貫徹其意志。

但在前中央政法委書記兼武警第一政委周永康下台後,中央軍委便不再授權各級政法委以「維穩」為名的調兵申請,制衡的權力逐漸傾向中央軍委,雙重領導的體制面臨了新的挑戰。另外現行法規的約束中武警亦存在許多問題,其制度建設距離法制仍有一段距離。因此,身為中共三大武裝集團之一的武警,在當前中共國家安全的角色和定位勢必隨之調整,方能在中共「穩定為壓倒一切的大局」之戰略思考下,確保內部秩序的穩定,達到政權永續的最高目標。

---

* 中興大學國際政治研究所博士生

壹、前言

去年底香港的占中抗爭如火如荼之際，中共官媒《環球時報》內一篇由武警政治學院副教授王強撰文題目為「武警參與香港安保沒有法理障礙」。文章提及以武裝力量介入國家行政管理，確保憲法得以執行，是現代國家的通行做法。當今許多國家都有這種準軍事的警察部隊，主要擔負警戒重要目標、維護社會治安等任務。只要有憲法法律的授權，在發生騷亂、暴亂等緊急事態時，這支武裝力量均會參加一線處置，彌補普通警察力量的不足云云[1]。當然這篇文章由於引起不小的爭議，因此沒多久就從網站上撤下，但同時已引起不少人對於武警部隊的屬性和權責有所議論。屬於中共三大武裝力量 (解放軍、武警、民兵) 之一的武警，究竟是怎麼樣的一個武裝集團呢？

貳、武警的組成

六四天安門事件後，中共為轉移形象，鑒於共軍已無法在維持社會治安上有所貢獻，遂利用百萬裁軍之際，將約五十萬共軍，轉換改編成中華人民共和國武裝警察部隊 (本文以下簡稱武警)，以警察形象來包裝軍事本質。武警部隊的迅速擴編，也成為取代共軍控制人民的最主要武裝力量，成為共軍的最佳預備隊，更成為軍力的緩衝[2]。天安門事件對共軍地面部隊的這項立即性的衝擊，就是人民武警的能力與資源都雙雙成長。武警的持續發展使解放軍得以改善公眾形象，並遠離大多數的內部動亂[3]。在中央軍委的主導下，將解放軍系統公安軍轉變成國務院公安系統的武警部隊，將各省軍區的公安部隊直接轉換成各省的武警總隊，將有經濟建設價值的基建工程兵轉換身份為武警，將解放軍裁編的部隊中有戰鬥經驗轉換成武警

1　王強，〈武警參與香港安保沒有法理障礙〉，《環球時報》，2014 年 9 月 29，< http://news.sina.com.cn/pl/2014-09-29/083330931706.shtml >。

2　邱伯浩，〈中共武警角色之解析〉，《青年日報》，第 3 版，2006 年 1 月 8 日，< http://www.youth.com.tw/db/epaper/es001002/eb0325.htm >。

3　泰利斯（Ashley J. Tellis）、譚俊輝（Travis Tanner）著，李永悌譯，《戰略亞洲 2012-13 中共軍事發展》（STRATEGIC ASIA 2012-13: CHINA'S MILITARY CHALLENGE）（台北：國防部史政編譯室編譯處，2014 年），頁 51。

的機動師，解除了解放軍裁軍的壓力，讓解放軍朝向專業化路線發展[4]，而武警則成為解放軍之外的另外一個勢力龐大的武裝集團。

依中共官方用語，軍隊與武裝部隊是有很大的差別：前者比較具有限制性，所指的是人民解放軍；後者則包含了人民解放軍與人民武警部隊。中共的相關文件經常對這兩種用語加以區別，但也經常指出軍隊與武裝部隊都受中央軍委的指揮[5]。雖然在中共「黨指揮槍」的悠久傳統與教育下，軍隊造反的機率微乎其微，然而領導人要在軍中培植起自己的人馬仍然要花一段不短的時間，況且要顧及軍中期別等倫理規則，致無法隨心所欲。因此往往會刻意從培植武警部隊的方向來著手：一則武警增加員額可以消化解放軍裁軍後帶來的下崗壓力；二則武警接手所有對內控制與鎮壓的職責，使解放軍得以專心對外，並擺脫有朝一日人民軍隊還會需要將槍口對準人民的心理壓力；三則解放軍可以加速軍隊現代化，裁軍節餘的人事費用可以用來購置新制武器，也是軍方所願[6]；就領導高層而言，可說是一箭雙鵰的好方法。

中共為保持其遂行人民戰爭的預備兵力，遂在解放軍不斷裁軍過程中，相對的持續擴編武警。從 1996 年的裁軍 50 萬中，將部分輕裝師轉換成武警機動師，並擴編各省武警總隊的數目及數量。此寓軍於警的動作在保持中共「人民戰爭」戰略的落實，將部分軍事武裝力量轉移至武警部隊，而相對性的讓武警部隊（內衛部隊、機動師）成為軍事性大於公安性的特殊武裝力量，在平時可以協助公安民警維護社會治安，但在戰時就成為解放軍的預備隊，成為實現人民戰爭戰略的基礎[7]。人民戰爭是中共維繫政權的主要法寶之一，然面對 21 世紀解放軍裁減兵力，朝向專業化、科技化發展的挑戰，靠大量人民軍隊為主要力量的傳統戰爭式微，中共基於政權

---

4 邱伯浩，《中共武警在國家安全構面中的角色和功能分析頁》（臺北：政治作戰學校政治研究所博士論文，2003 年），頁 193。

5 沈大偉（David Shambaugh）著，高一中譯，《現代化中共軍力――進展、問題與前景》（*Modernizing China's military: progress, problems, and prospects*）（台北：國防部史政編譯局，2004 年），頁 240。

6 李英明，《中國人民武裝警察大解構》（臺北：揚智，2003 年），頁 179。

7 邱伯浩，〈從中共國家安全觀探討武警軍事性角色變遷之研究〉，《憲兵半年刊》，第 61 期（2005 年），頁 18。

穩定，仍需要大量兵力來護持，但大量兵力會成為解放軍的包袱，阻礙解放軍的發展，中共遂將裁減解放軍兵力轉化成武警系統，讓軍事力量隱藏於武警部隊之中，戰時利於轉換，其部隊維持經費亦可由中央軍委、各省（自治區、直轄市）、國務院及部隊營收來共同負責[8]。這樣一來，在對外公布的國防經費上，表面是減少了帳面的數字，實際上軍費並無縮減，而是利用五鬼搬運的方式巧妙的轉移到了國務院轄下的其他部門去了。

　　換句話說，是由國務院負責武警部隊日常任務賦予、規模和編制定額、指揮、業務建設、經費物資保障，其對武警部隊的領導，主要透過國務院有關職能部門組織實施，在執行公安任務和相關業務建設方面，武警總部接受公安部的領導和指揮，總隊及其以下武警部隊，接受同級公安部門的領導，公安部部長和省、自治區、直轄市公安廳（局）長，地、市、州、盟公安處（局）長，分別兼任武警部隊和總隊、支隊第一政委，如此的領導方式使武警平日在公安部的依附下，得到財務經費以從事部隊建設，而不必支用國防經費[9]。也因為這種改組，過去十年的軍事裁減並未釋出許多現代化經費可用以投資於其他領域[10]，僅僅造成裁軍的假象而已。

　　武警和解方軍究竟有什麼本質上的不同呢？前中共武警部隊司令員楊國屏特別釐清武警部隊與解放軍的差異[11]：

一、武警部隊與解放軍的領導體制不同，解放軍實行的是自上而下的垂直領導體制，武警實行的是雙重領導體制。

二、武警的建設管理的軍事性：一是遵循解放軍的建軍思想與原則。二是貫徹執行解放軍的條令、條例。

三、武警執行任務情況比解放軍複雜，既要面對一般的違法行為，

8　高哲翰、邱伯浩，〈中共武警公安部隊在內部控制之角色研究〉，《警學叢刊》，第37卷，第4期（2007年），頁41。

9　劉凱榮，〈從中國大陸社會政經變化論中共武警部隊之發展〉，《憲兵半年刊》，第78期（2014年），頁30。

10　Zahmay M. Khalilzad, Abram N. Shulsky, Daniel L. Byman, Roger Cliff, David T. Orletsky, David Shlapak Ashley J. Tellis 合編，吳福生譯，《美國與崛起中的中共：戰略與軍事意涵》（The United States and A Rising China: strategic and military implications）（台北：國防部史政編譯局，2000年），頁108。

11　劉曉華，〈武警部隊：中國百萬特殊武裝〉，《廣角鏡月刊》，4月號（1998年），頁43。

也要打擊嚴重的違法罪犯：既有人民內部矛盾，也有敵我矛盾。

四、武警部隊的兵力部署比解放軍分散，按行政區域制定編制和部署兵力。

五、武警部隊與解放軍相比，接觸社會層面要廣泛的多。

六、武警部隊執行任務是經常性，與解放軍相比，解放軍是養兵千日、用兵一時；而武警部隊是養兵千日、用兵千日。

由此可知，武警所執行的是維護社會治安的功能，與解放軍所執行維護領土主權和對外的任務職能不同，在人員訓練及裝備上亦有顯著差異，武警所著重的在於地方關係的建立與社會民情的掌握，以利於地方政府的運用，以期能迅速的調動指揮武警部隊達到維護社會穩定的功能，因此在領導上無法像軍隊由中央軍委採垂直式領導；在「摸著石頭過河」下，不斷整編和修正領導方式，黨必須牢牢抓緊槍桿子，又無法使武警部隊脫離「軍」的角色，回歸單純的公安領導，因而使中共最後確定了「雙重領導的方式」，既能發揮社會穩定的功能、又牢牢在黨的掌握下貫徹黨的意志，以確保任務的達成，此亦為武警所存在的價值[12]。儘管公安部所屬警察與武警乃是控制內部穩定的主要力量，且其裝備與教育訓練也是以落實該任務為導向，但戰力強大、紀律嚴明的解放軍地面部隊，是對付內部動盪的嚇阻力量[13]，也是最後一道防線。

參、武警的任務

武警部隊組建於 1982 年 6 月 19 日，由內衛部隊和黃金、森林、水電、交通部隊組成，列入武警序列的還有公安邊防、消防、警衛部隊。內衛部隊由各總隊和機動師組成。武警部隊根據人民解放軍的建軍思想、宗

12　劉凱榮，《從中國大陸社會變遷看武警部隊之發展 1982-2012》（臺北：國防大學政治作戰學院政治研究所碩士論文，2013 年），頁 93。

13　甘浩森（Roy Kamphausen）、施道安（Andrew Scobell）著，黃文啟譯，《解讀共軍兵力規模》（*Right-Sizing the People's Liberation Army: Exploring the Contours of China's Military*）（台北：國防部史政編譯局，2010 年），頁 215。

旨、原則，按照其條令、條例和有關規章制度，結合武警部隊特點進行建設[14]。根據中共最新一期的國防報告書「中共武裝力量的多樣化運用」中提及武警的任務為：「平時主要擔負執勤、處置突發事件、反恐怖、參加和支援國家經濟建設等任務，戰時配合人民解放軍進行防衛作戰。」在訓練上針對執勤、處突及反恐三項能力予以強化[15]。另外在 2009 年頒布的「中華人民共和國人民武裝警察法」中明訂武警部隊擔負國家賦予的安全保衛任務以及防衛作戰、搶險救災、參加國家經濟建設等任務[16]。

　　中共當前積極建構的所謂和諧社會必須在社會控制的執法考量下方有實現的可能，擴展維護社會穩定範疇，不僅以制度作為控制的準則，同時以武警作為打擊各種破壞社會秩序的工具，更重要的是武警部隊不僅擁有處理改革發展穩固政權的實力，也具備提高控制社會因轉型而導致社會矛盾問題的處置能力[17]。武警目前在中共社會的角色扮演已從最早的安全警衛及維護社會秩序的任務，增加到協助國家經濟生產發展、公共安全維護、國際反恐合作、救災及重大群眾性事件的鎮壓等，涵蓋層面是朝多元化的任務方向發展，每各不同類型性質的部隊都有其專門負責的主要任務 … 各司其職、互不重疊，功能發揮上更涵蓋了政治、軍事、經濟與社會等不同層面[18]，都在其麾下有對應的單位。而中共社會控制機器不外乎以軍隊的武裝力量與法治的政法體系為基礎，做為統治國家與社會安全的保證，經分析這兩股力量的背景沿革、任務職能、組織體制等特性，剝離兩個系統組織，則發現擔負社會控制的主要力量是一直被視為鞏固人民民主專政工具的武警部隊。它經過幾十年來調整與變革，成為一支多警種、執行任務複雜、遍布全國各地的國家機器，是施展全面社會控制的最大主力[19]。除了上述傳統的社會控制外，當前面對的挑戰還包括近年來受到重視的非傳

14　2002 年中國的國防。

15　中共武裝力量的多樣化運用。

16　中華人民共和國人民武裝警察法。

17　邱伯浩、陳萬榮、李威翰，高哲翰，〈社會控制對武警角色與功能變遷之探討〉，《警學叢刊》，第 38 卷，第 6 期（2008 年），頁 50。

18　謝兆曜，《從帕森思（Parsons）「結構功能論」看中共武警角色與功能》（臺北：國防大學政治作戰學院政治研究所碩士論文，2008 年），頁 195。

19　陳萬榮，〈掌握社會控制的中共武警角色分析〉，《憲兵半年刊》，第 67 期（2008 年），頁 19。

統安全，這方面有可粗分成人為的恐怖威脅和天然的災害防治兩大危安顧慮。

中共的反恐機制早在 2002 年於公安部成立「反恐佈局」，專職於研究、規劃、指導、協調及推動全國反恐怖工作；各省皆以成立「反恐怖工作協調小組及辦公室」，主要任務是加強掌握「東突」、「疆獨」、「藏獨」等恐怖組織的活動情形，其反恐部隊兵力主要包括公安、解放軍及武警，各部隊皆有主要負責之任務[20]。而解放軍、武警、公安這三支反恐武力的建立，在反恐的角色功能上雖有部分的功能重疊，但實際上中共對反恐武力的運用為平時一般國內突發性事件及恐怖活動發生時，均由武警部隊為主，擔任反恐處突任務。而發生在重點城市地區及發展較為繁榮的地區，則由公安特警隊協助應變支援。如邊境地區內發生重大突發事件，及需與外國軍隊共同執行反恐任務時，則由解放軍共同執行[21]。

現今武警部隊中 31 個內衛武警總隊、14 個武警機動師及特警部隊的兵力，為武警反恐的主要力量，其平均分部於中共各省、自治區及重要的特別行政區執勤，擔任內衛、處突及協助解放軍防衛作戰的特性，是一支平、戰結合的武裝力量。目前，各武警總隊已建立多層次反恐力量，組建機動支隊及編組特警、特戰、化工、偵查、應急分隊等部份成員，組成反恐大(中)隊及反劫機中隊，武警機動師及特警部隊將依其反恐任務及職能，加強自身作戰能力，配合武警總隊在全國各大城市舉行反恐演練。顯見武警部隊已具備了向全國實施機動、進行大規模反恐作戰任務的能力[22]。

而在災防方面，中共將多年來的救災任務，由原來的各軍區依照災區，將所屬範圍內的各種部隊接納入救災工作，逐漸轉移到武警及民兵身上，尤其將任務分配給各種屬性不同的武警，這樣的做法有許多好處：一是天災屬國內事務，由武警擔任適切，二是正規軍可專心演訓任務；三

20　夏德宇、趙錦財，〈武警北京總隊執行 2012 兩會兵力部署探討〉，《憲兵半年刊》，第 75 期（2012 年），頁 8。

21　于大任，《中共反恐作為中武警角色功能之研究》（桃園：中央警察大學公共安全研究所，2007 ），頁 200。

22　同上註，214。

是各專業部隊有特種的裝備可供救災時使用，避免傳統的大量人力的做法[23]。中共武警水電與交通部隊通常被歸屬於經濟職能類型的武警，由於他們在水利、電力、交通建設方面為中國大陸的社會經濟帶來實質的效益。然而，在重大天然災害發生時，水源、電力與聯外交通一定是嚴重受損的情況下，這時水電與交通武警可以是時發揮其專業功能性，迅速搶進災區修復水電與交通，對搶險救災任務會產生非常大的助益，這也是武警部隊近年來積極轉型成為搶險救災專業化部隊的原因之一[24]。事實上，這幾年間大陸地區發生的數場大型天災，都不乏可見到武警部隊在第一時間投入救災現場的消息或畫面傳出。

肆、武警的指揮

2009 年通過的人民武裝警察法實際上把武警部隊確定為武裝力量中保衛黨權、社會主義制度及政權的內衛部隊，並用來處置越來越頻繁、力度越來越大的各項突發事件，包括各地大規模的人民群眾請願遊行示威抗議事件、及少數民族分裂事件，更足證明武警部隊是處在反恐維穩的第一線，確保武警部隊在完成反恐維穩等各類多樣化任務提供法律保障[25]。該法並正式定義武警部隊是國家武裝力量的組成部分，並由國務院、中央軍事委員會領導，實行統一領導與分級指揮相結合的體制。關於此一雙重領導的權責該如何劃分，在中共的國防報告書中有著以下的規範：國務院主要負責武警部隊日常任務賦予、規模和編制定額、指揮、業務建設、經費物資保障，通過有關職能部門組織實施對武警部隊的領導；中央軍委主要負責武警部隊的組織編制、幹部管理、指揮、訓練、政治工作，通過四總部組織實施對武警部隊的領導。另外在執行公安任務和相關業務建設方面，武警總部接受公安部的領導和指揮，總隊及其以下武警部隊，接受同級公安

23　陸軍聲，〈中共武警建設長江三峽大壩之研究 -- 兼論水壩之軍事運用〉，《陸軍月刊》，第481 期（2005 年），頁8。

24　田更新，《中共武警部隊在搶險救災中之政治工作 - 以四川汶川大地震為例》（臺北：國防大學政治作戰學院政治研究所碩士論文，2012 年），頁 118。

25　郭崇武，〈中共《人民武裝警察法》簡析〉，《展望與探索》，第 8 卷，第 2 期（2010 年），頁 110。

部門的領導[26]。

　　由此可見，武警部隊明顯的同時接受兩個系統的領導，在國防體制系統是偏向與解放軍作為國家安全的內外分工，執行任務多以確保國家安全為主；而在「公、檢、法」系統中的武警，則是以維穩公作為任務執行的重點，是與公安員警相互配合[27]。但此一雙重領導的制度，卻因人事、作戰、後勤體系複雜，中央軍委及國務院無法單獨掌控武警體系，使武警成為黨政與軍隊之間的角力場所，更因中共領導人如江澤民、胡錦濤，沒有軍事背景，武警部隊就成為中共領導人首要控制的目標，一但控制武警系統就互相制衡解放軍及國務院兩大系統，從而形成武警部隊成為黨政、軍隊之間爭奪權力關係的緩衝和平衡器[28]，有點類似封建時代的御林軍或納粹德國的黨衛軍，而這種現象自毛鄧時代以降漸漸成為趨勢。

　　自 2012 年 10 月 21 日 (18 大前) 起，武警海南總隊總隊長更名為武警海南總隊司令員，其它省、市、自治區的武警總隊總隊長亦陸續更名為武警總隊司令員；另外，北京總隊、新疆總隊位階以升至正軍級，西藏總隊的軍政主官位階亦提升至正軍級，與解放軍省軍區位皆相當。武警部隊加強軍事化，目的是在執行處突維穩時可以增強部隊指揮。武警部隊黨委是武警部隊的核心，領導武警部隊的一切工作，而武警部隊的黨委須由中央軍委核定，由此可見中央軍委對武警部隊的影響及控制[29]。另外值得一提的是，武警所扮演的角色，往往決定於中共領導人的政策方向，因此武警就像是一個可以調整的大餅，隨著領導人的意識形態而改變其分配的比重，進而偏向軍事性、公安性以及經濟性武警[30]。

　　「中華人民共和國武裝警察法」及「中華人民共和國國防法」雖規定武警部隊的調動由省、自治區、直轄市黨委和政府按規定許可權使用行政

26　2006 年中國的國防。
27　李泓明，《胡錦濤時期中共武警部隊維穩工作之研究》（臺北：國防大學政治作戰學院政治研究所碩士論文，2013 年），頁 97。
28　同註 21，頁 194。
29　洪志豪，《中共武警部隊在入藏行動中之政治工作研究－以 2008 年拉薩事件為例》（臺 ：國防大學政治作戰學院政治研究所碩士 文，2012　），頁 104。
30　李鴻瑋，《中共武警經濟建設角色之研究》（臺北：銘傳大學社會科學院國家發展與兩岸關係碩士在職專班論文，2008 年），頁 118。

區內兵力，但在跨區使用時則必須報中央、國務院及中央軍委的核准，然而在「重慶薄熙來事件」中，時任中共重慶市副市長的王立軍進入美國駐成都總領事館要求政治庇護後，重慶市長黃奇帆率領武警車輛越區來到美國領事館欲帶回王立軍；2011 年「大連 PX 事件」瀋陽特警進入大連地區屬跨區調動，若無遼寧省負責政法公安系統的領導指示亦應無法調動。地方政府與武警部隊間存在密切的互動關係，此亦為何中共始終將思想教育建設放在武警部隊的建設首位，以確保武警部隊對於黨的絕對忠誠，而武警部隊在現行法規的約束中仍存在許多問題，新制度與秩序的建立仍需要一個過渡期，從武警部隊諸多的法規制定觀察，其法律制度建設政在完善中，但距離法制仍有一段距離[31]。也由於這個原因，武警在中共高層的內鬥爭權中往往扮演了舉足輕重的角色，除了上述案例，諸如上海陳良宇下令武警包圍中紀委的事件、令計畫之子令谷的車禍懸案、周永康為了護航薄熙來造成武警部隊與解放軍的對峙等等近年來的大案，都可見其端倪。

　　基於現實考量，中共中央有意將武警劃歸由中央軍委一元化的領導。事實上，中共基於「以黨領政」的原則，國務院公安系統根本無法控制武警。過去所謂「雙重領導」，實際上主要存在於中共黨內「中央軍委會」和「政法委員會」之間。但為減少武警的軍人形象，以便於中共當權派未來對內進行異己的鎮壓，估計武警仍將掛靠在公安部門之下[32]。不過中共十八大結束，在前任中央政法委書記兼武警第一政委周永康接受調查後，中央政法委書記不再進入中央政治局常務委員會，中央軍委也調整了武警的指揮權，武警部隊不再接受政法委系統的指導，中央軍委也不再授權各級政法委以「維穩」為名的調兵申請，導致原本作為監督的政法委，制衡的權力傾斜朝向中央軍委[33]。

伍、對台的角色

　　中共長久以來總是將台灣問題定位為內政問題，假若台灣內部動亂，

31　同註 12，頁 126。
32　高哲翰、李亞明，〈從社會結構變遷看中共武警之發展〉，《中國大陸研究》，第 39 卷，第 8 期（1995 年），頁 34。
33　同註 27，頁 98。

共軍不見得有藉口得以出兵犯台，但如動用武警部隊以「維護國內秩序」
為名出兵台灣，不僅沒有違反國際法的規範，也讓國際社會無從干預或介
入。以 1974 年聯合國通過的「關於侵略定義之決議」規定，是否屬於軍
事侵略行為，應由安理會判定，而中共又是常任理事國，待其以維和行動
為名、實為軍事行動入侵台灣[34]。如果美國想干涉，美軍也不能直接協防，
因武警不是軍人，以美軍攻擊武警或許將會有觸及國際法相關爭議的可
能。要解決台灣問題，北京心中很清楚雖然政治上可以國際化，直接透過
華府施壓圍堵台灣，但軍事上卻必須限制在解決內政問題的框架中，否則
如果師出無名，包括聯合國和西方強國在內，勢必都會出面干預[35]，屆時
要想達成速戰速決的戰略目的便不是那麼容易了。

　　值得注意的是，近年來武警部隊漸有加強與戰區中解放軍部隊配合的
傾向，而武警部隊在戰區中所扮演的大抵是等同各國戰地憲兵及特種作戰
部隊的角色，如加強戰區交通管制、防空宵禁管制、處理突發事件、獨立
遂行小地區作戰任務等等；而據香港明報指出，在中共解放軍攻台推演中
解放軍主力部隊將會與具渡海登陸與城鎮戰特長的武警部隊偕同或混編作
戰，以便有效迅速佔領台灣各城鎮[36]，以避免上述遭逢國外勢力介入的情
況發生。

　　在武警部隊中，對台角色最鮮明的莫過於機動師，在中共武警十四個
機動師中，除北京、南京軍區各配屬三個師，廣州、濟南軍區各一個師外，
其餘三個軍區皆配屬兩個師；在東南沿海方面，江蘇宜興 8690 部隊、江
蘇無錫 8720 部隊、福建莆田 8710 部隊、湖南耒陽 8730 等部隊無論在地
理位置、訓練方式和部署方向上對台都有針對性[37]。武警機動師平日作為
全訓部隊，進行高強度的密集軍事、機動處突訓練，在情勢需要時隨時可

34　胡桓峰，〈從「疆、藏問題」淺論中共武警部隊未來對臺維穩可能採取之面向〉，《憲兵半
　　年刊》，第 77 期（2013 年），頁 44。
35　林慧萍，《中共人民武裝警察角色功能之研究》（臺北：政治作戰學校政治研究所博士論文，
　　2004 年），頁 143。
36　蔡衡，〈中共國家安全支柱 -- 人民武裝警察 - 上〉，《憲兵學術半年刊》，第 55 期（2002 年），
　　頁 61。
37　余連發，《中國人民武裝警察部隊之軍事角色》（臺北：淡江大學中國大陸研究所碩士在職
　　專班論文，2005 年），頁 61。

以作為尖刀部隊投入現場；更重要的是在未來可能發生的海峽作戰中，由於中共武警部隊具有的警察性、國內性，解放軍可在登陸部隊突破台灣海岸防線而建立橋頭堡後，調動大量的武警機動部隊來用在對台的後續綏靖作戰上，可以在國際上造成軍事作戰已結束，僅剩警察隊伍在維持社會治安的幻象，麻痺世界各國的輿論攻擊[38]、減緩媒體網路的關注傳播。

　　此外，由於機動師的編成由解放軍轉隸而成，本身即具有戰備觀念、官兵素質、戰術手段等基礎，國家賦予軍事性的防衛作戰本務，更使機動師在防衛作戰任務有戰役後方協助作戰、反空襲作戰、渡海登島作戰、邊境反擊作戰，不但有內部安全保衛、維護社會穩定，甚至可以對西部邊境與隔岸的台灣進行兵力投射，是一支維穩與軍事作戰兼具的戰鬥兵團，加上裝備輕便、行動靈活等優勢，基本上是攻台作戰的快反部隊之一[39]。如駐福建的武警第九十三師就持續地配合解放軍進行對台動武的各項軍事演練，並研討配合解放軍進行「反空襲作戰、登陸作戰、邊境地區反擊戰、戰區保障與後方安全保衛」等計畫，並與內衛武警福建總隊一起配合解放軍進行渡海作戰、武裝泅渡、搶灘登陸等實兵演習；駐無錫的第一八一師與廣州軍區的一二六師自 1997 年起亦於轄區內與解放軍配合實施「沿岸搜索、驅離射擊、防區鎮暴、內部安全保衛及反空襲、反登陸、反滲透」等戰術合同作戰演練，以驗證武警機動師部隊在濱海城鎮作戰及登島戰中的能力；駐天津的第八十一師也於渤海灣濱海地區進行城鎮主要街道與重要目標封鎖圍控部署等城鎮作戰實兵演練項目[40]…上述列舉的武警部隊，都是台海防衛作戰上不可輕忽小覷的一股新興力量。

陸、結論

　　中共面對當前所處環境，武警部隊具備多種角色，執行多重任務，既是「警察」性質的「軍隊」，又是「軍隊」性質的「警察」。軍隊、武警

38　同註 36，頁 78。

39　陳萬榮，〈中共武警部隊的軍事性角色研究〉，《憲兵半年刊》，第 68 期（2009 年），頁 18。

40　蔡衡，〈中共國家安全支柱 -- 人民武裝警察 - 下〉，《憲兵學術半年刊》，第 56 期（2003 年），頁 50。

雖然都屬於中共國家的武裝力量，但職能和任務不同。軍隊主要擔負防禦外敵入侵的使命，武警部隊平時執行國內安全保衛任務，戰時又可迅速轉換為軍隊，可節省軍費支出；同時也可成為軍隊的預備隊，在各個民族自治區部署內衛武警總隊，以經濟建設之名監控各個不穩定地區，承擔維護社會穩定、支持國家建設等多方面的職能和任務[41]，可說是有著多元任務屬性的武裝集團。

　　武警部隊大量擴編後，散駐中國大陸各省 (自治區、直轄市)，成為中央直接控管地方的主要力量，當內部動亂時，立即可以切入直接處突的第一線。武警部隊的雙重身分，使它可以從軍事角色迅速轉換成公安角色，在槍彈與棍盾之間從容轉換的場景：前一秒是執行反恐任務的軍事部隊、後一秒又成為執行群眾事件防處的公安部隊。可避免六四事件時解放軍進城屠殺學生的事件重演，又將控制社會的穩定力量從解放軍換成武警部隊[42]。但武警部隊分散全國，點多、線長、面廣，各個編制也都沒有一定的大小，大至一個中隊、小至一個班，都可能是獨立執勤單位；駐點亦遍布大陸各地區，此種分散性使武警部隊組織指揮、行政管理都增加了許多困難[43]。此外，武警部和公安部門之間雖然是彼此配合合作的關係，即在執行公安任務時，武警要接受公安機關的指導配合，結果導致武警和公安或其他部門間發生衝突事件並不罕見[44]。因此有人形容武警部隊是變形蟲組織，可以視中共各種任務需求而重新組建的武裝力量團體。其彈性雖大，但任務橫跨數項領域也違反部隊的專業性原則。相對的容易造成武警角色衝突及混淆。指揮系統的更替、命令的交錯，讓武警部隊產生角色錯亂，常發生公安機關下的命令武警不支持；軍事機關下的命令武警不貫徹[45]，造成許多矛盾與問題。

41　張書毓，《中共人民武裝警察擔任維穩任務之研究－以新疆地區騷暴亂事件為例（2009-2013）》（臺北：國防大學政治作戰學院政治研究所碩士論文，2013 年），頁 111。
42　同註 8，頁 41
43　蕭明德，〈中共武警之任務、特性、編裝研究〉，《憲兵學術半年刊》，第 54 期（2002 年），頁 112。
44　張中勇，〈「中共人民武裝警察部隊」的現況與問題〉，《國防雜誌》，第 13 卷，第 1 期（1997年），頁 106。
45　高哲翰、邱伯浩，〈論中共西部大開發與武警部隊關係〉，《警學叢刊》，第 36 卷，第 5 期（2006 年），頁 40。

　　在中共「穩定為壓倒一切的大局」的戰略思考下，不論是社會治安、反恐怖反分裂鬥爭、政治異議的壓制、新興宗教團體的防制、突發性群眾事件處置等，都需要政治性高的武警作為主力投入，首先確保內部秩序的穩定，才能給正在起飛中的經濟發展提供足夠的條件，並藉由經濟的發展滿足人民對生活品質提升的渴望，進而消弭社會不穩定的因素，達到中共政權永續存在的最高目標[46]。但若武警的角色定位仍因雙重領導而錯亂，甚至淪為內鬥政爭的打手或籌碼，而不能在新時代突顯其存在的意義或價值 (如反恐或災防)，那充其量也不過是中共槍桿子底下的另外一隻爪牙而已了。

---

[46]　邱柏浩、童義宏，〈中共武警在其國家安全中的角色分析〉，《復興崗學報》，81 期（2004年），頁 97。

衝突解決之戰略建構：中東和平進程之雙層賽局—埃以大衛營協定（1978）與以巴奧斯陸協定（1993）之比較與檢證

陳建全 [*]

摘要

本文問題意識即試圖藉由探討冷戰前與後：國際政治結構的演變與國內政經的互動間的衝突特質與其中衝突解決的戰略角色與建構。而以冷戰前後的埃以大衛營協定與以巴奧斯陸協定檢證本文假設：衝突解決是國際政治的演變與國內政經互動的外交決策過程，其「轉化」(transformation CT) 有其戰略建構的指標意義；從而在比較與檢證中回應問題意識。

本文重要研究發現如下：1. 適足以否證霸穩論，美國維持其區域利益仍是主要關注，反而是兩極均勢體系的運用造就穩定的秩序。2. 兩造都試圖利用國際局勢造就國內／國際有利位置：埃及的迴響；巴解的輿論、個別領袖釋出善意。3. 都出現異議與迴響，官民一致性則出現迴異。4. 在衝突解決的戰略觀方面：依況整合多元途徑較為可採，CR成敗與關鍵談判指標為：時機成熟否／立場的堅持／資訊充足／互信程度／成本／認知與溝通／協議的維護。架構／細節途徑有較佳的解釋力。5、衝突解決的戰略建構含有五種轉化 (CT)(1) 情境 CT。(2) 衝突結構CT。(3) 行為者 CT(4) 議題 CT。(5) 個人與團體轉化；這些衝突轉化有其內外意涵。

* 　陳建全 Bruce C.C. Chen; PhD candidate; Graduate Institute of International Affairs and Strategic Studies, Tamkang University. anchen666@gmail.com

壹、前言與問題意識

　　衝突是人類社會永恆議題：小至人與人之間扞格爭執到敵意緊張，大至國家間奪利爭權到兵戎相向[1]；如上個世紀（20 世紀）的兩次世界大戰與冷戰都是影響深遠的國際衝突[2]，因此，理解國際衝突、進而衝突解決（Conflict Resolution[3]，下稱 CR；包括避免、預防、衝突（危機）管理、外交談判戰略、衝突後重建等過程）向來是國際政治研究與一國戰略（衝突的內外意涵）的重大思考。冷戰結束，傳統的國際關係理論（如結構現實主義）無法提供充足的解釋；實務上，衝突並未結束反而更頻仍活躍[4]，傳統的 CR 理論也面臨著更多的挑戰與因應。

　　這樣的挑戰則來自於：冷戰結束不代表歷史終結，全球化終結了邊界，並未終結人性中衝突因子。不管是殖民的歷史、劃界的荒唐，內部種族的歧異、區域衝突的外溢，都是冷戰後衝突的根源[5]。冷戰後衝突強度變小了，卻顯得更頻繁、複雜與零碎；原有的兩極意識形態對抗轉換成不同的動員符號（如族群、宗教等）[6]。而這些舊有的矛盾在時空的延續與變遷中自有其重要意義，成了本文選例依據之一。

　　因此、探討冷戰前與後：國際政治結構的演變與一國內政經的互動間的衝突特質與其中 CR 的角色；經由檢視其間衝突的本質、CR 的角色與衝

1　國際關係中，衝突發生要件有四：（1）「議題」；（2）「涉及的當事國」；（3）「緊張的關係」；（4）「行動」。參閱：劉必榮，《國際觀的第一本書：看世界的方法》（台北：先覺出版股份有限公司：2009），頁 177-197。

2　關於此三次影響深遠的國際衝突，參見：Joseph S Nye Jr., *Understanding international conflicts: an introduction to theory and history* (New York: Longman, 7th ed., 2008), Chapter 3-5.

3　「resolution」一辭的範圍遠比「settlement」深刻，亦遠比「termination」（衝突）廣泛。

4　據統計，冷戰結束後的 10 年中（1989-1999）的國際衝突較之冷戰時期更為頻繁。據統計，冷戰期間全世界平均每年爆發國際衝突 7 起；而冷戰結束以來的國際衝突平均每年高達 12 起。特別是 1990 ～ 1992 年這三年間的國際衝突最為典型，衝突總數達 55 起，平均每年 18 起。其中主要是發生在蘇俄領土上的一系列衝突，此外還有 1991 年的波斯灣戰爭、波黑戰爭、非洲戰亂等等。邢愛芬，〈冷戰結束十年來國際衝突回顧〉，《世界經濟與政治》，第 5 期（1999），頁 5、25-29。

5　冷戰後衝突根源可參：Oliver Ramsbotham, Tom Woodhouse and Hugh Miall, *Contemporary conflict resolution: The prevention, management and transformation of deadly conflicts* (UK: Cambridge, 2005), pp.78-105.

6　*ibid.*, Ch4. 該章對阿札爾（Edward Azar）的根深蒂固糾結難解的社會衝突理論（Theory of Protracted Social Conflict, PSC）有深入的討論。

突的「轉化」（transformation，CT），從中瞭解與思考 CR 成敗因素（如降低升高、前置談判、調停、談判與和平重建等切入關鍵之所在）；以理論變項經檢證實務，達到 CR 的戰略建構的指標與操作意義，係本文研究重要問題意識。

一、概念界定

要想解決衝突，必先了解衝突的本質、理解衝突的根源與歷史，而依特定衝突的時空環境探究個別歷史經驗的解釋到普遍化的共向解釋，進而尋求 Vasquez 所稱「理論的一致性」與適用則是 CR 理論得而努力的方向[7]。

（一）衝突與衝突概要模型

「衝突」是人類社會對立的互動模式與過程；此一對立包含稀少資源（利益）的爭奪與分配、權力的鬥爭、價值地位目標的不相容[8]。

傳統對衝突根源的解讀多來自微觀的社會心理層面，如：

1. 佛洛伊德認為：「人類有生存的本能，也有尋死的慾望（death wish）」[9]。

2. 馬奇維里（Machiavelli）認衝突源自於人性慾望、自保與權力。

3. 霍布思（Hobbes）認為有三個主要爭執因素：逐利的競爭天性、不安的恐懼、榮譽的維護。

4. 修姆（Hume）認人類衝突係資源的相對稀少造成的利己行為。

5. 盧梭（Rousseau）認為國家戰爭狀態源自於社會國家自身。

Ramsbotham 等學者提出衝突概要模型如圖 1.1[10]

7　John A. Vasquez., "Why global conflict resolution is possible: meeting the challenge of the new order," in John A. Vasquez and Sanford M. Jaffe., eds., *Beyond Confrontation: Learning Conflict Resolution in the Post-Cold War Era* (Ann Arbor, MI: University of Michigan Press, 1995).

8　關於衝突的意義參劉俊波，〈衝突管理理論初探〉，《國際論壇》，第 1 期（2007 年），註 2、3、4。

9　Urpo Harva, "Human Nature and War," in Robert Ginsberg, ed., *The Critique of War: Contemporary Philosophical Explorations* (Chicago: Regency, 1969), p. 48.

10　Oliver Ramsbotham, Tom Woodhouse and Hugh Miall, *op. cit.*, p.79.

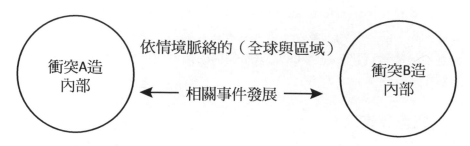

圖 1.1 衝突的內部、相關事件性、情境脈絡理論示意圖

　　Ramsbotham 認為本圖有助於了解：衝突的內部性（因本概念圖定位了衝突天性「若干動物行為學派與人類學」）、由彼此關係探討衝突（因找尋衝突各造的關係根源「行為社會學與社會心理學」）、衝突的情境脈絡（因外在環境的制約情境與衝突的結構而其中亦會產生衝突的派別「新現實論與馬克思論」）。

（二）一種衝突，各自解讀

　　不管是衝突參與者或第三者，總是提出各種衝突的解釋，這在冷戰與冷戰後的衝突更可以見其端倪。如 Box1.1 所示，對北愛爾蘭的衝突，有各種的解讀面向 [11]。

11　*Ibid.*, p. 80

Box1.1 北愛衝突的解讀面向

1. 傳統的國家論（獨派）解讀：英國 vs. 愛爾蘭

愛島上原係單一民族而其分裂為英國之一部是可歸責。

2. 傳統聯邦論（統派）的解讀：北愛 vs. 南愛

愛島上的兩種人即新教徒（統派／忠英派【unionist/ loyalist】）與天主教徒（獨派／親愛派【nationalist/ rcpublican】）都有權自決，長期衝突的責任當歸咎於獨派勢力拒絕承認。

3. 馬克思主義的解讀：資本家 vs. 工人

引發衝突的主因係於帝國懸而未決的遺毒錯綜而成，而統治的資產階級則試圖繼續壓迫工人階級並使之繼續分裂。

4. 內部衝突論的解讀：北愛的 新教徒 vs. 天主教徒

衝突的主因係內部兩大分立社群彼此的渴望互不相容。

資料來源：Whyte, 1990:113-205

二、國際衝突分析的演變與層次分析模式

　　二戰以後,摩根索認為國家追求權力和安全的渴望是導致衝突的根源 [12]。華茲(Kenneth N. Waltz)除了提出三種發生戰爭的原因:人性、國內政治、國際體系 [13] 外,更於 1979 年《Theory of International Politics》一書中提出國際政治結構的觀念(結構現實主義)進而有了所謂「安全困境」的爭論(攻勢 vs. 守勢);而 Robert Keohane 則強調權力的多類型與建制觀念對其提出改進綱領 [14]。又有學者從轉移國內矛盾的視角研究國際衝突的根源,有時一國政府會對外挑起衝突以轉移國內選民與問題的紛歧,此即「替罪羊理論」(Scapegoat theory) [15]。還有學者從國家的政治體制的角度來分析國際衝突,如「民主和平論」(Kant,1957 及引申)。F.K. Organski(1958)則以階層觀念解讀衝突等。而隨著冷戰結束,地緣的調整(如前蘇聯的分裂)、南北問題、環境因素、新科技的擴散等成為影響全球衝突的關鍵因素。其中貧富的差距與對立亦導致全球多數的底層失權者漸增的不滿。此外宗教基本教義派與修正主義的意識形態爭執亦衍生緊張關係並使衝突的形式產生質變 [16]。又如 Huntington 的文明的衝突表明全球的主要衝突將在異質性高的文化集團與國家間進行,則可視為對全球化浪潮下的衝突另一解讀。

(一)國際衝突分析的演變

　　依據 Ramsbotham 對二戰前後、冷戰前後的戰爭觀作的文獻檢閱與提問:其中包含了第三類戰爭的延伸(Rice,1988;Holsti,1996)、意識型態的轉變多樣、現代化、戰爭的形式轉變、外在支持的態勢多樣、戰爭經濟學等。從克勞塞維茨的戰爭觀(1970s)到「戰爭路徑」(「paths

---

12　Hans Morgenthau, Kenneth Thompson, David Clinton, *Politics Among Nations: the Struggle for Power and Peace* (New York: Knopf, 1985), Chapter 11-14.

13　Kenneth N. Waltz, *Man, the State, and War: A Theoretical Analysis* (New York: Columbia University Press, 1959).

14　Robert Keohane, *International Institutions and State Power* (Westview Press, 1989), pp. 1-20.

15　Peter Alexis Gourevitch, "The Second Image Reversed: The International Sources of Domestic Politics," *International Organization*, Vol.32, No.4 (1978), pp. 881-912.

16　Oliver Ramsbotham, Tom Woodhouse and Hugh Miall, in Robert Ginsberg, ed., *The Critique of War: Contemporary Philosophical Explorations* (Chicago: Regency, 2005), Ch4.

to war」，Mansbach and Vasquez，1981）、到「戰鬥型式的新特徵」
（Newman，2004）、到源自地緣政治的「混雜的內部—國際戰爭」（mixed
civil-international wars）。復從克氏《戰爭論》的短兵相接、到冷戰核武僵
局、雙強對抗、至 90 年代後對「內部衝突」的研究如雨後春筍般出現：
如 Brown（1996）、「新戰爭」（Kaldor and Vahee，1997）、「小戰爭」
（Hardin，1994）、「內戰」（King，1997）、「族裔衝突」（Stavenhangan，
1996）、「後殖民衝突」（van de Goor et al.，1996）等 [17]。而即便是對
「內部衝突」研究，重點也有所不同，Zartman 認為：冷戰時期對暴動的
研究有其自定的衝突階段，多半研究係來自於游擊隊逐步勝利的過程；如
毛澤東、切格瓦拉（Che Guevala）與武元甲（Võ Nguyên Giáp）等人的崛
起與致勝。此外，冷戰時期的暴動與反暴動過程，在各造一心求勝的情勢
下，不傾向陷入僵局與找尋常規政治崩塌的根源，自對和解與談判有所忽
略 [18]。而在案例檢證中，更發現衝突最適當的處理方式仍是和解談判，而
非訴諸戰爭。

（二）國際衝突的層次分析模式

　　為求對前述冷戰前後衝突的多樣性與複雜性理解，Ramsbotham 提出
了「五層次分析模式」以辨明衝突解決的理解；其中將國際層次分為全球
與區域兩層次，國家層次是第三個層次（下為社會經濟與政治等三部），
而社會層次則分為第四個衝突團體（conflict party）與第五個精英／個體等
兩個層次（如 Table1.1 所示）[19]。

17　*Ibid*., pp. 82-83.
18　I. William Zartman, *Elusive Peace: Negotiating an End to Civil Wars* (Washington, D.C: The Brookings
　　Institution, 1995).
19　Oliver Ramsbotham, Tom Woodhouse and Hugh Miall, in Robert Ginsberg, ed., *The Critique of War:
　　Contemporary Philosophical Explorations* (Chicago: Regency, 2005), Ch. 4.

Table 1.1 當代衝突的根源的理解架構

	層次	例
1.	全球	地緣轉換，南北經濟對立，環境制約，武器擴散、意識形態爭執
2.	區域	託管形式，擴散，干預，跨邊界社會人口，少數民族或宗教
3.	國家	社會聚力脆弱：文化分立、種族不平衡 經濟能力薄弱：資源稀少，相對剝奪 政治領導衰弱：一黨政府，制度不合常規
	社會	
	經濟	
	政治	
4.	衝突地方派系	小團體動員，內團體動力
5.	精英／領導者	排外政策，派系利益糾葛，領導人物貪婪

註：Azar 的「國際聯結」可被視為全球與區域層次，「社群組成」、「需要剝奪」、「治理」可視為國家層次的三部，「過程動因」則可被歸為衝突社群與精英／個體兩個層次。

資料來源：Ramsbotham, O.Woodhouse, T., & Miall, H. 2005:p.97.

小結：衝突解決的思考線索與假設。

　　衝突有多樣的解讀觀點，國際衝突是歷史經驗延續變遷與地緣關係文明糾纏的時空交會，有各個層次的根源理解，有待歷史經驗（舊矛盾）與理論（新觀念）的對話，從而形成本文思考線索；即從大架構看國際衝突與其解決，並據以提出本文假設：衝突解決是國際政治的演變與國內政經互動的外交決策過程，其轉化有其內外意涵。

貳、衝突解決路徑的理論與分析架構

　　根據以上的思考線索，國際衝突需要理論與歷史經驗的對話，但事實上沒有一種理論得以全盤解釋所有的衝突：為建立一個分析國際衝突的理論框架，奈伊（Joseph S. Nye）認為傳統的現實主義和自由主義有重大歧異：

其一在於兩者對無政府狀態的性質和結果大為迥異；其二在於現實主義強
調國際政治的延續性，而自由主義則更看重變遷性。奈伊則認為應綜合分
析以反映國際政治的實質；須先理解國際政治延續性才能進而理解其中變
遷性。而在長期變革中，以建構主義作為補充[20]。

　　國內學者劉必榮教授則認為，一般對國際衝突的研究可分為三種領域
的思考：其一是現實主義與流變（權力與利益、新現 vs. 自由等）；其二
是建構主義（身分、認同、溝通、建構等）；其三便是衝突解決觀（外交
政策、談判戰略等）。

　　據上，本文依循國際衝突研究的邏輯思考，配合本文的假定，就：當
事國關係、當前單極的國際體系、與衝突解決觀作概要的描述以為理論基
礎，並提出雙層賽局作為本文分析架構。

一、當事國關係：複雜的相互依賴與衝突

　　基歐恩與奈伊（Robert Kohane and J. Nye，1977）提出了「複合互賴」
觀念[21]，世界政治的相互依賴的新探討（The New Rhetoric of Interdepen-
dence）對國際衝突與談判深具啟發意義：

1. 互賴普遍出現造成國家利益模糊，國際衝突以新形式出現。

2. 互賴作為一個分析概念：集體行為共同預防衝突有其必要，然
   互賴未必代表互利，有分均衡與非對稱性互賴。

3. 權力與相互依賴

　　敏感性：係指某政策框架（內）互動作出反應的程度。

　　脆弱性：行為體因外部事件（甚至政策變化後）強加的代價所遭
　　　　　　受的損失程度。理解相互依賴的政治結構，脆弱性尤為
　　　　　　重要；適用於社會政治關係，也適用於政治經濟關係。

20　Joseph S. Nye Jr., *op. cit.*, Ch1.

21　Keohane Robert O. and Joseph Samuel Nye, Jr., "Power and Interdependence: World Politics in
　　Transition," *Political Science Quarterly*, Vol. 93, No. 1 (Spring 1978), pp. 132-134.

4. 政治談判過程有轉化作用，弱國承擔義務或許大於強國，依賴
   性強的國家或許更願意承受損失。又國際建制變遷也會影響到
   複合互賴與談判 [22]。

二、國際政經結構與秩序的變遷：霸權穩定理論的檢證與思考

　　「霸權」的研究最早由金德伯格（Charles P. Kindleberger）於 1973 年
提出，「霸權穩定理論」一詞，依吉爾平（Robert Gilpin）觀點則由國際
政治學者基歐恩（Robert Keohane）於 1980 確定。值得一提的是，霸權穩
定理論係植基於現實主義的分析前提 [23]，對國際政治經濟環境的結構性敘
述 [24]；而霸穩論的檢證與思考於本文的意義則在於「後冷戰」與「冷戰後」
國際政經結構的變遷提供了國際衝突與解決的外環境面向；一方面是從兩
極到單極的結構變化，另一方面則是世界秩序誰來安排的思考。

（一）概念及其內涵 [25]

　　華倫斯坦與基歐恩認為霸權是強者對弱者的領導支配，強國制定維持
國際規則，並且安排國際進程的軌跡與方向；吉爾平則認為霸權體系是一
種穩定系統內秩序的權衡系統，霸權國的實力為系統的穩定提供保證。控
制是一種相對控制。霸權穩定論是指國際霸權體系與國際秩序穩定存在因
果關係，即單一霸權有利於國際體系的穩定與公益的實現。

22　有關國際建制的探討，可參：Stephen D. Krasner, *International Regimes* (Ithaca：Cornell
　　University Press, 1983), pp. 1-60 and 355-368. March James G. and Johan P. Olsen., "The
　　Institutional Dynamics of International Political Orders," in Peter J. Katzenstein, Robert O. Keohane
　　and Stephen D. Krasner, *Exploration and Contestation in the Study of World Politics* (Cambridge：
　　Mass, 1999), pp. 303-329. Stephan Haggard and Beth A. Simmons, "Theories of International
　　Regimes," *International Organization*, Vol.41, No. 3 (1987). Andreas Hasenclever, Peter Mayer,
　　Volker Rittberger, *Theories of International Regimes* (New York: Camebridge University Press, 1997).
　　等多種。
23　基本假設：仍繼承了現實主義的立論。即：1. 國際社會基本上為無政府狀態；2. 國家是國際
　　社會的主要行為者；3. 國家行為基於理性評估國家利益，追求最大權力。可參：陳建全，《霸
　　權談判─美國對台灣智慧財產權談判之分析》（淡江大學國際事務與戰略研究所碩士論文，
　　1996 年 6 月）。
24　就國際關係的研究而言，霸穩論是系統中心途徑（system-centered approach）之一，霸穩論
　　本來係用來解釋國際經濟體制的興起或衰微，但對一國外交政策的解釋也有一定的重要性。
　　參同上註。
25　倪世雄，《當代西方國際關係理論》（上海：復旦大學出版社，2001 年），頁 292-298。

（二）理論源起與發展脈絡 [26]

1. 金德伯格對 1929 至 1939 年世界經濟進行研究，結果發現：當時全球經濟的惡化，是由於當時英國的衰退，有心無力；而美國的猶疑，有力無心；加以各國的自利，紛紛採取提高關稅的保護政策，此種「讓鄰居當乞丐」以鄰為壑的政策使經濟蕭條的範圍漸次擴大與惡化。是以，金氏歸因為缺少一個眼光遠大、負責仁慈的善良霸權（國際經濟的地位）站出來，提供自由貿易所需要的環境，從而使世界經濟穩定 [27]。

2. 金德伯格上揭穩定論提出後，引起注意與迴響，並將此理論系統化，其中深具影響者便是吉爾平 [28]。

3. 魯基（John Ruggie）認為 [29]：霸權國的社會目標和權力分配必須有利於國際自由秩序，主要經濟強國必須在支持自由制度的社會目標上完全一致。

4. 霸權是受到制約的；霸權或領導權建立在他國對其合法性普遍信賴基礎（地位、威望、公利）以及維護霸權的需要。

5. 歷史上既有利於霸權又有利世界自由經濟的環境只出現兩次：
   (1) 拿破崙戰爭結束到一次世界大戰是英帝國統治下的和平。
   (2) 第二次世界大戰後的美國。

6. 霸權透過自身經濟影響力完成並維持「國際建制（regimes）」；亦即「在既定範圍內，經濟活動主體所共同期望的原則、規章條例與決策程序（Krasner），有賴霸權透過自身在國際經濟上

26　陳建全，《霸權談判─美國對台灣智慧財產權談判之分析》（淡江大學國際事務與戰略研究所碩士論文，1996 年 6 月）。

27　Charles Kindleberger, *The World in Depression*, 1929-1939 (Berkeley: University of California Press, 1973)

28　Robert Gilpin, *The Political Economy of International Relations* (Princeton University Press, 1987), p. 72-92. 又本書吉爾平以政治經濟學的角度解讀國際政治，除了提出三種主要意識形態（民族、自由、馬克思）與批判，並探討三種國際政治經濟學理論（二元經濟論、現代世界體系論、霸權穩定論）。

29　John G. Ruggie, "Continuity and Transformation in the World Polity：Toward A Neorealist Synthesis," *World Politics,* Vol. 35, No. 2 (1983), pp. 261-285.

的地位〈控制原料、資本、技術、資源、高價值產品的競爭優勢與自身經濟彈性與流動性〉建立並加以維持、且有能力及意願迅速對威脅做出反應。

7. 此一霸權領導乃植基於霸權國的能力與意願，是以當霸權能力下降、搭便車者過多、不符成本效率、其他國家的挑戰等因素，霸權的衰弱既無可避免，此一體制的維持將面臨不穩定與衝突困境，而衝突程度取決於霸主國對於自身衰弱的調整能力。

（三）基歐恩對霸權與國際經濟制度的變革的檢證 [30]

1. 「由一個國家主導的霸權結構，非常有益於強大國際體系的發展，這個體系的運作規則較明確，並且得到良好的遵循並得以預測，霸權結構的衰弱，是國際經濟政治系統衰弱的前奏。」

2. 基歐恩以實證方式檢証霸穩；從 1966-1977 年間的美國霸權的消長作獨立變數，依此分析應變量之建制；即石油生產銷售、貨幣、商品貿易、這三種國際經濟體制的變化，依其影響力大小依序探討：

(1) 國際石油建制：1967 受國際石油公司之母國及維持各公司合作之規範所支配，1977 年建制相關規範已轉由石油輸出國組織（OPEC）所主導。此一轉變係因美國霸權的衰弱造成其他大國聯盟政治上逆轉並支持沙國等 OPEC 國家取代美國領導。

(2) 國際貨幣建制：1971-1973 布雷敦森林體制崩潰的原因非以霸權衰弱能加以單因解釋，需考慮實力資源的分配，美國政策亦為主因之一。

(3) 國際貿易建制變革：包含潛在性力量資源，但主要仍受石油及貨幣影響。自由貿易困境的出現固然與美國國力相對衰弱

30　Robert O. Keohane, "The Theory of Hegemonic Stability and Change in International Economic Regimes, 1967-1977," in Robert O. Keohane, *International Institutions and State Power* (Boulder, Colorado：Westviet Press, 1989), pp. 74-100.

有關，但歐洲共同體此一貿易中平等夥伴逐步向 50 年代由美
國一統天下的局面挑戰，此一競爭關係隨著各國政治經濟運
作模式與對外政策思考構成了變化的必要條件。

3. 基歐恩認為霸穩只是分析問題的起點，並不能精確的預測；即
以籠統的霸權力量變化來解讀具體國際建制的變化時，因受限
於國際政治經濟問題的複雜性與固有問題[31]，只能指出國際體制
大概發展範圍及可能變化方向。例如其用霸權來解釋 1967-1977
國際經濟建制變化時，最適用領域是問題結構（issue-structure）
而非總體結構（overall-structure）。亦即對特定問題所指涉的實
力資源的變化來說明該一相關體制的變化較有適用性。是以，
建構更有說明力的「聯繫（linkage）理論」能夠指出何種條件下
問題之間的因果關係有其必要。

（四）霸權穩定論與國際衝突的關係[32]

1. 吉爾平的霸穩論是探討霸權興衰與國際衝突的關係，全球戰爭
是建立霸權與體系變革的決定性因素[33]。

2. 墨德爾斯基認為戰爭是霸權興衰循環的必要條件，也是週期轉
變的結果。其依海軍力量界定霸權，劃分 1495-2030 為五個世紀
性週期，每週期又分世界國家、非正統性、非集中性、和全球
戰爭等四階段。每週期皆有霸主國；16 世紀的葡萄牙、17 世紀
的荷蘭、18 及 19 世紀的英國、20 世紀的美國。在第一、第三
階段國際體系較穩定，在第二、第四階段新挑戰因素湧現，最
終發生全球戰爭，戰爭的結果是世界國家的產生與體系的穩定，
目前屬第五週期第三階段，即非集中階段。

31　基歐恩應指體系理論本身概括的特性；如見林不見樹、個案否證的迷思。

32　三種長周期論是：① Robert Gilpin：霸權→穩定和平→霸權衰退→ anarchy → war →新霸權。
　　② G. Modelski：霸權→穩定、衝突 挑戰→競爭、對抗、衝突→全球 war →新霸權→穩定。
　　③ Immanuel Wallerstein：霸權全勝期（victory）→霸權成熟期（maturity）→霸權衰落期
　　（decline）→霸權上升期（ascent）。

33　吉爾平沒列具體時間表，依其論述 1815-1873 的英國與 1945-1967 的美國係其指涉的霸權。

綜上，吉與墨的共同點：霸權國家與挑戰國家交替出現與相互衝突是國際體系變動的必然結果與內在動力。低強度與高強度衝突交替出現。

（五）霸穩論的支持與批評

1. 肯定說：以渥佛斯（Willian C. Wohlforth）為代表 [34]，其認為：

(1) 單極的事實性 -- 冷戰後的世界是美國成為孤獨的霸權，進入其主導的「單極世界」時代。蘇聯解體後，無論從定性或定量分析，美國具有史無前例的優勢地位；擁有獨一無二的地理位置以及全球行動能力，造就沒有對手可與之抗衡與挑戰的實力結構，這樣的結構導致美國單極世界。

(2) 單極的合法性 -- 美國主導的「單極世界」是「穩定」的；此一「穩定」是指「和平」而且「持久的」的世界秩序。

2. 否定說：

(1) 一國統治全球具有很大的片面性。

(2) 霸權的資格以及霸權、準霸權、非霸權的相關力量分布；英國霸權時間劃分不夠精確。

(3) 沒考慮非霸權的動機與力量。

(4) 霸穩是強權說，公益與搭便車掩蓋了大國剝削小國的實質；強國越強、窮國越窮、剝削不能滿足共享、強迫不是公益、集體行動與霸穩論的矛盾、自利非利他。

(5)1946~1955 美國領導的霸權體系中發生了 269 次國際衝突，2180 萬死於戰亂，長期和平成了長期戰爭。

(6) 沒有普遍性，相對穩定是均勢成功運用而非美國霸權。

綜上，理論性的批評認為自由貿易並非公共財，且霸權國家為理性決策者，其利益偏好與政策規則非一成不變。實證性的批評則有認為缺乏歷

34　Willian C. Wohlforth, "The Stability of a Unipolar World," *International Security,* Vol. 24, No. 1 (1999), pp. 5-41.

史先例、僅以英美未免不夠嚴謹、霸權未必採取理論上霸權會採取的政策。
本文則認定冷戰後單極的事實性，而其正當性則有待斟酌，從中了解國際
合作基礎的重要性自不待言。

三、「衝突解決」的戰略觀

　　什麼是「衝突解決」的戰略觀？即應深入到寬廣的衝突情境；包含衝
突結構、國際與各自國內政經社系統等去思考、進而解決衝突 [35]。

　　衝突有自己的生命週期（Creative Associates,1997：3-4）[36]，是以有必
要依情況整合多元途徑（如權變模型，Fisher and Keashly1991）；而「談判」
更是解決衝突（尤其是內戰）的重要心法之一 [37]。

　　衝突解決是建立和平（Peace-Building）重要研究課題，它包含了學科
的發展與實務的應用。其中有許多 CR 的關鍵觀念：包含「衝突與升高的
結構」[38]、「升高」與「降低升高」的關係〈權力「相對滿足與剝奪」的
概念、「僵局」、「時機成熟」等概念〉[39]、「預防外交」[40]、「國際調停」[41]、
「談判」、「衝突轉化」[42] 等都提供衝突解決的重要議題與輪廓，就其要
素略述如次。

35　Louis Kriesberg, "Varieties of Mediating Activities and Mediators in International Relations," in Jacob Bercovitch, ed, *Resolving International Conflicts: The Theory and Practice of Mediation* (Boulder, Colo: Lynne Rienner Publishers, 1996).

36　Oliver Ramsbotham, Tom Woodhouse and Hugh Miall, in Robert Ginsberg, ed., *The Critique of War: Contemporary Philosophical Explorations* (Chicago: Regency, 2005), Ch7.

37　I. William Zartman, ed., *Elusive Peace: Negotiating an End to Civil Wars* (Washington, D.C: The Brookings Institution, 1995).

38　I. William Zartman and Guy Olivier Faure, *Escalation and Negotiation in International Conflicts* (New York: Cambridge Univ. Press, 2005), Ch.7.

39　I. William Zartman and Johannes Aurik, "Power Strategies in De-escalation," in Kriesberg Louis and Stuart J. Thorson, eds., *Timing the De-escalation of International Conflict* (New York: Syracuse University Press, 1991), Ch. 6.

40　Lund, Michael S, *Preventing Violent Conflict: A Strategy for Preventive Diplomacy* (Washington, D.C：United States Institute of Peace Press, 1996), Ch.5.

41　Jacob Bercovitch, *Resolving International Conflicts: The Theory and Practice of Mediation* (Boulder, Colo: Lynne Rienner Publishers, 1996)

42　Oliver Ramsbotham, Tom Woodhouse and Hugh Miall. in Robert Ginsberg, ed., *The Critique of War: Contemporary Philosophical Explorations* (Chicago : Regency, 2005), Ch7.

（一）權力與其影響力（leverage）

與 CR 謝林（Schelling,1960）與札特曼（1987）以相對滿足 / 剝奪提供了四面向。區隔了正面與負面誘因，可為實務操作提供基礎[43]。

	滿足	剝奪
有意的（Volitional）	正面（互動的）允諾	威脅
非刻意的（Non-volitional）	預期中遠景	警告

權力的應用與其附帶效果〈造成既成事實、選項擴張、資源擁有〉視為加值而在決策過程加以評估，此亦使權力取向與成本 / 效益取向兩者得以互通。

（二）時機成熟（ripeness）與否

札特曼（1989）認為時機成熟具有幾個明顯特徵：最近或正將發生的大災難致互相無法容忍的僵局（mutually hurting stale-mate）[44]、有出路、信而可徵的發言人談話。這項脈絡特徵極其重要；因若非情勢有利，「降低升高」的努力將毫無所獲或難以奏效。然而，縱使時機未臻成熟，第三方可預作準備發揮調停效。「時機成熟」係獨立變數，在權力外部且與成本 / 效益未必一致，而與建制（regimes）有相關性，當衝突趨近於一致的上限時，僵局便形成。

（三）「升高」與「降低升高」之間

「升高」與「降低升高」並非相反的概念；「不再升高」的決定不必然「降低升高」，而「降低升高」的決定也不必然鬆綁衝突。

43　I. William Zartman and Johannes Aurik, "Power Strategies in De-escalation," in Kriesberg Louis and Stuart J. Thorson, eds., *Timing the De-escalation of International Conflict* (New York: Syracuse University Press, 1991)

44　這在劉必榮老師 2008 的談判專題研究之談判的整合分析中有論及：札特曼認為，衝突之一若能使另一造確信當下處於僵局，而此僵局若不解決，情況將惡化並使雙方造成傷害，當至無法容忍時，此時衝突解決的時機便趨於成熟。此即（無法容忍的）僵局是談判之鑰的意涵。參 I.W. Zartman and M.R. Berman, *The Practical Negotiator* (Yale, 1982), ch3-5. 該僵局發生原因札特曼比喻為「高原與懸崖」(a plateau and a precipice)。

1. 強度相對、手段與目的性並存札特曼認為，「升高」是衝突本
   質的階梯漸上，而強度漸增而在本質上並無改變[45]，而 Smoke
   （1979）強調為「明顯的改變」。由此觀之，縱令實務上有許
   多不確定性，「升高」與「降低升高」所相對者，「強度」而已。
   兩者皆可指涉手段或者目的；如引進外國軍隊或由游擊戰到傳
   統戰爭，一般而言會被理解成「升高」的手段，但就目的的擴
   張而言，則可被解讀要推翻對立的政府而非僅止於達成領土協
   議而已，此時就變成「升高」的目的。

2. 衝突循環的三階段，「無法忍受的僵局」是 CR 的成熟時機然而
   「升高」（或強度）的控制不必然意味「降低升高」過程開始，
   「不再升高」通常意味著以現有的層次繼續衝突，「降低升高」
   （特別是手段時）可能意味著以更低廉的方式持續衝突。兩個
   決定皆指涉持續僵局的選擇是衝突的條件而非結束衝突的開始。
   從而衝突循環的三階段為「升高」、「僵局」、「降低升高」；
   這並非引進新元素，而是由一個「持續可以忍受的僵局」到互
   相受害「無法容忍的僵局」時出現 CR 的成熟時機。觸發僵局的
   相對回應（requitement）正是衝突管理（CM）與 CR 重要思考；
   衝突高點的一些決定對衝突發展至為關鍵[46]。

（四）衝突的五種轉化[47]

　　CR 不僅是「互相傷害的僵局」而已，足夠的動能去做適時的轉化協
調至為關鍵，包含有五種轉化（CT）：1. 情境 CT。2. 衝突結構 CT。3. 行
為者 CT4. 議題 CT。5. 個人與團體轉化（參 Vayrynened.,1991）。而所謂「時

45　關於「升高」與「強度」的關係：所謂「強度」指涉在不改變本質情況下的逐漸增強，而「升
　　高」依其詞源，指涉衝突本質的階梯漸增，有其特點的改變。「升高」並非來越多（more
　　and more），而是變了另一回事（something else）。參報告者上篇報告（NO.13），頁 3。
46　此即所謂「衝突升高的頂點，往往是衝突降低的起點」，劉必榮老師對此精準的解明為：「在
　　衝突升高的時刻，反而容易找出具體的解決方案。」請參見：劉必榮，《國際觀的第一本書：
　　看世界的方法》（台北：先覺出版股份有限公司，2009），頁 198。
47　Oliver Ramsbotham, Tom Woodhouse and Hugh Miall, in Robert Ginsberg, ed., *The Critique of War:
　　Contemporary Philosophical Explorations* (Chicago: Regency, 2005), Ch7.

機成熟」並非突然致之，而是在各種情境中轉化的複雜過程；包含公眾的態度與決策者新的認知與視角（perceptions and visions）。

（五）調停與第三方干預適時有效的調停活動相關於三種情境：一是國際的情境、二是當事國國內的支持、三是當事國間的關係[48]。

　　CR 得以調和各方利益的前提假設；一則也是第三方調停者得以訴諸理性或人道關懷以解決衝突的基礎。如前述依況整合多元途徑的權變模型，調停工作更是多軌的外交（如秘密外交、NGOs），他們有助於議題的轉化與衝突利害關係社群間信任的建立。

（六）和平進程：

　　轉折點，停滯點（sticking points）與摧毀者（spoilers）衝突轉化可能是漸變也可能是突變，是以兩造與第三方應掌握其中轉折，於此過程中找到可以接受的談判架構，並在調停與談判過程中搬走絆腳石以確保協議的達成。

1. 適時適切的使用工具：如外部他造除了抽象的譴責外也輔以具體的撤資，以外界的支持與正當性等來改變此一不對稱的關係，適時轉化衝突結構以促談。

2. CT 不僅發生於「時機成熟」時，當兩造尋求談判、改定目標、國內政情改變等時點，都是關鍵的轉折點。此時應當適時提供達成協議的資源與動能以改善兩造關係，如爭取國內支持、說服異議者、闡明爭點使協議目標具體明晰。

3. 停滯點則可能發生於國內精英的反對、協議的缺陷（如違約、毀約等）或時移境轉造成的諸多條件限制。此時應找到絆腳石與其克服方法、尋求外部與內部支持、建立解決程序並自原先

48　Louis Kriesberg, in Jacob Bercovitch, ed., *Resolving International Conflicts: The Theory and Practice of Mediation* (Boulder, Colo: Lynne Rienner Publishers, 1996)

協議中的缺陷學習與改善。又和平進程阻礙難以避免，而且常陷入戰略兩難，信任的建立與累積將是其中重點工作。

4. 協議進程中難免有懷疑者與摧毀者，後者自始不接受協議，此時應予以邊緣化、非法化與侵蝕破壞行動。為免夜長夢多，設定時間表以加速協議進行也有其必要。而當溫和派維護協議時，摧毀者的一些行為有時反能凝聚中間選民的共識。

（七）談判與解決：

整合型談判值得提倡，好的協議不僅是對立利益的折衝，更應彰顯正義與公平（Hampson，1996：217-221）與其後履行。

四、本文分析架構：雙層賽局

雙層賽局（Two-Level Games）[49] 作為一個國際談判分析架構，當然也適用於衝突中的談判。普南（Robert D. Putnam）的提出雙層賽局的源起，係為了解決國際政治與國內政治的糾葛，而初始以國際談判當成工具。

（一）提出背景

普南認為討論一國外交政策的變數，國內政治與國際政治孰因孰果常糾結不清 [50]，而陷入層次分析的爭論，故而多位學者對使作出努力，普南則提出幾位學者整合的努力與並作出評述：

1. 羅森諾（James Rosenau）提出連結政治的構想，認為國際事務與國內政治有相當程度的連結關係 [51]，但是其大多專注於國家間

49　Robert D. Putnam, "Diplomacy and Domestic Politics: the logic of two-level games," *International Organization*, Vol. 42, No. 3 (1988), pp. 427-460.

50　Peter Alexis Gourevitch, "The Second Image Reversed: The International Sources of Domestic Politics," *International Organization*, Vol.32, No.4 (1978), p.881-912. 此文是對 Kenneth N. Waltz, *Man, the State, and War: A Theoretical Analysis* (New York: Columbia University Press, 1959) 一書中提出三種發生戰爭的原因（即所謂三種意象：人性、國內政治、國際體系）的理論思考，所謂第二意象（Second Image）是指國內為因、國際為果（domestic causes and international effects）；第二意象反轉（Second Image Reversed）則是指國際為因、國內為果（international causes and domestic effects）。

51　James N. Rosenbau, "Toward the Study of National-International Linkages," in James N. Rosenbau.,

的衝突行為。

2. 杜意奇與哈斯（Karl W.Deutsch and Ernst B.Hass）提出利益團體與黨派對歐洲政治統合的影響[52]，但解釋有限。

3. 基歐恩與奈伊提出複合互賴，並強調依此概念所形成的跨國性溝通管道可成為弱國在談判中利用的籌碼[53]，但對此互動的解讀上，顯然模糊了焦點。

4. 艾利森（G.Allison）提出官僚政治的論調，認為官僚的議價模式可應用於國際關係的解釋，但是對適用時機與方式未能明確指出。

E. S.Krasner 承繼結構的觀點解釋國際關係，指出國家的外交政策受國際與國內政治的壓力，但是，國家能力本身無法明確量化比較，而且僅止於國家政府部門間的整合程度來評斷，因而成了比較政府研究。

（二）雙層賽局的基本架構與説明 [54]

有鑒於上揭的糾結難解，普南試圖提出雙層賽局的分析架構，做為解釋國際談判在國際與國內政治中的定位依據，他認為國際談判要分兩個層次來探討：在國內層次方面，國內各種團體會形成政府決策時的壓力，政治人物會在其間與若干團體合縱連橫，以擴大自身的影響力與滿足國內需求。而在國際層次方面國家與其政治人物以擴大自身影響力為目標，並以領導者認為的國家利益，來與他國進行談判。依此，普南提出兩層次（階

---

ed., *Linkage Politics: Essays on the Convergence of National and International Systems* (New York：Free Press, 1969) 以及 James N. Rosenbau, " *Theorizing Across Systems: Linkage Politics Revisited,"* in Jonathan Wilkenfeld, ed., *Conflict Behavior and Linkage Politics* (New York：David McKay, 1973), p49. 引自 .Robert D. Putnam, "Diplomacy and Domestic Politics: the logic of two-level games," *International Organization,* Vol. 42, No. 3 (1988), pp. 427-460.

52　Karl W. Deutsch et al., Political Community in the North Atlantic Area: international Organization in the Lighl of Historical Experience (Princeton: Princeton University Press, 1957) and Ernst B. Haas, *The Uniting of Europe: Political. Social, and Economic Forces, 1950-1957* (Stanford: Stanford University Press, 1958).

53　Robert O. Keohane and Joseph S. Nye, *Power and Interdependence* (Boston: Little Brown, 1977).

54　Robert D. Putnam, "Diplomacy and Domestic Politics: the logic of two-level games," *International Organization*, Vol. 42, No. 3 (1988), pp. 427-460.

段）的說法

1. 第一層次（Level I，L I）：由談判者間的議價過程，引導出試驗
性的協議。

2. 第二層次（Level II，L II）：經由國內特定的程序（通常是國會
的討論或投票）來通過協議，此即所謂批准（ratification）。在
國內層次的賽局中，利益集團不斷向政府施加壓力，迫使它採
取自己偏好的政策進而為自己追求利益，政治人物則透過建立
集團間的結盟來尋求自己的權力。在國際層次的賽局中，一國
政府總是力求使自身的利益最大化，以應對隨時來自國內的壓
力，從而使不利的外交後果最小化。在必須兩者兼顧情形下，
國際談判中的核心決策者就如坐在兩張桌子之前：第一張的國
際桌對面坐著的是他國的對手；第二張的國內桌的對面則是各
個政黨、國會議員、利益集團代表、企業代言人以及領導人自
己的政治顧問等。在這兩張桌上同時進行的談判中，如果不滿
第一張桌子協議的結果還可以推倒重來；但在後一張桌上，如
果他滿足不了國內的要求，則可能喪失自己的聲望、權力或地
位。因而掌握國內能接受的最低妥協限度，某方面就能預測國
際談判的結果。

3. 底線集合（win-sets）的概念

(1) 「底線集合」的意義：雙層賽局的核心概念是「底線集合」，
是指 LII 對 LI 所有試驗協議中可以接受（批准）協議的範圍。

(2) 「底線集合」的幾個重要概念

　　如果其他條件不變，「底線集合」越大，LI 的協議就越可能被
批准；反之；談判破局的風險就越大。而導致違約有兩種可能：

A. 故意違約（voluntary defection）：係指當約定缺乏強制性時，
理性自利者的毀約行為。

B. 非自願違約（involuntary defection）：係指談判者在 LI 達成的

協議因未獲得 LII 批准而無法兌現其承諾（或即便批准卻無法兌現）的行為。這兩種違約行為對國際合作都有重大的影響。

各造「底線集合」的相對大小將影響到國際談判中共同利益的分配與談判策略，這是說如果某一造已知的「底線集合」越大，他造就越容易加以利用。

C. 決定「底線集合」的大小的三元素：

(A) LII 選民間的權力分佈（不同利益團體或路線間的權力關係）、偏好和可能的結盟（如持某種相反論調的聲浪越高、越不容易於國際談判中達成協議）

(B) LII 的政治制度（political institutions）

(C) LI 談判者採取的策略。

綜合言之，第二階段底線的大小可以解釋談判者在第一階段談判的立場，構成談判者在第一階段的主要考慮因素。底線交集越大則協議越容易達成，而兩造底線的大小直接影響談判中利益的分配。又議題的掛鉤也會影響底線，決策者可能藉由他國提供不同選項來避開國內不同路線的爭執。此外，國家機關的特性及文化、策略運用、談判者聲望也都會影響底線的範圍。值得一提的是，不在「底線集合」範圍的變數亦可能爭取更多的時間；於此期間，藉由國內團體的充分溝通以掌握資訊與底線範圍，也可以趁機以模糊底線的方式來增加談判的籌碼。

4. 重構（restructuring）與迴響（反響、reverberation）的概念：普南強調國外的壓力可以重新塑造國內談判的底線以促成談判的達成，如利用訊息不確定重構「底線集合」、利用國際壓力在國內的迴響或決策者個人作用來作為談判策略 [55]。

(1) 重構：

普南認為，國內現有利益結構決定國際談判可能的結果，但是經由國

55　Robert D. Putnam, "Diplomacy and Domestic Politics: the logic of two-level games," *International Organization*, Vol. 42, No. 3 (1988), pp. 452-453.

際談判也提供了國內利益結構重新洗牌的機會。有些決策者會利用國際談
判的協議去強化對其支持團體的社經地位，並削弱反對者。這意味著，決
策者利用自身所擁有的資源轉化可以分配予支持者的資源，藉由此重構，
也會減少國內團體對特定協議的阻力 [56]。

(2) 迴響：

這是指國際壓力在對手國中國內團體的迴響會使本國內各勢力團體重
新統合而改變底線結構；因為長遠來看，由於複雜的相互依存，違背國際
聲浪的損失會大於所得。如利用外國政府公報或者外國的政策宣示做為本
國施行政策的正當性，以改變國內底線結構是足以說明迴響的運作 [57]。

5. 最後，普南提出國內與國內政治相連接的八個特性：

(1) 區隔故意和非自願違約。

(2) 國內同質（homogeneous）利益和異質（heterogeneous）利
益的對比，前者只是鷹派與鴿派之爭，後者因國內（選民的）
分裂反倒可能促成國際合作。

(3) 協同作用的聯繫（synergistic issue linkage）：即第一張桌上的
談判可能促成另一張桌上意想不到的結盟。

(4) 制度的設計可能加強了決策者國內地位卻弱化了他在國際談
判中的地位。

(5) 國內與國際壓力（如威脅利誘）的盯衡和額外補償的重要性。

(6) 策略地利用國內政治的不確定性和「底線集合」的邊際效益。

(7) 國際壓力在國內領域中具有潛在的反響。

(8) 決策者和他所代表的選民之間的利益分歧，尤其是他在國內
政治中投射的國際意義。

56　*Ibid.*, pp. 444-446; p. 457.
57　*Ibid.*, pp. 444-446; p. 457.

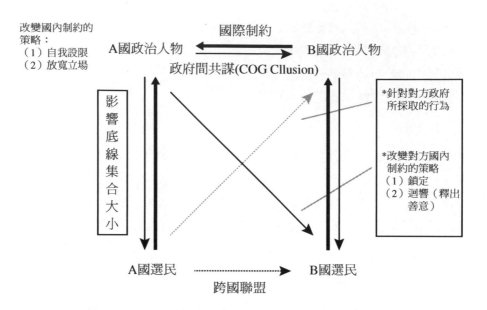

改變國內制約的
策略：
（1）自我設限
（2）放寬立場

國際制約

A國政治人物　　　　　　B國政治人物

政府間共謀(COG Cllusion)

影響底線集合大小

*針對對方政府
所採取的行為

*改變對方國內
制約的策略
（1）鎖定
（2）迴響（釋出
善意）

A國選民　　　　　　　　B國選民

跨國聯盟

圖 2.1：雙層賽局互動架構圖 [58]

圖 2.1 說明：各造影響力以箭號表示，其中粗細代表影響大小，每一個箭頭均為單向，
意味針對某一議題談判時，其中一方談判者權力必定大於另一方。以本
圖為例，影響到 A 國政治人物（這裡指涉談判代表團）最大的是 B 國政
府（亦為談判代表團），其次是 A 國選民對談判代表的國內制約。（承
上圖）而相較於 B 國對 A 國有較大影響力，A 國對 B 國的影響力相對小。
另一方面，A 國選民對其政府的國內制約力量較大而政府對其選民的影
響相對較小。同理可以推知，B 國政府對其選民影響小於選民的國內制
約力量。在這種情況下，A 國政府便會企圖拉攏 B 國選民向其政府施壓，
以使情勢稍有利於 A 國，同理，A 國選民也會向 B 國民間造成影響，但
一般而言，由於政府資源多於民間，所以後者以虛線表示。

　　當然同時 A 國選民也可能採取策略影響 B 國政府，但一般來說並不會
有太大與直接的影響力，所以線條以灰色細線表示。相對而言，由於 B 國
對 A 國政府有較大的影響力，B 國選民也就不需要另外拉攏 A 國政府或選
民，即可以透過直接影響政府的方式為自己增加較多的利益。

58　參考 Andrew Moravcsik, "Introduction: Integrating International and Domestic Theories of Inter-
national Bargaining," in Peter B. Evans et al ed., Double-Edged Diplomacy (Berkeley: University of
California Press, 1993), p.32. 自繪。

6. 補充與實例檢證方面：在 1993 年出版的《雙刃外交：國際談判與國內政治》（Double-Edged Diplomacy：International Bargaining and Domestic Politics）一書中，普南與其他作者又對雙層賽局作了進一步的說明與檢証 [59]，此外，米爾納（Helen V. Milner）則進而推論為國家並非行為「實體」；真正的行為體是國內有著明顯偏好和目標的不同利益團體，依此論述了「雙層賽局」中的國內博弈過程，從而認定「國內政治是一個由層級制到無政府狀態以及介於其間的多頭政治的一個連續統一體 [60]。」她並認為，國內政治中的三類行為體：即行政官員、立法機構和利益團體之間的訊息分佈、政策偏好和權力分享制度，是一國決定與外國合作與否的三個決定原素。它們之間的賽局是一個複雜而有規律的過程。米爾納對普南歸納的外交與內政連結的第四個特性，即制度設計在加強了決策者國內地位的同時卻弱化了它在國際談判中的地位則持相反看法。

7. 在國內的研究方面，也有多方的引用，如早期黎建斌呼應了普南「底線集合」的觀念，採用麥克格萊斯（Mcgrath）的三元模型（tri-polar model）[61]，並在國際體系的架構下，擴充其理論意涵，對中美經貿作一層次分析。而在 1994 年，並以雙層賽局作了修正與補充，其架構如圖 2.2[62]。

59　Peter B. Evans et al ed., *Double-Edged Diplomacy* (Berkeley: University of California Press, 1993)

60　Helen V. Milner, *Interests, Institutions, and Information: Domestic Politics and International Relations* (Princeton, New Jersey: Princeton University Press,1997), p. 253.

61　根據麥克格萊斯的觀點，在任何談判的情境中，談判者都會面臨來自三方的壓力：對手壓力、團體壓力以及社區壓力，此三種壓力的互動平衡，乃構成每一個談判者的迴旋空間，參見：黎建斌，〈三個層次的賽局：中美經貿談判之分析〉，《政治科學論叢》，第 1 期（1990 年 3 月），頁 221。

62　Chem-Pin Li, "Trade Negotiation Between the United States and Taiwan: Interest Structure in Two-Level Games," *Asian Survey*, Vol. 34, No. 8 (Aug. 1994), pp. 692-705.

重要變數	影響
內部談判	
議題性質	議題設定
國家‐社會關係	立場設定
外部談判	
談判策略與技巧	談判方式與氣氛
體系談判	
體制的建立	促進或延緩
體制的維護	協議的達成

圖 2.2：雙層賽局的補充。

　　根據黎建斌的研究，體系的談判與內部談判會使外部談判有不同的結果，在其研究 1981-1988 年的談判中，智慧財產權議題談判順利進行與否是由於中方內部誤判以及掣肘力量有無產生；國家機關與所處的環境權力結構和互動是整個談判過程主要變數。

　　8. 小結與評析：

　　某方面而言，雙層賽局始於假定決策者須同時操縱國際與國內政治，另一方面而言，也是外在與內部的壓力（此即所謂「雙刃外交」），而外交的戰略與戰術受到這兩層因素的制約；一方面要使對手國能夠接受，一方面要得到國內的批准。因而對於國內與對手國預期的反映必須同時納入考慮，而談判結果則視決策者對上述預期反應的對策而定。就談判者而言，對國內資訊、資源的操縱以及藉由議題設定，可以在重開談判時增加談判的籌碼以及創造優勢。相對言，決策者可以藉由國際談判提供國內環境無法提供的政策選項，並藉以改變國內的利益結構。此外，決策者也可以與

對手國內利益團體相結盟[63]。而在研究方法上，雙層賽局確實提供了一個很好的分析架構，也有助於我們了解國際談判的某些深層影響因素。當然在避開理論的爭辯並不意味著它提供了一個架構的理論，而是提供了另一視角來看國際談判與外交政策。

　　綜合以上的分析，依照雙層賽局的架構，我們更能了解國際衝突的國際政治層面與國內根源，也更能體現本文假設：衝突解決是國際政治的演變與國內政經互動的外交決策過程，其轉化有其內外意涵。

參、埃以大衛營協定與以巴奧斯陸協定的談判背景概述

　　翻開中東當代歷史，就是一部國際衝突史。由附錄 1（中東以阿衝突書目摘要）可見其一端。而中東的衝突其實有三塊：幼發拉底河、底格里斯河的兩河流域（伊朗、伊拉克）是一塊，以巴是一塊（可細分為「以巴」、「以敘與以黎」兩條戰線），北非（埃及、利比亞）則為第三塊[64]。而本文主要係擇取冷戰前的埃以大衛營談判與冷戰後以巴奧斯陸協議作一檢證分析。

一、背景概述：中東政治的變遷與以色列建國後衝突[65]

　　西元 634 年，信仰伊斯蘭教的阿拉伯人從拜占庭手中，攻下了巴勒斯坦，進駐耶路撒冷城，自此以後，巴勒斯坦就一直被阿拉伯帝國統治，住

63　Robert D. Putnam, "Diplomacy and Domestic Politics: the logic of two-level games," *International Organization*, Vol. 42, No. 3 (1988), pp. 452-453.

64　劉必榮，《國際觀的第一本書：看世界的方法》（台北：先覺出版股份有限公司，2009），頁 177-197。

65　相關細節請參：薛婉凌，《八〇年代巴解外交政策轉變之研究》（政治大學外交研究所碩士論文，1993）、宋雲豪，《前置談判升高衝突策略之分析》（東吳大學政治研究所碩士論文，2003）、吳釗燮，〈以色列佔領區之巴勒斯坦人抗爭對中東和平之影響〉，《問題與研究》，第 33 卷，第 4 期（1994 年 4 月），頁 75-84。林德昌，〈美國的中東和平政策研究：理論與實際〉，《問題與研究》第 26 卷，第 12 期（1987 年），頁 73-85。相關網址：〈巴勒斯坦問題〉，《聯合國》，＜ http://www.un.org/chinese/peace/palestine/index.htm ＞。〈「巴勒斯坦」與「巴勒斯坦人」的歷史與意義〉，《Tzemach institute for biblical studies》，＜ http://www.tzemach.org/fyi/docs/nopal.htm ＞。〈猶太復國影響〉，《Palestine Remembered》，＜ http://www.palestineremembered.com/index.html ＞。〈巴勒斯坦與以色列歷史〉，《Palestine Remembered》，＜ http://www.masada2000.org/historical.html ＞。〈以巴衝突兩千年的由來與發展〉，《Bluehost》，＜ http://www.stevenxue.com/ref_144.htm ＞。等

在此地的阿拉伯人，就是巴勒斯坦人。第一次世界大戰之後，英國人於 1917 年占領了巴勒斯坦，巴勒斯坦也就成為了英國的殖民地。圖示如下：

　　1917 年 11 月 2 日，英國外相巴福爾發表宣言，允許散居各地的猶太人，在巴勒斯坦建立他們的國家，但不得侵犯原有民族的政治與宗教權。自此，巴勒斯坦人與猶太人的衝突就不斷發生。1947 年 4 月，英、美兩國共同向聯合國提案，將巴勒斯坦地區，劃分為阿拉伯人的巴勒斯坦國與猶太國，至於耶路撒冷聖城，則由聯合國管理。同年 11 月，聯合國批准英、美提案，阿拉伯國家則群起反對，巴勒斯坦人與猶太人的衝突日漸升高，致使英國無法控制，最後於 1948 年 5 月 14 日，宣布結束此一地區的殖民統治，此時，猶太人已控制了整個巴勒斯坦地區，在英國人一撤出此地區，就宣布成立以色列國，英、美、俄三國並立即給予外交承認。此時，鄰近巴勒斯坦的阿拉伯國家，約旦、敘利亞、黎巴嫩、伊拉克、埃及立刻對以色列宣戰，以色列在英、美支援下，打敗了阿拉伯國家，領土更比聯合國原來所劃定的疆界暴增了一倍，逃命的巴勒斯坦難民高達 80 萬人。1948 年到 1973 年間，以、阿雙方共發生了五次的戰役，以色列在美國的大力支援下而屢屢得勝，阿拉伯國家仇美情緒日深。

二、埃以大衛營協定（The Camp David Accords）背景與概述

　　1973 年 10 月戰爭，埃及、敘利亞慘敗後，美、俄仍是影響此區的最

大勢力。阿拉伯產油國則以石油禁運協助埃、敘孤立以色列。直至 1974
年 1 月 18 日以、阿代表簽下協定：以軍自運河西岸撤出，在東岸東方 20
至 30 公里處之停火戰線內撤出；埃軍在東岸只能留下有限的部隊，控制
的區域約 8 至 12 公里寬；兩軍之間約有 5 至 8 公里寬的緩衝地帶，由聯
合國部隊駐紮。1974 年 5 月 31 日在日內瓦簽約，以軍完全撤出「十月戰爭」
新占領的突出地區約 770 平方公里；及撤出「六日戰爭」時占領的庫涅特
拉，但仍握有箝制該城的三個戰略要地；兩軍成立 500 公尺至 4 公里寬的
緩衝區，「十月戰爭」落幕。

　　1977 年 11 月 9 日，埃及總統沙達特（Anwar Sadat）出乎國際社會的
預料，訪問了耶路撒冷並至國會（Knesset）演講。沙達特宣布，願意與以
色列總理比金進行歷史性的和平談判，期以和平方式收復被占領的西奈半
島。1978 年 3 月 14 日，以、埃雙方在美國總統卡特先前的調停與見證下，
簽訂了大衛營協定。1979 年 3 月 26 日，以、埃雙方在華盛頓簽署和平條約；
埃及承認以色列，以色列則以土地交換和平，結束三十年來的戰爭狀態，
並建立正式外交關係 [66]。1982 年 4 月，以色列依大衛營協定把西奈半島完
全歸還埃及，至此，以、埃雙方領土糾紛告一段落。

三、以巴奧斯陸協定（Oslo Accords）背景與概述 [67]

　　上述埃以大衛營協定有一項是建立該地區邊界和平的構想，包括在西
岸和加薩走廊實現巴勒斯坦自治。關於這一點，以色列並沒有做到。

　　1985 年，以色列揮軍進入黎巴嫩，迫使孤立無援的巴勒斯坦解放組織
撤離貝魯特，前往阿爾及利亞。但巴解組織並不退縮，於 1988 年 11 月 15
日，宣佈成立獨立的巴勒斯坦國，但聲明接受聯合國的決議，承認以色列
的存在，使以巴關係出現轉折。

　　蘇聯解體後，美國在中東的勢力獨大，1990-1991 年的海灣危機和海
灣戰爭（Gulf War），使美國認識到要解決中東危機，不但要強力打擊像

66　此一協定但阿拉伯國家多不贊成，1981 年沙達特遭激進的阿拉伯人行刺遇害。
67　相關細節，同註 68。

伊拉克那樣的阿拉伯激烈國家，也要適當照顧溫和阿拉伯國家的利益。美國於是調整中東政策，於 1991 年在馬德里召開和會，採取土地換取和平的方向。

　　1993 年 8 月 20 日以色列總理拉賓（Yitzhak Rabin）與巴解領袖阿拉法特在奧斯陸密會而有了一項原則性的「以巴和平協定」。協定中主要以土地換和平、同意巴勒斯坦自治到建國等大方向，以及釋放人質等細節。同年 9 月 13 日，兩造在華盛頓正式簽署《巴勒斯坦自治原則宣言》（或稱《奧斯陸協議》【Oslo agreement】），此係協定下第一個關鍵性條約（或稱《臨時自治安排原則宣言》，被認為是以巴和平進程中的里程碑）。以色列的拉賓與其外長斐瑞斯（Shimon Peres）與巴解的阿拉法特亦於同年十月共同獲頒諾貝爾和平獎，但巴勒斯坦內部的好戰份子哈瑪斯（Hamas）組織等並不認同阿拉法特的和平努力，堅持與以色列進行恐怖的武裝鬥爭。無獨有偶，主張和平的拉賓，也和沙達特一樣，遭到以色列激進份子暗殺身亡 [68]。其後巴勒斯坦極端勢力亦連續發動針對以色列的襲擊事件，街頭衝突漸演變成雙方武裝對抗，奧斯陸協議執行遭無限期擱置。

肆、檢證與分析

　　回到我們的前言的問題意識與思考：衝突有多樣的解讀觀點，國際衝突是歷史經驗延續變遷與地緣關係文明糾纏的時空交會，中東的衝突足以說明這點。而就本文假設部分：衝突解決是國際政治的演變與國內政經互動的外交決策過程，其轉化有其內外意涵。試以雙層賽局的架構檢證如下。

一、埃以大衛營協定的雙層賽局與檢證

　　（一）如圖 4.1 所示。

68　劉必榮，《國際觀的第一本書：看世界的方法》（台北：先覺出版股份有限公司，2009），頁 177-197。

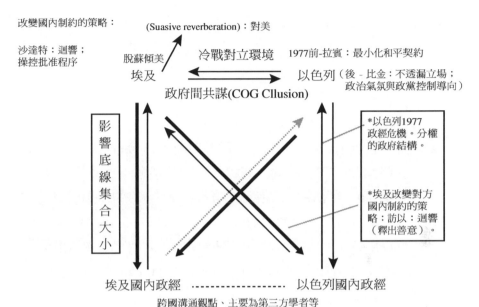

圖 4.1：影響以埃雙層賽局互動架構圖

資料來源：作者依圖 2.1 與兩造國際與國內政經互動自繪。

(二) 就國際環境與議題言，在兩極對立的環境中，涉及到安全的
　　　談判。

　　而沙達特之所以訪以，根據 Touval 的研究，第一係因不想與蘇聯打交
道以脫離蘇聯的控制，而第二則因其重取西奈的控制權恐有違其他阿拉伯
國家的利益[69]。而此攸關安全需求要能完成需要美國的主動介入[70]。而美國
在此間則有經濟利益（石油）與權力的考慮。

69　Touval, Saadia., *The peace brokers : mediators in the Arab-Israeli conflict, 1948-1979* (NJ：Princeton
　　UP, 1982), p. 288.
70　Stein, Janis Gross.,　"*The Political Economy of Security Agreements,*"　in Peter B. Evans, Harold K.
　　Jacobson, and Robert D., eds., *Double-Edged Diplomacy* (Putnam Berkeley: California UP, 1993), pp.
　　81-83.

（三）就「底線集合」而言：

　　1. 沙達特與比金皆有能力與自主性，藉由操控國內的聯盟與程序，擴大己方國內的「底線集合」。而美國的卡特總統，即便無需面對國內正式的批准程序，國內選民的異質性可以使其有較大可接受的「底線集合」範圍卻是較低的自主性。

　　2. 兩造少能運用「底線集合」為談判籌碼（bargaining resource）：如卡特試圖以其受限的「底線集合」迫使埃以讓步；以外長戴揚（Dayan）則試圖以此使卡特讓步；沙達特亦試圖以國內反對聲浪使比金就範卻不歡而散等，均未奏效。此亦說明在本件中，「底線集合」的大小與自主性的範圍與談判優勢無明顯相關[71]。

　　3. 兩造雖不能運作「底線集合」為談判籌碼，但卻成功操控他造的「底線集合」。

其他幾個重要指標對假設的檢證

1. 埃及對美國勸服的「迴響」（或反響）效果。

2. 「未達成協議」的連結成本對埃及、以色列、美國均高[72]。主要在於以埃國內均有軍費支出過高造成的國內政經問題與其對外安全問題。美國除了經濟考慮，尚有個人聲望與國內的多元利益。

　　A. 埃及自 1970s 即因過高的軍費支出造成經濟滑落[73]，對沙達特言，其外交戰略與對國內治理是一致的。

　　B. 以色列因軍費過高已造成國內嚴重通膨，1973 的 10 月戰爭以色列雖然打勝，但也僅也些微的優勢險勝；顯示以色列還不夠強大到足以應付阿拉伯國家的聯盟。由此可以看出比金的底限係與埃及簽訂和平條約並使西奈半島非軍事化，而盡可能的與巴勒斯坦問題脫鉤。又維繫美國對其的支持也至為關鍵。

71　Janice Gross Stein, *op. cit.*, pp. 77-103.

72　*Ibid.*

73　Neil Caplan and Laura Zittrain Eisenberg, *Negotiating Arab-Israeli Peace* (Bloomington, IN: Indiana UP, 1998), p. 30.

(C) 美國不僅是調停者，而且是利害相關人。卡特面臨國內各種
異質的利益糾葛，如猶太團體挺以，能源部門則關注於與阿
拉伯聯盟的關係以確保其石油來源。總體而言，美方只要未
來不要因此引起經濟衝突就好。而卡特則因已為和平過程投
入甚多而選舉即在隔年。對卡特而言，重點在於要有協議，
而不在於協議要保護哪造的利益 [74]。Louis Kriesberg 從衝突階
段與調停的角色分析，在談判階段美在溝通觀點、提高「若
失敗的成本」、增加和解資源、建立信任度與可信度、正當
化協議等有其一定色功能 [75]。

　　綜上，就埃以大衛營協定的分析，埃以外在環境安全的考慮與國內政
經因素深刻影響兩造外交談判的決策過程，其中從沙達特訪以、「底線集
合」、國內經濟等關鍵因素等協同作用的聯繫（synergistic issue linkage）
都在在驗明本文假設：「衝突解決是國際政治的演變與國內政經互動的外
交決策過程，其轉化有其內外意涵」得以成立。

二、以巴奧斯陸協定的雙層賽局與檢證

（一）如圖 4.2 所示。

（二）就影響談判的因素言

1. 冷戰結束後，在美單極霸權的環境下，因波灣戰爭美國調整其
   中東政策；但此一調整仍有其前提；即「現狀的維持，是強國
   主導國際秩序的不變心法」[76]。

2. 巴勒斯坦的街頭暴動作有限度的「升高」也構成以國際輿論壓
   力與國內經濟壓力（迴響），兩造有互信的基礎 [77]。

74　Princen, Tom, "Camp David: Problem-Solving or Power Politics as Usual?," *Journal of Peace Re-search*, Vol 28, No. 1 (1991), pp. 57-69.
75　Louis Kriesberg, *op. cit.*, pp. 224-225.
76　劉必榮，《國際觀的第一本書：看世界的方法》（台北：先覺出版股份有限公司，2009），頁 180。
77　阿拉法特宣佈承認以色列生存權、遵守安理會決議、放棄與譴責恐怖主義都可視為「迴響」。

3. 挪威作為以巴的溝通橋樑，而能以秘密外交緩和內部與圈外對手的談判。

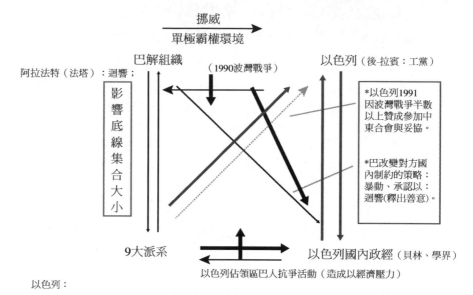

改變國內制約的策略：

(Suasive reverberation)：布希、貝克　聯合國(242、338)

圖 4.2：影響以巴奧斯陸談判雙層賽局互動架構圖

（三）就「底線集合」而言

1. 兩造接受限於國內異議聲浪，但因波灣戰爭的發生「重構」了以色列國內結構（支持參加中東和會與適當的讓步）。

2. 就難民返鄉問題，兩造「底線集合」實際上並無交集。而「以土地換和平」在本件中對以並無實質的利得，在面臨內壓下，即便當下工黨同意，未來時移境轉也可能會有「故意違約」、與「非自願違約」情況。巴解自治與相互承認或可為兩造能接受的「底線集合」。

又根據宋雲豪的研究。巴解的抗爭活動在利庫黨執政時期，因兩造缺乏互信基礎，而無法開啟談判或意義不大，而工黨時期有互信基礎而能開啟實質意義談判。參宋雲豪，《前置談判升高衝突策略之分析》（東吳大學政治研究所碩士論文，2003）。

3. 兩造的善意有助於重構「底限集合」，但以色列的困境在於能
   否達成一份可向國內「推銷」的協議，而巴解則擔心以的附條
   件保留態度。

（四）Ramsbotham 對本案的檢證 [78]

兩造雖達成協議，但奧斯陸協定成為一紙空文而衝突延續，到底原因
何在？ 90 年代的和平進程中，以巴的奧斯陸協定受廣大注目；因而檢視
其過程中的缺陷有助於 CR 實踐的借鑑思考。一般咸認，1993 協定簽署係
挪威促成其間長期衝突的重大突破。然而十年過去了，協定中大部分條款
被無限期擱置；衝突中關鍵的「最終狀態」（final status）議題懸而未決，
加薩走廊與約旦河西岸的武力佔領加上巴的抗爭恐怖威脅等架空了協定。
Ramsbotham 提出：

1. 兩個對立觀點

   (1) 肯定說，其認為奧斯陸協定係重大突破，然其中 CR 前景卻為
      兩造各有攪局者及因兩造根本的不對稱所破局（如：【Shlaim，
      2000】、【Smith，1999】、【Aggertam，1999】、【Galtung，
      2004】、【Kriesberg，2001】等人觀點）。贊成此派觀點者
      以為，當馬德里的正式官方外交途徑陷入泥沼時，此種秘密
      外交途徑（back-channel）讓突破變得可能。挪威的干預初
      衷係為降低兩造衝突苦難的善念；他開啟了相互承認與長期
      衝突中分裂的巴勒斯坦的可能解決方向。協定旨在調解兩邊
      比鄰而居的居民，而加薩與耶律哥的自治係巴勒斯坦與許多
      局外人視為「兩個國度」的第一步。兩邊都同意在三年內解
      決衝突中主要「最終狀態」的議題。唯有透過談判與探索
      得令兩邊得以重新形塑（reframe）衝突觀點與開展新關係
      （Aggertam，1999）。

78　Oliver Ramsbotham, Tom Woodhouse and Hugh Miall, in Robert Ginsberg, ed., *The Critique of War: Contemporary Philosophical Explorations* (Chicago: Regency, 2005), Ch7.

(2) 第二個觀點則係否定說，其認為在以巴不對等情境下，一開始試圖談判協議就是根本性的錯誤。如：Jones（1999）認為和平進程成為「強者精心打造以慢慢磨滅弱者渴望」的手段，而奧斯陸協定與其過程正是促使此一「重建不公平與宰制的結構」得以得逞，從而令 CR 在此情境下有根本性的問題。贊成此派觀點認為，奧斯陸協定的過程始於以色列相對強勢而巴勒斯坦弱小而絕望，而結果必然成為強者摧毀與羞辱弱者的安排，以色列以此肢解與耗盡巴勒斯坦，到最後別說建立國家遙遙無期，連自治都無法期待（Said，2002）。和平過程的結局正如那道阿拉伯世界所稱的「西岸圍牆」（Apartheid Wall）般，阻絕的巴勒斯坦所有的希望，這條路永遠到不了和平。

2. 檢討與 CR 思考誰該為奧斯陸協定的錯誤發展負責呢？身為促進協定的挪威自無此責任，當以色列政府律師團隊用各種限制與警告對協定作反向避險操作時，「奧斯陸精神」早在簽署協定前就煙消雲散了（Corbin，1994）。拉賓（Rabin）[79]與培瑞茲（Peres）於其時都沒打算接受巴解是個國家，而且雙雙喪失了促談的機會（Shlaim，2000；Smith，2004）。兩造國內的重要力量都反對協定，協定之後都發生了暴力抗爭：希伯倫喋血屠殺、哈瑪斯的攻擊與拉賓的遇刺。1995 年繼任的內塔尼亞胡（Netanyahu）[80]政府在以巴問題採強硬態度，徹底背離了奧斯陸協定，對撤離西岸一事與巴人再起衝突，使協定再次破局。容或有爭的是，一個漸進的過程對以色列而言有其必要；其可

79　拉賓（Rabin）為工黨成員（以色列政黨分合之間，三大黨為左翼的工黨，右翼的利庫德黨，以及奧爾默特【2006-2009】隸屬的前進黨；2001-2006 的總理夏隆則分別加入過利庫德黨與前進黨），拉賓於 1974-1977、1992-1995 擔任以色列總理，而於任內遭刺身亡。又以色列除 1996-2001 曾實施總理直接民選外，均由總統任命國會多數黨領袖為總理。整理自：〈以色列總理條〉，《維基百科》（最後瀏覽日：2009/5/31）。

80　內塔尼亞胡（Netanyahu）為利庫德成員（Likud）的前身，係比金於 30 年代所創主張激進方式建國與恐怖攻擊的 Irgun，比金為九命怪貓，參選八次失敗而於 1977 當選總理。而內塔尼亞胡除了在 1996-1999 當選總理外，2009 也再次同任。資料來源同上。

以讓以色列不用一次打光所有的牌而讓巴不致冒險躁進。其後
發展也確實是如此而「兩國論」當時仍是可能達成。在 2000
年的大衛營談判中，以色列總理巴拉克（Barak，1999-2001 工
黨）則進而提出「接受巴勒斯坦在東耶路撒冷的主權與歸還巴
人西岸 91% 的土地」等（Agha and Mulley，2001；Morrris，
2002）。在 2003 年 10 月的日內瓦非官方協定中則彼此同意依
循奧斯陸過程解決衝突；在各種和平計劃版本包含有：以色列
撤回 1967 年的邊界（若干土地交換）、巴勒斯坦建國、以色列
同意分治耶路撒冷（即將東耶路撒冷與神殿山交由巴勒斯坦惟
須承認以色列在舊城居住的權利）來交換巴勒斯坦放棄難民返
鄉的權利 [81]，此一重大讓步的要求對巴人將是難以承受的痛，是
以其拒絕日內瓦協定而以色列同時也拒絕履行交還土地的提案。

　　根據國際危機小組（2002）的評估，假如難民返鄉被接受，這些談判
也為以阿的衝突解決勾勒出阿拉伯世界可以接受的「兩國模式」的解決輪
廓，但這遙不可及。

　　然而要達成上述解決模式是需要諸多的前提條件配合，首要者便是
以色列必須同意，而這樣的同意需要內在與外在的改變，而 CR 在如此侷
限基礎下得否奏效便成了其中弱項。其次則是需要將協定的架構放進兩造
其他的強硬派、宗教團體、各自流亡居民等異議份子，彼此觀點與認知若
不改變，說和解太沉重。依此，對 CR 的啟發意義在於：其一 CR 應放到
更寬廣的視角思考其情境方得以 CT（Etzioni，1964）。其二則是調停者在
面對不對稱衝突時，不僅是一般認知追求和平的調停者，更時而必須扮演
一些主張的維護者以為互補，終究和平與正義是無法一刀兩切的（van der
Merwe，1989：7）。Galtung（2004：103-9）更進一步建議把以巴放進中
東社群思考，而其間衝突必須平衡。另一個方法則是調整關鍵性的美國對

81　根據聯合國的統計，自 1948 年以色列建國以來，全球約有 350 萬巴勒斯坦難民，所爭者，賠
　　償與歸鄉權利。即便同意部分的補償與少部分的探親活動，對難民歸鄉問題，以色列幾乎一
　　致認定攸關生存而絕不可退讓。對巴勒斯坦而言，難民回家天經地義，且涉及土地、價值、
　　信仰、尊嚴等問題，絕非金錢能收買。在雙方強硬派抬頭的今日，迴旋空間顯得有限。

以色列的政軍經的支持，從而落實其和平路徑。

　　綜上，就以巴奧斯陸協定的分析，兩造協定的達成係因國際因素〈波灣戰爭〉重構以色列的國內選民結構；而抗爭的「升高」短期雖能影響到目標國的政經趨勢，長期卻可能是不信任的因素。而巴解面對不對稱的談判，能否妥適利用外壓與迴響至為關鍵。如何與對手談判且不被內部異議或他造對手的污名化或阻撓、多軌外交、協議的維護等都是重要的 CR 思考。從協議的達成與後續的維護失敗等面向來看，兩造外在環境的考慮與內部政經因素深刻影響兩造外交談判的決策過程等，驗證了本文假設：「衝突解決是國際政治的演變與國內政經互動的外交決策過程，其轉化有其內外意涵」得以成立。

伍、結語：比較與研究發現、未來展望與新思考

　　正如我們本文前言所提出，冷戰後原有的兩極意識形態對抗轉換成不同的動員符號，而這些舊有的矛盾在時空的延續與變遷中自有其重要意義。此即本文問題意識之所在：試圖藉由探討冷戰前與後：國際政治結構的演變與一國內政經的互動間的衝突特質與其中 CR 的角色；經由檢視其間衝突的本質、CR 的角色與衝突的「轉化」（transformation，CT），從而瞭解與思考 CR 成敗因素（如降低升高、前置談判、調停、談判與和平重建等切入關鍵之所在）在 CR 理論與實務操作的意義。

一、本文案例的比較與研究發現：〈如表 5.1〉

表 5.1 埃以大衛營協定與以巴奧斯陸協定比較與研究發現

變項	埃以大衛營協定	以巴奧斯陸協定
國際政治結構區域（地緣）	冷戰兩極對抗 阿盟反以反對談判	冷戰後單極（波灣戰爭） 阿盟反以。
研究發現	適足以否證霸穩論，美國維持其區域利益仍是其主要關注，反而是兩極均勢體系的運用造就穩定的秩序。又都利用國際局勢，埃及的迴響。巴解的輿論、阿拉法特的釋出善意。	

變項	埃以大衛營協定	以巴奧斯陸協定
國內政經互動	都有異議反對，官民一致性高，和談條件可以接受 埃以都有國內經濟問題兩造自主性高操縱批准與內部結盟。	強烈反對異議，官民不一致。民意雖支持和談，但和談條件並不一致。 兩造自主性不高，只能挾空泛的民意開始對話。為談判而談判、為協議而協議。
結果與研究發現	驗證本文假設。都達成協議，埃以大衛營協定有落實，但以巴奧斯陸協定形同具文。後者也彰顯了不對稱談判的本質。	
調停策略	早期：季辛吉美卡特中立，為國內聲望而達成協議。	美較傾向以。挪威：提供資金，無利害相關而採人道立場。多軌外交途徑。
CR 與談判	對兩造談比不談好	對巴解談比不談好，對以未必
時機成熟否	是	否，非難以忍受僵局
立場的堅持	土地換和平能被接受	土地換和平不被接受（因掛鉤議題與附帶條件）
資訊充足	是	否
互信程度	高	不足
成本	高	低
認知與溝通	好	不一致
協議的維護	佳	很差
研究發現	架構／細節途徑有較佳的解釋力。衝突轉化有其內外意涵。	

二、未來展望與新思考

中東的衝突與危機仍是現在與未來進行式，而以色列自 2009 年，利庫黨（Likud Party）的內塔尼亞胡重回主政，其強硬態度由其以色列新任外長李柏曼（Avigdor Lieberman）上台後，即一再發表強硬的聲明可見一端，

如：「相較於其他國家，以色列已經讓步太多」[82]；「可是 1993 年以巴雙方簽署的奧斯陸協議，至今仍無法為以色列帶來和平，因此認為凡可藉著讓步而贏得尊敬與和平者，實在大錯特錯，相反的，一再讓步只會導致更多戰爭。」[83]。2015 年 3 月以色列大選，內塔尼亞胡所領導的利庫黨取得約 24% 的選票，連續擔任四屆、在任時間最長的總理。內塔尼亞胡曾表示，如果他第四度當選，將不會允許巴勒斯坦組建政府，而反對的猶太復國主義聯盟則對成立巴勒斯坦政府的解決方案表示支持，並且承諾會修補以色列與巴勒斯坦以及國際社會的關係。而以色列國內迥異的主張中，如果從另一方向思考，未嘗不是想為未來的談判找到更多的空間與籌碼[84]。至於巴解的未來，迴旋在強權的利益之間；「小國」是否有外交空間，那是以小事大的藝術與大戰略。如何運用國際局勢的變化、權力的槓桿、議題的轉化都是我們可以進一步研究的方向（這一點以色列顯然優於巴解）。尤其在台灣當前面對兩岸和解、內部異議的情況下，更有經世致用的價值。

　　就 CR 言，強硬派的抬頭未必代表無轉圜契機，埃以大衛營談判時，兩造的領導人均係強勢的領導人；如沙達特甚至主導了 10 月戰爭。問題關鍵仍在於本文的假設：國際政治局勢與國內政經的互動與博弈。其中 CR 的轉化至為關鍵，而這個轉化意涵，如 Zartman 所言：「縱橫兩造之間，對調停者永遠的挑戰將是：如何化兩造『輸』的認知為『贏』的觀念以作為次佳解決方案。即以其技巧在兩造外部與內部營造創造性的政治關係與正面成果當係調停者重要的價值與思考」[85]。而這些，不正是我們 CR 與外交談判戰略重要思考：新的衝突解決戰略觀來看待未來的國際與內部衝突與解決。

---

[82] 曹宇帆，〈以外長李柏曼：讓步無助和平，反導致戰爭〉，《中央社》，2009 年 4 月 2 日，< http://www.cna.com.tw/SearchNews/doDetail.aspx?id=200904020058 >。其中李柏曼表示，自 1967 年起，以色列所放棄的土地約有現在領土的三倍大，以色列難道沒有讓步？以色列難道沒有展現善意？

[83] 〈以色列新外長稱拒絕撤出戈蘭高地換取以敘和平〉，《法新社》，2009 年 4 月 3 日，< http://www.afp.com//afpcom/fr >。李柏曼也宣稱以色列拒絕從具戰略性的戈蘭高地（Golan Heights）撤離。

[84] 只是與俄羅斯的距離拿捏還要看美國的反應；畢竟美國的支持仍是以色列最重要的支柱。而美國以其自身利益衡量，當然不希望以色列成為麻煩製造者。

[85] Zartman, I. William, *Elusive Peace: Negotiating an End to Civil Wars* (Washington, D.C.: The Brookings Institution, 1995), pp. 332-346.

聯合國《國家保護責任》原則的實踐與障礙— 以「伊斯蘭國」為對象

廖秋鄉[*]

摘要

聯合國「保護責任」（Responsibility to Protect，簡稱 R2P）概念於 2001 年由「ICISS」提出之後，在「2005 年世界高峰會議成果文件」中成為新的國際準則，並在過去十年體現在各個衝突局面與人道危機。其中多數採取非強制性行動，唯一獲得安理會授權的軍事行動是根據《1973 號決議》對利比亞的軍事制裁。

2014 年 6 月，「伊斯蘭國」宣佈建國，攻城掠地奪得經濟與戰略要衝，造成敘利亞與伊拉克大片領土失陷；其對於異族異教的斬首獵殺駭人聽聞，眾多難民棄家奔逃流離失所，所犯的戰爭罪、種族清洗、危害人類罪行已昭然若揭。聯合國調查報告多次對此罪行提出譴責與警告，安理會通過議案進行人道救援，但是並未根據《憲章》第七章採取集體行動啟動「R2P」原則的保護責任。

本文將簡述「R2P」概念的發展與演變，透過「達爾福危機」、「利比亞內戰」、「敘利亞內戰」、和「伊斯蘭國建國」這幾個案例，檢視「R2P」概念的具體實踐與障礙。並藉由「伊斯蘭國」這個案例，探討「R2P」原則實踐的通用性、對非國家行為者的制約、以及國際社會對於人道干預的戒慎態度、國家主權與人權孰重孰輕的見解，和從不同角度初探「負責任的保護」（Responsible Protection，RP）應有的省思。

---

* 淡江大學國際事務與戰略研究所博士候選人

壹、前言

聯合國《憲章》載明維持國際和平及安全的成立宗旨，透過集體安全機制，防止且消除對於和平之威脅，制止侵略行為或其他和平之破壞。並以和平方法且依正義及國際法原則，調整或解決足以破壞和平之國際爭端或情勢。[1]

美蘇冷戰時期，安理會五常的相互角力與相互抵制，使得聯合國集體安全機制無法有效發揮。面對國際與區域衝突，「聯合國維和行動」（United Nations Peacekeeping Operation，UNPKO）[2] 應運而生，其目的在於緩和衝突和緊張情勢，基於交戰雙方的同意，由聯合國派遣維持和平部隊到達戰區，以便停止或限制衝突的擴大，或是監督交戰各方所簽署的停火協議或和平協議。[3] 隨著國際情勢與衝突形態的改變，從所謂的「一代維和」發展到「二代維和」，其內涵與功能也更趨完備。[4]

由於《憲章》明文規定，屬於主權國家內部管轄的事務不容許其他國家干預。[5] 據此，維和行動納入「同意、中立、不使用武力」等三項原則，以確保安理會或區域組織在派遣維和部隊執行任務時，能夠不違反《憲章》關於各國主權平等且獨立和不干預內政等法律原則。[6] 這三項原則成為冷戰期間進行維和行動最重要的限制。

冷戰結束後，世界並沒有因此帶來穩定的和平與安定，一些國家內部的族群衝突、權力鬥爭、宗教排斥導致衝突事件與內戰接踵而至，不但造成區域動亂，也引發多起種族屠殺的人道迫害慘劇，及公然侵犯人權的事件。這些動盪雖然屬於各國內政，但是對鄰國和區域和平都造成嚴重影響，

1　UN Official Website, *CHARTER OF THE UNITED NATIONS*, <http://www.un.org/en/documents/charter/>.
2　維和行動相關資料請參考 UN Peacekeeping Official Website, <http://www.un.org/zh/peacekeeping/>.。
3　楊永明，《國際安全與國際法》（臺北：元照出版，2008 年），頁 217。
4　一代維和及二代維和功能比較，請參閱李大中，《聯合國維和行動—類型與挑戰》（臺北：秀威資訊科技，2011 年 6 月），頁 287-295。
5　UN Official Website, *CHARTER OF THE UNITED NATIONS*, <http://www.un.org/en/documents/charter/>.
6　楊永明，〈聯合國維持和平行動之發展：冷戰後國際安全的轉變〉，《問題與研究》，第 36 卷，第 11 期（1997 年 11 月），頁 23-40。

就維護集體安全的功能來看，國際社會是否介入？能否介入？如何介入？在人道干預需求緊迫的情況下國家主權與人權要如何兼顧？這些難題都挑戰著聯合國《憲章》精神與原則。

貳、「R2P」原則的形成

有關人道干預必要性的討論，聯合國第七任秘書長安南（Kofi Atta Annan，1938 －）於 1999 年和 2000 年聯大會議提出問題：「一國政府對內是否享有無條件主權」以及「國際社會是否有權出於人道主義干預一國」。[7] 安南拋出這個反思後，一個簡稱「R2P」的新概念開始在國際政治圈醞釀，並透過以下幾個重要文件，形成其實踐的原則。

一、2001 年《保護責任》

2001 年 12 月，「干預與國家主權國際委員會」（ICISS）提交一份名為《保護責任》（The Responsibility to Protect，簡稱 R2P 或 RtoP）的報告，說明主權國家有責任保護本國公民免遭大規模屠殺、強姦，和饑餓。當他們不願意或無力這樣做的時候，必須由更廣泛的國際社會來承擔這一責任。[8]

此份報告提出「預防、反應和重建」這三項國家保護責任的倡議，認為需要在內部功能與外部義務方面把「主權」理念從「作為控制的主權」轉變為「作為責任的主權」，這種主權實質的轉變正好是「R2P」發展路徑的精義所在。[9]

二、2004 年《我們的共同責任》

2004 年 12 月，「威脅、挑戰和改革問題高級別名人小組」呼應「ICISS」

7　高英茂，〈從利比亞案看國際制裁的演變〉，《新世紀智庫論壇》，第54期（2011年6月30日），頁 55。
8　關於保護責任的相關核心文件請參考聯合國官方網，"The Responsibility to Protect," *OFFICE OF THE SPECIAL ADVISER ON THE PREVENTION OF GENOCIDE*, <http://www.un.org/en/preventgenocide/adviser/responsibility.shtml>.
9　毛維准、卜永光，〈負責任主權：理論緣起、演化脈絡與爭議挑戰〉，《國際安全研究》，137 期（2014 年 3 月），頁56。

提出的新概念，向聯合國秘書長提交《一個更安全的世界：我們的共同責任》研究報告，支持並擁護「R2P」倡議，認為「國際集體保護責任」的確存在於國際法體系之中，而此責任主要是由聯合國安理會來行使，[10] 此報告側重在強調「預防」的責任與義務。

三、2005 年《全人類的發展、安全和人權》

2005 年 3 月 21 日，秘書長安南在第 59 屆聯大會議發表《更大的自由：全人類的發展、安全和人權》專題報告，對《保護責任》和《一個更安全的世界：我們的共同責任》這兩份報告表示肯定，並且呼籲各國與國際組織應該儘快採取行動。[11]「R2P」概念於 2001 年被正式提出後，這是聯合國秘書長首次將「R2P」倡議列入正式議題，對各會員國傳達「R2P」基本含義，並要求給予認真考慮。

四、2005 年《世界高峰會議成果文件》

2005 年 9 月，150 多個國家元首支持通過《世界高峰會議成果文件》（2005 World Summit Outcome），成為「R2P」最重要的里程碑。該文件強調「如果和平手段不足以解決問題，而且有關國家當局顯然無法保護其人民免遭種族滅絕、戰爭罪、種族清洗和危害人類罪之害，我們隨時準備根據《憲章》，包括第七章，通過安全理事會逐案處理，並酌情與相關區域組織合作，及時、果斷地採取集體行動」。[12] 這是國際社會首次以宣言的形式表明此立場，一致認為國際社會應酌情協助各國在危機和衝突爆發前建立保護能力，從而履行保護責任。[13]

2006 年 4 月，聯合國安理事會通過《1674 號決議》，確認《2005 年

10　"A More Secure World: Our shared Responsibility," *UN Official Website,* 2004, <http://www.un.org/en/events/pastevents/a_more_secure_world.shtml>.

11　Kofi Atta Annan, "In larger freedom: Towards Development, Security and Human Rights for All," *UN Official Website*, <http://www.un.org/en/events/pastevents/in_larger_freedom.shtml>.

12　"2005 World Summit Outcome," *UN Official Website,* <http://www.un.org/en/terrorism/strategy/world-summit-outcome.shtml>.

13　"Prevention of Genocide," *UN Official Website,* <http://www.un.org/en/preventgenocide/adviser/index.shtml>.

世界高峰會議成果文件》中提到的保護責任[14]，重申在武裝衝突中國際社會對於保護平民所應承擔的保護責任，正式將「R2P」作為指導性原則。

五、2009 年《貫徹保護責任》

2009 年 1 月 12 日，聯合國第八任秘書長潘基文（Ban Ki-moon，반기문，1944 −）提出《貫徹保護責任》報告，確立「R2P」三大支柱的核心概念，包括：（一）國家保護責任 - 保障人權是主權國家的重要責任；（二）國際援助與執行保護責任的能力建設 - 假如一個國家本身無法保護自己人民的基本人權，國際社會其他的國家有提供協助的責任；（三）及時與果斷的行動—國際發生大規模的暴力行為造成人民的傷亡時，國際社會有責任採取有效及時與果斷的行為權（包括軍事行動），以保護基本人權。報告中並認為「將保護的責任的構想付諸實施的時機已經成熟」，[15] 這份報告在執行細則上的具體化，直接影響聯合國干預行動的實踐，將「R2P」帶入安理會的行動框架。

之後，潘基文陸續在聯合國大會發表關於實踐、執行「R2P」的報告，包括 2010 年的《早期預警、評估與保護責任》，強調建立機制以能夠在衝突初期或發生之前就採取行動以防止情況的惡化；2011 年的《區域與次區域安排在執行保護責任中所扮演的角色》，強調如何加強合作實踐保護主義；和 2012 年的《保護責任—及時與果斷的行動》，強調「R2P」第三支柱的實踐。[16]

綜合整理「ICISS」的《保護責任》、2005 年《世界高峰會議成果文件》和 2009 年秘書長《貫徹保護責任》報告，可以看出「R2P」結合國際關係、法律、政策、道德、人權和人類安全，希望形成一個新的國際規範，並最

14　"IMPORTANCE OF PREVENTING CONFLICT THROUGH DEVELOPMENT, DEMOCRACY STRESSED, AS SECURITY COUNCIL UNANIMOUSLY ADOPTS RESOLUTION 1674 (2006)," *UN Official Website*, <http://www.un.org/press/en/2006/sc8710.doc.htm>.

15　"Secretary General Ban Ki-moon Report: Implementing the Responsibility to Protect," *ICRtoP Official Website*, <http://www.responsibilitytoprotect.org/index.php/edward-luck/2105-secretary-general-ban-kimoon-report-implementing-the-responsibility-to-protect>.

16　蔡育岱，〈國際人權的擴散與實踐：以「國家保護責任」的倡議為例〉，《問題與研究》，第 49 卷，第 4 期（2010 年 12 月），頁 145-146。

終能夠發展成為一個從道德基礎出發的國際習慣法規則。[17]

參、「R2P」原則的實踐

在聯合國的主導下，國際社會和區域組織對於「R2P」原則逐漸形成共識，儘管聯合國大會尚未就「R2P」的所有條款達成最終決議，但是「R2P」原則仍然在現有的機制與規定中發揮其影響力。

2002 年，非洲國家在南非德班（Durban）舉行首腦會議，正式成立「非洲聯盟」（Africa Union，AU，簡稱非盟）。面對盧安達（Republika y'u Rwanda）大屠殺的教訓，「非盟」通過聲明「如果某成員國聽任其人民遭受危害人類罪行，聯盟有責任干預」。「非盟」成為第一個將「R2P」納入指導原則的區域組織；為了推廣「R2P」理念，「非盟」於 2005 年 3 月 8 日達成「恩祖維尼共識」（Ezulwini Consensus），強調人道干預與保護的責任。[18]

截至 2011 年，「R2P」已經被不同程度地運用於多個衝突案例中，例如蘇丹達爾福（Darfur, western province of Sudan）、喬治亞（Georgia）、東南亞緬甸（Republic of the Union of Myanmar）、加薩（Gaza Strip）、民主剛果（The Republic of Congo）、[19] 北非利比亞（Libyan）內戰，本文將試舉其中二個案例簡略說明。

一、 達爾福危機

位於中非國家蘇丹西部的達爾福是多族裔混和居住的地區，70% 人民信奉伊斯蘭教。2003 年 2 月，黑人農民因不滿資源分配，組成反抗軍襲擊政府設施，引發政府軍與親政府的民兵對其反擊，進而導致約 180 萬平民流離失所或是逃到鄰國查德（Republic of Chad）。

達爾福衝突的特徵是：許多交戰派系進行長達數年的武裝衝突。衝突

17　蔡育岱，〈人權與主權的對立、共存與規避〉，《東吳政治學報》，第 4 期，第 28 卷（2010年），頁 21。
18　高英茂，〈從利比亞案看國際制裁的演變〉，頁 55。
19　毛維准、卜永光，〈負責任主權：理論緣起、演化脈絡與爭議挑戰〉，頁 57。

發生後，聯合國與國際社會採取一系列行動，以改善衝突情勢，並提供人道援助，體現「R2P」原則。

2004 年，聯合國安理會通過《1564 號決議》，成立「達爾福問題國際調查委員會」，認定蘇丹局勢對國際和平與安全和該地區的穩定構成威脅；依照憲章第七章規定採取行動；調查關於交戰各方在達爾福地區違反國際人道法的行為，確定是否曾發生種族滅絕行動；並查明此類行為的實施者，以確保其責任的追究。[20]

2005 年，該委員會提交給安理會調查報告，表示 1. 蘇丹政府和阿拉伯牧民武裝民兵以及反抗軍各方都犯下戰爭罪與危害人類罪；2. 建議安理會將達爾福局勢相關資料提交給國際刑事法院進一步審理。[21]2006 年 8 月31 日，聯合國安理會通過《1706 號決議》，首次將「R2P」的概念放在安理會對個別國家所做出的決議之中。[22]

2007 年 7 月 31 日，聯合國安理會通過《1769 號決議》，設立與部署「非洲聯盟 / 聯合國達爾福聯合行動」，共同執行維和任務；同時依照《憲章》規定，授權維和部隊在保護自身和人道救援人員的安全之時能夠採取「一切必要的行動」。[23]

二、　利比亞內戰

2011 年 2 月，利比亞強人穆阿邁爾•格達費（Muammar Gaddafi，1942-2011）執意鎮壓日益壯大的反對派力量，對人民進行屠殺，利比亞駐聯合國大使主動要求聯合國進行干預，保護利比亞人民。2 月 26 日安理會通過《1970 號決議》，要求格達費停火，並行使「R2P」國家保護責任，

20　"SECURITY COUNCIL RESOLUTION 1564 (2004)," *UN Official Website,* <http://www.un.org/press/en/2004/sc8191.doc.htm>.

21　"Report of the International Commission of Inquiry on Darfur to the United Nations Secretary-General," *UN Official Website*, <http://www.un.org/news/dh/sudan/com_inq_darfur.pdf>.

22　"SECURITY COUNCIL RESOLUTION 1706 (2006)," *UN Official Website,* <http://www.un.org/press/en/2006/sc8821.doc.htm>.

23　"SECURITY COUNCIL RESOLUTION 1769 (2007)," *UN Official Website,* <http://www.un.org/press/en/2007/sc9089.doc.htm>.

不得坐視人民遭受危害人類罪行 [24]，但格達費未予理會。

　　2011 年 3 月 17 日，聯合國安理會通過《1973 號決議》制裁利比亞，譴責格達費政府對人權惡劣與系統性的侵犯，並授權採用排除直接軍事佔領的「一切必要措施」以保護平民。決議認定利比亞局勢繼續對國際和平與安全構成威脅，根據《憲章》第七章採取行動，設立禁航區 [25]，並在英美法聯軍以「奧德賽黎明」（Operation Odyssey Dawn）為代號的軍事行動下，迫使格達費垮臺。

　　值得注意的是，若從「R2P」在聯合國框架內採取軍事行動的五項基本原則來檢視，利比亞危機同時滿足這些要件：1. 北約（NATO）各國集體行動，沒有侵略之嫌；2.《1973 號決議》符合安理會授權要件；3. 會受到軍事行動影響的鄰近國家同意配合，「阿拉伯聯盟」主動提出設立禁航區，埃及（Egypt）、突尼西亞（Tunisia）都對過界難民加以安置；4.《1970 號決議》採取和平手段，未獲正面回應；5. 格達費雇傭外國兵，並且在媒體公開威脅，讓民眾飽受迫害威脅。《1973 號決議》的施行，展現國際社會維護人道主義的精神，也確立聯合國以「R2P」之名，行「保護公民」之責。[26]

肆、「R2P」原則受到挑戰

　　「R2P」原則雖然被逐步運用在世界各地的衝突事件，但是並非每一個案例都能夠滿足「R2P」的原則要件，加上國際政治錯縱複雜的因素，因此並非每個衝突事件都能夠及時獲得預防、反應和重建這三項國家保護措施，人道迫害的慘劇仍然無法及時避免。

24　"SECURITY COUNCIL RESOLUTION 1970 (2011)," *UN Official Website*, <http://www.un.org/en/ga/search/view_doc.asp?symbol=S/RES/1970(2011)>.

25　"SECURITY COUNCIL RESOLUTION 1973 (2011)," *UN Official Website*, <http://www.un.org/en/ga/search/view_doc.asp?symbol=S/RES/1973(2011)>.

26　蔡育岱，〈聯合國與國際社會人道干預的標準？〉，《新世紀智庫論壇》，第 60 期（2012 年 12 月），頁 15。

一、　敘利亞內戰

　　2011 年年初，「阿拉伯之春」撼動北非突尼西亞和埃及的政權，位於中東地區的敘利亞共和國（The Syrian Arab Republic）民眾受到激勵，不滿貧富差距懸殊與族群地位不公，於 2011 年 3 月中旬舉行大規模反政府示威活動，要求推翻總統阿薩德（Bashar Al-Assad，1965- ）政權，引發武裝起義和政府鎮壓，這場衝突最終升級為敘利亞內戰。根據聯合國統計，自爆發衝突以來，約有 200 萬難民跨境逃難，半數為兒童；650 萬人流離失所，超過 13 萬人喪生；2013 年更屢傳化學武器攻擊事件，震撼國際社會。[27]

　　從 2011 年 10 月開始，敘利亞問題進入安理會框架，10 月 4 日，《S/2011/612 號決議》草案，要求安理會考慮對敘利亞實施軍火禁運，並為武力干預決議「投石問路」。2012 年 2 月 4 日，《S/2012/77 號強制性決議》草案提交安理會討論。2012 年 7 月 19 日，《S/2012/538 號決議》草案引用《憲章》第七章，要求重組「聯敘監督團」，並至少配備軍事觀察員，同時要求敘利亞政府軍撤軍。2014 年 5 月 22 日，（S/2014/365 號決議）草案，要求將敘利亞局勢提交國際刑事法院審理。做為常任理事國的中國（People's Republic of China）和俄羅斯（The Russian Federation），對這四次決議案都動用否決權，並發言明確表示應該尊重敘利亞主權、獨立和領土完整。[28]

　　對阿薩德政權制裁性的決議案僵局未能突破；但是，非制裁性的決議則有斬獲。2012 年 7 月，安理會通過《2043 號決議》，設立「聯合國敘利亞監督團」（UNSMIS），進行解決敘利亞危機的維和行動；[29] 2012 年 8 月 3 日，第六十六屆聯大通過《253 號決議》，譴責敘利亞政府侵犯人權，並要求其停止使用重武器，但此呼籲形式大於實質；[30] 2013 年 9 月通過

27　〈敘利亞懶人包：2 百萬難民悲歌〉，《中央通訊社》，2014 年 3 月，< http://www.cna.com.tw/news/firstnews/201403145005-1.aspx >。

28　甄妮、陳志敏，〈不干預內政原則與冷戰後中國在安理會的投票實踐〉，《國際問題研究》，161 期（2014 年 5 月 15 日），頁 21-35。

29　〈安理會一致通過銷毀敘利亞化武決議〉，《BBC 中文網》，2013 年 9 月 28 日，< http://www.bbc.co.uk/zhongwen/trad/world/2013/09/130928_syria_un_resolution >。

30　蔡育岱，〈聯合國與國際社會人道干預的標準？〉，頁 15。

《2118 號決議》銷毀敘利亞化學武器；[31] 2014 年 2 月通過《2139 號決議》，要求敘利亞當局必須在全國各地允許針對平民的人道援助，如果不遵守，則將拿出「進一步舉措」。[32]

由於歐美各國的立場與中、俄立場無法取得共識，而敘利亞政府與反對派的談判又始終沒有結果，使得實際上受害的敘利亞百姓無法在聯合國「R2P」國家保護的羽翼下免除戰火的蹂躪與迫害。

二、 「伊斯蘭國」宣布建國

敘利亞內戰歷經三年後仍然處於膠著狀態，政治性解決的希望渺茫，強制性措施又未能獲得安理會授權，導致極為危險的權力真空。而位於東南方的鄰國伊拉克（The Republic of Iraq），在 2011 年美軍全數撤軍後，馬利基（Nuri Kamal al-Maliki，1950 —）政權未能穩住政局，國內持續動盪不安，也給了武裝團體及恐怖組織趁虛而入的機會。

「阿拉伯之春」動盪期間，原為「蓋達組織」（AL-Qaeda）伊拉克分支，後更名為「伊拉克伊斯蘭國」的恐怖組織，聯盟遜尼派（Sunni）基本教義者，在科威特（The State of Kuwait）、卡達（State of Qatar）和沙烏地阿拉伯（KINGDOM OF SAUDI ARABIA）暗中資助下重整勢力。[33]2013 年 4 月，巴格達迪（Abu Bakr al-Baghdadi）整合地區內各激進組織建立「伊拉克與黎凡特伊斯蘭國」。2014 年 1 月，在激烈的作戰後控制敘利亞極具象徵意義的拉卡（ar-Raqqa），宣稱此為該帝國的首都。

2014 年 6 月 10 日，占領伊拉克第二大城市摩蘇爾（Mosul）及在伊拉克與敘利亞邊境擴大其恐怖勢力後，旋即於 6 月 30 日宣佈建立由單一政教領袖「哈里發」（Caliphate）統治的「伊斯蘭國」（Islamic State of Iraq and al-Sham，簡稱 IS），呼籲全球各派穆斯林宣誓效忠，復興「大阿

31　"SECURITY COUNCIL RESOLUTION 2118 (2013)," *UN Official Website*, <http://www.un.org/press/en/2013/sc11135.doc.htm>.

32　"SECURITY COUNCIL RESOLUTION 2139 (2014)," *UN Official Website,* <http://www.un.org/press/en/2014/sc11292.doc.htm>.

33　〈6 大關鍵事實 -- 你不可不知「伊斯蘭國」〉，《天下雜誌》，2014 年 9 月 3 日，< http://www.cw.com.tw/article/article.action?id=5060926 >。

拉伯」，免於被美英強權操弄。[34]

　　「伊斯蘭國」極端和兇殘程度超過其他恐怖組織，對百姓進行恐怖襲擊，以血淋淋的行動來擴展影響，打造和傳播伊斯蘭聖戰的威儸力，旨在從精神上摧毀對手和民眾的意志。[35] 其雷厲風行的建國之舉，不但造成全球恐慌，引發地緣政治衝擊，更打亂美國中東戰略佈局；當然，也導致諸多人道救援與國家保護責任的問題，使得「R2P」原則的實踐面臨更多的挑戰。

　　「伊斯蘭國」武裝佔據伊拉克與敘利亞大片地區，追殺庫德族（Kurds），殘暴獵殺斬首人質，造成全世界震驚與恐慌。綜觀過去一年，聯合國安理會針對「伊斯蘭國」危及敘利亞和伊拉克局勢的作為，包括透過 2014 年 7 月 14 日的《2165 號決議》、8 月 29 日的《2175 號決議》，強調此項暴行是無法開脫罪責的犯罪行為，有必要依照聯合國《憲章》的相關規定、國際人道主義法，盡一切努力打擊恐怖主義行為對國際和平與安全構成的威脅。[36]

　　2014 年 9 月 24 日美國總統歐巴馬（Barack Obama，1961-）在 69 屆聯合國大會中發表演說，將「伊斯蘭國」的殘忍行徑列為影響全球安全三大威脅之一。同日，安理會全票無異議通過具有約束力的《2178 號決議》，對敘利亞實施人道救援、要求鄰國提供難民協助；及實施邊境管制，以阻止外國恐怖份子入境參與「伊斯蘭國」侵略行動，並要求各國立法阻止國民前往伊拉克與敘利亞參加「伊斯蘭國」號召的聖戰。

　　聯合國也開啟「伊斯蘭國」恐怖攻擊行為以及對於人道迫害的調查，首先在 2014 年 11 月 14 日由「敘利亞問題獨立國際調查委員會」公佈題目為「恐怖統治：生活在伊斯蘭國控制的敘利亞」的報告，證實「伊斯蘭

34　盧文豪，〈伊斯蘭國的崛起與美國作為之探討〉，《國防雜誌》，第 30 卷，第 1 期（2015 年 1 月），頁 3。

35　董漫遠，〈伊斯蘭國崛起的影響及前景〉，《國際問題研究》，163 期（2014 年 9 月 15 日），頁 54。

36　〈聯合國安理會強烈譴責英國人道救援工作者遭「伊斯蘭國」組織斬首事件〉，《聯合國電台》，2014 年 9 月 14 日，< http://www.unmultimedia.org/radio/chinese/archives/213192/#.VU2Ky46qpBc >。

國」在其控制的敘利亞地區實施「恐怖統治」，並且犯下戰爭罪。其中「敘利亞衝突的各方，包括阿薩德政府都要為在敘利亞發生的針對被俘士兵和平民百姓的人權侵犯行為負責」這部分涉及國際社會對「R2P」保護責任的啟動。[37]

　　2014 年 12 月 17 日的《2191 號決議》重申對敘利亞主權、獨立、統一和領土完整及對聯合國《憲章》宗旨和原則的堅定承諾，及在 12 月 18 日的《2192 號決議》要求交戰各方遵守《部隊脫離接觸協議》（agreement on disengagement）的隔離條款。[38]

　　而除了敘利亞之外，針對「伊斯蘭國」在伊拉克境內的暴行，聯合國人權事務高級專員於 2015 年 3 月 19 日發布報告指出，「伊斯蘭國」武裝分子可能在伊拉克犯下戰爭罪和危害人類罪，其中包括對雅茲迪（Yazidi）少數教派進行種族滅絕。報告呼籲聯合國安理會考慮將伊拉克的局勢提報給國際刑事法院，並且呼籲伊拉克政府對侵犯人權的指控進行公開調查。[39]

　　2015 年 4 月 1 日起，「伊斯蘭國」攻進敘利亞首都大馬士革（Damascus）的郊區，佔領位於該地區的耶爾穆克巴勒斯坦難民營。包括 3500 名兒童在內的 1 萬 8000 名巴勒斯坦難民和敘利亞人處於危急中，潘基文呼籲，必須馬上採取行動，防止難民營中的巴勒斯坦人遭到屠殺。[40]

　　在軍事行動方面，「伊斯蘭國」宣佈建國 2 個月後，以美軍為首的多國聯軍開始對「伊斯蘭國」佔領地區進行定點轟炸，美國總統歐巴馬當時表示，空襲目的在於「分解與摧毀伊斯蘭國」（degrade and destroy）。[41] 到 2014 年 10 月 16 日，美國以保護其公民為由，對「伊斯蘭國」及其盟友

37　"Rule of Terror: Living under ISIS in Syria," *UN HUMAN RIGHT Official Website*, November 14, 2014, <http://www.ohchr.org/EN/HRBodies/HRC/IICISyria/Pages/IndependentInternationalCommission.aspx>.

38　*UN SECURITY COUNCIL Official Website*, <http://www.un.org/en/sc/documents/resolutions/>.

39　〈聯合國指伊斯蘭國可能在伊拉克犯有戰爭罪〉，《美國之音》，2015 年 3 月 20 日，< http://www.voacantonese.com/content/cantonese-10369364-iraq-rights-0319-2015-ry/2686706.html >。

40　〈亞爾穆克難民營可能發生大屠殺 聯合國告誡國際社會絕不能袖手旁觀〉，《聯合國新聞》，2015 年 4 月 10 日，< http://www.un.org/chinese/News/story.asp?NewsID=23785 >。

41　簡嘉宏，〈伊斯蘭國擴張三部曲：建國、跨出中東、統治全世界〉，《風傳媒》，2015 年 06 月 26 日，< http://www.storm.mg/article/54711 >。

「呼羅珊」（Khorasan group）等發動了 487 次空襲。為爭取政治「合法性」，美國還動員組織包括其阿拉伯與西方盟友在內超過 60 個國家參加的聯合陣線。[42]

三、國際社會束手無策

宣布建國一年以來，「伊斯蘭國」佔領區雖然飽受聯軍轟炸，但是聲勢並未被分解與摧毀，依然壯大，繼續向外攻城掠地。不僅直逼伊拉克首都巴格達（Baghdad），更讓敘利亞的阿塞德政權（Bashar al-Assad）向南逃竄，令不出大馬士革（Damascus）。[43]

在勢力擴張方面，「伊斯蘭國」持續透過各種兇殘手段擴張勢力版圖，吸收青年加入，甚至透過洗腦及軍事訓練強抓兒童成為誓言效忠「伊斯蘭國」的聖戰士。[44] 蓋達組織花了三年建立恐怖組織的領導地位，「伊斯蘭國」只用了一年，就使得全球 21 個激進恐怖組織對其宣誓效忠，輕易取代蓋達成為全球恐怖組織的領導品牌。[45]

「伊斯蘭國」除了固守敘利亞與伊拉克攻佔的領土之外，對外不斷樹敵，除了在加薩走廊向巴勒斯坦哈瑪斯政權叫陣，更在敘利亞卯上黎巴嫩真主黨。[46] 就在宣布建國即將屆滿一周年前夕，效忠「伊斯蘭國」的恐怖組織於 6 月 26 日連續策動五起恐怖攻擊事件，包括敘利亞北部村莊、法國東部城鎮伊塞爾（Isere）、科威特市（Kuwait City）的伊瑪薩迪克清真寺（Imam Sadiq Mosque）、北非突尼西亞蘇塞（Sousse）海灘飯店、非洲索馬利亞「非洲聯盟」（African Union）陸軍基地，橫跨三大洲。這些由「伊斯蘭國」承認與其相關的恐怖攻擊，死傷數百人，屠殺現地甚至到處飄揚

42　林利民，〈2014 年國際戰略形勢評析：怎一個亂字了得？〉，《現代國際關係》，302 期（2014年 12 月 20 日），頁 6。
43　簡嘉宏，〈伊斯蘭國擴張三部曲：建國、跨出中東、統治全世界〉。
44　〈伊斯蘭國建國將滿 1 周年，24 小時 5 起恐攻血洗 3 大洲〉，《ETtoday 國際新聞網》，2015 年 6 月 27 日，< http://www.ettoday.net/news/20150627/526466.htm#ixzz3eGqE1mCX >。
45　〈觀天下／伊斯蘭國元年紀事〉，《聯合新聞網》，2015 年 7 月 5 日，< http://udn.com/news/story/6809/1035839-%E8%A7%80%E5%A4%A9%E4%B8%8B%EF%BC%8F%E4%BC%8A%E6%96%AF%E8%98%AD%E5%9C%8B%E5%85%83%E5%B9%B4%E7%B4%80%E4%BA%8B >。
46　〈觀天下／伊斯蘭國元年紀事〉，《聯合新聞網》。

著「伊斯蘭國」黑色旗幟，令人感到毛骨悚然、不寒而慄。[47]

在軍事行動方面，美國總統歐巴馬（Barack Obama）坦承，在與「伊斯蘭國」交手近一年後，「我們對於 IS 依然束手無策（we do not yet have a strategy to defeat ISIS）」。[48]美國和西方國家都知道，轟炸不足以竟其功，唯有派出地面部隊清剿、鞏固與整頓，才能奏效。[49]但是，由於多所忌憚，歐巴馬始終堅持不派出地面部隊，國際社會只有眼睜睜看著「伊斯蘭國」對於中東國家土地的強取豪奪，以及對於世界秩序的重度破壞。[50]而基於各國在地緣政治的現實考量上各有盤算，因此在戰略上也很難達成總體性的統合，對區域情勢造成深遠的影響。[51]

聯合國對於「伊斯蘭國」在敘利亞及伊拉克境內所犯的罪行，到現在為止，也只限於「繼續密切關注事態發展」；而被視為對「伊斯蘭國」正面迎戰宣示的《2178 號決議》，也只是限於「繼續密切關注事態發展及毫無作用的公開譴責」。若想要比照利比亞內戰的處理方式，在安理會通過決議，啟動「R2P」原則採取強制性的人道救援行動，並不容易。據此，很難預期在「伊斯蘭國」暴行下的難民能夠獲得即時的國家保護，而「伊斯蘭國」恐怖組織的惡夢也無法在短時間內從國際社會消失。

伍、幾個思考面向

一、 「R2P」原則的通用性

「R2P」在 2005 年透過《世界高峰會議成果文件》成為國際社會共同遵守的指導性原則後就充滿爭議，對於其施行的標準也有不同的解讀。2001 年「ICISS」提出的報告提到，國際社會干預的目的是為了防止本來可以避免的災難，但是要如何判斷哪些災難是能夠被避免的？國際社會投入強制性的軍事干預行動後其結果就一定會比想要避免的災難更好嗎？要如

---

47 〈伊斯蘭國建國將滿 1 周年，24 小時 5 起恐攻血洗 3 大洲〉，《ETtoday 國際新聞網》。
48 簡嘉宏，〈伊斯蘭國擴張三部曲：建國、跨出中東、統治全世界〉。
49 〈觀天下／伊斯蘭國元年紀事〉，《聯合新聞網》。
50 簡嘉宏，〈伊斯蘭國擴張三部曲：建國、跨出中東、統治全世界〉。
51 〈觀天下／伊斯蘭國元年紀事〉，《聯合新聞網》。

何界定國家政體沒有能力或不願採取保護平民的措施？達到哪個人道慘劇的標準國際社會就有強行介入的必要？這些都具有非常強烈的主觀因素。

「R2P」適用範圍限制在種族滅絕、種族清洗、危害人類和戰爭罪四種以現有國際法和條約所確定的罪名，不能隨意濫用。利比亞內戰開創先河，促成國際社會採取堅定立場，反對危害民眾的獨裁統治者。如本篇報告所述，聯合國安理會之所以能夠達成共識，對利比亞採取強制性的軍事行動，係因為同時滿足「R2P」在聯合國框架內採取軍事行動的五項基本原則，學界許多討論甚至認為利比亞干預行動使得「R2P」原則合法化，為獨裁者敲響了警鐘。

然而，我們從敘利亞內戰及衍生而起的「伊斯蘭國」人道危機，看到「R2P」原則的適用仍然存在不同的標準與變數；2005 年《世界高峰會議成果文件》有「通過安全理事會逐案處理」的共識，加上各國並沒有強制性的法律義務要去實踐保護責任的倡議，因此難以根據利比亞行動作為「R2P」普遍模式的建立與發展，認定國際社會遊戲規則的改變。「R2P」原則將會淪為道德性的原則，無法成為具有約束力的通用法則；而安理會對於利比亞軍事行動的授權，也不會成為通案。

二、　非國家行為者的約制

法國國際關係研究所（IFRI）所長蒂埃里・蒙布里亞爾（Thierry de Montbrial，1943-）認為，20 世紀後葉國家主權原則面臨的侷限雖然不斷增加，「但這些侷限原則上是契約性的，即理論上具有可逆轉性」，例如，國家可以透過退出國際制度規避責任。[52]

「伊斯蘭國」在敘利亞與伊拉克各佔領約 1/3 土地，面積約等同整個英國。這塊地區中約有 1000-1200 萬人口，[53] 就領土與人口而言，「伊斯蘭國」儼然是一個存在的政治實體。然而，對伊拉克及敘利亞來說，「伊斯蘭國」是反叛組織；對於鄰近國家來說，「伊斯蘭國」將是一個具有強

52　毛維准、卜永光，〈負責任主權：理論緣起、演化脈絡與爭議挑戰〉，頁 52。
53　〈遠逾西方估計「伊斯蘭國」至少擁 20 萬戰士〉，《風傳媒》，2014 年 11 月 17 日，＜ http://www.storm.mg/article/24677 ＞。

大威脅的侵略者；對國際社會來說，聯合國安理會於 2014 年 7 月 30 日認定「伊斯蘭國」為國際恐怖主義組織。[54]

　　聯合國曾經透過多次調查報告，譴責「伊斯蘭國」的罪行，包括 2014 年 11 月 14 日「恐怖統治：生活在伊斯蘭國控制的敘利亞」報告，認定「伊斯蘭國」犯下戰爭罪；2015 年 2 月 26 日，譴責「伊斯蘭國」蓄意破壞文化遺址的行徑可構成戰爭罪；[55]2015 年 3 月 19 日提出調查報告，表示「伊斯蘭國」對少數族裔和宗教團體所進行的襲擊以及其他侵犯人權的罪行可能犯有種族滅絕罪、戰爭罪和危害人類罪行。[56]

　　聯合國也將調查報告提交於 2015 年 3 月 25 日召開的聯合國人權理事會第 28 屆會議，譴責當局未能有效保護轄區內人民；並籲請聯合國安理會以最強烈的措辭對伊拉克境內發生的這些罪行表明態度，並考慮將伊拉克的情況移交國際刑事法院處理。[57]

　　然而，「伊斯蘭國」並非現存國際制度體制下的國家行為者，也未曾簽署任何涉及義務與責任的國際公約；「伊斯蘭國」罪行發生地點是在敘利亞與伊拉克境內，這兩個國家都不是《羅馬規約》締約國，國際刑事法院無法對其領土上發生的罪行行使管轄權；因此，國際刑事法院於 2015 年 4 月 8 日表示，目前對「伊斯蘭國」領導人啟動犯罪調查所需的管轄權基礎還過於薄弱，[58]對「伊斯蘭國」提出的相關起訴與控告很難產生作用。

　　「R2P」原則對於國家行為者產生恫嚇作用，在 2011 年利比亞干預行動中獲得實踐。無論是以恐怖組織或是侵略者界定「伊斯蘭國」的角色，

54　董漫遠，〈伊斯蘭國崛起的影響及前景〉，頁 61。

55　〈「伊斯蘭國」大肆毀壞伊拉克古城 教科文組織稱破壞文化遺產可構成戰爭罪〉，《聯合國新聞》，2015 年 3 月 6 日，< http://www.un.org/chinese/News/story.asp?NewsID=23568 >。

56　〈「伊斯蘭國」恐怖罪行和可能犯下的種族滅絕罪〉，《聯合國新聞》，2015 年 3 月 19 日，< http://www.un.org/chinese/News/story.asp?NewsID=23648&Kw1=%E4%BC%8A%E6%96%AF%E5%85%B0%E5%9B%BD&Kw2=&Kw3= >。

57　〈「伊斯蘭國」可能犯下了戰爭罪、危害人類罪和滅絕種族罪〉，《聯合國新聞》，2015 年 3 月 25 日，< http://www.un.org/chinese/News/story.asp?NewsID=23685&Kw1=%E4%BC%8A%E6%96%AF%E5%85%B0%E5%9B%BD&Kw2=&Kw3= >。

58　〈受管轄權所限尚難啟動對「伊斯蘭國」領導人的調查和起訴〉，《聯合國新聞》，2015 年 4 月 8 日，< http://www.un.org/chinese/News/story.asp?NewsID=23772&Kw1=%E4%BC%8A%E6%96%AF%E5%85%B0%E5%9B%BD&Kw2=&Kw3= >。

在仍屬於非國家行為者的情況下，很難據以援引國際法對其殘暴的侵略行為，及違反人類罪進行控訴與判決。而受其迫害的人民也無法援引聯合國「R2P」原則，發動國際社會施行保護責任，只能從其他人道救援管道提供協助。

三、　人道干預的戒慎

聯合國《憲章》第 2 條與第 51 條揭示主權平等原則、不干預原則與自衛權等權力。[59] 聯合國安理會是實施或授權「R2P」的唯一權威，武力干預是最後的手段。[60]《憲章》載明需尊重各國領土完整與政治獨立，並規定使用武力的兩項例外，其一是因強制和平措施而經授權採取的軍事行動，以及因維護國家安全與生存所採取的武力自衛。[61]

冷戰結束後，主權國家內部衝突遽增，人道慘劇不斷發生。1992 年 6 月 17 日，聯合國第六任秘書長蓋里（Boutros Boutros-Ghali，1922-）提交《和平綱領：預防外交、建立和平和維持和平》報告，為安理會干預一國內政提供新的理論依據，促進安理會的相關實踐。[62] 當內戰、種族屠殺等大規模人道危機發生時，國際社會都是透過安理會的決議，考量事件或局勢對於國際和平與安全的威脅程度，據此決定是否要介入。

在多次人道慘劇發生之後，西方國家提出「人道主義干預」[63] 的見解，但是包括中國在內的發展中國家對此普遍抵制，擔憂西方強國以「人道主義干涉」為工具，侵犯發展中國家自身主權。2001 年「ICISS」提出的《R2P》概念，是擴大國家保護義務，同時將國際社會對於干預權力的爭論轉為共同解決問題的責任承擔，但是並沒有解決疑慮，沒有獲得大多數發展中國

59　UN Official Website, *CHARTER OF THE UNITED NATIONS,* <http://www.un.org/en/documents/charter/>.

60　毛維准，卜永光，〈負責任主權：理論緣起、演化脈絡與爭議挑戰〉，《國際安全研究》，第 2 期（2014 年），頁 57。

61　UN Official Website, *CHARTER OF THE UNITED NATIONS,* <http://www.un.org/en/documents/charter/>.

62　甄妮、陳志敏，〈不干預內政原則與冷戰後中國在安理會的投票實踐〉，頁 24。

63　根據日本《國際法辭典》，人道主義干涉是指一個國家為制止在別國發生的非人道事情而進行的干涉，也就是從人道主義的觀點出發而對別國內政進行的干涉。

家的贊同。[64]

　　《憲章》第二條第四款規定不得使用威脅或武力侵害國家領土完整或政治獨立，《1973 號決議》在於施行保護平民的責任，但是利比亞軍事行動的結果，不但造成大量平民傷亡，被異化為「政權更迭」的戰略企圖[65]，更直接挑戰《憲章》不干預內政的規定；而強制行動的結果也沒有平息戰火穩定局勢，2015 年 4 月緊張情升高，也給了「伊斯蘭國」入侵擴大勢力的空窗。

　　許多發展中國家擔心大國對衝突國家以「維護人權」為名卻行「侵犯主權」之實，若予以認同，將有可能種下他日自身無法迴避的禍端；這些疑慮，使得國際社會對於「R2P」原則的啟動，和強制性軍事行動的授權趨於戒慎小心，軍事行動的合法授權難度增高。因此面對「伊斯蘭國」的武力擴張、許多平民受到迫害傷亡、人道救援的緊迫性、區域的衝突與動盪，儘管諸多條件都已經符合啟動「R2P」的保護責任，但是安理會仍然受到《憲章》不干預原則的限制，無法獲得一致共識，對該地區人民依照「R2P」原則採取強制性救援措施，動盪與災難持續擴散，無法在短時間內消彌平息。

四、　國家主權與人權

　　2001 年「ICISS」提出的「保護」義務，和 2004 年聯合國「威脅、挑戰和改革問題高級別小組」側重的「預防」義務，使得國家主權成為一種「條件性」規則，國家不再是單純的「自由能動者」（free agents），而是「國際共同體的成員」或「國際共同體的好公民」。[66]國家權力運用的合法性必須有其他依據，我國學者蔡育岱教授認為這些依據來自國際社會對「主權」應盡的義務與要求，《R2P》正是針對此而回應。[67]

64　甄妮、陳志敏，〈不干預內政原則與冷戰後中國在安理會的投票實踐〉，頁 24-25。
65　沈丁立，〈軍事干預利比亞已超限度〉，《環球新聞網》，2011 年 3 月 22 日，< http://opinion.huanqiu.com/1152/2011-03/1579255.html >。
66　阮宗澤，〈負責任的保護：建立更安全的世界〉，《國際問題研究》，第 3 期（2012 年 5 月 13 日），頁 16-19。
67　蔡育岱，〈國際人權的擴散與實踐：以「國家保護責任」的倡議為例〉，頁 155。

繼「R2P」原則的確立，聯合國於 2007 年成立聯合國人權委員會（UN Human Rights Council），此被解讀為國際社會的遊戲規則已經由注重國家主權，轉向重視個人基本人權的分水嶺。[68] 然而，對於國家主權與人權孰重孰輕的討論，側重國家主權的學者認為，「R2P」缺乏用於界定人道主義危機及嚴重危害的「清晰標準」，包括暴行所導致危害的具體程度、傷亡程度等的可接受範圍，以及現實長久安全目標的手段等，這些標準的任意界定可能會損害人道干預對象國的國家主權。[69]

而主張人權高於國家主權的論述，則認為儘管資訊化以及全球化相互依賴的提高，使得國家間基於成本無法負荷而不敢輕啟戰爭，但是，所謂「失敗國家」（failed state）政府機器的短路與腐敗，政權領導人的顧頇強勢，導致對領土、人民、經濟的維護都毫無章法，人民動盪不安，區域衝突不斷，這些都挑戰並考驗著國家主權至高無上的概念。

發展中國家及威權獨裁國家更是堅持國家主權的重要性和不可替代性，認為國家主權是國際法的主體，在國際關係中也具有獨立、平等和不可侵犯性，若破壞這些原則，則容易引起國際秩序混亂。

2015 年 4 月 15 日聯合國兒童基金會和教科文組織共同發表有關中東和北非地區失學率的報告，報告指出中東北非地區現有 1,230 萬兒童和青年失學，還有 600 萬兒童面臨失學危險。其中，敘利亞和伊拉克衝突造成 300 萬兒童失學，隨著衝突不斷擴大，這些兒童將面臨知識與技能的喪失，成為「垮掉的一代」。[70] 這項報告顯示嚴重的人權侵害，在國家無法對人民提供基本人權保護的情況下，國際社會對於國家主權至上的思維有必要重新思考。

五、　負責任的保護

「R2P」的討論引發學界對「負責任主權」（responsible sovereignty）

68　高英茂，〈從利比亞案看國際制裁的演變〉，頁 54。

69　毛維准，卜永光，〈負責任主權：理論緣起、演化脈絡與爭議挑戰〉，頁 57。

70　〈聯合國報告：中東北非地區 超過 2100 萬青少年兒童難以入學〉，《聯合國新聞》，2015 年 4 月 15 日，< http://www.un.org/chinese/News/story.asp?NewsID=23820 >。

的關注，這個理論被視為當代學者試圖解釋當前國際政治現實、解決各種全球性問題、並因應相關理論進展而提出的一種理念與政策選擇。[71]

中國學者阮宗澤教授認為在還未成為正式的法律框架之前，保護的責任所有決策都是依照個案處理，因此呼籲必須要有以下的反思：1. 容易被濫用來改變一國政權，這與《聯合國憲章》的宗旨相違背；2. 人道主義干預的非人道後果誰來負責？3. 如何實現「保護過程中的責任」以及「適可而止」等原則？4. 是否一定要用武力才能實現「R2P」？5. 保護誰、放棄誰？如何面對雙重標準？[72]

阮宗澤教授同時呼籲應及時提倡「負責任的保護」（Responsible Protection，RP）理念，其基本要素包括：1. 要解決對誰負責的問題；2. 何謂「保護」實施者的合法性；3. 嚴格限制「保護」的手段；4. 明確「保護」的目標；5. 需要對「後干預」、「後保護」時期的國家重建負責；6. 聯合國應確立監督機制、效果評估和事後問責制，以確保「保護」的實施手段、過程、範圍及效果。[73]

陸、結語

一、「R2P」原則實踐的可能發展

「R2P」原則主要聚焦在人道保護，其可以援引的法律基礎固然能夠作為正當性的主要支撐，但是其執行成效仍然必須取決於安理會的態度。從實踐成效來看，可以明確「R2P」係做為人道保護的指導性原則，而其行動方針則是透過「維持和平行動」。第二次世界大戰後，聯合國以「維持和平行動」作為處理國際衝突、維持區域安全、重建和平和緊急人道救援的重要機制。從以下表列發現，截至 2015 年 7 月 20 日為止，在總數 71 件被安理會授權的維和行動中，非洲和中東地區 41 件，約占 58%；目前還在進行的件數共 17 件，這兩個地區有 12 件，約佔 7 成。

71　另一說為「作為責任的主權」(sovereignty as responsibility)，參見毛維准、卜永光，〈負責任主權：理論緣起、演化脈絡與爭議挑戰〉，《國際安全研究》，第 2 期（2014 年），頁 43。
72　阮宗澤，〈負責任的保護：建立更安全的世界〉，頁 16-19。
73　阮宗澤，〈負責任的保護：建立更安全的世界〉，頁 20-21。

表一、《聯合國維持和平行動統計表》[74]

地區別	已完成維和行動件數	正在進行維和行動件數	合計	百分比
美洲地區	8	1	9	13%
歐洲地區	8	2	10	14%
中東地區	7	3	10	14%
亞洲和太平洋地區	9	2	11	15%
非洲地區	22	9	31	44%
合　計	54	17	71	100%

「聯合國維持和平」官網首頁定義維和行動旨在「為遭受衝突的國家創造實現持久和平的條件」。學者蒙布裡亞爾也認為，只要做為根源的根本原因依然存在，衝突特別是戰爭的可能性就不能排除。[75] 國際社會在看待衝突與動盪局面時，經常從「軍事視角」治標，而忽略從「治理視角」治本。拋開地區的面積與國家的數量因素，維和行動的統計結果點出國際社會需要對中東與非洲地區的動盪以及人道干預的投入進行不同角度的反思。

從「R2P」原則實踐和維和行動的案例中發現，在安理會授權難以達成共識的情況下，國際社會已經從有責任的保護角度切入，增強區域組織及非國家組織的角色扮演，掌握非強制性行動的成效。未來，區域組織的角色鮮明，自主性逐漸增強，聯合國的約束力與角色功能將相對受到擠壓。

在五個常任理事國立場不一、相互杯葛的情況下，未來能否透過緊急聯大的機制發生作用，或者有可能將「否決權」(Veto) 的使用限縮排除人道議題，這些都是未來有可能產生變化且值得繼續關注的發展。

74　筆者自製，資料來源參考 UN Peacekeeping Official Website，2015 年 5 月 9 日，< http://www.un.org/en/peacekeeping/ > .

75　Montbrial Thierry De 著，莊晨燕譯，《行動與世界體系》（北京大學出版社，2007 年 9 月），頁 80。

二、人道干預不是唯一良方

中國古代農民因飢餓而起義造反，現代國家因民生凋敝而醞釀動亂根源，這個道理古今中外皆然。中東地區衝突不斷，素有「近代火藥庫」之稱；非洲地區多數國家失能，導致戰火頻仍、民不聊生。這些長期受到國際社會關注、聯合國投入大量資源的國家，人道干預與不斷的救援行動都無法成為解決根本問題的良方，這些國家還有比人道干預更加棘手的問題需要解決，包括國家功能的重新定位，以及有效的國家治理和善政模型的建立。

「伊斯蘭國」建國背後的因素錯綜複雜，無法一言以蔽之，西方國家強大的軍事攻勢也無法為這些亂麻撥亂反正。面對自 2014 年 6 月宣佈建國，經過一年後的今日，國際社會仍然對「伊斯蘭國」的武裝擴張束手無策，美國國際關係學者 Andrey Kurth Cronin 建議國際社會對「伊斯蘭國」必須採取「圍堵」政策，透過外交途徑統一對「伊斯蘭國」回應，包括防止其激進化及繼續在世界各國招聘聖戰士，鄰近國家共同擔起邊境維和的責任，並實施武器禁運與經濟制裁等措施。[76]

就責任角度來看，這些階段性的措施，可以將衝突與威脅逐漸約束在有限的範圍。但是就長遠計，除非國際社會承認「伊斯蘭國」的國家地位，否則無論作為侵略者或是恐怖組織，其所造成的人道迫害，首先都要從敘利亞和伊拉克這兩個國家的政府承擔保護責任，再由國際社會依照其能力與意願提供必要的介入與協助。在危機解除後，歸根究底還是要回到國家政權的有效治理和國家的善政模型，否則戰爭衝突和人道慘劇仍會持續發生，這部分也才能夠回應「R2P」原則「預防」與「重建」的目的。

三、國家保護責任誰來承擔

「R2P」的基本精神在於國家「保護責任」的承擔，與國際社會「介入保護」的必要性與即時性。面對「伊斯蘭國」所造成的罪行與人道迫害，若要依照「R2P」原則尋求強制性軍事行動授權，爭議太多，所導致的結

76　Andrey Kurth Cronin, "ISIS Is Not a Terrorist Group," *Foreign Affairs*, Volume 94, Number 2. (March/April 2015), pp. 87-98.

果也將更難善後；反不如回到其原本的「道德」高度，避免淪為強國操弄的工具。

　　然而，國際社會對於非國家行為者的道德約束力相對薄弱；佔領區內的難民及受到迫害的人民，其人權很難受到保障。再者，敘利亞與伊拉克境內武裝衝突不斷發生，政府不但無法保護被屠殺的平民，領土也持續失守，連自保都有問題，大量難民潮更對區域和平與穩定造成嚴重影響。

　　目前伊拉克與敘利亞國境內政治勢力與武裝團體山頭林立，有點類似中國軍閥割據時期，在政治現實上各有算計，聯合國要與這些山頭勢力進行衝突的調停，也很難明確談判的代表性及掌握調停的具體成效。有關人道救援的工作，很難落實；而對於國家保護責任的實踐要求，在責任上也不易明確。

　　這些問題同樣出現在其他處於動盪中的國家，其所涉及的國際政治現實、大國的利益分配、地緣政治上的權力平衡、新舊勢力的相互角力…，這些從外部的「大山頭」到國家內部的「小山頭」都是偏向道德性的「R2P」原則所無法扭轉與影響的。

四、「R2P」原則的延伸

　　「R2P」原則在國際社會引起關注與討論，主要是為了防止本來可以避免的災難，對於「R2P」原則的啟動，也以國家內部武裝衝突和因戰爭而引發的人道迫害為考量方向。然而，就人道救援的類型來看，除了「R2P」原則所訂定的四項人道危機之外，一國政府對天然災害救援的失能與失控，例如地震、核爆，導致大量的傷亡與災害的持續擴大，甚至將造成鄰近國家的動盪與不安，此時國際社會能否啟動保護責任的介入協助？

　　從量化的角度來看，如何從多少受害者人數、多麼兇殘的手段、多大的暴力規模、多少次勸誡不從？來界定國家成為施暴者或是無能的執政者，因而可以啟動國際社會的介入？從行為者的角度來看，如何界定國家政體沒有能力或不願採取保護平民的措施？人道危機發生當下的介入究竟是國際社會的責任還是權利？而人權加害者若非國家行為者，他國可以介

入的角度和條件為何？這些原本設定想要避免災難的國家保護措施，都是「R2P」原則實踐過程必然會遇到的質疑與挑戰，值得繼續關注與研究。

五、國際話語權的角力

2015 年 6 月 22 日至 24 日在美國華盛頓舉行的第七輪中美戰略與經濟對話，雙方達成通過政治手段解決敘利亞問題的共識，但是對於「R2P」原則裡的人道干預授權仍然沒有鬆口，僅止於呼籲國際社會按照聯合國指導原則增加人道主義援助，建立共同的反恐合作機制，同時也未直接涉及「伊斯蘭國」建國的議題。。[77]

在人權觀點上，中國堅持的「不干預他國內政，尊重一國主權」，與以美國為首的西方國家所主張的「R2P」，形成「普世價值」話語權的角力。聯合國曾引用「R2P」原則對利比亞進行軍事干預，中國必然顧忌且防堵「R2P」原則形成國際慣例，以避免成為西方國家介入台灣與新疆問題的法源基礎。據此，「R2P」原則的實踐，在未來只要涉及干預內政與侵犯國家主權，勢必在安理會受到中國的否決，這部份的發展值得繼續觀察。

此外，回教新興勢力的形成，已經無可避免；西方國家儘管並不樂見回教世界趨於統一，也必須面對情勢的轉變。在短時間內無法完全殲滅「伊斯蘭國」，幫助敘利亞與伊拉克重拾被佔領國土的情況下，未來「伊斯蘭國」是否會走向巴勒斯坦（State of Palestine）模式，從解放組織建國，逐步獲得各國承認，最終在聯合國獲得非會員觀察國的席位，這方面的發展，將造成美中兩國的相互較勁，國際社會也將面臨長期的嚴苛考驗。

---

77 〈第七輪中美戰略與經濟對話方塊架下戰略對話具體成果清單〉，《國際日報》，2015 年 6 月 27 日，< http://www.chinesetoday.com/big/article/1014662 >。

從安理會否決巴勒斯坦建國案
探討以巴爭端的前景

宋修傑 [*]

摘要

　　本研究將以近期安理會否決巴勒斯坦建國案等事件發展，探討以、巴爭端的前景。主要針對兩面向：第一，本次的巴勒斯坦建國案遭否決，背後的因素是如何？未來以、巴問題仍將否維持在聯合國主導的體系下進行談判，或是演變為美國等大國政治交換的籌碼。第二，聯合國介入以、巴問題至今，經過了幾次階段性的轉折，巴勒斯坦人道災難以及難民、屯墾區、耶路撒冷地位、劃界、甚至水資源爭奪等問題，仍然未能獲得解決，其中的干預是否具有正當性與合理性，又前景如何變化。

　　透過本研究，將針對聯合國在處理以、巴問題，有關作為的弊病提出探討，進而能使巴勒斯坦問題獲得重視；更盼能在不久的將來，以色列於境內佔領區的不公平作為與歧視，能早日得到緩解，以巴爭端和平落幕重現曙光。

---

* 淡江大學國際事務與戰略研究所博士研究生

壹、前言

　　聯合國安全理事會 103 年 12 月 30 日進行了巴勒斯坦建國問題的決議案表決，美國投下了否決票。該決議案要求以色列撤出巴勒斯坦被佔領土。規定以色列必須在 2017 年撤出約旦河西岸和加沙地帶，恢復 1967 年以巴戰爭之前的邊界，東耶路撒冷將是新巴勒斯坦國的首都。並且為以巴雙方必須在一年內達成一項和平協議，開出了時間表。[1]

　　此項議案是由中東國家約旦（Jordon）在 103 年 12 月 17 日代替巴勒斯坦，向聯合國安全理事會提交的決議草案，並受到阿拉伯國家的支持。如果該議案獲得通過，巴勒斯坦的國家地位將在世界範圍內被得到承認，而東耶路撒冷將成為其首都。

　　惟，該議案通過的門檻，不僅需要三分之二多數，即 15 個理事國中 9 個投贊成票；而且還需要獲得所有常任理事國的一致同意。其中，澳大利亞和美國投了反對票，包括英國在內的其他 5 個國家投了棄權票。議案獲得 8 張贊成票，由於美國同時也動用了安理會常任理事國否決權，最終未能通過。其實，美國只需動用自己在常任理事國的否決權，本案本已無法通過；為求慎重，還拉攏其他非常任理事國的支持，在此事上，形成一股結盟勢力的意味濃厚。巴勒斯坦駐聯合國代表曼蘇爾則是對安理會提出批評，抨擊安理會沒有履行應盡的職責。

　　這次的提案表決中，5 個常任理事國之中，法國、俄羅斯與中國投下贊成票。各方原本預期非常任理事國的奈及利亞也會投下贊成票，結果半數人口是穆斯林的奈國受到美國壓力，最後選擇棄權。華府顯然不希望出現「9 票門檻已過、美國獨力反對」的難看局面。

　　美國的阻撓似乎意味著，以巴問題短期不會得到解決，美國自外於聯合國體系下，繼續主導以巴和談的格局不會有變化。巴勒斯坦人道災難以及難民、屯墾區、耶路撒冷地位、劃界、甚至水資源爭奪等問題，都將持續下去。美國駐聯合國大使鮑爾（Samantha Power）表示，表決結果並非

1　〈美國否決有關巴勒斯坦國的安理會決議案〉，《美國之音》，2014 年 12 月 31 日，< http://www.voacantonese.com/content/us-20141231/2580167.html >。

代表以色列的勝利，若以國堅持以移居方式占領土地，以巴達成和平的機會只會愈來愈小。[2]

身為以色列最忠實盟友，美國從一開始就表明反對這項決議案，堅持以巴雙方必須先達成和平方案，而不是由聯合國訂定時間表。冷戰年代迄今，美國在聯合國一直無條件支持以色列，幾乎封殺了所有對以色列不利的決議案。

儘管美國常駐聯合國代表鮑威爾事後對投否決票表示，以巴和平必須通過艱難抉擇與妥協才能實現，而該決議案並不能讓雙方更接近於解決以巴兩國共處問題。但，本次提案仍然凸顯許多重要問題。

約旦本次提案的案文遭到否決，結果並不意外，它提出的與聯合國自1949 年以來對巴政策截然不同之處，是在「結束以色列自 1967 年以來佔領」作為解決方案，並呼籲「安排（包括透過第三方勢力）來保證和尊重巴勒斯坦國主權[3]」。這項呼籲與說法力道強勁，過去不曾出現過，當然對聯合國形成壓力。

在探討本次提案遭到否決相關因素之前，先針對聯合國與巴勒斯坦自1949 年迄今重要決議案有關背景，作一概述：

貳、聯合國處理巴勒斯坦問題之角色分析

歷史背景來看，1947 年聯合國通過決議，將巴勒斯坦地區分為兩個國家，並給予猶太移民多數土地成立以色列時，未顧及原本的巴勒斯坦居民。他們不願接受這樣的結果，而鄰近的埃及、伊拉克、約旦、敘利亞、以及黎巴嫩也因此向以色列宣戰，引發第一次中東戰爭。戰爭的結果是以色列向外擴展了 5 千平方公里，瓜分掉原巴勒斯坦國成立的土地。隨著戰火消弭，四處避難的巴勒斯坦居民被以色列築起的層層高牆拒絕在外，只能流

2　范捷茵，〈巴勒斯坦建國遭否決 揚言法庭見〉，《台灣醒報》，2014 年 12 月 31 日，< https://anntw.com/articles/20141231-18Sy >。

3　John R. Bolton, "The UN vote on Palestine was a rehearsal," *The Wall Street*, Jan. 1, 2015. 有關 Jordon 決議案原文："brings an end to the Israeli occupation since 1967," and calls for "security arrangements, including through a third-party presence, that guarantee and respect the sovereignty of a State of Palestine."

落在加薩走廊、西岸及約旦等地，建立一處暫時的安身之地，當初選擇留在牆內的巴勒斯坦居民，成為以色列的次等公民。

以色列對「應許之地[4]」的執著，進一步激化了與阿拉伯民族與巴勒斯坦人的對立。此外，以色列在加薩走廊、西岸等地建立「屯墾區」（Israeli Settlers on West Bank），打造各種公共建設，大肆擴張以色列的領土。

針對聯合國與巴勒斯坦自 1947 年迄今重要決議案有關背景，作一概述：

聯合國該針對巴勒斯坦建國等問題日前出版最新之公開出版品《巴勒斯坦問題與聯合國》一書，認為要永久[5]解決巴勒斯坦問題之癥結點有三點，分別是「巴勒斯坦難民」（Palestine refugees）、「被佔領巴勒斯坦土地內的以色列屯墾區」（Israeli settlements in the occupied Palestinian territory）、以及「耶路撒冷的地位」（The Status of Jerusalem）[6]。

針對難民問題，聯合國在 1949 年 12 月大會建立了聯合國近東巴勒斯坦難民救濟和工程處（United Nations Relief and Works Agency for Palestine Refugees in the Near East，UNRWA），持續在約旦、黎巴嫩、敘利亞、西岸和加薩地區提供教育、保健、救濟援助和各種社會服務，這個機構成為聯合國在協助巴勒斯坦難民的第一線主力，它的運作成果頗為顯著，也使得難民問題在該三項癥結點當中，屬於較為單純易於解決的一項。

屯墾區及耶路撒冷地位問題則是巴勒斯坦問題爭議較大的部分。安全理事會在 1979 年 3 月 22 日第 446 號決議[7]中決定，安全理事會在 1979 年 3 月 22 日第 446 號決議中決定，「造成在巴勒斯坦領土和自 1967 年以來

4　應許之地（希伯來語：תחטבומה ץראה、ha-Aretz ha-Muvtachat）原指猶太教經書塔納赫中，上帝耶和華向猶太人的祖先亞伯拉罕（又名亞伯蘭）的後裔和他的兒子以撒及以撒的兒子雅各，應許賜給他的後裔在中東從尼羅河至幼發拉底河的土地。以色列人從宗教、歷史等因素詮釋所謂「應許之地」，指從 1948 年以色列國成立之後，以色列人重新回到了這塊土地，是神的旨意。

5　聯合國，《巴勒斯坦問題與聯合國》（紐約：聯合國，2008 年），<https://unispal.un.org/pdfa/DPI2499c.pdf>。

6　聯合國新聞部，《巴勒斯坦問題與聯合國》。

7　〈焦點問題：被佔領巴勒斯坦領土內的以色列定居點〉，《巴勒斯坦問題》，< http://www.un.org/chinese/peace/palestine/focus/settlements/settlements.htm >。

佔領的其他阿拉伯領土上建立定居點的政策和做法沒有任何法律效力，嚴重阻礙在中東實現全面、公正和持久和平」。安理會通過這項建議設立了一個委員會，由玻利維亞、葡萄牙和尚比亞這三個非常任理事國組成，審查與在包括耶路撒冷在內的被占領土上建立定居點的情況。儘管委員會多次發出呼籲，但在執行任務時卻未能得到以色列政府的合作。然而此項決議並沒有得到當事國—以色列政府的積極配合，使得這個問題至今沒有最佳解決方案。

1967 年「六日戰爭」後，以色列占領了東耶路撒冷和西岸地區，將統一後之耶路撒冷視為其首都，而安全理事會第 252 號決議[8]中明確表示：「以色列採取之一切立法與行政措施及行動，包括徵用土地及其上財產在內足以改變耶路撒冷之法律地位，概屬無效，且不能改變此種地位」。有關耶路撒冷地位之問題，牽動著以巴談判是否有辦法繼續進行，以及巴勒斯坦最終地位之結果，學界提出的解決方案眾多，但問題複雜難解，屬於巴勒斯坦問題中最核心議題。

聯合國在巴勒斯坦問題中所扮演之角色，大致可分為四個階段，分別是：（1）1947 年－ 1967 年「積極涉入到退居中間」；（2）1968 年－ 1988 年「溝通者」；（3）1989 年－ 2000 年「和談促進者」；（4）2001 年迄今「觀察者」。這四個角色的有關分析，如下：

從聯合國大會 181 號決議案[9]，決定以巴分治開始，巴勒斯坦問題成為國際焦點問題，1948 年以色列獨立戰爭後，以色列如願建國，而巴勒斯坦國則並未出現，埃及占領了加薩走廊、約旦占領了約旦河西岸地區，使得巴勒斯坦問題逐漸演變為流血衝突。在此一階段，聯合國大會 181 號決議可說是相當重要的文件，該決議成立了巴勒斯坦問題特別委員會，並提出了解決巴勒斯坦問題的「政治獨立經濟合一計畫」。也建議了區域性經濟聯盟的框架。聯大也決定成立耶路撒冷國際特別政權（耶路撒冷獨立個

8　聯合國「巴勒斯坦問題」，〈聯合國大會 252 號決議〉，< http://www.un.org/chinese/peace/palestine/backgrounds/documents/resolution252.pdf >。

9　聯合國「巴勒斯坦問題」，〈聯合國大會 181 號決議〉，< http://www.un.org/chinese/peace/palestine/backgrounds/documents/resolution181.pdf >。

體），由聯合國管理。根據方案，應於 1948 年 8 月 1 日，英國逐漸撤出
其軍隊並結束其在巴勒斯坦的委任統治。聯合國這份決議的出發點是積極
的將兩個國家推向各自獨立，並且理想式的訂出了時間表。雖說其目標始
終沒有實現，但在此一時期，聯合國除了在分治案扮演巴以之間的中間人
之外，亦在阿以衝突中扮演著關鍵的中間人角色。

　　1967 年六日戰爭結束之後，巴勒斯坦問題產生了相當程度的變化，
所有土地演變成為以色列強力控制下的，1973 年第四次阿以戰爭（又稱贖
罪日戰爭）迫使「聯合國緊急部隊」不得不派兵駐紮，也使得當時之中東
局勢格外緊張。聯合國安理會通過之 242 號決議 [10] 和 338 號決議 [11]，確立了
聯合國對於阿以戰爭，以及巴勒斯坦問題的立場。1974 年，巴勒斯坦問題
重新進入了聯大的議程。聯大 3236（XXIX）號決議 [12] 重申巴勒斯坦人民享
有自決權、獨立主權以及返回家園的權利。1975 年，大會成立了巴勒斯坦
人民行使不可剝奪權利委員會，至此巴勒斯坦問題不在是阿以衝突中的一
環，而聯合國也在以、阿衝突中，從中間者轉變為扮演溝通者之角色。

　　1988 年巴勒斯坦建國的希望開始在國際萌芽，美國開始願意跟巴解對
話，伴隨著冷戰的結束、波灣戰爭後美國國際聲望的抬頭，以及馬德里和
會 [13] 和奧斯陸協議 [14] 的確立，亦為巴勒斯坦問題之解決帶來曙光。此一階段

10　《聯合國安理會 242 號決議》是聯合國安全理事會於 1967 年 11 月 22 日在第 1382 次會議上
　　一致通過的一項決議，是由英國提案的。該決議援引聯合國憲章第二條，要求以色列撤離
　　其在 1967 第三次中東戰爭中占領的領土，各方立即停戰，並保證蘇伊士運河等國際航道的
　　暢通。資料來源：聯合國「巴勒斯坦問題」，〈聯合國大會 242 號決議〉，< http://www.
　　un.org/chinese/peace/palestine/backgrounds/documents/resolution242.pdf >。
11　《聯合國安理會 338 號決議》是聯合國安全理事會於 1973 年 10 月 22 日在第 1747 次會議上
　　通過的一項決議，是由美國和蘇聯聯合提案的。該決議要求第四次中東戰爭有關各方在 12
　　小時內在現有陣地上立即停火，並在停火後開始執行聯合國安理會 242 號決議，舉行和平
　　談判。資料來源：聯合國「巴勒斯坦問題」，〈聯合國大會 338 號決議〉，< http://www.
　　un.org/chinese/peace/palestine/backgrounds/documents/resolution338.pdf >。
12　參考自：〈中國對中東問題的原則立場〉，《新華網》，所述聯大第 3236 號決議（1974 年
　　11 月 22 日）：確認巴勒斯坦人民享有自決權、獨立主權以及返回家園的權利，< http://
　　big5.xinhuanet.com/gate/big5/news.xinhuanet.com/ziliao/2003-01/20/content_697459.htm >。
13　1990 年 10 月底，在馬德里召開中東和會。在頭兩輪的談判中，阿以雙方在談判地點，巴勒
　　斯坦代表團組成等實質問題上爭論不休，使會談陷入僵局，最後僅確認了 1992 年再此召開
　　會談。
14　A/48/486-S26560（1993 年 10 月 11 日），聯合國大會第四十八屆會議議程專案：秘書長關
　　於聯合國工作的報告。為 1993 年 10 月 8 日俄羅斯聯邦和美利堅合眾國常駐聯合國代表給
　　秘書長的信，主要內容是以色列政府和巴勒斯坦解放組織在華盛頓特區簽署的《關於臨時自

以、巴雙方、阿拉伯國家、甚至歐盟不時扮演斡旋角色，聯合國反而不是和談的主要調停者，聯大除了維持 181 號決議和安理會 242 號決議，作為巴勒斯坦問題中的主要文件之外，態度轉向支持各國進行多邊會談，透過經濟、外交等多方壓力來解決問題，此一時期，聯合國可以說成為以巴和談，以及巴勒斯坦問題之「促進者」。

　　2000 年後由柯林頓政府所主導的大衛營協定，以及 2003 年的中東和平路線圖，使美國短暫成為主導談判架構的調停者，但結果並沒有辦法促成巴勒斯坦問題的永久解決。阿拉法特辭世之後，巴勒斯坦內部也陷入無共識之窘境，而加薩走廊的情勢仍然緊張，巴勒斯坦問題也進入了一個瓶頸。

　　聯合國在此階段始終扮演著一個觀察者的角色，沒有特別重要的決議案被通過，對於巴勒斯坦問題的關注，僅僅也只是維持最低力度；如，2009 年 9 月 24 日人權理事會第 A/HRC/12/48（ADVANCE.2）號文件「聯合國加薩衝突問題實況調查團的報告」，向國際揭櫫聯合國加沙衝突問題實況調查團的報告；2009 年 9 月 15 日大會第六十四屆會議和安理會文件，再次重申和平解決巴勒斯坦問題；2009 年 1 月 23 日大會第十屆緊急特別會議第 A/RES/ES-10/18 號決議，支援根據安全理事會第 1860（2009）號決議立即實現停火的大會決議；2009 年 1 月 8 日安理會第 S/RES/1860（2009）號決議，呼籲停火；以及 2008 年 12 月 18 日大會第 A/RES/63/98 號決議，要求以色列中止在包括東耶路撒冷在內巴勒斯坦被占領土侵害巴勒斯坦人民人權的行為等等 [15]。

　　上述作為僅能提醒該議題需要國際關注，但聯合國本身角色，早已脫離中間者的角色，也不再是積極的斡旋者，可以說是個不折不扣的觀察者。

　　巴勒斯坦 1988 年宣佈建國以來，一直尋求國際社會承認，迄今已得到 100 多個國家的承認。但包括以色列最大盟友美國在內的一些西方已開

治安排的原則聲明》（包括附件）及其《商定紀要》，< http://www.un.org/chinese/peace/palestine/backgrounds/documents/A48486.pdf >。

15　〈主要的文件〉，《巴勒斯坦問題》，< http://www.un.org/chinese/peace/palestine/backgrounds/documents/keydocuments.html >。

發國家仍拒絕承認。歸納本次約旦所提巴國建國提案，造成最後功虧一簣的主要原因，可以分為幾項討論：

參、約旦決議遭否決的有關原因探討：

華盛頓仍將支持巴勒斯坦獨立建國視為與以色列關係重要指標

巴勒斯坦建國案雖有 22 個中東國家全力護航，30 日卻仍遭聯合國安理會投票否決。不意外地，美國投下的是反對票，更甚之，美國也說服澳洲跟進、以及遊說奈及利亞等國投下棄權。[16]

美國政府為何反對通過聯合國決議，設定以色列軍隊從西岸撤出最後期限？美國政府支持巴勒斯坦建國[17]，惟必須堅持巴人建國的目標只能透過與以色列的談判來達成[18]。原因當然與猶太人在美國政治與社會巨大的影響力有關，這些國內勢力明顯支持納坦雅胡，這使得美國在聯合國的戰線上選擇繼續支援以色列。美國在涉及巴以問題的外交政策決定往往十分謹慎，然而此次美國不僅僅自己投了反對票，還將尼日利亞的「贊成票」變為了「棄權票」，反映了美國外交系統在巴以問題上的「小動作」，間接顯示美國和以色列外交部門的關係仍然穩固，並沒有受到以國新政府與歐巴馬不和傳言的影響[19]。

然另一關鍵原因，就是現任總理納坦雅胡（Benjamin Natanyahu）所代表的強硬保守勢力，在今年（2015）大選再度連任成功。2009 年 2 月由納坦雅胡所領導的利庫德黨（Likud Party）與其它右翼政黨組成聯合政府

16　范捷茵，〈巴勒斯坦建國遭否決 揚言法庭見〉。
17　陳牧民，〈巴勒斯坦申請入聯的來龍去脈以及對台灣的啟示〉，《新世紀智庫論壇》，第 56 期（2011 年 12 月 30 日），頁 15。「美國、俄羅斯、聯合國、與歐盟所組成之四方會議在 2002 年提出新的「中東和平路線圖」方案，設定先讓巴勒斯坦在 2005 年獨立建國，再逐步解決比較最棘手的問題，如巴勒斯坦國邊界劃分、耶路撒冷城地位歸屬、以及巴勒斯坦難民與猶太人定居問題等。
18　〈聯大表決巴勒斯坦 "入聯" 申請 美以仍力阻〉，《華偉經緯網》，2011 年 11 月 30 日，< http://big5.huaxia.com/xw/gjxw/2012/11/3106739.html >。文章內容：「美國國務卿希拉蕊在聯大表決前的最後一刻還在說，通往巴勒斯坦建國的唯一道路是巴以直接協商，『而非紐約聯合國總部』。」
19　王晉，〈巴勒斯坦建國之路仍漫漫〉，《國際線上》，2015 年 1 月 4 日，< http://gb.cri.cn/42071/2015/01/04/2165s4828579.htm >。

以來，對巴勒斯坦人的態度十分強硬，甚至不顧美國警告而大舉恢復猶太人屯墾區計畫。此一拉鋸的情形，再加上猶太人在美國國內勢力明顯支持納坦雅胡，致使歐巴馬總統既要和顏悅色地與納坦雅胡維持友盟關係，確保以色列在伊朗核武談判上的支持，又必須確保美國在以、巴問題的政策上，以色列能夠領情，維持美國表面上繼續主導的態勢。美國維持反對「巴勒斯坦入聯」、反對「巴勒斯坦建國」的政策，只能繼續維持現狀。

AEI 學者 John R. Bolton 便認為：美國在外交戰略上犯了一個錯誤，便是為了避免得罪阿拉伯國家，美國不願意否決任何有利於巴勒斯坦建國的決議，導致自己陷入兩難的困境[20]。美國在以、巴中間當了多年和事佬，成果有限，加上歐洲國家逐漸轉向同情巴勒斯坦，使該問題變得更難預測。巴國雖歷經此次的失敗，但也讓突顯了大國政治運作下的政治姑息。是以，巴解組織直接透過國際法等途徑解決（如，狀告以色列違反戰爭罪等），可能是下一步方向。

肆、巴勒斯坦方面內部和、戰兩派意見分歧

2007 年 6 月，哈瑪斯的武裝部隊與法塔所創立的巴勒斯坦保安部隊在加薩走廊爆發武力衝突，法塔遭到全數驅逐，開啟巴勒斯坦的政治勢力一分為二的時代；即，法塔繼續在約旦河西岸主政，哈瑪斯取得對加薩走廊的控制權，而西方國家與以色列支持前者，激進的阿拉伯國家或勢力則支持後者。現在的情況仍然是，溫和的法塔主張與以色列和談來達到建國的目標，卻壓制不住哈瑪斯的主戰派；以致哈瑪斯原本同意停止對以色列的攻擊行動，卻無法控制立場更為激進的伊斯蘭聖戰組織[21]。

巴勒斯坦方面內部意見呈現和、戰兩派分歧，主張武力建國的哈馬斯公開聲明反對巴勒斯坦自治政府主席阿巴斯試圖再度向聯合國安理會提案，要求以色列撤出約旦河西岸與東耶路撒冷，認為以外交政治途徑，是愚昧之舉，且是危險遊戲，將不利於巴方建國，而應採取武力途徑達成建

20　John R. Bolton, "The UN vote on Palestine was a rehearsal."
21　陳牧民，〈巴勒斯坦申請入聯的來龍去脈以及對台灣的啟示〉，頁 16。

國目標。[22]

　　過去，以巴之間的仇恨是巴人始終無法順利建國的主要障礙，這個情況至今已經有了變化。自從哈瑪斯與伊斯蘭聖戰組織等激進團體出現，以血腥聖戰等激進手段為訴求之後，巴勒斯坦人內部的衝突與問題，似乎成了美國以及以色列不願意繼續談判的主要原因之一。

　　2011 年巴勒斯坦申請入聯，哈瑪斯一度改變以往強硬杯葛的態度，轉向不反對立場，曇花一現的和解氣氛曾經短暫使西方世界認為以巴和解有望，如今後續的發展，令人不表樂觀。

伍、以、巴爭端可能的後續發展

一、巴勒斯坦加速邁向建國之路

　　前述有關以、巴之間，以及區域、歐盟各國缺乏共識，可能迫使巴勒斯坦義無反顧，更積極投入建國行動，在建國的道路上，加速走向國際化便是合理可行、預期中的事情。

　　首先，他們獲得了除了美國之外絕大多數聯合國安全理事會票。安理會的 4 個歐洲理事國之中，法國與盧森堡對決議案投下贊成票，英國與立陶宛雖棄權，僅僅凸顯歐洲國家對於以巴和談缺乏進展、巴人遲遲無法獨立建國的不耐與不滿，但 8 個贊成票已經形成在國際意願上演變為同情巴國，進而支持其建國的傾向，國際間在此議題上，似乎已有共識[23]。

　　其次，投票日的翌日，也就是 104 年 1 月 1 日，5 個安全理事會的 10 個非常任理事國成員辭職（結束兩年任期），取而代之的 5 個新成員更有可能支援巴勒斯坦人建國的努力。如果上述支持巴勒斯坦建國的國際共識已經形成，那麼便可望在下個兩年，2017 年底前，在安理會取得壓倒性的支持，對美國形成壓力。

22　〈以色列情勢〉，《耶路撒冷國際基督徒使館》，2015 年 1 月 5-8 日，頁 1，< https://cn.icej.org/sites/default/files/cn/newsletter_20150105-08_sm.pdf >。

23　John R. Bolton, "The UN vote on Palestine was a rehearsal."

事實上，巴勒斯坦早就已經料到此次決議對於巴勒斯坦的不利結果。巴勒斯坦的外交陣線早已開始了一系列的佈局，來應對以色列進行一系列的反制[24]。巴勒斯坦申請加入包括國際刑事法院等 20 多個國際團體[25]，作為後續行動的基礎，並進一步增加對以色列的國際壓力。

巴勒斯坦自治政府主席阿巴斯（Mahmoud Abbas）4 日表示，他正在和約旦磋談計畫，準備再次向聯合國安全理事會提出決議案，要求建立巴勒斯坦國[26]。美國的猶豫，加上以色列新政府的強硬作風，使得巴人建國之路遙遙無期，看不到曙光，巴勒斯坦內部反映出巴勒斯坦人對於毫無意義的政治談判與等待已經失去耐性，期望透過此一策略迫使國際社會承認巴勒斯坦主權獨立的事實。

二、以色列對抵抗巴方行動不會讓步

巴勒斯坦爭取在聯合國獨立建國的外交戰失利之後，並未放棄朝向建立獨立國家的努力。包括巴方計畫向安理會第二次提案，同時致力加入 20 個國際組織與條約，包括國際刑事法院（ICC），以控告以色列戰爭罪。

對此，以國總理納坦雅胡表示，將採下列行動積極抵抗巴方在聯合國與 ICC 的行動。包括以國即凍結銀行匯款稅收 5 億舍克勒（約 1.28 億美金）給巴勒斯坦。非政府組織以色列法律中心（Shurat Hadin）準備控告巴方及哈馬斯官員涉及恐怖攻擊以色列的數起案件，同時也準備狀告 ICC，指控哈馬斯在加薩走廊攻擊平民的暴行。[27]

以色列人的態度基本上，對巴勒斯坦問題不是不能談，但需要時間，以色列不能接受巴勒斯坦的激進路線，也不能接受美國向巴方傾斜。如果美國在聯合國安理會同意強加的解決方案，要求以色列離開巴勒斯坦，那

24 閻紀宇，〈巴勒斯坦獨立建國決議案 安理會闖關失敗〉，《風傳媒》，2014 年 12 月 31 日，< http://www.storm.mg/article-page/39267/11 >。

25 〈巴勒斯坦遞交加入 20 個國際條約和機構申請〉，《國際在線》，2015 年 1 月 2 日，< http://big5.chinabroadcast.cn/gate/big5/gb.cri.cn/42071/2015/01/02/3245s4826571.htm >。

26 〈阿巴斯尋求再向安理會提建國案〉，《中央廣播電臺》，2015 年 1 月 5 日，< http://news.rti.org.tw/news/detail/?recordId=162599 >。

27 〈以色列情勢〉，《耶路撒冷國際基督徒使館》，頁 2。

麼人們就會更團結在內塔尼亞胡的強硬政策下，不排除對巴勒斯坦祭出更強硬軍事手段，來確保以色列國家利益的完整。[28]

三、美國影響力的弱化與歐洲的分道揚鑣

本次約旦決議蘇然遭到否決，其中安全理事會的 5 個常任理事國（法國、中國和俄羅斯）是表態支持的。法國此舉多被解讀與美國分道揚鑣，也同時向其他歐洲國家招手，是這次導致其他歐洲國家有勇氣投票表達支持提案的關鍵因素。

英國雖不敢明目張膽地跟進，但也低調的投下棄權。似乎可以證明，Cameron 首相也逐漸擺脫美國的陰影，雖然投下的是棄權票，但普遍認為英國只是用了較為「溫和」（Moderately）的措辭[29]。事實上，與美國不再同一鼻息，未來的投票結果，倫敦是被視為隨時可能翻盤的角色之一。

本次非常任理事國中投下「贊成」票的約旦、查德和智利，這 3 個國家在 2015 年仍將蟬聯安全理事會成員，阿根廷和盧森堡後續被取代後，分別由委內瑞拉和西班牙接任。委內瑞拉對此議題沒有立場，如能透過外交途徑斡旋可望取得贊成。西班牙預料將選擇支援華盛頓的立場，但也不是完全保證。唯一穩定支持美國，投下「反對」票的澳大利亞，也將在 2015 年卸任非常任理事國。其繼任者紐西蘭，根據紐國外交部長麥卡利的說法，棄權或贊成票機率最有可能。至於韓國本次同樣投了棄權票，2015 後接替的馬來西亞，卻是傾向贊成票的。安哥拉、盧安達，根據 AEI 學者 Bolton 的分析，最多就是棄權票，決不可能反對[30]。至於立陶宛和奈及利亞，奈及利亞因為博科聖地問題，極有能會以投下「贊成」票，當作與穆斯林的籌碼。立陶宛，作為新成員的歐元貨幣聯盟，很有可能屈從歐盟團結的理由，屆時投下「贊成」票；如此效應如果發酵，英國也不是沒有可能順應時勢，投下「贊成」票。

28　David Makovsky and Bernard Gwertzman，"UN Shouldn't Force Israel's Hand," council on foreign relations, December 19, 2014, <http://www.cfr.org/israel/un-shouldnt-force-israels-hand/p35863>.

29　John R. Bolton，"The UN vote on Palestine was a rehearsal."

30　Ibid.

　　2015 年之後，巴人建國案要得到九票以上的贊成票甚至更多，看起來將更容易些。歐巴馬政府除了緊抱否決權之外，如何避免其他親巴勒斯坦國家直接與美國對抗，是重要課題。歐巴馬政府雖已經意識到此次動用否決權，無形間造成阿拉伯國家的反彈，激發巴勒斯坦建國當局與其支援者的義無反顧，但是基本上卻無能為力，美國不論在與這些阿拉伯國家溝通的工作，或是嘗試外交行動來阻斷巴勒斯坦人從國際法庭的再次嘗試，都顯得欲振乏力。

　　歐洲國家的態度上，瑞典首先通過承認巴勒斯坦國家地位問題的外交決議，而且英國、法國等歐洲國家紛紛表示對於巴勒斯坦建國予以「同情」[31]；顯示歐洲主要國家在以巴爭端的立場史與美國背道而馳的，歐盟不僅認定屯墾區的設立與擴張危及區域安全，破壞中東和平進程，也限制該區的農產品進入歐洲[32]。對此議題，美國的影響力一旦下降到某個程度，會連帶影響美國在中東的戰略版圖。

陸、結語

　　聯合國介入以、巴問題至今，巴勒斯坦人道災難以及難民、屯墾區、耶路撒冷地位、劃界、甚至水資源爭奪等問題，仍然未能獲得解決，巴國建國的進程來到已經送到安理會叩關，卻一如預料過不了大國政治利益的算計。以、巴問題在 2015 年以後，除了當事兩國內部政治因素拉鋸情況複雜，難以預料之外；面對聯合國內部非常任理事國的勢力重整，支持其建國的呼聲漸高，是比較明確的方向；而美國影響力下降，與歐盟國家漸行漸遠的情況，會不會大到足以造成美國在中東外交政策上的翻盤，仍有待觀察。

　　教宗方濟日前公開表態支持「巴勒斯坦國」，主張確立「以正義、承認個人與相互安全為基礎的和平」，同時呼籲國際社會加倍努力，在國際

31　王晉，〈巴勒斯坦建國之路仍漫漫〉。
32　陳世欽編譯，〈以國屯墾區產品 要貼黃星標誌？〉，《聯合新聞網》，2015 年 4 月 18 日，
　　< http://udn.com/news/story/6809/845235-%E4%BB%A5%E5%9C%8B%E5%B1%AF%E5%A2%BE%
　　E5%8D%80%E7%94%A2%E5%93%81-%E8%A6%81%E8%B2%BC%E9%BB%83%E6%98%9F%E6%A8%
　　99%E8%AA%8C%EF%BC%9F > 。

承認疆界內成立兩個國家，亦即巴勒斯坦國及以色列國。未來，不論聯合國、或是以美國為首的世界大國政治格局，如何能夠朝向建立一個和諧的巴勒斯坦國，有效終結以、巴爭端，創造一個安全穩定的中東，才是人類應該努力追求的目標。

軍事訓練役與全民國防教育整合的檢視

沈明室 *

摘要

　　募兵制的實施，為期 1 年的義務役士兵不再徵召，但為了保留動員的種能與需求，轉變為訓練役，使得兵役法的服役種類增加了 4 個月的軍事訓練役。考量學校全民國防教育課程內容的發展，並因應募兵制的需要，現在規定學校全民國防教育課程需開設軍事訓練課程，才能抵免軍事訓練役的役期。

　　然而實施之後，一般新訓單位認為全民國防教育軍事訓練課程內容無法銜接新兵軍事訓練役的課程，導致課程內容重複，但是役期仍然折減。這也造成不同役期的訓練役士兵受訓成果的差異性，或是事先訓練的成果難以顯現。其次，未來必須注意全民國防教育的軍事訓練課程內容及成果，是否無法滿足軍事訓練役的需求，導致新訓單位無法接受。這些現象也顯示出，目前軍事訓練課程與全民國防教育的整合，實際有其必要性與急迫性。

*　國防大學戰略研究所副教授

壹、前言

　　民國 102 年 3 月 13 日政府公布有關《全民國防教育軍事訓練課程折減常備兵役期與軍事訓練期間實施辦法》，明訂高中及大學學生在學期間修習全民國防教育課程折減役期的規定。[33] 而且因為募兵制實施，為期 1 年的義務役士兵不再徵召，但為了保留動員的種能與需求，轉變為訓練役。使得兵役法中的服役種類增加了 4 個月的軍事訓練役。

　　全民國防教育係由軍訓教育、國防通識教育轉型而來，為鼓勵學生修習軍訓及國防通識課程，過去只要學生選修或必修軍訓與國防通識課程，都有助於考選預官或抵減義務役的役期。基於同樣的理由，現在也規定全民國防教育課程需開設軍事訓練課程，才能抵免軍事訓練役的役期。[34]

　　但是實施訓練役兩年的觀察情況而言，由於折減日期不多，加上人員篩選與管理的困難，以往上過全民國防教育軍事訓練課程的學生，進入新訓單位實施入伍及專長軍事訓練時，仍然與其他未受過軍事訓練課程的士兵一樣，混合在一起接受所有的新兵訓練課程，相同課程內容並未減少。

　　為了深化全民國防教育軍事訓練課程，未來必須思考與評估一些重要問題。首先是新訓單位認為全民國防教育軍事訓練課程內容無法銜接新兵軍事訓練役的課程，導致必須重新再來，但是役期仍然折減。因而造成不同役期的訓練役士兵受訓成果的差異性難以顯現。其次，必須考量全民國防教育的軍事訓練課程內容及成果，是否無法滿足軍事訓練役的需求，導致新訓單位無法接受。這也顯示出，目前軍事訓練課程與全民國防教育的整合，實在有其必要性與急迫性。

33　張健，〈募兵軍事訓練比照志願役標準週休 2 日〉，《奇摩新聞》，2013 年 2 月 3 日，< https://tw.news.yahoo.com/%E5%8B%9F%E5%85%B5%E8%BB%8D%E4%BA%8B%E8%A8%93%E7% B7%B4%E6%AF%94%E7%85%A7%E5%BF%97%E9%A1%98%E5%BD%B9%E6%A8%99%E6%BA%96- %E9%80%B1%E4%BC%912E6%97%A5-135511403.html >。
34　相關規定參考附件一《全民國防教育軍事訓練課程折減常備兵役役期與軍事訓練期間實施辦法》。

貳、軍事訓練役的發展與內涵

實施募兵制是我國兵役制度的重大變革，但是在中共軍事威脅並未減少情況下，基於防衛動員需求，必須對未參加志願役士兵徵選者，給予適當的軍事訓練，使其成為合格的後備戰鬥員，這與其他國家的募兵制不同。[35] 就後備戰力儲備而言，過去所有義務役男連同各種軍事課程及訓練，僅需受寒暑訓 3 個月後，轉為可供動員之後備戰力。平心而論，3 個月的軍事訓練僅夠完成一個步槍兵的基本訓練，如無部隊的實際歷練，這些基本技能亦難維持。

問題是，動員召集而來的後備戰力，必須能夠滿足常備部隊的作戰耗損及兵員補充，或實際進行國土防衛作戰任務，僅受 3 個月基本訓練的後備軍人將無法擔任戰車駕駛、火砲射手及通訊維護等高級專長的任務，動員編成的部隊只能成為步兵部隊，缺乏兵種協同作戰能力，更遑論高科技的聯合作戰。如果等到動員召集後再重新實施高及專長訓練，將延宕我國後備部隊戰力恢復及提升的時間，加重志願役士兵為主的常備部隊在持久作戰的負擔。[36]

另一方面，我國兵役制度歷經多次修正，已經建構出志願役、替代役及義務役結合的兵役制度。因為實施全志願役的結果，這一套兵役體制已經發生重大變化。例如，在一般義務役受訓僅需 3 個月情況下，將衝擊願意擔任 1 年以上替代役的人數及意願，替代役招募及素質也會受到影響。為了考量動員與需求專長的問題，因而延伸出訓練役的相關法規與內涵。[37]

一、法制

為因應訓練役的形成，《兵役法》第十六條指出，常備兵役之區分如下：現役：以徵兵及齡男子，經徵兵檢查合格於除役前，徵集入營服之，

35　沈明室，〈募兵制與國際社會趨勢：背景、目標〉，方寬銘主編，《募兵制與國防安全》（台北：新台灣人基金會，2012 年），頁 18-31。
36　沈明室，〈實施全募兵制政策的探討及影響〉，《戰略安全研析》，第 38 期（2008 年 6 月），頁 16-19。
37　同上註，頁 16-19。

為期 1 年，期滿退伍。軍事訓練：經徵兵檢查合格男子於除役前，徵集入營接受 4 個月以內軍事訓練，期滿結訓。後備役：以現役期滿退伍或軍事訓練結訓者服之，至除役時止。在這項條文中，明確的規範出 4 個月的軍事訓練役。[38]

　　不過在描述役期種類之後，也提出折減役期作法。例如在法條說明中強調，前項第一款所定役期，於高級中等以上學校修習且成績合格之軍訓課程或全民國防教育軍事訓練課程，得以 8 堂課折算 1 日折減之。第一項第二款所定常備兵役之軍事訓練期間，於高級中等以上學校修習且成績合格之全民國防教育軍事訓練課程，得折減之。

　　尤其最後更強調，前二項得折減之現役役期及常備兵役軍事訓練之時數，分別不得逾 30 日及 15 日；前項得折減軍事訓練期間之全民國防教育軍事訓練課程內容、課目、時數與前二項課程之實施、管理、作業、考核及其他相關事項之辦法，須由教育部會同國防部、內政部定之。[39]

　　在訓練階段區分方面，在徵兵規則第二十六條指出軍事訓練的階段區分。常備兵役軍事訓練區分為第一階段入伍訓練及第二階段專長訓練。役男應連續接受二階段常備兵役軍事訓練。但就讀大專校院在學學生，得依其志願，於就讀大學第一學年或五專第三學年當年 11 月 15 日前向戶籍地鄉（鎮、市、區）公所申請於大學第一學年、第二學年或五專第三學年、第四學年暑假，接受二階段常備兵役軍事訓練；內政部應於 11 月 30 日前將人數彙送國防部。

　　申請接受二階段常備兵役軍事訓練之大專校院在學役男，因故未能於入伍訓練或專長訓練指定期間入營者，應俟緩徵原因消滅後，再行徵集入營接受未完成之常備兵役軍事訓練。曾受軍官、士官教育遭退學、休學、開除學籍、志願士兵基礎訓練退訓，屬停止徵集年次後經徵兵檢查判定常備役體位者，由國防部、各司令部或各軍事學校通知戶籍地直轄市、縣（市）政府依法辦理徵兵處理；其已完成入伍訓練者，徵集接受專長訓練。

38　內政部役政署，《二階段常備兵役軍事訓練》，2014 年 7 月 30 日，
＜ http://www.nca.gov.tw/web/page.php?p=P0504 ＞。
39　同上註。

　　徵兵規則第二十八條第三項則強調，申請接受二階段常備兵役軍事訓練之大專校院在學役男，由徵兵機關於徵集令分別載明入伍訓練（第一階段）及專長訓練（第二階段）之指定入營時間及報到地點；入伍訓練由徵兵機關辦理輸送入營，專長訓練由役男依原徵集令指定時間、地點自行報到入營。

　　在入營時間方面，103 年申請於 104 年第一階段軍事訓練（入伍訓練）入營時間：第一梯次：104 年 6 月 12 日；第二梯次：104 年 7 月 13 日；第三梯次：104 年 7 月 31 日。從這些時間看來，主要集中在暑假期間，而第三梯次則是提供給高中畢業社會青年。[40]

　　在申請資格方面，83 年次以後徵兵及齡役男，具有國內、國外或大陸地區之大學第一學年或五專第三學年在學身分者，於就讀第一學期時，得依其志願提出申請，於大學一年級及二年級（或五專三年級及四年級）暑假期間，分別接受第一階段入伍訓練及第二階段專長訓練。

　　大專校院役男於大學一年級（或五專三年級）註冊取得大一（或專三）學籍資格後，即可向戶籍地鄉（鎮、市、區）公所提出申請，迄當年 11 月 15 日止，可由役男或家長（或有行為能力家屬）向戶籍地鄉（鎮、市、區）公所兵役單位提出申請，逾期不予受理。[41]

二、訓練內容

　　訓練區分兩個階段，分別是 8 周的入伍訓練及 8 周的專長訓練。軍事訓練第一階段入伍訓練施訓八周，訓練內容為體能戰技、射擊、單兵戰鬥教練、基本教練等，以合格步槍兵為訓練目標。第二階段專長訓練以培養軍種兵科專長職能為主，同樣施訓八周，區分初、中級專長。初級專長由幹訓班及專責部隊施訓，中級專長由各兵科學校負責施訓，目標是達到合格專長兵。[42]

40　同上註。
41　同上註。
42　羅添斌，〈軍事訓練役首批 20 日入伍〉，《自由時報》，2013 年 2 月 3 日，< http://news.ltn.com.tw/news/politics/paper/652235 >。

　　專長訓依據役男民間專長分流，若役男沒有民間專長或專長不符合軍種分類，將以抽籤方式決定。專長訓接訓單位有陸軍的步兵、砲兵、裝甲兵、化學兵、工兵、通信兵學校與幹訓班，海軍的技術學院與陸戰隊學校，空軍的技術學院與防空指揮部，聯勤的後勤學校、駕訓中心、補、油庫，及憲兵學校。

　　訓練課程部分，入伍訓為期 8 周，每周 5 日，每日 8 小時，共 320 小時，區分一般課程、政治教育、體能戰技、兵器訓練、戰鬥教練與基本教練 6 類。入伍訓結訓鑑測包括體能戰技（仰臥起坐、俯地挺身、3000 公尺跑步）、兵器訓練（175 公尺實彈射擊）、戰鬥教練（單兵基本戰鬥教練）。專長訓也是 8 周，每周 5 日，每日 7 小時，共 280 小時。第 1 周是調適銜接教育，第 2 周至第 6 周實施專長、專業訓練，第 7 周實施鑑測，最後 1 周以專長複訓為主。[43]

　　在體能要求標準方面，由於受訓時間比較長，理由要求標準要比照志願役士兵的標準。若以 19 歲至 22 歲的役男為例，現行義務役入伍結訓體能合格標準為 2 分鐘仰臥起坐與俯地挺身都要 25 下，3000 公尺跑步 19 分達成；若要達到志願役標準，2 分鐘仰臥起坐與俯地挺身分別提高至 31 下與 37 下，3000 公尺 18 分完成。

　　到了第二階段的專長訓練，以 19 歲至 22 歲的役男入伍滿 4 個月為例，2 分鐘仰臥起坐要 37 下、2 分鐘俯地挺身 45 下、3000 公尺 16 分完成。役男若體測成績不合格，將由訓練單位輔導後，針對不合格項目實施補測；甚至原本榮譽假（放假時間提前至前一天晚上 6 時）也可能遭到取消，繼續留在單位輔導、訓練與補測體能，到放假當天早上 8 時才能出營。[44]

參、軍事訓練役課程實施現況檢視

　　從上述的法治與訓練內容來看，其實就是將國軍新兵及專長訓練的課程及內容，配合訓練役的時間加以模組化而成。但理想與現實總有差距，

43　張健，〈募兵軍事訓練比照志願役標準週休 2 日〉。
44　同上註。

因為在實施過程中，受到環境、人員素質及政策取向的影響，未必完全顯現出原先擬定政策的預期效益，重點在是否能夠掌握接受訓練者的回饋，回頭修改原有的法治與內容。因為相關檢討的文獻非常少，本文從熱門的台大批踢踢（PTT）的版面中，擷取一些接受軍事訓練者的心得，試圖舖陳出一些不易獲得的回饋反應。[45]

一、申請時間的評估

根據 Kuokenken 的心得，申請軍事訓練役時必須注意以下幾點要件：[46]

4 個月的兵役又可以切割成 2 個月、2 個月的形式。讓有意提前服完兵役的役男可以在大一、大二或大三、大四的暑假提前入伍受訓（似乎只能是這 2 個時段，貌似沒有大二、大三這選項），這樣就可以在畢業後可以立刻投入職場。如果有意在暑假提前接受入伍訓的話，必須在大一上的時候提前申請好（印象中是 11 月以前），相關詳細事項只要到教官室或區公所都可以詢問。……如果沒有任何特殊原因，一旦開始受二階段訓，隔年只要不是有重大不可抗因素，都得乖乖入伍受訓。

根據上述的法制與規定，其實只要役男事先申請，並預先做好準備，可以透過兩個暑假就完成軍事訓練，盡了應盡的義務。而高中畢業的社會青年，可以一次接受 4 個月訓練，時間比較完整，成效也可能比較好。然而，對不願意服兵役者而言，不論 4 周或 4 個月，都是難以跨越的煎熬，按部就班的申請，並樂於接受，可能因人而異。

二、第一階段訓練內容的安排

軍事訓練的入伍訓練時間比義務役新兵入伍訓練時間長，所以會有課程重疊或拖延的現象。

訓練役最無腦的地方在於硬把為期 37 天的新訓拉長到 2 個月，但內

45　受到資料蒐集的影響，此處呈現的內容並不代表所有役男的看法，也非否定施訓單位的努力成果。

46　Kuokenken，〈軍事訓練役（（四個月））暑期二階段訓心得〉，《批踢踢實業坊》，
< https://www.ptt.cc/bbs/Militarylife/M.1396956663.A.198.html >。

容卻沒任何變化。過去 37 天制度聽說有很多單位來不及訓練完就受鑑測沒錯。但現在為了硬湊滿這 4 個月的時間，將 37 天拉長到兩個月結果到八月初就教完了所有東西，然後後面好一陣子都只能反覆操作一樣的東西。最後連班長都無聊到不知道要幹嘛。[47]

　　從第四天開始才會按表操課接受訓練，接下來就會一直受訓到結訓鑑測才結束訓練的科目其實就幾項在排列組合罷了。像基本教練、刺槍術、打靶、手榴彈投擲、單兵戰鬥教練、槍枝分解與結合、清槍驗槍等，基本教練就是學怎麼敬禮、左右轉彎、對腳步、蹲姿等等有的沒的儀態學完以後就是清槍、驗槍和槍枝大部分解，學習怎麼拆解槍枝和完成射擊預備作業這兩個課目結束後就是手投、刺槍、打靶和單戰這四種不斷輪替。因為多數都會分組操作，所以休息時間算是不少。[48]

　　相關課程安排，諒必經過嚴格檢視。但是因為時間調整，增加了比新兵訓練更多的時間，就必須妥慎安排與運用。除了基本技能之外，綜合性或是實務性的訓練與操演，也非常重要。而期末的季測或是驗收，更應提高標準。

三、第二階段的訓練

　　第二階段的專長教育必須依據抽籤專長到各兵科學校受訓，已經屬於進階訓練。在時間與課程內容上，與全民國防教育軍事訓練課程較無直接相關性。[49]

　　學校單位的放假時間比新訓中心還規律許多，連下部隊的都能在周末準時離營。只要中隊長別太機車或出什麼包，基本上第二次放假後都是周五晚上 18 榮譽假離營。第二階段訓會依之前抽到的兵種分發到各軍事學校，像迫擊砲兵、火箭彈兵、機槍兵或槍榴彈兵等就是到步兵學校。戰駕兵、戰車砲手等就是到裝甲兵學校，而野戰砲兵被分發到台南砲校……平

47　同上註。
48　同上註。
49　內政部役政署，《二階段常備兵役軍事訓練》。

常的操課時間會由校本部那邊派教官負責教課，且會有教勤營助教協助。[50]

因此，非常肯定的是，全民國防教育軍事訓練課程無法與第二階段訓練內容結合，但是對於後續成為合格後備軍人，完成動員訓練卻非常重要。在訓練時更應嚴格，並強化簽證與考核的責任。對於無法通過訓練及考核者，即可將其專長列為一般步槍兵，以充實龐大的動員需求。

四、役期折抵

與全民國防教育有關的就是役期的折減或折抵。根據批踢踢回饋文章說法，役期最長可以折減 11 天。但是根據《全民國防教育軍事訓練課程折減常備兵役役期與軍事訓練期間實施辦法》的規定，高中全民國防教育可以折減 5 天，大學全民國防教育則能折減 10 天，所以應該最多折減 15 日。但是批踢踢內文中並沒有提到全民國防教育所上的軍事訓練課程與入伍課程的相關性，或是如何在課程安排折抵。（折抵規定參見表 1）

這邊要說一下折抵，折抵時間是高中 4 天、大一軍訓 5 天、大二如果有修，再兩天。換句話說，最長可以折到 11 天之久，但折抵日期包含周六、日就是了。但我們這梯折 9 天的往回扣是到周日，因此能和折 11 天的一起在周五中午離開營區。不同的只是折抵 9 天的還是得在假日向中隊回報，而折 11 天的不用而已。[51]

從學生反應可以看出，學生當然會對役期折抵天數計較，但若減少天數不能與課程內容有效配合，容易讓訓練課程遷就折抵時間，最後無法落實貫徹。

肆、全民國防教育的軍事訓練課程內涵的檢視

前述提及為了讓修習全民國防教育課程學生可以有折抵役期的誘因，又不讓第一階段入伍訓練的訓練內涵打折扣，因此在傳統全民國防教育課程中，外加了軍事訓練課程。例如在高中全民國防教育課程中，必須要上

50　Kuokenken，〈軍事訓練役（四個月）暑期二階段訓心得〉
51　同上註。

災害防救知能與技能、徒手基本教練、持槍基本教練、步槍射擊原理、機械訓練、防衛動員與服勤訓練、步槍射擊等課程。總時數共 40 小時，可以折抵軍事訓練 5 日。（時數參見表 2）

在大學全民國防教育課程方面，依照五大課程主軸，分別在國際情勢類別上敵情教育及兩岸情勢、機艦與人員識別、保防教育、武裝衝突法及日內瓦公約、愛國教育。[52] 在國防政策則須上國防政策與軍事戰略、兵役實務與募兵制生涯規劃、愛國教育。[53] 在全民國防類別方面，則須上軍人禮節及警衛勤務、軍紀教育（申訴制度）、軍法教育、愛國教育。[54] 在防衛動員方面，須上災害防救知能與技能、災害防救、災防整備及防衛動員模擬演練、戰場急救與自救、中暑防制及心肺復甦術。[55] 在國防科技方面，則須上完軍兵種介紹、武器系統介紹、資訊作戰、核生化作戰及核生化訓練簡介、愛國教育等。其中軍事訓練課目時數共 80 小時，是高中課程的兩倍。但是從這些課程內容來看，其屬性是為了完成入伍訓練，還是要具備單兵所應具備的知識與技能，仍有討論空間。

以高中的軍事訓練課程而言，比較偏重技能與實務，如災害防救技能、基本教練與步槍射擊等。首先要考慮高中生在學校所學的基本教練與步槍機械訓練與射擊，其深入及強度能否入伍訓練所學的基本教練與射擊。如果新訓單位認為高中生所上的基本教練與步槍射擊訓練無法等同入伍訓練的課程，折減役期好像只有象徵性意義。或只是鼓勵高中生必修全民國防教育課程而已。但如果認為高中生在整個防衛動員體系中，不論是青年服勤動員、校園安全防護、災害防救、戰爭損耗補充及防護團編成有幫助的話，應該要持續這些課程。但是考量這些課程在校園的實用性，而非著眼於如何與入伍訓練課程銜接或折抵。

另外，在大學課程方面，雖然按照五大課程主軸區分去搭配的軍事訓練課程，但是課程內容除了防衛動員的模擬演練之外，其他多數屬於知能

---

52 沈明室等編，《全民國防教育軍事訓練：國際情勢》（台北：幼獅文化，2014 年）。
53 沈明室等編，《全民國防教育軍事訓練：國防政策》（台北：幼獅文化，2014 年）。
54 沈明室等編，《全民國防教育軍事訓練：全民國防》（台北：幼獅文化，2014 年）。
55 沈明室等編，《全民國防教育軍事訓練：防衛動員》（台北：幼獅文化，2014 年）。

性的靜態課程。等於是在大學課程階段就把入伍訓練期間的一般課程或是室內課程，先在大學的全民國防教育軍事訓練課程就已經完成了。但是上課成果與評鑑如何實施及保證，入伍訓練單位如何認證，是否仍須在入伍訓練中重複上這些課程，如果不要重複，當未上過全民國防教育軍事訓練課程的訓練役男在上課時，這些已經上過課且通過認證者，應該上甚麼課呢？基層部隊管理方面會造成困擾，最簡單的方式，又是混在一起，最能避免困擾。

　　問題是，這些已經上過高中及大學全民國防教育軍事訓練課程的役男，都可以依法折減役期從 5 天到 15 天，如果基礎訓練課程期間都一起上課，那是必要在第一階段入伍訓練後期，與第二階段專長訓練後期折減其役期。換言之，就是比別人提早結束訓練的役期或時間。但是這樣就失去軍事訓練課程的意義。因為原先設想是希望先在全民國防教育的軍事訓練課程中，把一些基礎訓練與概念先完成，讓高中及大學生具備一定的基礎軍事與防衛動員技能，在學期間可以協助學校及政府，入伍之後，可以很快銜接入伍訓練及專長訓練。如果只是讓役男提前退伍，那提前接受軍事訓練課程似乎沒有實質性意義。

　　而且就課程內容來說，大學生的軍事訓練課程中也排定愛國教育，也就是一般在入伍訓練中的莒光日政治教學。在現有法規下，不太可能在大一大二的全民國防教育課程中，安排政治教育內容，或是同步欣賞電視教學。更不可能大學全民國防教育軍事訓練課程中上過愛國教育，在第一階段與第二階段軍事訓練中，就可以不用接受愛國教育，這些在執行上其實是有困難存在的。

伍、政策建議

　　綜合上述有關全民國防教育軍事訓練課程與軍事訓練役的現況來說，仍有一些扞格與不足之處，亟待調整與精進。本文提出以下政策建議：

一、高中全民國防教育軍事訓練課程取消基本教練與步槍射擊的課程

在高中校園內實施基本教練或是持槍基本教練，已經有點不合時宜。在學校環境、時間與器材不足下，恐也無法徹底實行。與其如此，還不如將這些應該在入伍訓練所上的課程，全部交給新訓單位實施。至於機械訓練與射擊訓練，可以透過社團的方式，讓校園內的軍武愛好者能夠充分參與，可以提升上課成果與效益，未來也可遴選這些人成為志願役士兵或職業軍士官。由於上課時數40小時已經不多，如果抽離出基本教練及射擊的課程，可以用一些全民國防知能性的課程來彌補。

二、檢討大學軍事訓練的愛國教育課程

其實在全民國防教育五大課程主軸中，就已經有愛國教育課程的內容，實在不需要在教材或是要求學生收視莒光日電視教學。而且如果以專題方式研討，在五大課程之中，也可以針對國際情勢、兩岸關係、中共軍事威脅、國家安全、愛國情操等進行分組討論。而且一般坊間教材在編撰愛國教育課程教材時，不一定能夠契合國防部在政治教育主題與內容的需求。[56] 因為國防部的文宣指示或心戰主題通常都是在前兩個月就已先行律定，由教育部或學校定期向國防部索取公文往返耗費時日，也容易形成國防部在民間校園進行政治教育的誤會。因此可以考慮刪除全民國防教育教材中的愛國教育課程。

三、折減課程與役期的整合

前述有關高中與大學所上的軍事訓練課程，與折減役期不一致的情況應該設法整合。例如應該邀集國防部新訓單位、教育部全民國防教育課程規劃及政策幕僚單位，重新檢討軍事訓練課程內容與折減役期的做法。明確要求高中及大學的軍事訓練課程須經過認證，經認證後的學生參與軍事訓練時，在初進入新訓單位時，他可以選擇免除這些已上過的課程。因為折減役期可以分兩階段實施，僅上過高中軍事訓練課程者，只能在第一階

56　國防部後備司令部編，《新兵政治教育讀本》（台北：國防部後備司令部，2007年）。

段的軍事訓練中，折減 5 天的役期。如此較不會影響訓練的完整性。而在大學階段所上的課程，則可以在第二階段時折減，但因為在專業訓練中沒有相關課程，所以整個專業訓練課程中，就須考量折減役期 10 天者，應該具備何種專業訓練的課程及時數。

四、十二年國教全民國防教育課綱須納入軍事訓練課程的探討

　　目前教育部正在討論有關全民國防教育十二年國教課程綱要的調整。當在討論課程綱要中的學習表現與學習內容時，也必須同時想到高中可以折減的役期當中，應該放入那些課程可以結合第一階段的軍事訓練。前述建議已經提及取消或減少基本教練與實彈射擊課程，但是在第四項的防衛動員內容中，可以增加防衛動員、災害防救的相關技能與整合式演練。[57]甚至可以配合校園安全或是地方政府的安全演習，增加學生臨場感與實務經驗，無須強調課堂中靜態講授的課程內容。

陸、結語

　　全民國防教育由軍訓課程、國防通識課程轉型而來。過去軍訓課程延續戰爭動員青年訓練的思維，著重在青年編組與訓練，國防與部隊實務需求較高。即使現在，不論萬安演習或民安演習仍須演練青年服勤動員的內容。但是採行募兵制之後，動員制度仍然保留，並以受過軍事訓練役的役男作為動員選取對象，其實仍有徵兵制的影子。然歸結而言，這些做法都是重大制度變革後的折衷作法。

　　在我國戰爭威脅未能免除之前，這樣的準備與想定，不能隨意偏廢。尤其是在校園內全民國防教育兼具多重的功能與效益；如培養學生愛國情操、了解國防戰略環境、具備災害防救認知與技能、具備基礎軍事技能、掌握國防政策脈動等。如果能夠落實全民國防教育，確實可以透過最有效益的教育方式，提升國防動員的戰力。在推行募兵制下，全民國防教育增加了軍事訓練課程，但是必須要隨著國防需求與校園的變化而調整，使全民國防教育能夠與時俱進。

57　國教院，《十二年國民基本教育全民國防教育課程綱要初稿》（2015 年 5 月 1 日），頁 5。

十二年國教全民國防教育課綱規劃之研究

湯文淵[*]

摘要

　　教育部「十二年國民基本教育課程綱要總綱」將自 107 學年度，依照不同教育階段逐年實施。全民國防教育部定正式課程限於高級中等學校並僅有 2 學分的時數，國中小階段則維持議題融入與補充教材方式列入實施參考。有鑒於全民國防教育是一個有全民國防教育法專法規範與國防部及教育部各有專責單位督導實施的國家位階課程，亦應是一個國家國民重要的終身行動教育的深切體認，在教育部重大議題未列入全民國防教育，普通型高級中等學校正式課程場域約 180 學分數中僅佔 2 學分比例，及在部定加深加廣選修課程缺席的戰略意涵與課題值得全體國人共同深入關注與持續追蹤研究

[*]　亞洲大學校安中心

壹、前言

　　教育部「12 年國民基本教育課程綱要總綱」已於 2014 年 11 月 28 日頒布，將自 107 學年度，依照不同教育階段（國民小學、國民中學及高級中等學校一年級起逐年實施。[1]有關全民國防教育部定課程並未因全民國防教育法的頒布實施而有更動，仍然僅限於高級中等學校並規定實施必修 2 學分，部定選修部分則正式移除。國中小階段維持由教育部主管單位以行政規定建議，以議題融入與補充教材方式列入實施參考。12 年國民基本教育領域課程綱要在總綱規範下，由國家教育研究院擬設立國語文、本土語文（閩南語文）、本土語文（客家語文）、本土語文（原住民族語文）、新住民語文、英語文（含第二外國語文）、數學領域、社會領域、自然科學領域、藝術領域、健康與體育領域、綜合活動領域、科技領域、生活課程、全民國防教育等 15 個領域分組研擬相關課程綱要，作為未來 10 年各級學校選定教科書之參考依據。

　　全民國防教育是一個有全民國防教育法專法規範與國防部及教育部各有專責單位督導實施的國家位階課程，更應是一個國家國民重要的終身行動教育，誠如美國知名教育學者杜威認為實行不但不是知識的障礙，反而成為知識的必要條件，知、行乃相輔相成，知識的最終目的在於能行動，即是知與行必須要能結合起來，也唯有如此知識才有其價值。[2]因而全民國防教育既未列入教育部重大議題融入教育參考，在普通型高級中等學校階段正式課程場域約 180 學分數中亦僅佔有必修 2 學分的比例，在部定加深加廣選修課程也缺席的戰略意涵值得深入探討。本文擬就全民國防教育的歷史回顧、全民國防教育規劃基礎、全民國防教育規劃架構與資源系統進一步分析，為將來全民國防教育向下扎根與向上發展提供政府政策規劃與學校多元選修的參考。

1　教育部，〈臺教授國部字第 10301356784 號〉，2014 年 11 月 28 日。
2　高廣孚，《杜威教育思想》（台北：水牛出版社，1984 年），頁 20-25。

貳、全民國防教育的歷史回顧

一、學校軍事教育

　　「軍事教育」主要指軍事理念與意涵，主要指以軍事專家傳授軍事知能為主的教育單位或學校，專指軍事學校教育，特指軍事內涵的教育。1999 年 7 月 14 日頒布實施「軍事教育條例」規範的國軍軍事院校教育體系，區分為深造教育、進修教育、基礎教育及預備學校教育，3 其教育體制可向前推朔至清末及民初的軍事學校。如國防大學的「陸軍大學」時期，起源自清朝於前 6 年在河北保定所創的「陸軍軍官學堂」。4「軍訓教育」主要指教育理念與意涵，專指中國傳統士大夫或教育有識之士在普通學校教育體系倡導及推廣文武合一教育的意涵。因而學生軍訓，可說源自於我國文武合一教育的優良傳統，其與軍事教育不同的主要論點起自清末「奏定學堂章程」（1904）的頒布，1912 年中華民國成立後，全國教育會聯合會於民國 4 年決議通過軍國民教育實施方法並送教育部實行。第一次世界大戰結束，軍國民的教育思想式微，為避諱軍國民教育之名，而改為「學校軍事教育」，1925 年江蘇省教育會設「學校軍事研究會」，同年中華教育改進社年會，通過「實施軍事教育，以養成強健身體」，為教育宗旨之一。

　　1928 年 5 月 15 日大學院（教育部前身）於南京召開第一次全國教育會議，軍事委員會提出「軍事訓練計畫案」與「中等以上學校軍事教育方案」兩案。軍事訓練計畫案包括各級學校規範，如小學加重體育，普及童

3　監察院，〈國軍軍事教育體系之檢討與軍校評估專案調查研究報告〉，2011 年 9 月，頁 1，
　　＜ http://www.cy.gov.tw/AP_Home/Op_Upload/eDoc/%E5%87%BA%E7%89%88%E5%93%81/100/1
　　00000017%E5%9C%8B%E8%BB%8D%E8%BB%8D%E4%BA%8B%E6%95%99%E8%82%B2%E9%AB%9
　　4%E7%B3%BB%E4%B9%8B%E6%AA%A2%E8%A8%8E%E8%88%87%E7%B8%BE%E6%95%88%E8%A
　　9%95%E4%BC%B0%E5%B0%88%E6%A1%88%E8%AA%BF%E6%9F%A5%E7%A0%94%E7%A9%B6%E5
　　%A0%B1%E5%91%8A.pdf ＞。

4　監察院，〈國軍軍事教育體系之檢討與軍校評估專案調查研究報告〉，2011 年 9 月，頁 28。
　　＜ http://www.cy.gov.tw/AP_Home/Op_Upload/eDoc/%E5%87%BA%E7%89%88%E5%93%81/100/1
　　00000017%E5%9C%8B%E8%BB%8D%E8%BB%8D%E4%BA%8B%E6%95%99%E8%82%B2%E9%AB%9
　　4%E7%B3%BB%E4%B9%8B%E6%AA%A2%E8%A8%8E%E8%88%87%E7%B8%BE%E6%95%88%E8%A
　　9%95%E4%BC%B0%E5%B0%88%E6%A1%88%E8%AA%BF%E6%9F%A5%E7%A0%94%E7%A9%B6%E5
　　%A0%B1%E5%91%8A.pdf ＞。

子軍課程，中等學校運動及體育、兵式操、星期遠足、軍事知識、普通教育傾向於軍事方面。中等以上學校軍事教育方案偏重軍事訓練，如體育原則性規範，主要包括各個教練、部隊教練、技術、射擊、指揮法、陣中勤務、測圖、軍事講話、其他等九項（女生應習看護），最後全國教育會議一致通過「中等以上學校軍事教育方案」，我國學生軍訓，乃告正式創建。[5] 國民政府轉進台灣後，1951 年 9 月，行政院令國防部在八所師範學校，[6] 先行試辦軍訓，1953 年 7 月 1 日全省高中全面實施軍訓，專科以上學校學生軍訓，延至民國43年實施。[7]軍訓課程分為愛國教育、軍事教育、生活訓練、體能訓練、技能訓練，專科以上學校除愛國教育改為精神教育外，其他與高級中學相同，僅在進度上增強內容程度並在軍事術科上銜接軍士一般養成教育及軍官預備教育。[8]1973 年教育部修訂「高級中等以上學校軍訓課程基準表」，高級中等學校男生軍訓課程，分一般課程、基本教練、兵器教練，另於第一、二學年各實施行軍演習一次。[9] 為因應民國 47 年八二三炮戰需求，教育部特會同國防部、救國團、省政府等有關單位研擬訂定「大專學生暑期集訓實施辦法」，由行政院於民國 48 年 6 月 2 日頒布實施，[10] 將專科以上學校軍訓區分為「在校軍訓」與「暑期軍訓」，於一、二年級時分由各陸軍訓練中心實施，高級中等學校在校軍訓則仍分三年實施，每週二小時，以此建立自初中童子軍教育、高中軍訓、大專在校軍訓與暑期集訓，暨預備軍官訓練完整一貫的體制。[11]

二、國防通識教育

教育部軍訓處於 1995 年為能充分適應台灣社會環境之變遷，並迎合時代思潮與掌握軍訓教育興革之關鍵，以國防通識教育六大領域之國家安全、國防科技、兵學理論、戰史、軍事知能、軍訓護理為軍訓教學範疇，

5　教育部軍訓處，《學生軍訓五十年》（台北：幼獅文化出版，民 67 年 5 月出版），頁 28-33。
6　八所師範學校：台中、台北、台南、花蓮、屏東、新竹、嘉義、台東。
7　《學生軍訓五十年》，頁 103-105。
8　同上註，頁 128-130。
9　同上註，頁 171。
10　同上註，頁 179-180。
11　同上註，頁 149-155。

輔以學校類型及學生程度不同之考量，而調整授課科目與時數配當，並暫定出「高中職校軍訓課程基準表」，主要課目區分學生軍訓簡介、基本教練、地圖閱讀、方位判定與方向維持、野外求生、學生安全教育、國家安全概論、國防科技概論、射擊訓練、兵家述評、中外戰史、領導統御、兵役實務、軍警院校簡介、民防常識等 15 類，分三學年實施，總計 180 小時。[12]1999 年大專寒訓結束後，因訓練能量與社會自由風潮影響即停辦成功嶺集訓，實施 40 年的大專集訓遂告結束。

三、全民國防教育

1996 年台海危機之後，李登輝前總統在國軍年度工作檢討會中首先提出全民國防的概念。[13] 全民國防係以國防武力為中心，以全民防衛為關鍵，以國防建設為基礎。[14]2005 年台灣通過「全民國防教育法」後，國防部為主管機關，學校國防通識教育雖納入國防部規範的行政院公務人員在職訓練、學校教育、社會教育及國防文物保護教育全民國防教育四大系統，除在教育部維持全民國防教育的專責單位外，並委由國立新竹女中成立全民國防教育學科資源中心專責高級中等學校全民國防教育學科專業發展。[15]（課程規劃如表 1：教育部普通高級中學「全民國防教育」課程綱要表）。

12　教育部軍訓處，《大學軍訓參考課程》，< http://www.edu.tw/Default.aspx?WID=65cdb365-af62-48cc-99d9-f9e2646b5b70 >。

13　林正義、鍾堅、張中勇，《如何落實全民國防》（台北：國防部 88 年度委託研究報告【計畫編號：MND-88-02】，1999），頁 170-171。有關國防報告書的全民國防理念定義發展的整理，請參閱謝登旺、張揚興，〈各級學校全民國防教育實務工作之推動〉，《國防大學 100 年全民國防教育學術研討會論文集，2011 年》（桃園：國防大學，2011 年），頁 52-53。

14　鄧定秩，〈泛論全民國防〉，《中華戰略學刊》（秋季）（2000 年 10 月），頁 80。

15　法務部，〈中華民國全民國防教育法〉，《全國法規資料庫》，< http://law.moj.gov.tw/Law/LawSearchLaw.aspx >。

表 1：教育部普通高級中學「全民國防教育」課程綱要表

主題	主要內容	說明	參考節數
一、國際情勢	1.國際情勢分析	1-1 當前國際與亞太情勢發展 1-2 當前兩岸情勢發展 1-3 我國戰略地位分析	4
二、國防政策	1.國家安全概念	1-1 國家概念與國家意識 1-2 安全與國家安全意涵 1-3 我國國家安全威脅評析 1-4 中國對臺灣飛彈等軍事威脅	4
	2.我國國防政策	2-1 我國國防政策理念與目標 2-2 我國國防政策與國防施政 2-3 我國軍事戰略與建軍備戰	
三、全民國防	1.全民國防導論	1-1 全民國防之內涵與功能 1-2 全民國防教育之緣起及其重要性 1-3 全民心防與心理作戰	2
四、防衛動員	1.全民防衛動員概論	1-1 全民防衛動員之基本認知 1-2 全民防衛動員體系簡介	22
	2.災害防制與應變	2-1 災害防制與應變機制簡介 2-2 核生化基本防護 2-3 求生知識與技能	
	3.基本防衛技能	3-1 徒手基本教練 3-2 步槍操作基本技能 3-3 射擊預習與實作	
	4.防衛動員模擬演練	4-1 防衛動員演練之機制與設計 4-2 防衛動員的實作	
五、國防科技	1.國防科技概論	1-1 當代武器發展介紹 1-2 海洋科技與國防 1-3 國防科技政策 1-4 國軍主要武器介紹	4

資料來源：教育部普通高級中學「全民國防教育」課程綱要，< http://defence.hgsh.hc.edu.tw/courseoutline.php?submenu=1 >。

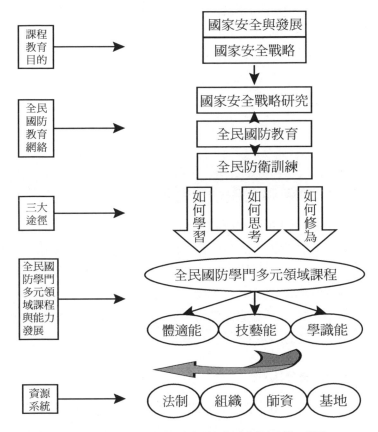

圖 1：全民國防教育網絡規劃發展體系圖

資料來源：筆者自繪

參、規劃基礎

　　12 年國教全民國防教育應在中等教育階段國防通識教育既有基礎下，發展完整全民國防教育學程，建構全民國防教育完整學門，作為向上尋求與國家安全戰略研究接軌的基石，向下尋求全民防衛訓練驗證，向外結合社會戰略實踐優勢以建構具有戰略研究源頭、全民國防教育網絡及全民防衛訓練實務驗證整合之全民國防教育發展體系。透過如何學習、如何思考與如何修為三大途徑，在國家教育資源系統支援下，以全民國防教育五大

領域課程為基礎，由國際情勢領域課程接軌國際關係研究，開拓國際新視野，培養國際觀，以全民國防與國防政策領域課程整合深化戰略研究，再以防衛動員與國防科技領域課程整合發展戰略行動能力，以此開發全民國防學門多元課領域程，使其涵括國民基本戰力所需的體適能與滿足全體國民生活條件與戰鬥條件合一所需的應用戰力技能與凝聚全國向心力的精神戰力知能三大範疇，力求提升全體國民國家安全戰略能力（圖1）。

本圖說明如下：

一、教育目的：確保國家安全與發展

「安全」（security）與「發展」（development）是挑戰國家最重要的課題。[16] 國家安全與發展的核心要旨不離國家利益的選擇與國家目標的確立，亦即國家戰略的完整建構。國家安全與發展對國家的長治久安缺一不可，只強調國家安全的追求，會讓國家陷於安全困境，只專注國家發展的追求，會給國家帶來不可預測的傾覆風險，追求一個發展型的國家安全理念，是推廣全民國防教育的最高期許。

二、全民國防教育網絡

國家安全戰略思想為全民國防政策教育之源頭，全民國防政策教育則為國家安全戰略思想研究之重要支撐，並透過全民防衛機制行動訓練予以檢視驗證，使三者綿密整合構成全民國防教育網絡。

三、三大途徑

（一）如何學習

面對二十一世紀的資訊爆炸與各項複雜多變的社會環境挑戰，學校中的懸缺課程（null curriculum）有增無減，[17]哈佛大學心理學家迦納（Howard

---

16　翁明賢，《解構與建構台灣的國家安全戰略研究（2000-2008）》（台北：五南出版，2010年4月），頁1。

17　黃政傑，〈多樣化的課程與教學〉，中華民國課程與教學學會主編，《邁向未來的課程與教學》（台北：師大書苑，1997年），頁42。

Gardner）在他的《智力架構》一書中，提出人至少須有語文（linguistic intelligence）、邏輯—數學（logical-mathematical intelligence）、空間（spatial intelligence）、肢體—動覺（bodily-kinesthetic intelligence）、音樂（musical intelligence）、人際（interpersonal intelligence）、內省（intrapersonal intelligence）等七項基本智慧即所謂的多元智慧。[18] 國家的財富是人民智力的總和—也就是人民創造力和技術的總和，換句話說，國家最大的資產就是人民能夠快速學習，以及適應任何突發情況的能力。[19]

　　彼得・聖吉（Peter Sant）強調學習的真諦為：「學習的意思在這裡並非指獲取更多的資訊，而是培養如何實現生命中真正想要達成的結果的能力。」[20] 柯林・羅思（Colin Rose）倡導「快速學習『M.A.S.T.E.R 六大步驟：進入正確的心智狀態（Gettting in the Right State of Mind）、吸收資訊（Acquiring the Information）、找出意義（Searching Out Meaning）、啟動記憶（Triggering the Memory）、展示所知（Exhibiting What You Know）、反省學習過程（Reflecting on How You've Learned）』」可為全民國防教育學習之重要參考。

（二）如何思考

　　柯林另外倡導兩項思考，一是分析性思考，即按照邏輯步驟嚴格檢驗某一情況、問題、主題或決策，它是按客觀的標準來檢驗某一論述、證據或建議，是看清隱藏在表象之下根本原因，是按邏輯步驟來作判斷、做出決定，以及找出偏差之處；二是創意性思考，即創造新主意和新產品的思考，也就是能夠發現事物之間新關係、新模式，或是找到表達事情的新方法，或是結合目前既有的主意，創造一種新的、而且更好的主意。[21] 鈕先

18　托馬斯（Thomas Armstrong）著，李平譯，《經營多元智慧》（Multiple intelligences in the classroom）（台北：遠流出版，1997 年 8 月），頁 8。

19　柯林・羅思（Colin Rose），麥爾孔・尼可（Malcolm J. Nicholl）著，戴保羅譯，《學習地圖：21 世紀加速學習革命》（*Accelerated learning for the 21st century*）（台北：經典傳訊文化出版，1999 年 5 月），頁 4。

20　彼得・聖吉（Peter Sant）著，郭進隆譯，《第五項修練》（*The Fifth Discipline*）（台北：天下遠見出版，1998 年 11 月），頁 222。

21　柯林・羅思（Colin Rose），麥爾孔・尼可（Malcolm J. Nicholl）著，戴保羅譯，《學習地圖：21 世紀加速學習革命》（*Accelerated learning for the 21st century*），頁 99。

鍾匯集戰略思考方法的七個原則：「總體性（全局性）、朝大處想（關鍵或重心）、重視未來（預測與判斷）、連續化（活動的）、合理化（深思熟慮）、抽象化（簡約與推演）、現實化（事實為基礎）。」[22] 教育家杜威（John Dewey）認為人們用心搜尋證據，確信證據充足，才形成信念，這一思維過程就叫做思考、思索，只有這種思維才有教育意義。有意義的思維應是不斷的，一系列的思量，連貫有序，因果分明，前後呼應。[23] 培養良好思維習慣時，最重要的因素就是要養成一種態度，肯將自己的見解擱置一下，運用各種方法探尋新的材料，以證實自己最初的見解正確無誤，或是將它否定，保持懷疑心態，維持系統的和持續的探索，這是對思維最基本的要求。[24] 思考便是找出原因，尋覓答案，獲得確定性為標記。戰略思考活動的完成，應包括目的實踐過程中的思考與目地實踐的完成。[25]

（三）如何修為

　　知道「如何學習」以及「如何思考」雖然重要，但如缺少「如何修為」的途徑，將使學習與思考的方向產生偏差，而僅能做到「do the thing right─把事情做對」而無法達到「do the right thing─做對的事情」的目標。史蒂芬‧柯維（Stephen Cowe）在「與成功有約」所提出的主動積極、要事第一、以終為始、雙贏思維、知彼解己、統合綜效及不斷更新七大習慣之養成，是國家安全教育「如何修為」途徑的重要參考。[26] 此外，他特別倡導自然法則式的領導，亦即其「道德羅盤」的原則領導，他說：「許多公司和文化中都無法解決某些根本問題，根源即在於社會的主流觀念是由外到內。每個人都相信問題在於別人，如果他們能振作精神或馬上消失不見，就能解決問題。」[27]。

22　鈕先鍾，《大戰略漫談》（台北：華欣出版社，1974 年），頁 195。
23　約翰‧杜威（John Dewey）著，伍中友譯，《我們如何思維》（How we think）（北京：新華出版社，2010 年 1 月 1 日），頁 3-4。
24　同上註，頁 12-13。
25　施正權，〈論戰略思考─創造、轉化與應用〉，《第八屆紀念鈕先鍾老師國際戰略學術研討會論文集》（台北：淡大戰略所，2012），頁 184。
26　史蒂芬‧柯維（Stephen Cowe）著，顧淑馨譯，《與成功有約》（The 7h Habits of Highly Effective People:Restoring the Character Ethic）（台北：天下遠見出版，1995 年 11 月），頁 61。
27　史蒂芬‧柯維（Stephen Cowe）著，顧淑馨譯，《與領導有約》（The 7h Habits of Highly

四、全民國防學門多元領域課程與能力發展

　　美國國防規劃已從主導過去思維的「威脅導向」模式，轉變成因應未來的「能力導向」模式。2008 年「北大西洋理事會」（North Atlantic Council）宣布，將「確保擁有可因應 21 世紀不斷更迭之安全挑戰的正確能力，因此我們將進行必要的轉型、調適與變革。轉型是種持續的過程，需要持續與積極的關注。」美國與北約使用的國防戰備「能力導向策略」（capabilities-based approach），提供審慎且普遍適用的手段，俾將轉型概念與作戰需求轉變成可滿足當前與未來安全需求之佈署能力。[28] 能力導向部隊必須具備遂行下述事項廣泛的能力需求：[29]

（一）向軍事、跨機構與跨國夥伴陳述令人信服的目標，即闡明可達成所望結果的綜效。

（二）充分理解作戰環境的所有面向，以及合作夥伴在衝突中的公正地位與影響力。

（三）建構一個可接近且易於運用的共同作戰圖像，以及一個受現行作業程序支撐的合作性戰略到戰術環境。

（四）部署綿密、持久及隱匿的情監偵查系統與其他適當手段，以確認敵對分子。

（五）以最可行的作業互通與標準化，部署可協同、具深刻文化意識，且可在嚴苛地理與氣候環境化有效遂行作戰之部隊。

（六）從戰區間及戰區內的距離，以有利態勢直接將聯合部隊投射至目標。

（七）在整個作戰空間運用具適應力、模組化與任務導向的遠征部隊。

（八）開發程序及系統，期能藉由完全整合的作戰火力、兵力機動及資訊作戰，產生致命與非致命效應，同時又可限制附帶損害。

Effective People：Restoring the Character Ethic）（台北：天下遠見出版，2000 年 11 月，第三版），頁 51。

28　史考特‧賈斯柏（Scott Jasper）編，劉慶順譯，《國防能力轉型：國際安全新策略》（Transforming Defense Capabilities: New Approaches for International Security）（北市：國防部史政編譯室，民國 101 年 6 月），頁 13- 21。

29　史考特‧賈斯柏（Scott Jasper）編，劉慶順譯，《國防能力轉型：國際安全新策略》（Transforming Defense Capabilities: New Approaches for International Security），頁 33- 35。

（九）為人口、領土、軍隊與系統（包括重要基礎設施、資訊與太空裝備）提供多層次的安全防護。

（十）感測、偵測、識別以及防衛化生放核子及高能炸藥攻擊，並從攻擊中復原。

（十一）建構及操作具適應力、合時宜與配送導向的支援系統（具備更佳的通用性、可靠性、可維護性與存活力）。

（十二）整合軍事支援以及政府、非政府與民間力量，俾遂行安定行動、重建作業以及人道救援行動。

　　《天下雜誌》2012 年教育特刊推出「能力扎根」系列專題探討亦提到，歐洲國家已將培養年輕人就業技能拉升到國家戰略層次。[30]2011 年底美國國防部高級研究規劃局（DARPA）宣布，2012 年 9 月新學期，在加州十六所高中試行「造物空間導師計劃」，試行每週三小時的新工藝教育，四年內將投入三億台幣，要在一千所高中推動此課程，這是近幾年美國科學與工藝教育最有企圖的改革計劃。DARPA 專案負責人《造物雜誌》（Make）總編輯多爾弟（Dale Dougherty）接受《天下》專訪時提到，新工藝教育是一種介紹科技、機械與數學的方法，引導孩子進入科技數理領域。[31]

肆、規劃架構

　　全民國防教育規劃架構以達成全民國防互利共識為核心，培養自主行動的國際觀，支持國防政策總體建設，積極參與全民防衛動員演練，促進國防科技全面創新運用，建構全民向上提升為願景的國家安全教育終身學習社會，實踐自主、互利、共好的全人教育理想。

　　台灣鑽研戰略研究的先驅學者鈕先鍾呼應法國戰略學家薄富爾的總體戰略模型提到，「戰略是一種思想、計畫、和一種行動。儘管思想、計畫、行動是三種不同的功能，……但是它們又是三位一體，綜合起來構成戰略的實質。」台灣專注國家安全戰略研究的學者翁明賢認為，型塑一套

30　林倖妃，〈能力扎根〉，《天下雜誌》，511 期（2012 年 11 月 28 日），頁 94-95。
31　陳一姍，〈新工藝教育 拯救美國製造〉，《天下雜誌》，511 期（2012 年 11 月 28 日），頁 103-104。

完整的戰略思考架構與文化觀，建立軍民戰略思維的交流平台，釐清國家認同、族群意識與全球公民的視野，強化全民戰略教育工作，乃為國家安全教育工作者當務之急。因此，國防部主管機關與教育部目的事業主管機關對於全民國防教育應發揮殊途同歸的分工合作效益，亦即國防部專注軍事專業教育與國防文宣活動的辦理，教育部則專注建構全民國防教育學科體系（教育主軸—領域課程—學科課程—議題單元）的發展，以共同提升全民國防素養的內涵與水平（圖2）。

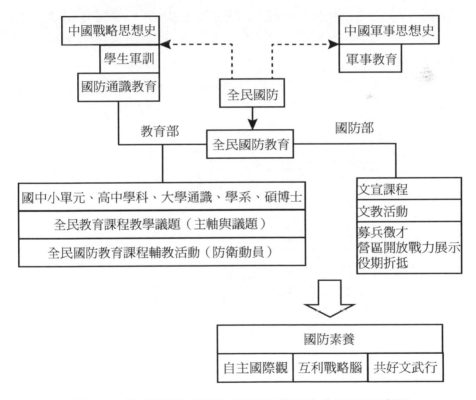

圖 2：國防部與教育部全民國防教育合作發展示意圖

　　全民國防教育就是兼顧國家國防需求與個體適性發展，把全民國防的根源，中華民族固有的出將入相軍政一體的傳統戰略思想與軍文關係，透過國際觀所營造的全民國防教育主軸課程，以務實的全民防衛行動體現出來，而使全體國民具有寬廣的國際視野，開放戰略心靈與勇於防衛行動素養的全人終身行動教育。

　　全民國防教育是國家安全戰略最具體的教育實踐，藉助全民國防教育不僅可有效連接上游的國家安全戰略研究能量，更可與下游的全民防衛訓練驗證成效結合，以此構成三位一體的國家安全戰略行動實踐教育體系。其發展主要以全民國防基本理念為核心，實施領域課程的橫向統合與縱向連貫，即依研究—教育—訓練途徑與程序，將領域課程整合為國際眼研究、戰略腦教育與文武行訓練，並與國家安全戰略（思想）—政策（計畫）—機制（行動）要素緊密結合，使全民國防教育向外連接國家安全報告體系，完備戰略腦的憲政運作機制，向上以國家安全思維研究連接國際戰略行動元素國家利益與戰略文化形塑國際眼，向下經由全民防衛訓練結合國家安全機制行動，建構文武行動能力合一的國際戰略行動體系，以此開創全民國防教育新紀元並為台灣十二年國民基本教育核心素養連貫提供重要支柱（圖 3）。

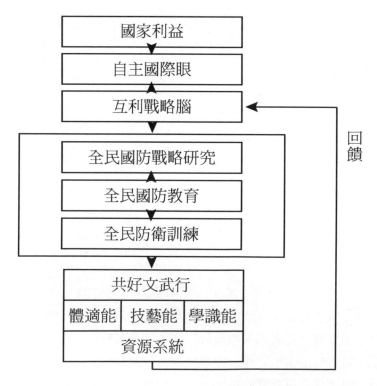

圖 3：全民國防教育規劃架構示意圖

　　全民國防教育規劃體系的基本理念，即轉化常備體系國防建軍備戰的陸海空軍戰鬥行動，為全民預備與後備體系結合的陸海空中探索活動。也就是將常備體系建力（power）的理念，昇華為全民預備與後備體系蓄積能力（capabilities）的理念，並透過擴展常備體系的行動（action）為預備與後備體系的活動（acivities）途徑，因此，全民國防教育規劃架構體系就是培養國際眼、戰略腦與文武行知識、能力與態度素養的終身行動學習教育。其實施內涵以全民國防教育五大領域課程為基礎，向上結合國家安全戰略研究，向下整合全民防衛訓練，構成國際戰略行動實踐體系研究—教育—訓練的核心循環，再藉由戰略研究向上結合國際關係相互主體社會建構觀點，全民國防教育向外連接國家安全戰略—政策—機制之國家安全報告網絡，全民防衛訓練向下擴展為全民國防素養訓練發展，使國家安全戰略思維透過戰略研究管道與國家利益與戰略文化觀點緊密連接，再由國家安全政策及國家安全機制與全民國防教育及全民防衛訓練相對應並組合，進而以此開創體適能、技藝能與學識能合一的全民國防行動能力發展，以建構一個具垂直整合鏈路與水平整合鏈路的全民國防教育實踐體系，以涵養現代公民終身行動學習之核心素養。

伍、資源系統

　　全民國防教育體系發展的關鍵，主要顯現在國家安全有關法制、組織、師資及基地資源系統整合效能的發揮。

一、科技資源

　　高科技戰爭使人類所處的時空環境受到空前強力的壓縮，使歷史上單純原始的「兵民合一」體制因高科技因子的注入，而進化成為現代的「全民國防」體制。這種時空急遽壓縮的體制，無以名之，即以蔣緯國將軍所稱的「全戰時體制」稱之。其特性為和戰一體、軍民不分，統括於知識的軟戰體制中，這種體制單靠政府某一部會無以竟全功。戰爭是一種太嚴重的事務，不可完全委之於軍人，亦不能完全由文人決定。美軍高略將軍於波斯灣戰爭後曾說：「美國派了五十萬大軍到波斯灣，其中二十萬到三十

萬名是屬於後勤的支援任務,而這場戰爭最後其實是由僅僅二千名士兵打贏的,『尾巴』已經長得不成比例。」以戰爭這種發展趨勢論,將更加證明後勤「尾巴」的理念,將因國防事務的日趨龐雜而有凌駕戰鬥成為戰爭主體的可能。國防事務的龐雜使軍人不再是戰爭的唯一主導者,軍事更不是戰爭的唯一範疇,「國防」的理念將逐步超越「軍事」成為未來戰爭的主要思潮。只有透過全民的支持與參與,才能有效預防戰爭的發生,因此,國防全民化、全民科技化不再是口號,而是具體行動與國家安全的主要內涵。

二、法制資源

　　法制資源體系,即在國家安全法指導下,以國防法為核心,結合災害防救法需求,透過全民防衛動員準備法及全民國防教育法之落實規範,完備全民國防教育法制資源體系。國防法最主要的是明確說明中華民國之國防體制架構及權責(國防法第七至十三條)。全民防衛動員準備法即為實施國防法所定義之全民國防而制定,並在國防法第五章具體規範全民防衛,表明與國防法有明確之依存關係。全民國防教育法除可推論至國防法第五章全民防衛內之第二十九條對中央級地方政府各機關應推廣國民之國防教育,並可從全民防衛動員準備法第三章動員準備之第十四條精神動員準備分類主管機關應結合學校教育培養愛國意志,增進國防知識,堅定參與防衛國家安全之意識規定說明,全民國防教育法與全民防衛動員準備法之依存關係。災害防救法約與國防法之公佈同一時期,由於重大災害之頻繁發生,使國家安全逐漸從傳統國防軍事及外交安全領域,跨進非傳統安全之國土安全防護領域,使災害防救法與國防法產生密切連結,成為國家安全教育體系的重要資源系統。基此,國家安全有關法制資源體系如何更有效連結,使其發揮及整合學術界及戰略社群有關國家安全總體戰略研究能量,須進一步充實與加強。

三、組織資源

　　全民國防教育組織資源系統,主要以國防法所規範的國防體制為核

心，透過行政院動員及災害防救會報機制，在國家安全局統合行政院各機關有關國家安全情報分析與判斷下，提供行政院國家安全相關部會組織，建構國家安全教育組織資源體系，實踐全民國防教育戰略目標。國防法規範國防體制包括總統、國家安全會議、行政院及國防部。此體制區分兩個層級，一個是國安層級，以總統為主導，國安會為運作平台，總統藉助國家安全會議之平台，以決定國家安全（包括國防、外交、兩岸關係及國家重大變故之相關事項）有關之大政方針，或因應國家重大緊急情勢，國家安全會議以總統為主席（國家安全會議組織法第三條），出席人員包括副總統、行政院院長、副院長、內政部部長、外交部部長、國防部部長、財政部部長、經濟部部長、行政院大陸委員會主任委員、參謀總長、國家安全會議秘書長、國家安全局局長，總統得指定有關人員列席國家安全會議（國家安全會議組織法第四條），國家安全會議召開時，國家安全有關事項之主管機關皆參與期間，國家安全決策面貌得以整體呈現。另一個行政層級，是以行政院為主導，行政院會議及其相關會報或委員會為平台，則歸屬為國家安全決策執行體系，國家安全決議所形成的決策或指導，由國家安全決策執行體系予以落實與貫徹，並將實務問題帶回國家安全會議，再度形成國家安全決議之決策指導後，再回歸進入行政院的行政院會議及會報或委員會機制，以建構國家安全會議決策機制與行政院會議執行機制相互指導與支持的國家安全運作循環體制與機制。

四、師資資源

　　全民國防教育師資資源系統主要可來自國安系統、國防系統及教育系統。教育系統的師資培訓與認證制度健全，亦有相關法制規範，如「教育人員任用條例」，係針對所有教育人員之一般規範，「教師法」則針對教師作特別規範，「師資培育法」，則對師資培育管道做較詳細之規範。大學之師資聘任，主要依教育人員任用條例之規範，而由各大學依大學法自主聘任，有關國家安全及國防專業之認定，尊重學術自主，由學術專責單位自行認定，中等以下學校教師之聘任，則依教師法規範，因對國家安全及國防之專業認定，尚缺主管機關之正式認定，亦未建立完整之培育管道，

更缺教育人力市場誘因,故目前尚無正式之教育人員,而由國防部介派教育部之原軍訓教官在中等學校正式成立國防教育學科後暫行代理,並有常態化及權宜化卻無法制化之趨勢。社會系統之國家安全教育師資,目前主要以學術單位之學者為主,有關專家之認定,除國防大學培訓之相關專業認證外,民間所成立之有關學會如全民國防教育學會,則因缺少主管機關之強力支援,尚未取得相關師資之認證授權。

　　全民國防教育之師資資源,依全民國防教育法之規範,主要有國防大學培訓之國軍軍官與學校經國防大學培訓而由教育部認定核可之軍訓教官,除可作為全民國防教育及全民防衛訓練之師資基礎外,如加上國安系統之學術單位自由認證管道,則可完備國家安全教育之師資資源系統,國家安全教育師資資格如有結合教育主政機關相關之師資法制規範之需求,則國防部所屬之軍事教育制度管道,對於教育主管機關之專業認定及認證程序應表示尊重並予以採用,使國家統帥系統所建立的國家安全及國防專業,在國家安全教育師資資源系統上,能與政府行政系統之教育專業培訓管道契合,使國家設立文武官員分隸所沿襲的軍政一體及軍文共治的總體戰略傳統觀點,能在國家全教育師資資源系統獲得確認與增強,進而因教育系統軍文職師資並立的實現,使文武合一的教育政策要旨,列入憲法層級之基本國策,如此軍文職各有專業擅長,並在學校教育系統相輔相成,以發揮軍文職國家安全教育人員綜合之效能。

五、基地資源

　　競爭力攻略基地資源系統,包括硬體之教育基地設施及軟體之資訊網路科技系統之整建,即有效整合軍方陸、海、空軍資源及民間社會與學術教育界陸上、海上及空中各型資源活動,亦即以國防大學之教育訓練資源為核心,結合國安會國安局與國防部陸海空軍基地及產業界與民間陸上、海上及空中教育訓練活動資源及基地,建構完善之產、官、學、研國家安全教育戰略活動基地網絡及交流平台,使軍民活動需求及目標緊密結合,相互輔助支持,以構建競爭力攻略基地網絡資源體系,充分滿足提昇國家及全民競爭力之需求。

陸、結語

　　美國學校國防教育充分結合國防單位，乃至國家戰略目標客觀利益的需求，又能保持學校與個人主觀利益自主選擇的彈性，[32] 瑞典資助與支持民間推展全民國防的活動。例如民間在 1940 年就成立了「中央社會與國防聯盟」（Central Society and Defence Federation），推展全民國防教育活動，包括提供民眾有關瑞典國會與政府全民國防決策的客觀資訊，以及促進全民國防不同意見者的公開對話與辯論。該協會藉由安排課程、研討會與研究參訪，以及出版有關國防政策、安全政策與外交政策的資訊及報告，達成這些目標。中共也在民間成立學會與協會，乃至社會大學協助推動全民國防教育。[33]

　　軍事教育體制所採用之學經歷交織發展模式，與學校技職教育體系發展之產學或建教合作方式不謀而合。全民國防教育的目的不僅是傳達國防知能，更要在學校發展專業知能，以深化維護國家安全的意識與技能。因此，全民國防教育除了是通識教育，更是一種確保國家安全與促進國家發展的專業實用教育，也就是行動教育，需要統合全國資源，從中等學校全民國防教育學科課程發展為大學國際戰略學系與研究所學位學程，並以此結合社會國際戰略協會發展，體現國際眼、戰略腦、文武行整合開發與實踐之全人教育意涵，開創全民國防教育新藍海，提升國家競爭力。

32　整理自：蔡海瑋、程曦華、程芬蘭，〈美、俄、中共全民國防教育之比較〉，《國防雜誌》，第 23 卷，第 5 期（2008 年），頁 100-103。

33　瑞典「中央社會與國防聯盟」（Central Society and Defence Federation），有關該協會的資料，參閱＜ http://www.cff.se/folkochforsvar/english.html ＞。

解構與反思地區安全複合體理論的適用性：
以中國一帶一路戰略對兩岸關係影響為例

翁明賢 *

摘要

　　根據「地區安全複合體理論」（Regional Security Complex Theory, RSCT），冷戰時期，亞太地區出現東北亞、東南亞與南亞安全複合體，後冷戰後，前兩者連結為「東亞安全複合體」，與原有「南亞安全複合體」形成「亞洲超級安全複合體」。在美國重返亞太，推動外交、軍事與經濟作為之後，北京面臨華盛頓在西太平洋圍堵，向西轉向，推出「一帶一路」倡議，翻轉原有歐亞「地區安全複合體」態勢，形成一個「亞歐超級安全複合體」，抵消美國在東邊的戰略壓力，讓中國與中亞、中東與歐洲地區「對接」，透過「命運共同體」觀念聯結「一帶一路」國家，建構「北京共識」下的國家發展模式，牽動兩岸政經關係的發展路徑。透過分析北京「一帶一路」倡議規劃，理解未來全球戰略趨勢與台灣的重新定位。首先分析地區安全複合體理論意涵，影響東亞安全戰略因素；其次，分析中國總體國家安全觀下，推動「一帶一路」緣起，對台灣可能挑戰與影響，並根據「地區安全複合體理論」命題，提出進一步思考課題。

---

* 淡江大學國際事務與戰略研究所教授兼所長

壹、前言

一、傳統地區安全理論的問題

從冷戰、後冷戰到後九一一全球反恐時期，「安全研究」（security study）的內涵與途徑，面臨許多次的調整，從純粹的軍事安全，結合傳統與非傳統安全因素，轉向「複合式安全」（complex security）的思考。國家安全研究也趨於如何確保國家行為體以外的安全，並注意全球化下各項因素對於國家安全目標與利益的威脅及其確保之道。

哥本哈根學派代表學者布贊（Barry Buzan）與維夫（Ole Waever）提出「地區安全複合體理論」（Regional Security complex theory，RSCT）來取代傳統國家安全與國際安全研究的不足，因為，國家的安全無從理解，除非與其他國家互動才得以理解自身的「安全」與「不安全」，而國際安全研究相對寬廣，很多安全問題圍於地理因素，與國家自身無關，臨近地區的安全事務才是國家最關心的課題。因此，強調「地區安全」為「安全研究」（security studies）的關鍵層次，一群地區國家處於「國家安全」與「全球安全」之間，比較能夠感受到「安全相互依存」（security interdependence），形成一種具有邊界、兩個以上自治單位的無政府狀態、具有極性概念的權力平衡，存在不同敵、友的社會建構關係，建立各種型態的「地區安全複合體」。

其實，關於國際安全地解決之道，不外乎從「衝突解決」、「安全機制」與「安全共同體」的路徑。布贊也認為以溫特為代表的「社會建構主義」（Social Constructivism）所提出的三種不同主體位置：敵人、競爭者與朋友所建構的三種無政府文化：「霍布斯文化、洛克文化與康德文化」可以適用於處於某種類型下的「地區安全複合體」，亦即國家之間透過互動過程，建立「共有理解」（shared ideas）之後，形成不同形態的無政府文化，從而確認雙方的身份，及其後續互動的準則。布贊認為在後冷戰時代，形成東北亞地區、東南亞地區安全複合體之外，90 年代上述兩者開始逐漸形成以日本和中國為主體的「東亞地區安全複合體」，其後加上「南

亞地區安全複合體」，結合成的「亞洲超級複合體」。

二、東亞地區安全態勢的變化

事實上，自 2012 年底，習近平上台之後，陸續提出「強軍夢」、「中國夢」之類的國家總體發展戰略，於 2013 年召開 18 屆 3 中全會決定設立「國家安全委員會」，2014 年召開第一次會議提出「總體國家安全觀」，2015 年 1 月 13 日，中共中央政治局召開會議，審議通過「國家安全戰略綱要」。會議強調，必須毫不動搖堅持中國共產黨對國家安全工作的絕對領導，堅持集中統一、高效權威的國家安全工作領導體制。[1]

同時，2013 年起習近平在哈薩克國事訪問中，首度提出組建「絲綢之路經濟帶」，後來又加上建構「二十一世紀海上絲綢之路」，形成「一帶一路」，並籌組「亞洲基礎建設投資銀行」（亞投行），支撐其「一帶（指印度洋）、一路（陸上絲路）」─聯結中國與中亞、西亞、南亞、東歐等地區的戰略金融支撐工具。[2] 根據「一帶一路」的路線圖，「絲綢之路」規畫包括：南線和北線，北線的哈俄白是經濟帶必經的關鍵。中國實現「一帶一路」的戰略，首重與俄羅斯主導的「歐亞經濟聯盟」（EEU）密切的合作，雙邊藉共同建構的自由貿易區，奠定出整體歐亞經濟合作的基礎。[3]

基本上，總結「一帶一路」的內涵歸納起來，主要是「五通三同」。

1　基本上，中國提出 11 種國家安全的內涵，陸續進行「國家安全戰略綱要」，「國家安全法」的修訂，明白點出「國家安全」的性質是指：「國家政權、主權、統一和領土完整、人民福祉、經濟社會可持續發展和國家其他重大利益相對處於沒有危險和不受內外威脅的狀態，以及保障持續安全狀態的能力。國家安全工作應當統籌外部安全和內部安全、國土安全和國民安全、傳統安全和非傳統安全、自身安全和共同安全。」請參見：〈國家安全法草案提出 4 月 15 日為全民國家安全教育日〉，《中國網》，2015 年 5 月 7 日，< http://news.china.com.cn/txt/2015-05/07/content_35513954.htm >。（檢索日期：2015/05/14）

2　57 個創始會員國包括：「奧地利、澳大利亞、亞塞拜然、孟加拉、巴西、汶萊、柬埔寨、中國、丹麥、埃及、法國、芬蘭、格魯吉亞、德國、冰島、印度、印尼、伊朗、以色列、義大利、約旦、哈薩克、韓國、科威特、吉爾吉斯斯坦、老撾、盧森堡、馬來西亞、馬爾地夫、馬爾他、蒙古、緬甸、尼泊爾、荷蘭、紐西蘭、挪威、阿曼、巴基斯坦、菲律賓、波蘭、葡萄牙、卡達、俄羅斯、沙烏地阿拉伯、新加坡、南非、西班牙、斯里蘭卡、瑞典、瑞士、塔吉克斯坦、泰國、土耳其、阿聯酋、英國、烏茲別克斯坦和越南。」，請參見：〈亞投行意向創始成員 英德法韓等 57 國定案〉，《中時電子報》，2015 年 4 月 15 日，< http://www.chinatimes.com/realtimenews/20150415002826-260409 >。（檢索日期：2015/05/14）

3　〈旺報：習近平訪俄　布局一帶一路〉，《中國新聞評論網》，2015 年 5 月 12 日，< http://hk.crntt.com/doc/1037/4/9/5/103749523.html?coluid=5&kindid=22&docid=103749523&mdate=0512140500 >。（檢索日期：2015/05/14）

「五通」就是政策溝通、設施聯通、貿易暢通、資金融通、民心相通。這「五通」是統一體、缺一不可。「三同」就是「利益共同體」、「命運共同體」和「責任共同體」。三者也是一個整體，不可分割，就是共贏。[4]誠如 2015 年 3 月 28 日，習近平在亞洲博鰲論壇開幕致詞提出：「面對風雲變幻的國際和地區形勢，我們要把握好世界大勢，跟上時代潮流，共同營造對亞洲、對世界都更為有利的地區秩序，通過邁向亞洲命運共同體，推動建設人類命運共同體。」[5]因此，2013 年北京開始推動「一帶一路」戰略，2015 年倡議籌設「亞洲基礎建設投資銀行」（Asian Infrastructure Investment Bank，AIIB），迄今 57 個創始會員國參與，某種程度已經超越歐亞大陸，走向一個以中國為主體的「歐亞超級複合體」。

　　同樣，此「一帶一路」戰略的設計，也牽動後續兩岸關係發展的和平發展時期前景。2015 年 5 月 4 日，習近平會見國民黨主席朱立倫時指出，在經濟全球化深入發展、兩岸聯繫日益密切的今天，兩岸是割捨不斷的命運共同體。國共兩黨和兩岸雙方要堅定信心、增進互信，維護兩岸關係和平發展進程，攜手建設兩岸命運共同體。[6]換言之，兩岸以往的安全態勢，從以往的「衝突解決」，到 2008 年以來，透過兩岸大陸事務領導會見，以及海基會與海協會定期協商，完成 21 項協議，兩岸進入「安全機制」時代，未來面臨 2016 年可能的政黨輪替，兩岸是否朝向北京所設定的「兩岸一家親」下的「命運共同體」，建構兩岸「安全共同體」？

　　反觀台灣雖然於 2015 年 3 月 31 日提出參與亞投行的意願，不久就被宣布無法以主權國家身份加入，但是根據 2015 年 3 月 28 日，在中國國家發展改革委、外交部、商務部出爐的「推動共建絲綢之路經濟帶和 21 世紀海上絲綢之路的願景與行動」，其中「六、中國各地方開放態勢」，特

4　〈「一帶一路」年貿易額可達 2.5 萬億美元〉，《BBC 中文網》，2015 年 3 月 29 日，< http://www.bbc.co.uk/zhongwen/trad/china/2015/03/150329_belt_road_china >。（檢索日期：2015/05/16）

5　〈習近平呼籲亞洲邁向命運共同體、開創新未來〉，《國際在線》，2015 年 3 月 28 日，< http://big5.cri.cn/gate/big5/gb.cri.cn/42071/2015/03/28/107s4916211.htm >。（檢索日期：2015/05/14）

6　〈習近平提出兩岸命運共同體五點主張〉，《BBC 中文網》，2015 年 5 月 4 日，< http://www.bbc.co.uk/zhongwen/trad/china/2015/05/150504_cpc_kmt_common_destiny >。（檢索日期：2015/05/14）

別指出：「為台灣地區參與『一帶一路』建設作出妥善安排。」是以，中國的「一帶一路」戰略出爐，其頂層設計指導應該是基於國家安全思維下，如何整合與其周邊國家的總體安全，建立縝密的「安全相互依存」，未來發展成「安全共同體」目標，符合地區安全複合體理論所強調：衝突解決、安全機制到安全共同體的過程。

三、本文問題意識與研究安排

本文的問題意識在於：

1. 中國基於總體國家安全觀下，提出「一帶一路」戰略，是否單純一種經濟發展需求？還是具有其他國家安全考量？

2. 從傳統經濟整合角度出發，是否足以詮釋中國「一帶一路」戰略的預期設想與成效？從歐洲聯盟統合過程，以及近代美中主導的區域經濟整合競逐來分析，北京是否只是一種牽制性的作為？或這是中國版的「歐洲聯盟」形式的「亞歐非安全共同體」的體現？

3. 當習近平提出「命運共同體」概念，其背後的理論基礎為何？是否屬於中國面對國際建制的一種反射性作為，亦或是一種更高層的戰略佈局，要翻轉歐亞地緣戰略的概念，顛覆中亞地區為「世界島」的概念，鋪陳一種海陸雙重建制的大戰略規劃？

根據上述三個問題意識，本文提出以下五個命題：

命題一：中國的一帶一路戰略是基於習近平的國家總體安全觀下，兼顧經濟、能源、周邊外交與區域安全的戰略考量，不只是一種針對美國在平衡亞太的反制，更是翻轉地緣戰略的思考。

命題二：根據中國一帶一路願景與目標文件顯示，習近平強調透過五個聯通，與歐亞國家建立「命運共同體」，就是建構一個「歐亞安全共同體」的「集體身份」，類似建構主義身份決定利益，利益主導政策的基本思維。

命題三：中國的一帶一路戰略不僅是一種傳統地緣戰略角度，以西部

大開發為緣起，透過地區安全複合體理論，從「地區層次」更可以分析不同於個體國家安全，與全球安全視野下的安全問題。

命題四：北京的一帶一路戰略應該是一種跨越亞歐大陸「架構」的建立，基於沿帶與沿路國家的內政因素多樣化考量，短、中期目標在於「機制」的建立，透過不同性質共同體（能源、經濟、社會等等）的建立，長期目標在於建立類似「歐洲聯盟」的統合性、超國家機構。

命題五：北京基於總體安全下的一帶一路戰略，未來似必牽動亞歐傳統地緣戰略結構，台灣的國際戰略「和中、友日、親美」的「原地打滾」思維，必須「轉向」以求得台灣最大安全利益。

在上述命題之下，本文研究主軸如下：

1. 解析地區安全複合體論的意涵，藉以分析在總體國家安全觀點下，中國推動一帶一路的戰略意涵為何？

2. 透過一帶一路戰略佈局，從而檢證地區安全複合體理論的「適用性問題」，及其所欠缺分析與解說的部分為何？

3. 從地區安全複合體理論與一帶一路的理論與實際辯證關係，對未來兩岸關係可能的衝擊為何？台灣應有任何因應之道？

4. 地區安全複合體理論借用建構主義安全化理論，其中敵友身份的形成並非完整，如何借用建構主義集體身份概念加以詮釋，以彌補其中不足之處？

5. 在中國推動一帶一路如火如荼的情勢下，台灣如何自我定位，如何借力使力，共同參與？不僅擴大台灣的國際空間，已可和緩兩岸關係的發展？

貳、地區安全複合體理論意涵與解析

一、地區安全複合體的概念

　　根據傳統安全研究，國家始終是安全研究的主體，保障國家安全與國際安全是每一個國家最重要目標。但是，從布贊與維夫的研究角度言，「地區」是屬於國家之間的聚合關係，彼此之間的安全無法切割處理，主要在於地區層級扮演一種在國家與全球之間的安全平台。[7] 例如近期伊斯蘭國（ISIS）在中東地區攻城掠地，近日西向攻陷敘利亞中部古城巴邁拉後，已成功占領敘利亞超過半數領土。[8] 對於台灣而言，大巨蛋施工與捷運板南線的安全問題，更為我們所關注。又如美國根據美國媒體報道，2015 年 5 月 20 日，美軍一架最先進的「海神」P-8A 反潛偵察機飛過南中國海上空，並靠近永暑礁等三個島礁，監視中國的填海造島活動，受到中國海軍要求離開的 8 次警告。[9] 由於台灣在南海擁有太平島，美中南海衝突可能性增加，此一事件就成為我方關切的議題。2015 年 5 月 23 日，在金門舉行第三次兩岸事務首長會議，有關台灣參加「亞洲基礎設施投資銀行」（AIIB，亞投行）議題，我方表明，台灣必須以「尊嚴、平等」參與亞投行。

　　因此，布贊與維夫定義「區域安全複合體理論」為：「一群單位的組合，其主要的安全化、去安全化，或兩者相互關聯事件，其間的相互安全議題理性的將其分開，加以分析與解決」[10] 關於「安全化」與「去安全化」威爾定義如下：「何時、為何與如何讓菁英貼上標籤，讓事件演變為安全問題；何時、為何、如何這些菁英成功或是失敗；哪些作為讓其他群體將安全化放入議程；而我們是否可以讓此一事件一直成為安全議程上的議題，或者甚至讓已經成為安全化議程上的議題，將它去安全化，而不成為一個

7　Barry Buzan and Ole Waever, *Regions and Powers: The Structure of International Security* (Cambridge, UK: Cambridge University Press, 2003), p.43.

8　〈敘利亞超過半數領土 淪入伊斯蘭國手中〉，《中央通訊社》，2015 年 5 月 21 日，< http://www.cna.com.tw/news/firstnews/201505210255-1.aspx >。（檢索日期：2015/05/24）

9　〈中國稱美軍機南海偵察行動「十分危險」〉，《BBC 中文網》，2015 年 5 月 22 日，< http://www.bbc.co.uk/zhongwen/trad/china/2015/05/150522_china_us_south_sea >。（檢索日期：2015/05/24）

10　Barry Buzan and Ole Waever, *Regions and Powers: The Structure of International Security*, p.44.

議題。」[11] 因此,「安全化」可以被視為一種更加極端的政治化現象。[12]

　　「地區安全複合體」建立於行為體之間的安全行為與考量,一種地區安全複合體必須包括:安全化的動力,亦即行為體在此一地區相互安全化發展。[13] 在無政府結構方面,地區安全複合體的內核結構由兩種關系所界定:1. 權力關係:地區安全複合體作為國際體系的次級結構,從「極性」方面分析,呈現單極、兩極、多極的權力關係;2. 友好與敵對模式:借鑑溫特的三種無政府結構(霍布斯、洛克、康德),立論的基礎在於哪些角色:敵人、競爭者與朋友,主導體系的角色。同時,通過三種途徑:脅迫(外在力量)、通過利益(得失計算)與合法性信念(對正誤與善惡的理解),這些在地區與全球層上一樣適用。因此,「地區安全複合體」本質的三種要素:無政府結構、權力平衡的結果、區域地理接近程度。物理性質的相聯性相對於哪些遠距離的國家,帶來更為密切的安全互動關係,因為許多威脅相對於遠方,比較容易在近距離間傳播。[14]

　　從上述的定義顯示:一群國家面臨共同的安全威脅,而在沒有解決憂慮之前,無法將其命運分離開來。這就是一個典型「地區安全複合體」的現象。東南亞難民問題日益嚴重,過去兩周以來,有超過 3,000 個孟加拉人或緬甸的羅興亞穆斯林,乘坐船隻抵達印尼、馬來西亞和泰國。聯合國秘書長潘基文呼籲東南亞國家採取更多措施保護難民。[15]2015 年 5 月 20 日,泰國、馬來西亞和印度尼西亞三國外長在吉隆坡召開緊急會議,磋商解決

11　Ole Waever, "Securitization and De-securitization," in Ronnie D. Lipschutz, Editor, *On Security* (New York: Columbia University Press, 1995), pp. 57-58.

12　The original context as below: "In theory, any public issue can be located on the spectrum ranging from non-politicized (meaning the state does not deal with it and it is not in any other way made an issue of public debate and decision) through politicized (meaning the issue is part of public policy, requiring government decision on resource allocations or, more rarely, some other form of communal governance) to securitized (meaning the issue is presented as an existential threat, requiring emergency measures and justifying actions outside the normal bounds of political procedure.)", please see: Barry Buzan, Ole Waever and Jaap de Wilde, *Security: A New Framework for Analysis*(London: Lynne Rienner Publishers, 1998), pp.23-24.

13　Barry Buzan and Ole Waever, *Regions and Powers: The Structure of International Security*, p.56.

14　Barry Buzan and Ole Waever, *Regions and Powers: The Structure of International Security*, p.45.

15　〈東南亞難民船危機:印尼等國開始搜救〉,《BBC 中文網》,2015 年 5 月 23 日,< http://www.bbc.co.uk/zhongwen/trad/world/2015/05/150523_indonesia_search_and_rescue >。(檢索日期:2015/05/24)

東南亞船民危機的辦法。聯合國難民署發表聲明說，需要對目前的難民危機局勢做出「全面的地區性應對」，呼籲有關的東南亞三國對漂流在海上的難民展開搜救行動，並對制定評估難民申請的程序。[16]

二、地區安全複合體的類型

為了建立一種「地區安全複合體」，一群相鄰國家行為體必須共享一定比例的「安全互賴性」，從而來建立一種聯繫安排，藉此和臨近的安全區域互相區隔。因此，「地區安全複合體」也可以被定義為：「國際體系的次結構，在一些國家群體之間，相對安全互賴較為緊密，與一些相鄰單位國家有所區隔。」[17]

根據布贊與維夫的研究顯示，「地區安全複合體」的類型可以區分為四種：1. 標準安全複合體、2. 中心化安全複合體、3. 大國安全複合體，以及 4. 超級安全複合體。現存幾個全球強國在國際體系之中（如同現在的美國加上歐盟、中國、俄羅斯、日本的 1+4 體系），引發強國與超強在區域態勢之間互動的安排。首先，1. 標準化地區安全複合體具備兩個或兩個以上強國，主要在於政治與軍事安全議程，屬於一種無政府結構。極性在一個標準化地區安全複合體被區域強國所界定，可能從單極到多極的狀態。涉及友好與敵對模式，標準化地區安全複合體可能形成一種衝突形式、安全機制、安全共同體。涉及標準地區安全複合共同體主要的安全政策在於在此區域內，區域強國之間的聯繫問題。[18]

2. 中心化地區安全複合體又有三種次類型：第一、第二種次類型是一種特別例子，在此一地區安全複合體屬於單極體系，由一個強國或是超強主導，而非只是一個區域強國。亦即全球層次的強國主導此一地區安全複合體的安全情勢，區域強國無法影響此一區域的極性。[19]3. 第三種類型是

16　〈東南亞三國外長吉隆坡會晤商難民船危機〉，《BBC 中文網》，2015 年 5 月 20 日，< http://www.bbc.co.uk/zhongwen/trad/world/2015/05/150520_asia_boat_migrants_emergency_meeting >。（檢索日期：2015/05/24）

17　Barry Buzan and Ole Waever, *Regions and Powers: The Structure of International Security,* pp.47-48.

18　Barry Buzan and Ole Waever, *Regions and Powers: The Structure of International Security,* p.55.

19　Barry Buzan and Ole Waever, *Regions and Powers: The Structure of International Security,* p.55.

指：透過機制性地組織，而非單一大國所主導的區域整合安全態勢。歐洲聯盟的發展就是一個最佳例子，一方面在此一地區形成一種高度發展的安全共同體，在全球層面上，也屬於單一強權發揮其實力作為。[20]4. 大國安全複合體：牽涉到大國在地區扮演的角色，例如：中國與日本在東亞、以及 1945 年以前的歐洲。5. 超級安全複合體的概念，主要強調超級強國的安全勢力超越地區之間所形成的地區安全複合體，例如：在東亞、南亞的地區安全複合體的演進過程。（參見下表：地區安全複合體類型一覽表）。

表一：地區安全複合體類型一覽表

類型	關鍵特徵	實例
標準安全複合體	地區大國決定極性	中東、南美、東南亞、非洲之角、南部非洲
中心化安全複合體 　超級大國安全複合體 　大國安全複合體 　地區大國安全複合體 　制度安全複合體	以超級大國為中心的單極 以大國為中心的單極 以地區大國為中心的單極 地區通過制度獲得行為體屬性	北美 獨聯體、可能的南亞 無 歐洲聯盟
大國安全複合體	以大國作為地區極的兩極或是多極	1945 年以前的歐洲與東亞
超級安全複合體	強有力的地區間層次安全態勢，源自大國對於鄰近地區的擴溢	東亞與南亞

資料來源：Source: Barry Buzan and Ole Waever, *Regions and Powers: The Structure of International Security* (Cambridge, UK: Cambridge University Press, 2003), p.62.

　　從經驗上研究「地區安全複合體」需要從三個步驟考察「安全關聯」的模式：1. 問題是否被任何的行為體成功的安全化？ 2. 如果是的，從這個事例探究各種聯繫與互動：此一事例中的安全行為如何影響了誰 / 何種安全議題？又在何處引起重大反響？ 3. 這些鏈條業已被整合為一個彼此安全相互關聯的群體。[21]事實上，也有些群體國家之間無法納入上述地區安全復合體的類型之中，因為他們之間無法形成一個安全相互依賴關係，例如：「覆蓋」與「無結構」地區，「覆蓋」係指大國利益深入某一地區，進而

20　Barry Buzan and Ole Waever, *Regions and Powers: The Structure of International Security*, p.56.

21　巴里布贊（Barry Buzan）、奧利維夫（Ole Waever）原著，潘忠岐、孫霞、胡勇、鄭力譯，《地區安全複合體與國際結構》（Regions and Powers: The Structure of International Security），頁72。

主導此一地區安全態勢，使得當地安全機制無法運作。[22] 不過，布贊與維夫兩人也強調：安全地區所形成的次級體系，在此體系中大部分安全互動屬於內部性質，主要基於國家懼怕自己的鄰國，與其他地區的行為體結盟，經常出現在於：地區之間的邊界是屬於薄弱的互動區域，或是屬於背面向兩側的「隔離行為體」（insulator）所佔據，例如：土耳其、緬甸與阿富汗，他們必須面對此種安全困境，但實力不夠強大，無法將身旁的兩個世界加以結合。[23]

表二：地區安全複合體以外的安全組合

類型	內涵	範例
緩衝區 （buffer zone）	此緩衝區的功能取決於一國位處於一種緊密的安全化模式的核心，而不是邊緣	蒙古國
隔離行為體 （insulator）	坐落於地區安全複合體之間的國家或是迷你復合體，在他所處的位置，更大的地區安全脈動之間互不關聯。（被一個或多個單位佔據的位置，更大的地區安全態勢之間在那裡背對背相持）	阿富汗、緬甸、土耳其
覆蓋 （overlay）	大國利益超過純粹滲透，指導一個地區的安全關係結構，導致此一地區安全相互依賴的本地脈動事實上無法發揮作用	歐洲對非洲、亞州與美洲的殖民化 冷戰時期的歐洲安全態勢
無結構 （unstructured）	1. 低能力國家無法投射超越國家邊界的權力 2. 地理上的孤立阻確互動地進行	南太平洋島國
預備地區安全複合體 （pre-complex）	各單位之間還沒有實現建立地區安全複合體所需的交叉聯繫時	非洲之角
初級地區安全複合體 （proto-complex）	存在明顯安全互賴，可以規劃並與鄰近地區區隔，此一地區安全態勢依舊薄弱，還不能視為一個成熟的地區安全複合體	西部非洲

資料來源：筆者整理 Barry Buzan and Ole Waever, *Regions and Powers: The Structure of International Security* (Cambridge, UK: Cambridge University Press, 2003)，加以自製。

22　Barry Buzan and Ole Waever, *Regions and Powers: The Structure of International Security*, p.61.
23　巴里布贊（Barry Buzan）、奧利維夫（Ole Waever）原著，潘忠岐、孫霞、胡勇、鄭力譯，《地區安全複合體與國際結構》（Regions and Powers: The Structure of International Security），頁40。

三、地區安全複合體的解析

基本上，「地區安全複合體」的核心理論在於：大多數威脅在近距離傳播，比在遠距離傳播更容易，因此「安全相互依賴」（security interdependence）通常會組和以「地區」（region）為基礎的「群體」（group），就是一種「安全複合體」（security complex）的建構。所以，「安全複合體」會受到全球大國的勢力滲透，但其「地區動能」（dynamics）具有相當程度的自主性，不受全球大國設定的模式影響。[24]

其次，「地區安全複合體」結合「物質主義」與「建構主義」兩種研究途徑與方法，一方面運用「劃界領土」與「權力分配」的思維。在建構主義方面，聚焦於「安全化理論」的基礎，主要討論焦點為：安全問題得以設立的政治進程，將「權力分配」與「友好與敵對模式」視為獨立變項。同時，「極性」可能具有影響力，但不會決定安全關係的性質。[25] 根據作者兩人的分析地區安全複合體理論被視為一種區域安全研究的實證分析架構，透過四種分析層次來相互理解其間的關係：1. 地區國家的內部問題，尤其是基於內部議題所引發的易毀性；2. 國與國間關係；3. 地區與相鄰地區之間的互動；4 全球強權在區域間的關係（全球與區域安全架構關係）[26]

再者，「地區安全複合體理論」的主要內核具有四個解析變項：1. 邊界：主要區隔「地區安全複合體」與其鄰近地區；2. 無政府結構：一個「地區安全複合體」內部至少存在兩個，或是兩個以上的自治單位；3. 極性：表示在單位之間的權力分佈；4. 社會建構：在單位之間形成的友好與敵對模式。[27] 同時，從歷史演進過程中，「地區安全複合體」存在三種演變情勢：第一、維持現狀：基本架構上沒有任何顯著變化；第二、內在變革：表示內核結構的變化，產生在於現有外圍邊界範疇之內，顯示出三種超越其邊界以外的改變：無政府結構（因為區域整合）、極性變化（因為統合、融合、征服、不同成長幅度）、主導友好或敵對模式的改變（意識形態的轉變、戰爭、領導階層改變）；第三、外在變革：表明外圍邊界發生擴張或是縮小，

---

24 巴里布贊 (Barry Buzan)、奧利維夫 (Ole Waever) 原著，潘忠岐、孫霄、胡勇、鄭力譯，《地區安全複合體與國際結構》(Regions and Powers: The Structure of International Security)，頁 4。
25 同上註。
26 Barry Buzan and Ole Waever, *Regions and Powers: The Structure of International Security*, p.51.
27 Barry Buzan and Ole Waever, *Regions and Powers: The Structure of International Security*, p.53.

地區安全複合體的成員改變，並以其他方式改變其內核的結構。[28]

　　是以，根據地區安全複合體理論的源起、要素與類型分析之後，筆者將其主要元素匯整，可以運用現實主義學派強調的：邊界、無政府狀態與極性，以及社會建構主義所強調的三種無政府文化，以及「衝突解決」、「安全機制」、「安全共同體」的配合，以瞭解「地區安全複合體」的發展趨勢：包括維持現狀、內、外部變革的過程。

表三：「地區安全複合體」主要內涵一覽表

類型	標準型	中心化型	大國主導型	超級安全複合體
分析的層次	國家內部	國與國間關係	區域與相鄰區域的互動	全球大國在區域的角色
主要概念	邊界	無政府結構	極性	社會建構
演進趨勢	維持現狀	內部變革	外部演變	無

資料來源：Barry Buzan and Ole Waever, *Regions and Powers: The Structure of International Security*, pp.51-62.

　　所以，布贊與維夫分析全球各區域的地區安全複合體從以下七個面向加以考察：[29]1. 地區安全複合體中各單位的「歷史遺產」，該遺產影響首要安全行為體及其提出議程的方式；2. 決定地區安全複合體的首要安全行為體、安全問題與指涉對象，以及地區安全復合體作為一種進程形態，可以創建與維持的進程的性質；3. 內核結構（無政府狀態或是整合、權力分配、友好／敵對模式、安全化／去安全化）；4. 地區安全複合體與鄰近地區之間的地區間脈動；5. 地區安全複合體與全球層次上各種力量與行為體之間的全球互動；6. 國內、地區、跨地區、全球層次的相對重要性，安全化與去安全化趨勢的相對重要性；7. 在既定地區安全複合體的現狀與脈動條件下，最可能的未來發展趨勢。根據上述七點面向，布贊與維夫的研究

28　*Ibid.*
29　巴里布贊 (Barry Buzan)、奧利維夫 (Ole Waever) 原著，潘忠岐、孫霞、胡勇、鄭力譯，《地區安全複合體與國際結構》(Regions and Powers: The Structure of International Security)，頁 87-88。

顯示：亞洲地區、中東、歐洲聯盟地區與后蘇聯地區的整體分析結果如「下表四：冷戰至后冷戰時期亞歐地區安全複合體型態一覽表」，可以瞭解目前相關中國推動「一帶一路」戰略之前的亞歐地區安全複合體的類型、極性、友好與敵對模式、安全組群與變革前景的分析，以供後續亞歐超級安全共同體的分析比較。

表四：冷戰至后冷戰時期亞歐地區安全複合體型態一覽表

安全複合體	類型	極性	友好與敵對模式	安全組群	變革前景
亞洲（南亞）	標準	接近單極	衝突形態	地區層次為主	兩級結構可能瓦解
亞洲（東亞）	大國	兩個全球層次大國	衝突形態、安全機制	地區與全球層次同等重要	東亞複合體可能面臨涵蓋南亞，從而形成亞洲超級複合體
中東	標準	多極	衝突形態	地區與全球層次相同重要	馬格里布可能從中東分離出去
歐洲（歐洲聯盟地區）	中心化	一個全球層次大國	安全共同體	地區層次為主	穩定的中心化安全共同體
歐洲（后蘇聯地區）	中心化	一個全球層次大國	衝突形態、安全機制	國內、地區、全球層次都很重要	中心化程度會受到挑戰

資料來源：巴里布贊 (Barry Buzan)、奧利維夫 (Ole Waever) 原著，潘忠岐、孫霞、胡勇、鄭力譯，《地區安全複合體與國際結構》（Regions and Powers: The Structure of International Security）（上海：上海人民出版社，2009），頁 VIII。

參、影響東亞地區安全戰略

一、國內層次：中國崛起下的內部安全環境

首先，中國崛起下的中國夢的提出：自從 2010 年 2 月 14 日，日本內閣公布數據顯示，2010 年日本名義 GDP 為 54,742 億美元，相較於中國少

了 4,044 億美元，排名全球第三 [30]，中國經濟崛起成為現實問題。2012 年
11 月 29 日，習近平與政治局其他常委：李克強、張德江、俞正聲、劉雲山、
王岐山、張高麗參觀中國國家博物館「復興之路」展覽。之後，出訪俄羅
斯、非洲國家與出席「亞洲博鰲論壇」又進一步闡述「中國夢」的內涵。

　　2013 年 3 月 17 日，習近平在北京舉行第十二屆中國全國人大閉幕式
講話，強調：「實現全面建成小康社會、建成富強民主文明和諧的社會主
義現代化國家的奮鬥目標，實現中華民族偉大復興的中國夢，就是要實現
國家富　、民族振興、人民幸福」。[31] 實現中國夢有三個必須：必須走「中
國道路」，即「中國特色社會主義道路」；必須弘揚「中國精神」，即「以
愛國主義為核心的民族精神，以改革創新為核心的時代精神」；必須凝聚
「中國力量」，即「中國各族人民大團結的力量」。[32]

　　其次，北京推動「積極外交、主動出擊」：基於「中國夢」的主軸，
積極參與國際事務，全方位拓展大國外交，遍及五大洲，強化「孔子學
院」，推廣中國文化軟實力。2013 年 11 月召開的「中國周邊外交工作座
談會」，為習近平領導集體對中國外交思路的新布局，而 2014 年 11 月舉
行「中央外事工作會議」，則是 10 年來中國首開的外事工作會議，可看
作對「習式外交」布局的正式確認。[33] 在「周邊外交工作座談會」，習近
平以「親、誠、惠、容」四個字來定調新時期中國周邊外交理念，重申中
國有必要營造總體有利的周邊環境，更加重視「周邊外交」，以與鄰為善、
以鄰為伴、堅持「睦鄰、安鄰、富鄰」等作為基本方針。透過「一帶一路」
為具體的戰略支撐，從中亞、南亞兩個方向上串起中國與周邊利益的紐帶，

30　〈日本公布 2010 年 GDP 數據 被中國超敢退居世界第三〉，《新浪財經網》，2011 年 2 月 14 日，
　　< http://finance.sina.com.cn/j/20110214/08519369574.shtml >。（檢索日期：2015/05/27）
31　〈習近平總書記闡釋「中國夢」〉，學習關注，《華中科技大學》，2015 年 4 月 23 日，<
　　http://mat.hust.edu.cn/dj/category/226/2015-04-23/105946609.html >。（檢索日期：檢索日期：
　　2015/05/27）
32　〈人大演說 習近平大談強軍中國夢〉，《Yahoo 奇摩網》，< https://tw.news.yahoo.com/%E
　　4%BA%BA%E5%A4%A7%E6%BC%94%E8%AA%AA-%E7%BF%92%E8%BF%91%E5%B9%B3%E5%A4%
　　A7%E8%AB%87%E5%BC%B7%E8%BB%8D%E4%B8%AD%E5%9C%8B%E5%A4%A2-004031875.html
　　>。（檢索日期：2015/05/27）
33　〈「政情」2014 年中國外交的習氏 style〉，《無限 135/ 公眾號文章》，< http://www.
　　wx135.com/zh-tw/articles/20141225/54a3a817-2bd0-488d-8185-6e2b02734e20.html >。（檢索
　　日期：2015/05/27）

把中國的發展與各國的戰略需求對接。[34]

　　因此，習近平主政之後，不僅發揮「元首外交」的能量，多次出訪歐美大國，更遍及第三世界國家。2013 年 3 月 22 日，習近平啟程對俄羅斯、坦尚尼亞、南非、剛果進行國事訪問並出席金磚國家領導人第五次會晤。[35]中國學者時殷宏認為：透過習近平就任國家主席後首訪對象和路線，可以看出中國致力於推動國際關係民主化進程與促進國際秩序和國際體系更加公正合理。[36]丘坤玄則認為中國自1990 年代以來推動多邊外交的歷史進程，展現了具有中國特色的靈活多邊主義：「以多邊鞏固主權」，但在中國成為區域強國之後，透過區域組織排斥美國，不要求成員國讓渡部分主權或是分擔責任，未來將影響中國的國家利益與區域整體利益。[37]

　　第三、穩定內部、打貪防腐：2012 年 12 月 4 日中共中央政治局會議上，一致同意習近平關於改進工作作風，密切聯繫群眾的八項規定，在會議中習近平強調：制定這方面的規定，指導思想就是從嚴要求，體現從嚴治黨。[38]內容涵蓋規範出訪活動、精簡會議和簡報、厲行勤儉簡約、改進新聞報導等。[39]截至 2015 年 4 月 30 日為止，中國查處各級公務人員違反規定者，共 7,595 宗，處理 10,125 人，給予黨政紀處分 5,965 人。[40]

　　目前，中國反腐進入新的階段：不再局限於一城一地、一人一事，著手布更大的局，從「不敢腐」到「不能腐、不想腐」為期目標。[41]2015 年

34　〈習近平創中國外交多個「首次」：創新中盡顯務實〉，《中國新聞網》，< http://big5. chinanews.com:89/gn/2014/10-11/6665217.shtml >。（檢索日期：2015/05/27）

35　〈專家：習近平出訪對外顯現其世界秩序觀重要特徵〉，《華夏經緯網》，2013 年 3 月 25 日，< http://big5.huaxia.com/zt/tbgz/13-010/3262777.html >。（檢索日期：2015/05/27）

36　同上註。

37　丘坤玄，〈中國在周邊地區的多邊外交理論與實踐〉，《遠景基金會季刊》，第十一卷，第四期（2010 年 10 月），頁 1-41。此處頁 29-30。

38　〈中共中央政治局召開會議 習近平主持〉，《新華網》，2012 年 12 月 4 日，< http://news. xinhuanet.com/politics/2012-12/04/c_113906913.htm >。（檢索日期：2015/05/27）

39　相關「習八條」內涵為：「中紀委網站將相關的違規行為分為9類，包括「違規公款吃喝」、「公款國內旅遊」、「公款出境旅遊」、「違規配備使用公務用車」、「樓堂館所違規問題」、「違規發放津補貼或福利」、「違規收送禮品禮金」、「大辦婚喪喜慶」及「其他」。」，請參見：〈違反習八條 中共今年來已處分 6 千人〉，《中央通訊社》，2015 年 5 月 20 日，< http://www. cna.com.tw/news/acn/201505180448-1.aspx >。（檢索日期：2015/05/23）

40　〈違「習八條」今年已處分 6 千人〉，《香港新浪新聞網》，2015 年 5 月 19 日，< http:// news.sina.com.hk/news/20150519/-32-3780749/1.html >。（檢索日期：2015/05/23）

41　〈人民日報公眾號：中央反腐正在布更大的局〉，《中國新聞評論網》，2015 年 5 月 22 日，

5月8日至10日，中共中央紀委王岐山在浙江調研時指出「要喚醒黨章黨規意識、推進制度創新，修改好《中國共產黨紀律處分條例》，把紀律和規矩挺在法律前面，挺在黨風廉政建設和反腐敗鬥爭前沿」。[42] 因此，2015年以來，中國31個省區市和新疆生產建設兵團成立省一級追逃辦，反腐敗國際追逃追贓工作從原先以中央層面主導，轉向各省區市普遍發力。[43]

此外，2015年5月19日，中國召開「全國國家安全機關總結表彰大會」，習近平表示，中國正處在全面建成小康社會、全面深化改革、全面依法治國、全面從嚴治黨的重要時期，面臨複雜多變的安全和發展環境，各種可以預見和難以預見的風險因素明顯增多，維護國家安全和社會穩定任務繁重艱巨。要開創國家安全工作新局面。[44]

二、國家間層次：區域內雙邊國家互動關係

在國家間關係部分，首先，中日關係始終是北京最關切的部分，一方面由於歷史因素，再者，基於地緣政治考量，加上領土爭議，讓中日關係跌宕變動不易。2012年由於日本進行釣魚台國有化政策，引發中日台三方的爭議。後來，台北提出「東海和平倡議」，台日簽訂「漁業合作協定」，兩方暫時平息爭議。反觀中日兩國之間，為了釣魚台列與主權歸屬，雙方在東海釣魚台列與附近的空中、海上的機建對峙層出不窮，幾乎到了一觸即發的危機邊緣。

2014年11月20日，安倍在北京與習近平會面，這是雙方領袖自2012年5月，時隔2年半的中日高峰會談，也是安倍第2次執政以來的首次的中日高峰會談。安倍提議早日建立「海上聯絡機制」，以防止包括釣

<　http://hk.crntt.com/doc/1037/6/3/4/103763404.html?coluid=241&kindid=13570&docid=10376
3404&mdate=0522093220　>。（檢索日期：2015/05/22）

42　同上註。

43　〈31省成立省級追逃辦　外逃一天內需上報〉，《中國新聞評論網》，2015年5月20日，
<　http://hk.crntt.com/doc/1037/6/0/4/103760474.html?coluid=241&kindid=13572&docid=10376
0474&mdate=0520095142　>。（檢索日期：2015/05/22）

44　〈習近平：要高度重視加強國家安全工作〉，《中時電子報》，2015年5月19日，
<　http://www.chinatimes.com/realtimenews/20150519004644-260409　>。（檢索日期：
2015/05/22）

魚台列嶼等在東海上的偶發衝突事件，包括：中日防衛當局召開定期會議、設置中日防衛當局間的熱線、兩國的艦艇和飛機直接通訊，也呼籲兩國，應回到「戰略互惠關係」的原點發展關係。[45] 不過，2015 年 1 月 5 日，日本防衛大臣中谷元的新年講話指出，中國除在東海進入日本「領海」外，還用火控雷達瞄準日本艦艇，並設定東海航空識別區，讓戰機異常接近自衛隊戰機，反覆進行可能招致不測事態的「危險行為」。[46]

2014 年底，習近平與安倍晉三二度在北京舉辦之「亞太經濟合作會議」（APEC）及在印尼雅加達「亞非峰會」上會面，習近平強調：「歷史問題是事關中日關係政治基礎的重大原則問題。希望日方認真對待亞洲鄰國的關切，對外發出歷史的積極信息。」[47]2015 年 5 月 23 日，習近平在北京會見中日友好交流團時再度強調：「中日雙方應本著以史為鑑、面向未來的精神，在中日四個政治文件基礎上，共促和平發展，共謀世代友好，共創兩國發展的美好未來，為亞洲和世界和平作出貢獻。」[48]

其次，中印關係為北京必須處理的南亞大國關係，一方面基於兩國之間的領土邊界糾紛未止，再者基於印度位居印度洋戰略要衝，是海上絲綢之路的要道。2014 年 9 月 17 日，習近平訪問印度三天，聚焦印度改善老舊的基礎設施和縮小貿易赤字。基本上，兩國的發展有一定的差距，目前中國是印度最大的貿易夥伴，1 年貿易總額 650 億美元，印度對中國的貿易逆差卻高達 400 億美元。[49]

2015 年 5 月，印度總理回訪中國，習近平提出提升中印關係四點建議，包括加強國際和地區事務戰略協作，增進兩國互信，管控分歧和問題，鼓

45　〈習安會 中日 2 年半來首次高峰會談〉，《中時電子報》，2014 年 11 月 10 日，＜ http://www.chinatimes.com/realtimenews/20141110003304-260408 ＞。（檢索日期：2015/05/27）

46　〈軍力聚焦釣島 中日衝突一觸即發〉，《中時電子報》，2015 年 1 月 14 日，＜ http://www.chinatimes.com/newspapers/20150114000931-260309 ＞。（檢索日期：2015/05/27）

47　〈習近平會見日本首相安倍晉三〉，《新華網》，2015 年 4 月 22 日，＜ http://news.xinhuanet.com/world/2015-04/22/c_1115057889.htm ＞。（檢索日期：2015/05/27）

48　〈習近平會見日本團 中日關係轉暖〉，《中央通訊社》，2015 年 5 月 25 日，＜ http://www.cna.com.tw/news/acn/201505250081-1.aspx ＞。（檢索日期：2015/05/27）

49　基本上，「中國的 GDP（國內生產毛額）總量已超過 8 兆美元，印度只有 1.87 兆美元；中國人均所得超過 6000 美元，印度只約 1500 美元；中國一年出口 2.21 兆美元，印度只有 3121 億美元。」，請參見：〈風評：習近平訪印的大國博奕〉，《風傳媒》，2014 年 9 月 22 日，＜ http://www.storm.mg/article/23628 ＞。（檢索日期：2015/05/27）

勵兩國各界加強交往。莫迪表示，印方會致力增進兩國互信，妥善處理有關分歧，將兩國關係提高到新的歷史水準。[50] 在經濟合作上，雙方確認 220 億美元的合作協議。在邊境問題上，強調政治解決原則，並決定開展兩軍交流，開通兩軍總部間熱線電話，顯示中印關係出現微妙變化。[51] 其實，印度也是美國在南亞地區極力拉攏的對象，陳欣之在研究美國對中國與印度的策略之後認為：「美國顯然有意誘導中國在不破壞現有的國際制度的前提下，重振美國在亞太的霸權主導地位，並且吸納中國的崛起。」[52]

三、區域間層次：東亞區域國家安全的考量

首先，在東亞地區存在許多多邊區域安全與經濟組織，例如「亞太經濟合作會議」（APEC）、「東協組織」（ASEAN），以及中國在東協十加一、加三、加六的架構下，所推動的「亞太自由貿易區」（FTAAP）等等，北京基本上採取多邊主義方式，積極參與、出錢出力，目的就在於發揮中國的影響力。2014 年 11 月 10 日，習近平出席「亞太經合會議」（APEC）領導人非正式會議第一階段會議時表示，中方將捐款 1000 萬美元用於支持亞太經合組織機制和能力建設，開展各領域務實合作。[53]

同時，2014 年的 APEC 共發表北京議程年會及 APEC25 週年兩份「領袖聯合宣言」，決定 APEC 以全面而系統性的方式，啟動實現「亞太自由貿易區」（FTAAP）之進程，並通過「APEC 實現亞太自由貿易區北京路徑圖」。[54]

50　〈習近平提出提升中印關係四點建議〉，《Yahoo 新聞網》，2015 年 5 月 14 日，< https://hk.news.yahoo.com/%E7%BF%92%E8%BF%91%E5%B9%B3%E6%8F%90%E5%87%BA%E6%8F%90%E5%8D%87%E4%B8%AD%E5%8D%B0%E9%97%9C%E4%BF%82%E5%9B%9B%E9%BB%9E%E5%BB%BA%E8%AD%B0-121800543.html >。（檢索日期：2015/05/27）

51　〈編輯室報告－中印新關係〉，《中時電子報》，2015 年 5 月 21 日，< http://www.chinatimes.com/newspapers/20150521000091-260202 >。（檢索日期：2015/05/27）

52　陳欣之，〈霸權與崛起強權的互動－美國對中國暨印度的策略〉，《遠景基金會季刊》，第十二卷，第一期（2011 年 1 月），頁 1-41. 此處頁 26。

53　〈分析：APEC 峰會 重金打造的「亞太夢」〉，《BBC 中文網》，2014 年 11 月 11 日，< http://www.bbc.co.uk/zhongwen/trad/indepth/2014/11/141111_china_apec >。（檢索日期：2015/05/27）

54　〈中國啟動 FTAAP 對抗美 TPP〉，《自由電子報》，2014 年 11 月 22 日，< http://news.ltn.com.tw/news/business/paper/829543 >。（檢索日期：2015/05/27）

另外，中國與東協南海聲索國因為領土糾紛，與菲律賓發生黃岩島之爭，馬尼拉還向國際仲裁法院提出訴訟，北京與河內也因為中海油 981 號事件，發生排華運動，顯示出南海主權爭議已成為區域紛爭的由來。不過，北京的立場「主權歸我」，但是採取「擱置爭議、共同開發」，雙邊協商取代多邊管道的途徑。

中國宣布 2015 年 5 月 16 日至 8 月 1 日為南海伏季休漁期。越南外交部對此表示反對，並稱中方此舉侵犯越方主權權利和管轄權。北京的立場則是強調：「中國有關主管部門多年來一直在南海中國管轄海域實施伏季休漁，是中方保護有關海域海洋生物資源的正常行政管理措施，也是中方履行相關國際義務與責任的正當舉措。」[55]

四、全球體系層次：美中國際機制與組織互動

首先，美中新型大國關係的建立，一方面確認中國的大國身份，但是，也確定美中兩國在全球體系層面，面臨許多合作與衝突的現象。美國憑藉海權由東向西，將中國納入美國建構的區域貿易秩序中，中國則是以傳統陸權思維，以中國為中心的歐亞大陸經貿網路，加上南方的海上側翼，形成所謂 G2 的世界格局。[56]事實上，楊思樂認為美中建構「新型大國關係」的共同意向，受到美中之間客觀時勢所趨。如果，美中之間的新型大國關係受到挑戰，就是一種人們主觀意識的干擾。[57]

因此，陳鴻瑜認為：「美國前國務卿希拉蕊克林頓（Hillary Clinton）於 2009 年 7 月簽署「東南亞友好合作條約」（Treaty of Amity and Cooperation of Southeast Asia），並參加 2011 年 10 月的東亞高峰會議，顯示美國重返亞洲逐步實踐，美國正在凸顯東亞高峰會議領導國的形象。」[58]

55　〈外交部回應「越南反對中國南海休漁政策」〉，《中國新聞評論網》，2015 年 5 月 18 日，< http://hk.crntt.com/doc/1037/5/8/1/103758185.html?coluid=202&kindid=11694&docid=1037588185&mdate=0518183349 >。（檢索日期：2015/05/22）

56　周子欽，〈中美兩強利益對區域整合的影響：以 2015 年 APEC 議程為例〉，《全球政治評論》，第五十期，頁 1-6。此處頁 2。

57　楊仕樂，〈美中新型大國關係的理論解析〉，《全球政治評論》，第五十期，頁 103-114。此處頁 113。

58　陳鴻瑜，「美國、中國和東協三方在南海之角力戰」，《遠景基金會季刊》，第十二卷，第一期（2011 年 1 月），頁 43-71。此處頁 53。

反之，中國積極在南海部署，一方面加強與東協國家的自由貿易關係，另外，積極阻止南海周邊國家在南海勢力擴張與開發活動。相同的南海周邊國家也在進行合作開發，共同因對中國，拉攏美國以制衡中國，將南海問題國際化。[59]

近期，中美南海軍機對峙情勢呈現危機化的趨勢，2015 年 5 月 21 日，美國有線電視新聞網（CNN）報導稱，美國一架偵察機 20 日突然飛越中國正在開展建設活動的南海島礁上空，遭到中國海軍 8 次警告。美國中央情報局（CIA）前副局長莫雷爾（Michael Morell）表示，此次南海對峙表明中美在南海「絕對」有走向戰爭的危險。[60] 北京認為擁有南海爭議海域主權，美方認為美國軍機是飛行在公海上空。中國官媒《環球時報》發表評論文章說：「中國最重要的底線顯然是要把島礁建設繼續下去，直到它們完工。如果美國的底線就是中國必須停工，那麼中美南海一戰將無可避免。」[61]

此外，2015 年 4 月 28 日，美日雙方共同出爐新版《美日防衛合作指針》，[62] 雙方決定將自衛隊和美軍的合作「全球化」；提出從「平時」到「有事」的無縫合作；考慮釣魚台周邊情勢，寫明共同應對島嶼防衛，意在威懾中國，並將美日間「線」的合作推進至亞太區「面」的範疇。[63] 無縫的、強力的、彈性的、有效的雙邊反應；融合美日政府的國家安全政策；全方為政府間聯盟途徑；與區域國家和其他夥伴，國際組織之間的合作；

59　同上註，頁 43-71。此處頁 66。
60　基本上，美軍 P-8A 偵察機在飛越過程中的最低飛行高度為 1.5 萬英尺（約 4572 米），未來會從事更近的距離的偵察任務，也會派遣軍艦駛入中國南海島礁 12 海里範圍內。美國國防部也首次解密了機上獲得的有關中國島礁建設活動和中國海軍警告美軍飛機的視頻和音頻資料。美國國防部透過實施此次飛越行為，表達「美國不承認中國的領土要求」。請見：〈美軍機偵察南海 遭中國海軍 8 次警告 專家：意在挑起鄰國不滿〉，《鉅亨網》，2015 年 5 月 22 日，＜ http://news.cnyes.com/Content/20150522/KKJ07GG5MZ5IW.shtml?c=headline_sitehead ＞。（檢索日期：2015/05/22）
61　〈南海緊張 美將派 F35 戰機 美如阻中擴建島礁 陸媒：難免一戰〉，《蘋果日報》，2015 年 5 月 26 日，＜ http://www.appledaily.com.tw/appledaily/article/international/20150526/36571353/hotdailyart_right ＞。（檢索日期：2015/05/26）
62　"The Guidelines for U.S.-Japan Defense Cooperation," *Ministry of Defense*, April 27, 2015, <http://www.mod.go.jp/e/d_act/anpo/shishin_20150427e.html>.(2015/05/22)
63　〈美日防衛新指針 衝著大陸來〉，《中時電子報》，2015 年 4 月 29 日，＜ http://www.chinatimes.com/newspapers/20150429000890-260301 ＞。（檢索日期：2015/05/22）

美日安保同盟的全球性質。[64] 透過此一指針的修訂，徹底改變美日同盟的性質。[65] 美日安保同盟成為亞洲地區的小北約，不僅在平時、緊急時期，或是戰時，可以讓美日力量，進行全球層次的投射，實質上形成一股約制中國在西太平洋走向海洋的力量。

肆、中國總體國家安全下的一帶一路

一、中國國家安全戰略的演變與調整

　　2015 年 4 月 20 日，根據第十二屆全國人大常委會第十四次會議進行國家安全法草案的二次審議，國家安全工作應當堅持總體國家安全觀，以人民安全為宗旨，以政治安全為根本，以經濟安全為基礎，以軍事、文化、社會安全為保障，以促進國際安全為依託，維護各領域國家安全，構建國家安全體系，走中國特色國家安全道路。[66]

　　根據第二條：「國家安全是指國家政權、主權、統一和領土完整、人民福祉、經濟社會可持續發展和國家其他重大利益相對處於沒有危險和不受內外威脅的狀態，以及保障持續安全狀態的能力。」[67] 北京將「統一」列為次於「政權」與「主權」的優先順序，顯示其急迫感與焦慮感，加上，最新公佈的《中華人民共和國國家安全法（草案二次審議稿）》，共分成 7 個章節，其中特別強調「建立集中統一、高效威權的國家安全領導機制」。在第一章〈總則〉的第十一條明確提到「中國的主權和領土完整不容分割。維護國家主權、統一和領土完整是包括港澳同胞和臺灣同胞在內的全體中

64　根據指針，美日防衛合作指針的目標在於："seamless, robust, flexible, and effective bilateral responses; synergy across the two governments' national security policies; a whole-of-government Alliance approach; cooperation with regional and other partners, as well as international organizations; and the global nature of the U.S.-Japan Alliance"，see "The Guidelines for U.S.-Japan Defense Cooperation," *Ministry of Defense.*(2015/05/22)

65　Jeffrey W. Hornung, "U.S.-Japan: A Pacific Alliance Transformed," *The Diplomat,* May 4, 2015, <http://thediplomat.com/2015/05/u-s-japan-a-pacific-alliance-transformed/>.(2015/05/22)

66　〈國安法草案明確總體安全觀 增加「抵禦不良文化滲透」〉，《香港新浪網》，2015 年 4 月 21 日，< http://news.sina.com.hk/news/20150421/-9-3718975/1.html?cf=news-contentLatest >。（檢索日期：2015/05/22）

67　中國全國人民代表大會，〈國家安全法（草案二次審議稿）全文〉，《全國人大網》，< http://www.npc.gov.cn/npc/xinwen/lfgz/flca/2015-05/06/content_1935766.htm >。（檢索日期：2015/05/22）

國人民的共同義務」。[68]

二、北京推動一帶一路的緣起與佈局

　　2015年3月28日，習近平在「博鰲論壇」演講中提到了「命運共同體」的思想原則——相互尊重、平等相待、合作共贏、共同發展。[69]2015年4月22日，在巴基斯坦國會演講指出：「我們希望同『一帶一路』沿線國家加強合作，實現道路聯通、貿易暢通、資金融通、政策溝通、民心相通，共同打造開放合作平臺，為地區可持續發展提供新動力」。[70]

　　其中，所謂「民心相通」就是一種建構主義理論強調的「共有理解」（shared ideas），根據願景與行動文件，「民心相通是『一帶一路』建設的社會根基。傳承和弘揚絲綢之路友好合作精神，廣泛開展文化交流、學術往來、人才交流合作、媒體合作、青年和婦女交往、志願者服務等，為深化雙多邊合作奠定堅實的民意基礎。」[71]換言之，不僅在硬體方面的交流，在軟體方面，「一帶一路」相關國家人民的交往，才是保障此一倡議成功的基礎。

　　基本上，「一帶一路」系統工程包括：歐亞大陸、太平洋、印度洋沿岸65個國家與地區，佔全球總人口三分之二與經濟總量四成，使得上述地區的地緣經濟緊密結合，同時，可以緩解地緣政治在歐亞地區與亞太地區的政治與安全的雙重壓力。[72]

三、總體國家戰略與一帶一路的關係

68　同上註。

69　〈習近平博鰲演講大談「命運共同體」〉，《BBC中文網》，2015年3月28日，< http://www.bbc.co.uk/zhongwen/trad/china/2015/03/150328_xi_jinping_boao_asia >。（檢索日期：2015/05/21）

70　〈習近平在巴基斯坦議會發表重要演講：構建中巴命運共同體 開闢合作共贏新征程〉，《人民網》，2015年4月21日，< http://politics.people.com.cn/BIG5/n/2015/0421/c1024-26881794.html >。（檢索日期：2015/05/27）

71　〈經國務院授權 三部委聯合發佈推動共建「一帶一路」的願景與行動〉，《中華人民共和國國家發展與改革委員會》，2015年3月28日，< http://www.sdpc.gov.cn/govszyw/201503/t20150328_669095.html >。（檢索日期：2015/05/19）

72　〈「一帶一路」吹響地緣經濟再出發的進軍號角〉，《中國評論》，2015年5月號，頁1。

　　首先，從總體國家安全角度言，中國「一帶一路」的組建，具有兼顧國家內、外安全的整體考量，根據中國評論 2015 年 5 月號的社論分析，強調中國的「一帶一路」方略是中國促進世界經濟發展，推動亞太與歐亞地緣經濟發展的答案。[73] 在願景文件中的第「六、中國各地方開放態勢推進『一帶一路』建設，中國將充分發揮國內各地區比較優勢，實行更加積極主動的開放戰略，加強東中西互動合作，全面提升開放型經濟水平。」[74] 換言之，從中國已往之三線發展、開發大西部，透過「一帶一路」加以整合，讓中國內部與外部環境，自然與國際系統性接軌，發揮各地方的優勢。

　　其次，整合歐亞的地緣戰略安全體，建構命運共同體，如以下三點顯現「21 世紀海上絲綢之路」的戰略意涵：[75]1. 構建「中國 - 東協命運共同體」來穩定中國的外交後院，透過海上互聯互通、港口城市合作與海洋經濟合作途徑，開展中國與東協合作的「鑽石十年」；2. 拓展中國地緣經濟的縱深，輻射至南亞、中與非洲；3. 配合橫貫歐亞的「絲綢之路經濟帶」，透過「中巴經濟走廊」與「中緬孟印經濟帶走廊」，連結海上與陸上絲綢之路。

　　第三、突破美國亞太再平衡的困境：反制海對陸包圍：如同中國學者李義虎分析「一帶一路」的國際政治意涵有三點：[76]1.「一帶一路」提出背景和中國崛起與國際體系變化同步並行，實踐中國夢與新型外交戰略；2. 從地緣政治角度言，北京首度全面權衡東西兩向，統籌海陸關係的國際戰略；3. 作為一種新型外交戰略，可以軟化地緣政治因素的限制因素。

伍、對兩岸關係發展：台灣自我定位

　　從 2008 年以來的兩次總統大選，攸關台灣的自我定位與國際參與，面臨兩種路線之爭，藉由中國參與世界，或是透過世界進入中國，上述兩種路線，都免不了要與中國接觸。台灣的戰略地位日益重要，美國應該改變對台政策的「戰略模糊」，主要在於從海軍與軍事角度言，當中國控制

73　同上註。

74　〈經國務院授權 三部委聯合發佈推動共建「一帶一路」的願景與行動〉，《中華人民共和國國家發展與改革委員會》。（檢索日期：2015/05/19）

75　孫國祥，〈RCEP 與海上絲綢之路的戰略連結：命運共同體及其暗示〉，《全球政治評論》，第五十期，頁 7-12。此處頁 9-10。

76　李義虎，〈對「一帶一路」的國際政治考察〉，《中國評論》，2015 年 5 月號，頁 6-9。

台灣之後，提供北京很大的戰略資產，可以威脅東南亞、東北亞，亦包括美國在內。[77]因此，在中國發展「一帶一路」戰略，未來牽動歐亞戰略格局，基於台灣未來發展，如何重新思考兩岸定位，以及相應的區域發展戰略。

2014 年 2 月 25 日，習近平會見國民黨榮譽主席連戰時，發表「共圓中華民族偉大復興的中國夢」，提出「兩岸一家親」理論，5 月 7 日會見宋楚瑜又提出「四個不會變」，9 月 26 日會見「台灣和平統一團體聯合參訪團」系統性地提出「統一觀」，同時，強調美中共同管控台灣危機，遏制台獨的必要性，亦即「反台獨」與鼓勵「兩岸穩定」為兩國堅守的底線。[78]

不過，北京對台政策雖有美中共管的默契，近期的作為凸顯其主動性與主導性。例如單邊劃設 M 503 航線、修定國安法規定台灣與港澳同胞都有義務維護國家主權、統一和領土完整，不但將台灣問題提升至國家安全戰略的範疇，也將台灣問題法制化。[79]陸委會主委夏立言指出，兩岸為「主權互不承認、治權互不否認」的分治現狀，如果通過此法，將傷害台灣人民感情，對兩岸關係造成負面影響。[80]

此外，根據「海基會第七屆第一次顧問會議側記」，面對未來的兩岸關係有以下的「積極作為」思考：首先，推動陸客來台中轉政策：增加桃園機場運量，增取候機消費商機，推動兩岸加入國際區域組織，兩岸思考以經濟體名義攜手合作，以 WTO 模式，讓台灣經濟與國際接軌，加速簽署 ECFA 後續協議，加快兩岸兩會互設辦事處機構協商進程，有關人道探視具體內容、涵蓋範圍，儘速實施台股「大三通」及「滬台通」：有效吸引資金，增加台股成交量及流動性，提升台灣上市公司國際競爭力。[81]因此，當中國逐漸由世界工廠轉向世界消費市場，雖然帶來發展契機，但也因其磁吸效應，潛藏的許多風險與不確定性，兩岸合作應以和平穩定發展

77　Joseph A. Bosco, "Taiwan and Strategic Security," *The Diplomat*, <http://thediplomat.com/2015/05/taiwan-and-strategic-security>.(2015/05/22)

78　章念馳，〈論習近平的統一觀〉，《中國評論》，2014 年 11 月號，頁 7。

79　陳建仲，〈兩岸新常態 蔡英文怎過華府大會考？〉，《聯合新聞網》，< http://udn.com/news/story/7339/918220 >。（檢索日期：2015/05/22）

80　〈陸國安法納台 夏立言：適得其反〉，《中時電子報》，2015 年 5 月 15 日，< http://www.chinatimes.com/newspapers/20150515000907-260301 >。（檢索日期：2015/05/22）

81　高培培，〈如何建構「全民有感」的兩岸關係新格局─海基會第七屆第一次顧問會議側記〉，《交流雙月刊》，中華民國 104 年 4 月號，頁 21-22。

與對台灣有利為原則。[82]

　　至於「一帶一路」與兩岸關係走向,中國學者胡志勇提出「一帶一路」不僅是經濟金融問題,也跟地區安全格局重構問題有關,對於「中華經濟圈」的擴展與「一帶一路」倡議,提供世界性擴展的示範,讓台灣與港澳地區經濟新的方向與突破口。[83] 李義虎則認為:如果台灣順能加入「一帶一路」的進程,加入亞投行,將搭上發展的特別快車,實現重振經濟、改善民生的夙願,也可以順利解決台灣參與區域經濟合作機制的問題。[84] 中國評論總結指出:「台港澳可已在此「系統工程」發揮比較優勢,例如在現代服務業與金融業方面,台灣可以尋求更多市場與商機,加上台港澳與東南亞與海外有深厚的人脈關係,更可加強民間投資與合作開發。」[85]

　　台灣方面,李英明提出「一帶一路」推動的目標:「將中國的基建能量(高鐵與核電)與過剩產能(水泥與鋼鐵)輸出,配合『亞投行』的組建,建構中國版的『馬歇爾計畫。』」[86] 一方面可以擠壓美國在亞歐的戰略領域,一方面自然將兩岸關係從中國化,走向區域化的過程。朱雲漢認為「一帶一路」及「亞投行」是中國提出來扭轉全球經濟的兩大動作,東亞國家被迫在中美間選邊站的過程中,台灣非常可能成為交易籌碼,因此在亞投行的問題上應該要非常謹慎小心。[87]

　　最後,兩岸服貿協議尚未過關,關於是否參與亞投行尚有許多變數,亦即以何種名義參與的問題,不過在「一帶一路願景與行動文件」上清楚載明:「為台灣地區參與『一帶一路』建設作出妥善安排。」,因此,馬

82　莊奕琦,〈全球化新思維 兩岸共同走出去〉,《聯合新聞網》,< http://udn.com/news/story/7339/918218-%E5%85%A8%E7%90%83%E5%8C%96%E6%96%B0%E6%80%9D%E7%B6%AD-%E5%85%A9%E5%B2%B8%E5%85%B1%E5%90%8C%E8%B5%B0%E5%87%BA%E5%8E%BB >。(檢索日期:2015/05/22)

83　胡志勇,〈「一帶一路」助推中華經濟圈全面發展〉,《中國評論》,2015 年 4 月號,頁29。

84　〈李義虎:亞投行和一帶一路是台灣的特別快車〉,《中國新聞評論網》,2015 年 5 月 26 日,< http://hk.crntt.com/doc/1037/6/8/1/103768165.html?coluid=1&kindid=0&docid=103768165&mdate=0526001805 >。(檢索日期:2015/05/26)

85　〈「一帶一路」吹響地緣經濟再出發的進軍號角〉,《中國評論》,2015 年 5 月號,頁 1。

86　李英明,〈九合一選舉後的兩岸關係〉,《交流》,中華民國 104 年 2 號,頁 35。

87　〈預言中美關係不穩 朱雲漢「對兩岸未來走向非常憂慮」〉,《風傳媒》,2015 年 5 月 25 日,< http://www.storm.mg/article/50662 >。(檢索日期:2015/05/25)

英九總統強調：「亞投行章程 6 月出爐，台灣是否能參加，到時就會明朗化，既然中國大陸說會讓台灣以適當身份參加，我們拭目以待。」[88] 所以，國家主權經濟利益之間，如何取得平橫點的問題。美國總統歐巴馬 29 日聲稱，從未反對北京主導亞投行，更否認曾遊說其他國家不要加入。他表示，如果亞投行能夠秉持強大的財務、社會和環境保護原則，那麼大家都支持它。如果亞投行管理不良，則參與亞投行可能不是好事。[89]

陸、結語

　　本文首先肯定「地區安全複合體理論」對於「安全研究」的價值與貢獻，尤其在於其分析現狀與預測發展的能量。透過因為臨近地理位置所引發「安全相互依賴」，形成各種不同形態的「地區安全複合體」，有助於理解在全球化，各地區不同的安全威脅考量及其因應之道。其次，「地區安全複合體」借用溫特建構主義的三種無政府文化，形成「敵友模式」，比較欠缺如何具體操作的途徑。反觀溫特提出在不同文化下，行為體形成不同身份關係，從而確定雙方不同的利益關係。以下就總結與檢討、地區安全複合體理論的修正、亞歐超級復合體與兩岸關係三項加以說明。

一、本文總結與檢討

　　根據本文前述五個命題，透過各部分的研究顯示，

　　命題一：中國的一帶一路戰略是基於習近平的國家總體安全觀下，兼顧經濟、能源、周邊外交與區域安全的戰略考量，不只是一種針對美國在平衡亞太的反制，更是翻轉地緣戰略的思考。從戰略思考角度言，不僅正面因應美國從西太平洋第一島鏈的海洋圍堵，北京在軍事上，有所謂的「反介入與區域拒止」（Anti-access and Area denial/A2AD），在經濟上提出「亞太經貿自由區」（FTAAP），加上，向西轉向，提出「一帶一路」，籌設

88　〈最後一年目標　馬總統：亞投行 6 月明朗化〉，《蘋果日報》，2015 年 5 月 18 日，< http://www.appledaily.com.tw/realtimenews/article/new/20150518/612257/ >。（檢索日期：2015/05/21）

89　〈美將對陸施壓 促提高亞投行標準〉，《中時電子報》，2015 年 4 月 30 日，< http://www.chinatimes.com/realtimenews/20150430002320-260408 >。（檢索日期：2015/05/21）

亞投行，儼然成為亞歐大陸經濟發展的火車頭，透過經濟整合，建立相互依存關係，減輕周邊安全壓力，亦可擴大中國的市場範圍、技術輸出、能源引進的多重總體安全目標。

命題二：根據中國一帶一路願景與目標文件顯示，習近平強調透過五個聯通，與歐亞國家建立「命運共同體」，就是建構一個「歐亞安全共同體」的「集體身份」，類似建構主義身份決定利益，利益主導政策的基本思維。溫特建構主義提出「集體身份」的概念，有助於解釋習近平所強調的命運共同體。

命題三：中國的一帶一路戰略不僅是一種傳統地緣戰略角度，以西部大開發為緣起，透過地區安全複合體理論，從「地區層次」更可以分析不同於個體國家安全，與全球安全視野下的安全問題。1979 年以來，中國推動「改革開放」國家總體路線，以建立「小康社會」為總體目標，先讓一部份人富起來，從沿海沿江沿邊的三條經濟發展路線，[90] 後來推動開發「大西部戰略」[91]，就是要平衡東西區域發展的差距，從區域經濟層次來加速中國經濟發展，透過一帶一路戰略，更可以擴大區域範疇，同時解決內部區域發展的速度。

命題四：北京的一帶一路戰略應該是一種跨越亞歐大陸「架構」的建立，基於沿帶與沿路國家的內政因素多樣化考量，短、中期目標在於「機制」的建立，透過不同性質共同體（能源、經濟、社會等等）的建立，長期目標在於建立類似「歐洲聯盟」的統合性、超國家機構。如同願景文件顯示：「中國願與沿線國家一道，不斷充實完善『一帶一路』的合作內容和方式，共同制定時間表、路線圖，積極對接沿線國家發展和區域合作規

90　其原文如下：「改革從農村到城市、從經濟領域到其他各個領域，開放從沿海到沿江沿邊、從東部到中西部，極大地調動了億萬人民的積極性，使我國成功實現了從高度集中的計劃經濟體制到充滿活力的社會主義市場經濟體制、從封閉半封閉到全方位開放的歷史性轉折。」請參見：李英田，〈改革開放：社會主義中國發展活力的源泉〉，《中國共產黨新聞網》，2008 年 12 月 8 日，< http://theory.people.com.cn/BIG5/40537/8481004.html >。（檢索日期：2015/05/21）

91　「2010 年，黨中央、國務院召開西部大開發工作會議，對深入實施新一輪西部大開發做出部署，提出了到 2020 年使西部地區綜合經濟實力、人民生活水準和品質、生態環境保護上三個大臺階的總體目標。」，請參見：〈國務院關於深入實施西部大開發戰略情況的報告〉，《中國人大網》，2013 年 10 月 22 日，< http://www.npc.gov.cn/npc/zxbg/gwygyssxbdkfzlqkdbg/2013-10/22/content_1811909.htm >。（檢索日期：2015/05/21）

劃」。換言之，目前逐步建立以「亞投行」為基礎的溝通機制，未來設立類似「一帶一路理事會」，由沿帶沿路國家參與，構思各種不同型態的合作共同體關係，建立在亞歐大陸的超國家統合體。

命題五：北京基於總體安全下的一帶一路戰略，未來似必牽動亞歐傳統地緣戰略結構，台灣的國際戰略「和中、友日、親美」的「原地打滾」思維，必須「轉向」以求得台灣最大安全利益。非地區安全複合體的型態中，台灣並非「隔離行為體」與「緩衝區」，因為美中曾經共管台海事務，目前雙方都有機制（臺灣關係法、反分裂國家法）以因應兩岸事務，某種程度言，比較屬於美中台海戰略競逐下的「覆蓋」地區，但並非屬於「無結構」地區，主要在於台灣本身既有的經濟力量，軍事防衛力與參與國際社會意願，受到一定程度的牽制。

二、「地區安全複合體理論」的修正？

地區安全複合體理論的特點在於結合結構現實主義與建構主義的主要概念與研究途徑，以地區層次為主，非從全球層次與國家層次，分析安全議題，得到，有兩點需加以檢討。

首先，關於「安全相互依賴」問題，如何得以瞭解「地區安全複合體」的成員感受此種「安全相互依賴」，新自由制度主義強調「相互依存」，透過「敏感度」與「脆弱度」加以衡量成員國的態度，而「安全相互依賴」，如果透過「安全化」與「去安全化」的論述，往往陷入「認識論」的思考，無法進入「方法論」的層次。

其次，針對「敵友模式」方面，雖然借用溫特的三種無政府文化：敵人、競爭者與朋有三種主體位置所扮演的角色，但是，在不同形態的「地區安全複合體」，如何體現不同的三種無政府文化？從溫特角度言，提出國家互動形成不同「身份」，從而影響後續的「利益」與「政策」，不同文化，產生不同狀態下的身份（個體與團體、角色、類屬、集體身份），如何將「集體身份」概念引入「地區安全複合體」，有助於瞭解形成身份所欠缺的變項關係，同樣在洛克文化友「敵手共生」也是可以借鏡之用。

　　第三、關於不屬於「地區安全複合體」的「安全組合」：「覆蓋」、「緩衝區」、「隔離行為體」、「無結構」、「預備安全複合體」與「初級複合體」，顯示出有很多的例外事項存在，如何轉化成為「標準安全複合體」，某種程度要從大國的國家安全戰略角度思考，建立類似的勢力範圍與否的問題。例如，中國歷代王朝秉持的「天下朝貢」的心態，建立「宗主國」與「被保護國」的架構，是否與屬於另類的「安全複合體」形態？

三、未來兩岸與「亞歐超級安全複合體」！

　　中國的「一帶一路」戰略出爐，其頂層設計指導是基於總體國家安全思維下，如何整合與其內、外部安全，型塑「安全相互依存」關係，未來發展成「安全共同體」目標，符合地區安全複合體理論所強調：衝突解決、安全機制到安全共同體的過程。因此，透過經濟整合的誘因，走向政治、外交與社會的整合，台灣在此態勢下，要有整體安全觀來加以思考。

　　馬英九總統表達，台灣一方面要擴展國際關係，一方面也要跟中國大陸發展和平關係；兩岸關係與國際關係息息相關，相互合作才是正道，像是北京推動的「一帶一路」與亞投行等，必須不計毀譽的爭取，才能為國家找出一條路。[92] 但是，台灣目前採取「和中、友日、親美」的國際安全戰略思考，面臨美中在全球層次的競逐，某種程度陷入「矛盾兩難」抉擇。

　　總之，由中國倡議的「一帶一路」，未來翻轉亞歐戰略格局，形成「超級亞歐安全複合體」，直接或是間接的沿帶與沿路都會受到衝擊。2015 年 5 月 20 日至 22 日，亞投行第 5 次談判代表會議於在新加坡舉行，6 月底在北京舉行簽署儀式，待合法數量的國家批准生效後，預計 2015 年底前正式成立。[93] 在此關鍵時刻，台灣勢必要有所戰略思考與具體規劃，以因應「超級亞歐安全複合體」的來臨。

92　〈馬：須不計毀譽爭取「一帶一路」與亞投行〉，《中國新聞評論網》，2015 年 5 月 22 日，< http://hk.crntt.com/doc/1037/6/3/0/103763064.html?coluid=46&kindid=0&docid=103763064&mdate=0522010621 >。（檢索日期：檢索日期：2015/05/25）

93　〈會員國《亞投行章程》達共識　6 月北京簽署、年底成立〉，《ETtoday 新聞雲》，2015 年 5 月 23 日，< http://www.ettoday.net/news/20150523/510634.htm >。（檢索日期：2015/05/25）

戰略與安全關係之研究
—以鈕先鍾的戰略思想為範疇

施正權[*]　張明睿^{**}

摘要

　　冷戰之後，戰略與安全產生範疇性關係的變化。為了理解與解釋兩者關係變化的邏輯，本文以戰略語詞的意義為分析起點，藉此掌握軍事戰略（純粹戰略）、戰爭戰略、國家（大）戰略之「戰略層次」的指謂性。在這部分是依據鈕先鍾的西方戰略思想部分進行陳述，同時論及他的國家本位的安全理論指向，指出戰略與安全的關係。

　　哥本哈根學派的安全研究，是透過語言與建構主義的主體間性，擴大了安全研究的範疇，不但對以國家為中心的安全觀念提出批判，且將戰略研究指向軍事戰略，並置於安全研究領域之中。本文為此，依據美國的國際關係理論，指出國家中心論與安全理論擴充之間的關係、戰略思想與現實主義的關係、以及國家（大）戰略與國際關係理論彼此的位置所在，並提出說明。

---

* 淡江大學國際事務與戰略研究所副教授
** 淡江大學國際事務與戰略研究所博士

壹、前言

鈕先鍾（以下簡稱鈕氏）的思想，從留下來的文本觀察，可以確信是以戰略研究為主體的論述，而「戰略」則是他思想的核心概念。

由於「戰略」一詞漫長的歷史發展，以及現代國家的制度規範，論者對戰略的理解有許多不同層次的爭論；尤其冷戰結束之後，安全研究有取代戰略研究的趨勢，甚至於貝茨（RichardK.Betts）和沃特（Stephen M. Walt）即認為：「美國的安全研究繼續保持了傳統主義特點，強調安全研究就是『軍事的、政治的和外交的』，和安全研究存在著重大關聯度的『戰略研究』則永遠是探討如何『打贏戰爭的藝術』。」[1]如果「戰略研究」的指向正如其所言，則討論這個題目便很難有積極的意義。本文將以鈕氏的思想為範疇，解析戰略與安全的關係。

貳、鈕先鍾戰略研究思想─西方戰略觀點部分

鈕先鍾的戰略思想來源有西方古典戰略思想、國際政治理論、外交理論、中國古典政治與戰略思想，以及冷戰時期的戰略研究等內容，並且通過不斷地反思，獲致自己的獨特性觀點。為避免混淆，此處將鈕氏的中國傳統戰略思想因素暫時懸置，而以西方戰略思想為限，藉由複合式戰略語詞（例如某某戰略），進行理解鈕氏戰略思想中的西方傳承。

從戰略研究的來源觀察，鈕氏的戰略研究與戰略思想內容，「傳統戰略」係來自西方古典戰略的內含，主要包括約米尼（A. H. Jomini，1779-1867）、克勞塞維茨（Carl Von Clausewitz，1780-1831）、富勒（J.F.C.Fuller，1878-1966），以及李德哈特（B. H. Liddell Hart，1895-1970）；「現代戰略」則有兩部分，第一部分是傳統戰略的提升（這部分指向的是純軍事戰略思想），進入總體戰略、大戰略、或是國家戰略（包括李德哈特、薄富爾（Andre Beaufre，1902-1975）、柯林士（John M.Collins）、魏德邁（Albert C. Wedemeyer，1897-1989）等人的觀點）；第二部分則是「戰略研究」面向

1　Richard K. Betts, "Should Strategic Studies Survive?," *World Politics,* Vol. 50, No. 1(1997), pp. 7- 33; Stephen M. Walt, "The Renaissance of Security Studies," *International Studies Quarterly*, Vol. 35, No. 2(1990), pp. 211- 239；朱鋒，〈巴里布贊的國際安全理論對安全研究「中國化」的啟示〉，《國際政治研究季刊》，第 1 期（2012 年），頁 25。

國際政治環境的主張。戰略研究初期的意義如同布強（Alastair F. Buchan，1918-1976）所言：「對於在衝突情況中如何使用武力的分析？」[2]以及蘭德公司（RAND）的美國文人戰略研究者，亦復如此。但是，隨著研究範圍的擴張，鈕氏進而引用赫德利‧布爾（Hedley Bull，1932-1985）的定義：「戰略研究是一種對在國際關係中如何使用權力的研究。」[3]所以，現代戰略有兩個層次的發展：一是國家在國際環境中的軍事權力的使用，二是國家在國際環境中的權力使用。

以上的複合式戰略語詞，包括了傳統戰略、大戰略（總體戰略、國家戰略）、戰略研究之衝突中武力使用與國際關係中權力使用等四個模式；然而，就戰略層次分類，可區分為三種：軍事戰略、戰爭戰略、國家戰略。

第一種模式的軍事戰略，是一種純軍事戰略，屬於王朝時期的產物；第二種模式的戰爭戰略，是第一、二次世界大戰的產物，為總體戰爭的形式；第三種模式的國家戰略則有兩種不同的意涵：其一，是在國際關係中如何運用武力，也就是以軍事權力為重心的國家行動，其範圍仍為戰爭戰略的一類。這也就是為何冷戰期間，戰略雖已跨入國際環境，形成全球戰略，卻仍是屬於戰爭戰略範疇的原由。其次，則是國家階層的戰略，也就是國際關係中的權力使用。

從鈕氏的國家戰略（大戰略）思想的西方淵源來看，即可了解他曾指出的：「國家戰略這一套名詞、定義，以及其概念架構、思想體系，都是由（美國）軍方所建構。」[4]而文人喜歡用大戰略，他們所關心的只是「軍事權力在國際事務中的應用而已。」[5]的意義，同時也呈現出冷戰期間文人對戰略研究的影響。

雖然如此，鈕氏仍另表達自己的觀念，認為戰略行動是「國家在國際事務中使用其權力以來維護其國家利益，達到其國家目標。」[6]這個行動指的是，國家間戰略行動，其基礎來自於國家權力。以下將「戰略模式」以

2　鈕先鍾，《現代戰略思潮》（台北：黎明文化事業公司，1985年），頁239。
3　鈕先鍾，《現代戰略思潮》，頁239。
4　鈕先鍾，《戰略研究入門》（台北：麥田出版社，1998年），頁32。
5　鈕先鍾，《戰略研究入門》，頁32。
6　鈕先鍾，《現代戰略思潮》，頁234。

圖表示，其能更明確三種戰略的彼此關係。

圖 1：戰略模式的關係

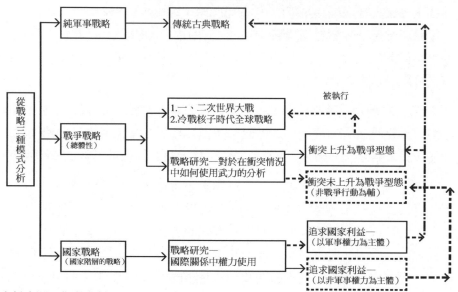

資料來源：作者自製

　　上圖是依據戰略的歷史發展過程—傳統戰略→戰爭戰略→國家戰略，加以排序；然而，若要更清晰地了解圖示中虛線因素間的關係，則應以國家戰略作為觀察起點。國家戰略對外而言，是依據戰略研究所指稱—國際關係中權力的使用—而來，國家面對國際環境的需要，基於總體精神，選擇不同的權力，作為使用的中心。若選擇軍事權力，表示衝突上升為戰爭型態，例如冷戰時代的核子全球戰略，即為被執行的戰略措施；若選擇其它非軍事權力為中心，表示衝突並未上升為戰爭，而屬於一種被限制的衝突或是一種戰略競爭。

　　而在戰爭戰略的範疇，則有兩種形式：一是以戰略研究在國際關係中武力使用的意義，若衝突上升為戰爭型態，則進入被執行的戰爭戰略；若衝突尚未上升為戰爭，其武力仍可以和平使用。另一則是指執行中的戰略，同時包括軍事戰略的使用，例如核子時代的全球戰略。

從西方的複合式戰略（如上圖的戰略名詞）來觀察鈕氏的戰略思想，可以發現戰略層次的高度是逐次擴大。可以肯定地說，鈕氏的戰略研究包括傳統到現代的戰略，其模式則統涉了軍事戰略、戰爭戰略、國家戰略的研究內容。而國家戰略除了追求國家利益的總體戰爭戰略外，還有國家階層的總體行動戰略。鈕氏並透過戰略與政策的關係，說明國家總體的行動戰略意義。強調國家戰略不僅是國防戰略之戰略，政策不僅是經濟政策、外交政策之政策，而是具有總體性質的國家戰略或國家政策的論證。

鈕氏亦同意：「戰略研究本是從軍事戰略推廣成為國家戰略。嚴格說來，除了軍事戰略以外，在其他的戰略方面幾乎還只有一個空架子，而少有實質內容。」[7] 但如此的論述，卻容易讓讀者誤以為現代戰略只是傳統戰略思想的延伸。然而，現代戰略中的國家階層的戰略是一種總（整）體的本質，實非傳統戰略內容所能比擬，更非「戰爭戰略」概念所能含攝。從西方戰略研究者的角度觀察，國家戰略的範圍主張較為分歧，有的強調武力使用，以戰爭戰略為界；有的強調權力使用，超越戰爭戰略的範疇。就從鈕氏的戰略思想內容來看，他是主張後者；不過，前述鈕氏的戰略思想的說明，僅是引用其戰略思想中的西方戰略思想部分，尚未包括中國古典戰略思想在內的融合論述。

參、以戰略研究含攝國家安全本位的論述

從鈕氏的文本之中，可以發現大量有關「安全」問題的討論，其中還包括了「安全理論」的說明，以下將依據「理論」文本進行解釋。鈕氏有關「國家安全理論」的論述有兩篇文章，1984 年發表的〈國家安全新詮釋〉與 1995 年的〈國家安全新論再檢討與新思維〉。這兩篇是具有不同面向的討論，我們依據文本中對國家安全的兩種向度的說明，進行分析便能理解。1984 年的「國家安全認知」是「國家政府所執行的一種政治性和行政性的程序……另一方面是對於此種程序所進行的學術研究。」[8] 而在 1995 年的「國家安全認知」則「不僅是一種政策，而且也是一種理論，它

7　鈕先鍾，《國家戰略概論》（台北：正中書局，1974 年），頁 79。
8　鈕先鍾，〈國家安全新詮釋〉，《三軍聯合月刊》，第 21 卷，第 12 期（1984 年），頁 72。

有思想和行動兩方面，國家之所以有安全政策是經過思考之後所獲得的結論，而此種思考程序又必須以理論為基礎，所以國家安全領域中是思與行並重。」[9] 前後文本對國家安全認知的轉變，係以理論、思想替代政治性，以政策性替代行政性的說明，其對國家安全研究有了進一步的深化理解。茲就鈕氏所理解的國家安全觀念析述如下：

一、安全觀念的演進與內含、範圍的變化

（一）安全觀念的演進

　　鈕氏在〈國家安全新論—再檢討與新思維〉一文中整理出安全觀念的演進階段：「從 40 年代後期到 70 年代中期為第一階段，……國家安全是採取較狹義的解釋……簡言之，國家安全即為軍事安全（國防）；從 70 年代後期到 80 年代後期為第二階段，……白朗（Lester Brown）提出『國家安全再界定』，……列舉許多足以威脅的非軍事因素，如能源危機、通貨膨脹、糧食缺乏、土壤侵蝕、溫室效應等；進入後冷戰時代，形成另一新階段，……馬休斯（Tuchman Mathews）指出，全球發展帶來國家安全定義必須再擴大的要求，應該把資源、環境、人口等問題都包括在內。」[10] 從第二階段開始，國家安全的意義和範圍已經逐漸擴大（含非軍事因素）。由國家安全觀念的三個階段演進，可以清楚地認識到安全內容的增長與議題的擴散。而鈕氏 1984 年的文章，便是在大戰略的觀念下構作而成，明確地指出：「國家安全是一個屬於總體戰略領域中的問題，尤其是許多非軍事性的運用，……。」[11] 在 1995 年的文章更是加入了國際安全與全球安全的層級。

（二）內含與範圍的變化

　　從鈕氏所撰寫的「國際事務」文章來分析，初步可歸納出 21 篇「安全議題」性質的文本，並可區分為：一、國家為主題的安全問題，例如〈從

9　鈕先鍾，〈國家安全新論再檢討與新思維〉，《國防雜誌》，第 10 卷，第 9 期（1985 年），頁 6。
10　鈕先鍾，〈國家安全新論再檢討與新思維〉，《國防雜誌》，頁 8。
11　鈕先鍾，〈國家安全新詮釋〉，《三軍聯合月刊》，頁 75。

國家安全的觀點看澳洲的前途〉；二、以區域安全為主題的安全問題，例
如〈東南亞國家協會—區域合作、集體安全〉、〈西太平洋安全合作的關
鍵問題〉；三、非傳統安全的議題，包括：（1）環境安全研究，如〈環
境安全與生態戰略〉；（2）資源安全研究，例如〈從大戰略的觀點看水
資源〉、〈能源安全問題的分析〉、〈南極資源與世界前途〉；（3）從
人的安全研究，如〈人口問題與國際安全〉、〈世界糧食危機〉等不同領
域的論述。

　　其次，從他的「安全理論」性質的文章來觀察，在內容上除了國家安
全之外，尚指出平行的新概念，例如環境安全、能源安全、經濟安全。[12]
而在範圍的延伸上，將安全區分為四個層次概念，「國際安全（international
security）、全球安全（global security）、區域安全（regional security）、
合作安全（cooperative security）。」[13]

　　鈕氏已認知到安全概念的內含與範圍的擴充，影響了傳統的國家安全
意義，並且指出：「冷戰結束後……日益複雜的世界環境中，安全所感受
到的威脅也以日益多樣化，……諸多的安全威脅都已國際化……應付的對
策也就必須透過國際合作的方式始能有效，……今天已經沒有單純的國家
安全，而只有含蓋全球的國際安全。」[14]

　　由鈕氏對國家安全理論的說明，即可發現鈕氏對於安全的理解，實
已包括傳統安全與非傳統安全的兼籌、國際與國家互賴已無單純的國家安
全、國際合作的方式是重要的方式之一等三種意識的內容。

二、安全概念的主客性、內外性與研究方法的問題

　　鈕氏表示：「安全的起因就是威脅。人們因為感覺到某種威脅之存在，
才會設法尋求解除或對抗種威脅的手段或方法。而這種尋求及其結果即為
安全。」[15] 很明顯地，安全的意義具有「主客觀」的指涉。

12　鈕先鍾，〈國家安全新論再檢討與新思維〉，《國防雜誌》，頁 11-12。
13　鈕先鍾，〈國家安全新論再檢討與新思維〉，《國防雜誌》，頁 12。
14　鈕先鍾，〈國家安全新論再檢討與新思維〉，《國防雜誌》，頁 13。
15　鈕先鍾，〈環境安全與生態戰略〉，《國防雜誌》，第 10 卷，第 3 期（1984 年），頁 27。

　　鈕氏認為「安全」具有主客觀性與內外威脅性。安全的主客兩面性是指「安全的意義是保護，保護一定有其特定目標，……為甚麼某些目標需要保護，其原因是他們受到了威脅，……保護什麼……主要國家利益或主要國家價值。」[16] 這觀點與阿諾德·沃爾弗斯（Arnold Wolfers，1892-1968）的定義—安全就是「客觀上對所獲得的價值不存在威脅，主觀上不存在這樣的價值會受到攻擊的恐懼。」[17]—幾乎是相接近了。

　　威脅性的認知又以何為判定？首先，他認為國家安全所對抗的威脅是以外來為主，假使非外來的威脅也被包括在內，則必須符合下述兩項條件之一：（一）幕後操縱者都是在國外；（二）雖是內憂，卻足以對外患產生誘導、支配或配合的作用。[18] 明顯地，他主張的安全是具有內外性質；但是，他也給出了限定：「假使不是如此（前面兩項條件）則應視為純內政問題而不應列入國家安全的範圍之內，……國家安全並不等於國家政策的全部。」[19]

　　在研究方法上，鈕氏強調：「國家安全事務的指導和執行大致還是一種『藝術』，而把國家安全視為一種正規的學術領域，則必然要採取『科學』的路線。」[20] 也就是當安全戰略被執行的時候，它應是以一種藝術的方法去運行；而將其視為研究的時候，則應是以科學的方法進行探究。鈕氏在研究方法上的主張，遵循著戰略研究與戰略關係的方法與態度進行說明，這也表示戰略研究的四種境界，同樣可以轉移來研究安全理論與安全問題。

三、國家本位的安全觀

　　鈕氏認為：「國家安全是一個含意模糊的名詞，嚴格說來安全也不過是國家利益中的一部分，……我主張對國家安全政策這個名詞儘量避免使用。」[21] 安全是國家利益中的一部分，這個觀念是很重要的表達，是以「利

16　鈕先鍾，〈國家安全新詮釋〉，《三軍聯合月刊》，頁 73。
17　Roger Carey and Trevor Salmon, *International Security in the Modern World* (New York: St. Martin's Press, 1992), p. 13.
18　鈕先鍾，〈國家安全新詮釋〉，《三軍聯合月刊》，頁 73。
19　鈕先鍾，〈國家安全新詮釋〉，《三軍聯合月刊》，頁 73。
20　鈕先鍾，〈國家安全新詮釋〉，《三軍聯合月刊》，頁 72。
21　鈕先鍾，《大戰略漫談》（台北：華欣文化公司，1977 年），頁 76。

益統攝安全」的邏輯意含。他從國家戰略研究的觀點論述國家利益，認為：
「抽象的國家利益必須賦予以較具體化的內容形成目標，……這種內容的
確定又不僅根據主觀的判斷，而且必須適應客觀的情況，……由於從來沒
有兩個國家所面臨的情況是完全相同，所以任何國家也就各有其特殊的國
家利益。」[22] 不同的國家有不同的利益，彼此間又有各種不同的利益關係，
鈕氏將其區分為相同利益、相合利益、無關利益、衝突利益，[23]等四種型態。
由於國家戰略是為國家利益而行動，國家間利益不同，其戰略行動易形成
矛盾，為了維護利益，於是採取「戰略行動」予以保障。

　　基於利益的觀點，邏輯上必須追問國家利益的獲取，是否主張現實主
義所強調的相對利益？事實上，鈕氏並未針對國家利益是「相對或絕對利
益」的爭辯加以解析，而是在說明運用權力的運作時，將其分析歸納為四
種模式：「模式一，損人利己。代表正常的權力鬥爭，是一種零和遊戲。
模式二，利己利人。代表合作而非鬥爭，是一種正和博弈。模式三，損己
利人。基本上是不存在的模式。模式四，損人不利己。是第一種模式的惡
化。」[24] 另以學派觀點來看，現實主義所強調的是相對利益的零和遊戲，
理想主義主張的是絕對利益的正和博弈；相對地，鈕氏對於安全議題的處
理，既有國際合作，亦有傳統國家安全的觀點，形成既有合作亦有鬥爭的
選擇性。

　　以下的引述更能清晰地理解他的觀點。冷戰時期，尼克森（Richard M.
Nixon，1913-1994）主張以「談判替代對抗」，國際情勢有了新的發展起點。
鈕氏指出：「過去的安全觀念都是以對抗為焦點，……但從此時起，美蘇
雙方開始企圖用非對抗方式來增進其本身的安全。這也可算是現代國際安
全觀念的起點。……無政府狀態，國與國之間還是能用有限度合作方式來
解決雙方所共有的安全難題。」[25] 簡而言之，亦即處理安全問題時，談判、
合作也是一種可選擇的方式。

22　鈕先鍾，《國家戰略概論》，頁 44。
23　鈕先鍾，《大戰略漫談》，頁 50。
24　鈕先鍾，《核子時代的戰略問題》（台北：軍事譯粹社，1988 年），頁 239。
25　鈕先鍾，〈國家安全新論再檢討與新思維〉，《國防雜誌》，頁 12。

其次，在討論合作安全時，他表示：「傳統安全觀念是一種零和觀念，……而合作安全是一種非零和觀念，並無個別的得失、勝負，而只有全體的利害、成敗。」[26] 在衝突與差異的處理上，「新的國際體系卻應能不用暴力來解決衝突，……甚至於還能透過國際合作，以制止國家內的暴力行為。」[27] 將國際安全合作視為降低安全衝突的重要途徑之一。

再次，他在說明全球安全時，更指出：「國際安全不僅是國家安全的延伸，而且兩者又都是……國際關係學域中的現實學派。……全球安全的理論基礎……是理想主義，……是企圖改變現有的國際無政府狀態……可維持永久和平。」[28] 於此即可看出鈕氏已經認知到安全研究已非現實主義的理論可以滿足其要求，甚至於還要跨入理想主義的思想範疇。

冷戰結束以後，安全問題快速趨向國際化，必須透過國際安全合作的方式處理，再也沒有單純的國家安全；但是，鈕氏認為這些議題仍應基於國家主體的安全觀。他表示：「國家本位仍須堅持，……各種不同的安全觀念都還只是國家安全的擴充和延伸」，[29] 同時也指出：「現代戰略家所關心的將不僅為狹義的國家安全而已，國際安全也應同樣的關心，事實上，國際安全也就是廣義的國家安全。因此，我們今天的確有一種真正的全球戰略之存在。」[30] 所以，鈕氏對於安全層次，並未停留在國際安全，而是更提升到全球安全的高度，指出「人口、資源、環境、技術、權力、思想」[31] 六大問題對安全的重大威脅，認為這是在現代總體戰略觀點下，必須面對，而且是具有未來性質的共同戰略問題。

由此可見，鈕氏的安全觀念並未停滯在狹隘的國家安全，且以國家安全為本位，進行擴充，甚至於強調國際安全為廣義的國家安全。在安全的處理方式，合作與衝突的模式是可以同時並存的，並未拘泥於現實主義學派理論的限制，而是以戰略研究的實用主義觀點進行分析與理解。

26　鈕先鍾，〈國家安全新論再檢討與新思維〉，《國防雜誌》，頁 14。
27　鈕先鍾，〈國家安全新論再檢討與新思維〉，《國防雜誌》，頁 14。
28　鈕先鍾，〈國家安全新論再檢討與新思維〉，《國防雜誌》，頁 13。
29　鈕先鍾，〈國家安全新論再檢討與新思維〉，《國防雜誌》，頁 14-15。
30　鈕先鍾，《現代戰略思潮》，頁 287。
31　鈕先鍾，《現代戰略思潮》，頁 287-297。

肆、安全研究對現實主義與戰略研究的批評

　　冷戰結束之前，對於安全問題的研究，早已出現不同的方向。主張國家安全的學者強調要擴充國家安全的定義，例如白朗與馬休斯；但也有學者主張以學術的視野將「安全」獨立形成一個單獨的研究對象，例如巴里・布贊（Barry Buzan）、奧立・維夫（Ole Waever）。朱峰即指出，80 年代末以來，國際安全研究有「美國主義」與「歐洲主義」的爭論，[32] 於是安全研究形成兩種不同的思想路徑。

一、戰略研究與現實主義的關係

　　從鈕氏對於安全的認知，可以認識到他是以「國家為本位」的安全概念，即以國家安全的視野，擴充安全的內含與範圍，偏重於美國主義的思想發展。他指出：「戰略研究開始走向理論化的途徑時，又恰好是現實主義學派的全盛時期（1950 年代）。因此戰略學者會…把現實學派的基本觀念予以完全吸收，也就似乎絕非偶然。……現實主義學派在國際關係學域中的勢力開始由盛極而衰，……戰略研究學域中卻似乎並未受到此種思想演變的影響。」[33] 現實主義的理論模式，鈕氏指出它的體系為：「國家系統→無政府結構→安全第一→自助→權力平衡。」[34]

　　鈕氏在討論「權力分析」時指出：「權力觀念在戰略研究的範疇中也是居於非常重要的地位。」[35] 這說明了鈕氏在戰略研究中是主張「國際關係中權力的使用」，他將國家戰略定義為：「在一切環境之中，使用國家權力以達到國家目標的方法。」[36] 其模式是「權力—方法—目標」之間的關係，國家目標是基於利益的思考。因此，他進一步地說：「所有的戰略研究著作也都莫不強調國家權力與國家利益之間的關係」，[37] 形成「利

32　巴里・布贊（Barry Buzan）、琳娜・漢森（Lene Hansen）著，余瀟楓譯，《國際安全研究的演化》（The Evolution of International Security Studies）（杭州：浙江大學出版社，2011 年），頁 6。
33　鈕先鍾，《戰略研究入門》，頁 77。
34　鈕先鍾，《戰略研究入門》，頁 79。
35　鈕先鍾，《戰略研究入門》，頁 162。
36　鈕先鍾，《戰略研究入門》，頁 162。
37　鈕先鍾，《現代戰略思潮》，頁 253。

益—目標—權力」的邏輯關係。「利益—目標—權力」為現實主義學說的
要素，鈕氏自己也說明：「目前國家戰略理論中的基本觀念，例如國家利
益、國家權力等等，仍然都是取自國際關係學域中所謂現實主義者學派的
理論。」[38] 所以，他才會引用格雷（Colin S. Gray）的說法：「戰略學家可
以稱之為新現實主義者（neo-realists），……他們的一切分析和政策建議
都是以一種新現實主義者的範式為其架構。」[39]

　　戰略研究與現實主義的關係，亦可以從鈕氏對於冷戰與冷戰後的國際
事務研究對象中得到反映，包括了嚇阻理論、核子戰略、軍備管制、有限
戰爭、危機管理、地略理論、圍堵戰略、戰略防衛機先（SDI）、戰略平衡、
均勢戰略、低強度衝突、恐怖主義等議題。

　　戰略研究與現實主義的關係密切，鈕氏強調了兩者間有共同的思想來
源，包含修昔地底斯（Thucydides，460-411BC）與馬基維利（Machiavelli
Niccolo，1469-1527）等人的思想，而且認為現代戰略理論體系旨在達成「整
合、解釋、推測、處方」[40] 的功能需要，同時必須講求處方效果，也就是
在一定的處境基礎上，向著未來行動的現實化，做出有效的推演。

　　現實化讓戰略研究必須接近現實，「儘管戰略家無意改變其作為新
現實主義者的基本立場，但在方法方面卻又還是吸收了許多新學派的觀
念……最重要的是決定作為理論（指國際關係理論第二次辯論—科學行為
主義學派與傳統主義學派之爭—後的結果）的引進……使研究工作更接近
於現實。」[41]

　　因此，鈕氏說明了對國際關係與戰略研究彼此關係的期望：「雖然不
認為戰略研究是國際關係研究中的一個部分，但卻不否認這兩個學科（或
學域）的發展是彼此間具有密切的關係。大致說來，由於國際關係理論發
展在時間上是比較領先，所以當戰略研究者企圖在其學域中建立理論基礎

38　鈕先鍾，〈戰略研究與決定作為〉，《三軍聯合月刊》，第 21 卷，第 6 期（1983 年），頁
　　58。
39　鈕先鍾，《現代戰略思潮》，頁 254。
40　鈕先鍾，《戰略研究入門》，頁 64。
41　鈕先鍾，《現代戰略思潮》，頁 259。

時，也就自然地會以國際關係為其借鏡，甚至於也可以說是範例。」[42] 國際關係對戰略研究而言，在鈕氏認為是一種借鏡關係，他仍希望戰略研究有自己完善的理論發展。因此，如果強調戰略研究是屬於現實主義學派，甚至於歸納為安全研究的子系統，實仍有待進一步的思考，此亦非鈕氏的本意。

二、安全研究對於戰略研究（兼現實主義）的批評

安全研究起自「新現實主義者」語言的轉變，包德溫（David Baldwin）指出，「最重視安全研究的是新現實主義，它認為安全是國家首要動機和目標。」[43] 肯尼思・沃爾茲（Kennth N. Waltz,1924-2013）則認為「國際關係的主要問題不是—或不再是—通過實力尋求均衡，而是謀求安全。」[44] 於是安全研究成為國際政治的主要論述焦點。

換句話說，安全研究在冷戰期間尚未被凸顯，而且安全的概念在「政治或學術論戰中被置入於現實主義、戰略和軍事的立場上。」[45] 蘇聯瓦解與冷戰結束，國際政治形勢的轉變，造成國際關係學域內部的爭論，而新現實主義者將權力的視野轉向了安全的目標，給了安全研究的契機。

概括地說，安全研究可區分為傳統安全研究與非傳統安全研究。傳統安全研究是基於國家中心的國家安全研究，非傳統安全研究則是透過多元方法形成各自對象所形成的內容，[46] 前者為美國主義的安全研究的延續，後者為布贊（Barry Buzan）等人所代表的歐洲主義的安全研究，兩者形成學術爭鳴。換句話說，哥本哈根學派對傳統主義的批評，是從「政治—軍事」模式的國家安全立場上出發。事實上，布贊在 1983 年出版的《人民、國家與恐懼》（People, States and Fear）一書中，所提出的複合安全理論，

42　鈕先鍾，《現代戰略思潮》，頁 247。
43　巴里・布贊（Barry Buzan）等著，朱寧譯，《新安全論》（Security: A New Framework for Analysis）（杭州：浙江人民出版社，2003 年），頁 2。
44　Thierry de Montbrial 著，莊晨燕譯，《行動與世界體系》（L'actionet Le Système du Monde）（北京：北京大學出版社，2007 年），頁 137。
45　巴里・布贊、琳娜・漢森著，余瀟楓譯，《國際安全研究的演化》，頁 15。
46　巴里・布贊、琳娜・漢森著，余瀟楓譯，《國際安全研究的演化》，頁 41。在該書中布贊確立了十一種視角，「戰略研究、（新）新現實主義、後結構主義、後殖民主義、和平研究、人的安全、女性安全、批判安全研究、哥本哈根學派、常規建構主義、批判建構主義。」

也未能擺脫這個立場。瓊斯（Richard W. Jones）評論此書時，即明白地指出：「這本書是基於客觀主義認識論和國家中心本體論的傳統安全研究方法走向高峰的標誌。」[47]直到 1997 年《新安全論》（Security: A New Framework for Analysis）的出版，其方法改變為領域性及建構主義方法的運用，安全研究的範圍被擴大了，研究方法也被改變了，才有了明顯的差異。

　　本文將依據以布贊為主軸的哥本哈根學派（Copenhagen School）來說明。他們的思想主要表現在 1983 年（1991 年修訂版）的《人民、國家與恐懼》、1987 年《戰略緒論—軍事技術和國際關係》、1997 年的《新安全論》與 2009 年的《國際安全研究的演化》（The Evolution of International Security Studies）。本文並不討論他們的理論，而是聚焦於他們針對現實主義與戰略研究所提出的關鍵性的批評。

（一）在《新安全論》中，通過對奇普曼（Chipman）等傳統主義者的理解（國家非唯一行為體），明確地反對安全研究僅是戰略研究或是傳統主義的安全觀，主張「安全研究的核心是戰爭和武力，其它的問題如果涉及戰爭或武力的話，僅僅是與其相關的附屬物。」[48]但是，該書的內容仍認為這是一種從科學化研究的軍事角度專業領域論述。因此，仍是在安全研究領域中所形成的多種範式之中的一種。

（二）在《人民、國家與恐懼》（1991 年版）中，明確主張「建立一套新的安全研究議程，而不是在戰略研究範圍內實現更新。（他）認為改進戰略研究的最佳方式，是提高其對總體問題的敏感度，並與其它專門性研究保持溝通與協調。」[49]

（三）布贊在《戰略研究入門》一書中，認為戰略研究影響國際體系的兩個基本變量，指出「戰略研究……的基本變量（是）—政治結構與政治結構中的政治行為者可以利用的主體技術本質，技術變量才是影響政治行為者可以使用的力量手段的主要因素。權力、安全、戰

47　Richard W. Jones, *Security, Strategy and Critical Theory* (Boulder, CO: Lynne Rienner publishers Inc., 1999), p. 105.
48　巴里‧布贊等著，朱寧譯，《新安全論》，頁 6。
49　羅天虹，〈論西方戰略與安全研究的轉變〉，《世界經濟與政治》，第 10 期（2005 年），頁 35-36。

爭、和平、聯盟等概念都深植根於國際關係的政治結構。它們屬於
戰略研究的邊界性概念。」[50]

布贊的論述，很明顯地將戰略研究侷限在「武力的使用」上，而武力
的基礎在於技術，技術是屬於自然科學的領域，因此可以運用「科學化」
的研究方法。例如，模式模擬與數學分析方法的借用，這種導源於技術變
量的科學化研究，在學術上仍有其應有的地位，因而將戰略研究納入了安
全研究的領域。因此，布贊的看法，係將戰略研究視為古典戰略的延續，
也就是純粹軍事戰略的範圍。

（四）在討論國際安全研究的界定上，布贊在「安全」概念與相關性概念
　　　的聯繫上指出，[51]戰略研究與和平研究是一組競爭性概念，具有替
　　　代性。兩者關係如（圖二）：

由（圖二）的邏輯推演可知，戰略研究乃為戰爭性質之研究，其安全
係軍事性質的安全，而其競爭性概念的和平研究，則視以戰爭手段維護和
平為消極和平；積極和平則是建構一個共同體，亦即以人類社會一體化為
目標的積極和平，[52]朝向終極和平世界發展。

透過上述的分析，大抵即能了解哥本哈根學派的安全研究。在理解戰
略研究上，則可以綜合整理出以下幾個觀點：1. 戰略研究的基礎在技術變
量上，2. 戰略研究乃是戰爭與武力的研究，3. 安全研究的內容與範圍的擴
充，不希望在戰略研究中擴大（也就是不擴大國家安全內容或範圍），4. 消
極和平手段—抑制戰爭。

伍、安全研究對戰略研究限定的解釋

在此部分的討論，首先必須提出一個問題，戰略研究指涉的意義是甚
麼？戰略研究是以戰略為對象的研究，但是這個戰略研究的「戰略」所指

50　Barry Buzan, *An Introduction to Strategic Studies: Military Technology and International Relation* (New York: St. Martin's Press, 1987), pp. 6-8.
51　他指出三組概念的聯繫，包括了補充性概念，平行性概念，競爭性概念三類。詳參閱《國際安全研究的演化》，頁 15。
52　巴里‧布贊、琳娜‧漢森著，余瀟楓譯，《國際安全研究的演化》，頁 128。

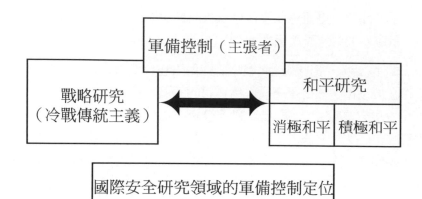

圖二：戰略研究與和平研究的關係

資料來源：巴里 ‧ 布贊（Barry Buzan）、Lene Hansen 著，余瀟楓譯，《國際安全研究的演化》（The Evolution of International Security Studies）（杭州：浙江大學出版，2011 年 10 月），頁 114。

為何？在李德哈特的《戰略論》一書中，曾經指出：「本書的主題是戰略的研究，而並非大戰略—或戰爭政策—的研究。」[53] 這表示戰略研究，係具有純軍事戰略研究、戰爭政策研究、大戰略研究等三個面向。若依布贊的安全研究的軍事領域，所強調的是傳統戰略的戰略研究，以上的問題，則可以簡化為（一至三）與（四）兩個問題。要透視這個問題，可以先從方法上理解，因為在一個理論文本當中包括了方法與內容，方法是形式與架構，而研究的對象資料形成了內容。所以，討論先從「技術變量」的觀點著手。

一、戰略研究的基礎在技術變量

這是一個研究方法上的問題。布贊認為，技術變量才是影響政治行為者可以使用的力量手段的主要因素，此即指出戰爭手段的有效性是決定於

---

53   李德哈特（B. H. Liddell Hart）著，鈕先鍾譯，《戰略論》（Strategy: The Indirect Approach）（台北：軍事譯粹社，1980 年），頁 423。

技術性，「技術」也就成為安全研究的五大驅動力之一。[54] 從「研究」的視角來觀察，力量與技術關係，可以將其形成「力─技」的模式；但是，從戰略研究者的角度看，以這種「力─技」關係來指涉「戰爭手段」構成因素，與現實的戰爭相去甚遠，因為它還有「戰略」的存在，而且是一種智慧的表徵。概括地說，戰爭實有三個要素──「智─力─技」。

　　「技術」有兩層意義，一是科學技術，二是以技術為本的科學化研究。戰略研究者從不敢輕忽技術的因素，也承認技術可以拉動戰爭型態的轉變，但它不是戰爭研究的全部。從戰略研究的角度觀察，「科學研究」不能侷限於「科學化」方法。這也是鈕氏為何批評在冷戰時期，美國的戰略理論「缺乏歷史意識和政治意識，只是對具體問題提供精密計算的答案而已」[55] 的原因。鈕氏很感慨地說：「（美國）過度重視狹義的安全（國家安全等同於國防安全），尤其過分重視核子武器。」[56] 這便指出了美國的戰略研究係採科學化研究的取向，同時也是朝著傳統戰略的研究方向而去，而非現代大戰略（國家戰略）的研究。

　　西方的現代大戰略研究受到三個因素影響而興起：（一）對於科學化研究的不滿足，例如主張戰略與大戰略的美國學者魯瓦克（Edward N. Luttwak）「譏笑他們（科學派戰略家）沒有讀過克勞塞維茨戰爭論」，[57] 指出戰略問題不能僅從純軍事求解。（二）70 年代之後，「隨著科學主義的偏執的弊端日益顯露和遭到批判，哲學、歷史方法乃至⋯⋯文學文化價值終於得到重新肯定。」[58] 科學主義方法已無法主導研究方法的限制。（三）大戰略研究伴隨著新克勞塞維茨主義（重視哲學和歷史）的興起，真正得到較大的發展。[59]

54　在《國際安全研究的演化》一書中，布贊所提的驅動力，包括大國政治、技術發展、事件、學術爭論、制度化等五種。詳請參考該書第三章。巴里・布贊、琳娜・漢森著，余瀟楓譯，《國際安全研究的演化》。

55　鈕先鍾，〈美國冷戰時代戰略總檢討回顧與省思〉，《國防雜誌》，第 11 卷，第 5 期（1985年），頁 16。

56　鈕先鍾，〈國家安全新論再檢討與新思維〉，《國防雜誌》，頁 12。

57　鈕先鍾，〈美國戰略研究─特點與缺失〉，《三軍聯合月刊》，第 21 卷，第 7 期（1983 年），頁 80。

58　羅天虹，〈論西方戰略與安全研究的轉變〉，《世界經濟與政治》，頁 35。

59　羅天虹，〈論西方戰略與安全研究的轉變〉，《世界經濟與政治》，頁 35。

　　布贊也理解大戰略的存在。他曾表示：「大戰略是一種整體性的國際研究，問題不在於改造戰略研究（軍事戰略），而是以國際研究為基礎來發展一支大戰略家團隊，其廣博的專長能夠使戰略研究的成果在全面的安全視野中得到應用和發展。」[60]換句話說，布贊在安全研究中的戰略研究，是指軍事戰略，把軍事視為五大領域之一。依據布贊的說明，大戰略的戰略研究與軍事戰略的戰略研究因而有了區隔，同時也呈現出大戰略研究與安全研究在學域上是具有差異性的。

　　西方大戰略研究不同於戰略研究的用語，但是，鈕先鍾的戰略研究則是將戰略研究視為一個整體，包括了傳統戰略、現代戰略、未來戰略的研究，大戰略則被含蓋在現代戰略的研究範疇。

　　在方法論上，鈕氏在討論「戰略科學」與「戰略藝術」之爭的時候，提出反對將「戰略科學化」的科學主義觀，僅強調「科學研究方法」的運用。他引用克勞塞維茨的觀念加以反駁：「戰略所包括的不僅是那些可以接受數學分析的力量。」[61]並進一步強調：「戰略的本身仍然還是藝術。固然有人企圖建構一種戰略科學（a science of strategy）……實際上也是徒勞……。」[62]除此之外，並且主張多元的方法道路，如歷史的、藝術的、哲學的方法，並針對戰略研究的對象需要，引入適當的方法的選擇。

　　從技術變量的方法問題與布贊自己的說明，即可很清楚地理解到，布贊所主張的安全研究領域中的軍事領域是純粹的軍事戰略，足見他的戰略研究的戰略指涉的是軍事戰略。如此一來，從後面的兩個問題—「戰爭與武力」的限制與「安全問題範圍」擴充限制，便能理解他的意思，戰略研究係指向傳統戰略，傳統戰略的模式本是「戰爭—武力（武裝部隊）」，這也是克勞塞維茨在《戰爭論》中所指出的：「戰爭只不過是政策用其他手段的延續。」[63]所以，戰爭能不能限制是政治的問題，哥本哈根學派也

60　Barry Buzan, *People, States, and Fear: An Agenda for International Security Studies in the Post- Cold War Era* (New York: Harvester Wheat sheaf, 1991) , p. 25.

61　鈕先鍾，《戰略研究入門》，頁 294。

62　鈕先鍾，《戰略研究入門》，頁 63。

63　克勞塞維茨 (Karl von Clausewitz) 著，鈕先鍾譯，《戰爭論—上冊》（On War）（台北：軍事譯粹社，1980 年），頁 129。

就因而有了政治化與安全化的爭辯。「戰爭—武力」是一種軍事力量行動表徵，此刻國家安全所指乃是「國防安全」的狹義性質，戰爭的結束也就是和平的到來，與安全內容的擴張沒有太大的聯繫。

至於哥本哈根學派對國家安全的反思，是透過語言行為（speech acts）為本體。[64]語言行為是指「以言行事之行為」，並透過社會建構主義途徑與方法討論安全研究，其中提出「存在性威脅—安全化—非安全化」的過程，針對國家中心的傳統安全觀與國家可能對人的負面性傷害提出了批判，且提出理想型態的「非安全化」發展的可能，但這是另一層次範圍的論述了。

二、消極和平的手段—抑制戰爭

在李德哈特的書中，對大戰略的描述是：「大戰略的眼光……一直看在戰後的和平上面，大戰略不僅是要聯合使用各種不同的工具，而且還要限制它的用法，避免有損於未來的和平。」[65]因此，這個問題是基於「戰爭—和平」的對立關係下，所形成的考慮。

在布贊「安全研究」的邏輯觀點認為，戰略研究、和平研究、軍備管制同為傳統主義者，研究方法亦相近，可以整合在一起對待，其原因有：（一）戰略研究者與和平主義者共同立足於軍事領域，而不太重視如何看待安全政治問題。（二）由於和平研究者內部，（觀點）從「和平」向「安全」的轉移。（三）他們都在相似的認識論基礎上進行研究。[66]同時，「安全化—非安全化」的研究模式，在邏輯上也易於從向抑制戰爭的和平觀念傾斜的論述。

然而，戰爭性質的安全問題，基本上也難以被歌頌的。鈕氏也有相類

64　語言行為是指以言行事之行為，以言行事的行為是語言交際（互動）的最小單位，具有根本性質。詳請參考 A. P. Martinich 編，牟博等譯，《語言哲學》（The Philosophy of Language）（北京：商務印書館，2004 年），第二部分第二篇，John Rogers Searle 著，〈甚麼是語言行為〉一文，以及 Nicholas Onuf 等主編，肖鋒等譯，《建構世界中的國際關係》（北京：北京出版社，2006 年），第三章，Nicholas Onuf 著，〈建構主義：應用指南〉一文。

65　李德哈特（B. H. Liddell Hart）著，鈕先鍾譯，《戰略論》（Strategy: The Indirect Approach），頁 383。

66　巴里・布贊、琳娜・漢森著，余瀟楓譯，《國際安全研究的演化》，頁 166-167。

似的看法：「想用戰爭為手段以求達到國家目標，從古至今幾乎是一種幻想。…因此，不一定要有戰爭，甚至於更可以說不戰而能存（能安）則更是上策。」[67] 但是，鈕氏也清楚，這是一種理想的表達，如此，也涉及對「戰爭觀」的一種見解問題。

鈕氏將戰爭本質區分為三個流派：「宿命主義或浪漫主義者（歌頌戰爭）看法；其次是理性主義者看法，認為戰爭是一種病毒……，人類有理性終將克服這種戰爭的病毒；再次是現實主義者看法，既不具有浪漫主義的色彩，也不迷信理性主義的幻想。」[68] 鈕氏自評是屬於現實主義的觀點，他將現實主義對戰爭的主張羅列於後說：「戰爭本身無善惡之分，而是種種因素所造成的後果；戰爭是否得以倖免，……不做肯定答覆；國際關係同時具有兩個方面，一方面是對立的、衝突的、鬥爭的，另一方面是調合的、友好的、合作的，……戰爭固然可以發生，但有時未嘗不可以避免；侵略決不應鼓勵，防禦絕不可忽視；控制熱度超過（戰爭）臨界點（critical point）；戰略的兩大目的是節制戰爭和贏得和平。」[69]

鈕氏的觀點與布贊的觀點相當接近，軍事手段只能用來防禦與和平使用，軍備管制則是一種抑制戰爭手段，可稱之為消極和平。因此，前面的圖示模式，成為抑制戰爭，走向和平的理想發展。

然而，從戰略研究者的角度而論，如何在安全與戰略之間達到戰爭與和平的解決方案呢？夏爾—菲立普‧戴維（Charles-Philippe David）的觀念結構，啟示了這個方案的存在，其結構為：「軍事秩序（防禦與安全困境的克服）—制約戰略（非軍事手段、核嚇阻、合作安全與共同安全下的裁軍與軍控）由消極走向積極和平—和平戰略（預防、維和、全球安全治理）—持久和平。」[70] 戴維對戰爭與和平的對立性，透過戰略與安全的連繫，經由「戰爭戰略—制約戰略—和平戰略」的程序，以達到真正和平時代性

67　鈕先鍾，《戰略思想與歷史教訓》（台北：軍事譯粹社，1979 年），頁 65。

68　鈕先鍾，〈我所了解的戰爭〉，《明日世界》，第 32 期（1977 年），頁 4-5。

69　鈕先鍾，〈我所了解的戰爭〉，《明日世界》，頁 5。

70　夏爾—菲立普‧戴維 (Charles-Philippe David) 著，王忠菊譯，《安全與戰略—戰爭與和平的現時代解決方案》（La Guerre et La Paix: Approches Contemporaines de la Sécurité et de la Stratégie）（北京：社會科學文獻出版社，2006 年），請參閱該書的架構及內容。

質的到來。戴維的立論是否實現，可由時間證實；但是，他也提醒不僅要強調「安全研究」，同時也要強化或制定「行動戰略」的重要性，而且「國家遠沒有過時，仍是強有力的集體行為工具。」[71]

陸、本文中「戰略與安全」問題的餘思

從前面的分析，可以獲得一些反思性的論點，提出來做本文開放性的結論。

一、從西方戰略思想理解鈕先鍾的戰略主張的問題

鈕氏所研究的戰略研究，是指向現代戰略的內容，「現代戰略思想都是超出軍事和戰爭的界線之外，而又把軍事和戰爭包括在內，這也是所謂的國家戰略。」[72] 鈕氏對它做了界定與說明：「國家戰略就是一個國家使用和發展其國家資源以來達到其國家目標的方法。……如何可以達到國家目標（national objective），則必須使用（use）和發展（develop）其國家資源（resources）。如何運用和發展呢？這種方法就是戰略。」[73]「戰略為分配，使用和發展國家權力以達到國家目標的科學與藝術。」[74] 目前西方戰略思想論述集中在「使用」的論述，「發展」的討論仍停留在動員的層次，而鈕氏則進入國家長程計劃說明，是一種政策研究的表達，轉為發展戰略的陳述與理論建構，仍留下空白。然而，從他的觀念中，也肯定自己的戰略研究便是國家戰略的研究。

二、古典戰略研究是安全研究的次系統的問題

布贊的國際安全研究，對於「戰略研究」是指向「戰爭和武力」內容的戰略研究。但是，在國際安全研究的區分，則將國家中心的安全研究視為傳統主義，包括了美國的國際關係理論，戰略研究、和平研究等學派。

71　夏爾─菲立普・戴維（Charles-Philippe David）著，王忠菊譯，《安全與戰略—戰爭與和平的現時代解決方案》，頁 321。

72　鈕先鍾，〈論戰略研究及其取向〉，《中山學術文化集刊》（1983 年），頁 3。

73　鈕先鍾，〈從台灣的戰略地位談到中華民國的戰略前途〉，《明日世界》，第 11 期（1985 年），頁 2。

74　鈕先鍾，〈論戰略研究及其取向〉，《中山學術文化集刊》，頁 3。

布贊從社會建構理論出發，擴大了安全研究的範圍，並且引用後庫恩主義（Post-Kuhnism）的典範理論，[75] 將不同研究方法所涉及的安全概念與論述，運用五種驅動力為基礎進行分析辯論，並作為國際安全研究整體內容的一部分。[76]

國際安全研究形成了以國家為中心的傳統主義，與國家非唯一主體為導向的建構主義的兩種研究，前者以美國為重，後者以歐洲為重。鈕氏戰略研究的安全觀，是屬於國家中心的安全研究；然而，他也提出，國家安全在國際安全的相對性下，後者是國家安全研究的廣義安全觀。由於國家作為一個強大的行為體仍是一種現實，所以討論安全時，主張以國家為本位的安全觀，同時兼容國際安全與全球安全的因素，這正是他所稱已無純粹的國家安全觀念的說明。

三、語言安全有無困境的可能問題

布贊從知識論的角度說明安全的三種樣態：客觀安全、主觀安全、話語安全，[77] 並且主張以主體間性的觀點說明：「話語分析方法認為安全不能用客觀術語來界定，因此，客觀安全和主觀安全均是誤導。」[78] 語言行為的主張，語言者與受眾之間是一種主體間性的關係，可以避免自我指涉安全的實踐，避免安全泛化，並可對國家安全語境下的安全化作批判。由於這是方法所決定的邏輯思維，不必過多評論；重點是話語行為是否會真能產生不需透過權力平衡方式控制的「安全困境」現象。

依照語言哲學觀點而論，構成有意義的語言，是必須置入語境之內，語境對等於社會性，就必須考慮話語者的資源。如此一來，語言行為是顯現於有資源性的話語者，那麼話語者和受眾之間的互動關係呢？建構主義者歸因於「觀念分配」與「身分認同」來解釋，但是也不能忘卻「現在的

75　巴里・布贊、琳娜・漢森著，余瀟楓譯，《國際安全研究的演化》，頁 45-50。

76　在《國際安全研究的演化》一書中，作者提出的範式有戰略研究（戰爭─武力）、和平研究（軍備管制─共同安全）、傳統主義者（國家中心）、話語安全（哥本哈根學派）等。請參考該書目錄部分。

77　巴里・布贊、琳娜・漢森著，余瀟楓譯，《國際安全研究的演化》，頁 37。

78　巴里・布贊、琳娜・漢森著，余瀟楓譯，《國際安全研究的演化》，頁 36。

情境」是一種可能的慣例，也是被建構而成的。

　　而且，以言行事之行為與受聽者的「以言取效」是兩件事，語言行為要構成意義勢必有第三因素—規則—的存在。[79] 如此一來，從戰略研究的角度來觀察，是否會延伸出話語權與規則主導的競爭的語言行為之形式呢？這時候的情境建構，已經由「語言行為—以言取效」之規則關係，轉變為「話語者資源—規則建構—規則改變」建構情境，如此可能導致原有規則坍塌。而規則崩塌是否也會構成一種存在性威脅的形式呢？哥本哈根學派所主張的非安全化對安全困境的消解，是一種理想化的思考。布贊指出：「有學者建議我們應該更多地去關注國際安全研究與安全政策制定兩者間的互動，把政策學說視為理論和實踐的結合點，……。」[80] 這也說明了他們（哥本哈根學派）從學術研究的角度，進行文獻整理與邏輯分析，以來產生知識的目的性。在實踐上，安全研究的拓寬，「設定五個平行、互動的領域的做法究竟有多大的可操作性和客觀性？」[81]

　　鈕氏對於安全的觀點是一種「知行關係」—安全是一種認知與保護，如何保護則是一種行動，行動是戰略的要義。哈伯瑪斯（Jürgen Habermas）在為杜威《確定性的尋求》（The Quest for Certainty: A Study of The Relation of Knowledge and Action）一書作序時，指出：「實在……是一種建構主義的方式在籌劃和施行有贏有輸的情境之中被揭示的。」[82]

　　知行關係理論的經典是杜威（John Dewey,1859-1952）的思想，他主張：「行動必須是有理智指導的、是掌握條件、觀察順序關聯的，是根據這種知識來計劃執行的。」[83] 這正如鈕氏所說「科學與藝術」的關係，也就是

79　John Rogers Searle 將語言所涉及的規則區分「調節規則與構成規則」。調節規則則是外加的，在原有的邏輯之外，是改變原有行為形式，構成的則在邏輯體系之內，具有創新與規定新行為形式。請參考 A. P. Martinich 編，牟博等譯，《語言哲學》（The Philosophy of Language），第二部分第二篇 John Rogers Searle 所著〈甚麼是語言行為〉一文，頁 232。
80　巴里‧布贊、琳娜‧漢森著，余瀟楓譯，《國際安全研究的演化》，中文版自序，頁 4。
81　朱寧，〈安全與非安全化—哥本哈根學派安全研究〉，《世界經濟與政治》，第 10 期（2005年），頁 26。該文中尚提出「觀念上的安全困境」可能的說明。
82　杜威（John Dewey）著，傅統先譯，《確定性的尋求—關於知行關係的研究》（The Quest for Certainty: A Study of The Relation of Knowledge and Action）（上海：上海人民出版社，2004年），頁 4。
83　杜威著，傅統先譯，《確定性的尋求—關於知行關係的研究》，頁 33。

以科學知識為基礎的藝術判斷。是一種知行安全關係的把握。

安全是一種認知，它是發生在有輸有贏的情境中；戰略是一種行動，是籌劃和施行的一種建構性的行動；籌劃必須以知識為基礎，施行是一種判斷與藝術，它受到知識分析與理解需要，以及如何建構行動在規則限制的判斷下，進行選擇，是一種對安全化過程做出知行性的思考。

四、國際關係理論與大戰略間的關係問題

在前述辨析的過程中，似乎未將大戰略研究呈顯出來。大戰略在戰略與安全論爭之中，應置於何種位置呢？布贊的語言給了啟示。他在安全研究的「寬窄問題」的爭辯中，指出傳統主義者對他的辯駁：「這種發展與寬泛的研究危及到安全的知識連貫性。」[84] 其次，在《國際安全研究的演化》的中文自序中又提到：「希望傳統主義者……告訴我們他們（傳統主義者）怎樣理解『擴展—深化』的爭論。」[85] 這也表示，美國國際關係學者，除了說明寬泛會造成「知識連貫性」問題之外，至少到 2011 年，並沒有正面回應這個問題。

劉勝湘指出，溫特（Alexander Wendt）認為「社會結構具有三個要素，共有知識、物質資源、實踐」，[86] 可惜他未指明出處；但是，回到溫特的著作，卻發現他的論述，可能具有一種「知識連貫性」的說明，以及大戰略存在位置的可能推論。

溫特透過社會結構理論，認為結構的形成來自於兩種觀念說明—「物質主義與理念主義」，而結構與施動者間相互影響關係，可區分為「整體主義與個體主義」，並由這四個概念形成四個象限座標，將國際關係理論加以歸類定位如下：

溫特依據社會結構理論，對國際政治理論進行整理，其現實主義與新現實主義是落在「個體—物質主義」區間；自由主義則在「個體—理念主

84　巴里 · 布贊等著，朱寧譯，《新安全論》，頁 2。
85　巴里 · 布贊、琳娜 · 漢森著，余瀟楓譯，《國際安全研究的演化》，中文自序，頁 3。
86　劉勝湘，〈西方國際安全理論主要流派述評〉，《國外社會科學》，第 3 期（2005 年），頁 20。

義」，而新自由主義經過修正之後，落在「個體—理念與物質主義混合」之間。溫特的建構主義主張建立弱勢的物質主義，由英國學派與世界社會理論的方位，可知建構主義是屬於理念主義；但是，溫特也是主張個體主義者，建構主義座落處應為「個體—理念主義」的象限。

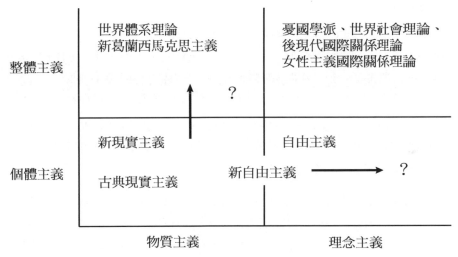

圖三：國際關係理論的歸類與定位

資料來源：亞歷山大 • 溫特（Alexander Wendt）著，秦亞青譯，《國際政治的社會理論》(SocialTheory of International Politics)（上海：人民出版社，2008年），頁30。

　　從上圖分類觀察，雖然美國的國際政治理論區分為「現實、自由、建構三個學派，但是都具有一個共同的基礎—「個體主義」，也就是結構與驅動者之間，主要的是趨動者影響結構的觀點。由此可知，美國的國際政治理論基於國家中心具有了「知識連貫性」，他們（學派）雖因本體論與知識論差異形成分流，這是因為方法不同使然；但是，國家中心主義的觀點卻是一致的。國家中心主義成為知識連貫的鏈接環，而安全研究議題也以國家安全為中心加以擴充，邏輯也是一致的。

　　那麼，國際關係理論與大戰略的關係又如何？就上圖來看，溫特旨

在歸納學派屬性，並未納入大戰略思考與位置的確立；但是，仔細思考溫特的理論，「個體主義」的主張中的個體是指向具有內在結構性的團體—國家，溫特將「國家定義為行為體」，主張「國家是人」，[87] 明確地說出施動者所指的是國家。施動者之施動便是行動。正如富士馬雅（Maja Zehfuss）所說：「和沃爾茲一樣，溫特提出的是一個國家中心結構理論。」[88]

鈕氏曾從不同面向闡釋戰略的意義，例如：「戰略的主旨在於行動（Action），無行動即無戰略。」[89]「今天一般人，……把戰略與地略混為一談，……戰略地位……僅為地略地位，……戰略的要義是行動，行動以人為主。」[90]「戰略……作為一個思想或是理論的戰略就是如何行動的指導……一切的戰略理論都是一種行動理論。」[91]「所謂行動即為權力的使用，國家在國際事務中使用其權力以來維護其國家利益，達到其國家目標，這種作為或過程即為行動。」[92]

國家是一個施動者，並且起到對結構的影響。戰略是一種行動，即國家如何行動的方法。戰略在思想方法上，強調總體性的思維，也就是對國家結構中各種權力做總體協調的使用。若從鈕氏的解釋而論，「使用權力」似乎僅向現實主義靠近；然而，如果這個「權力」是包括軟、硬權力的統稱，即可將新自由主義的制度與規範，轉變成規則與制度的主導競逐；將建構主義的認同性，透過話語（權）塑造、理論競爭、文化傳播等，進行共有知識的統合。國家戰略也就將各學派的知識轉變為戰略藝術的養分，並透過戰略分析，做出有效的行動戰略決定。

因此，在溫特的圖上，有顯、隱兩部分：顯的是國際政治理論的區分，隱的是國家作為一個施動者角色，如何透過國家戰略總體的思維，運用軟、硬權力，為國家目標展開有效行動，讓知識界（現實、自由、建構學派的

87　亞歷山大‧溫特 (Alexander Wendt) 著，秦亞青譯，《國際政治的社會理論》（Social Theory of International Politics）（上海：人民出版社，2008 年），頁 312。

88　Maja Zehfuss, *Costructivism in International Relations* (Cambridge: Cambridge University Press, 2002), p. 15.

89　鈕先鍾，《戰略思想與歷史教訓》（台北：軍事譯粹社，1979 年），頁 284。

90　鈕先鍾，〈從台灣的戰略地位談到中華民國的戰略前途〉，《明日世界》，頁 2。

91　鈕先鍾，《現代戰略思潮》，頁 240。

92　鈕先鍾，《現代戰略思潮》，頁 234。

知識）—現象界（國際現象的戰略分析）—表達界（語言與行動）體系的整合，去建構國家目標中的世界。由此可知，戰略乃是國家戰略，國際政治理論的知識，在國家戰略行動中轉化成了藝術的支撐，豐富了國家戰略行動的樣態。其動態系統如下：

這樣的說明不僅解開了布贊的疑惑（知識的連貫性），同時也凸顯了「語言行為」的另一個侷限—不同的觀念與話語，如何能進入到同一個語言行為的主體間性之中。理論上，如歐、美安全研究，行動上，如中國大陸倡導的「亞洲基礎設施投資銀行（Asian Infrastructure Investment Bank, AIIB）」與美國主張的「跨太平洋戰略經濟夥伴關係協議（Trans-Pacific Strategic Economic Partnership，TPP）」，便形成了一個課題。

最後指出的兩點是，布贊在安全研究的五個驅動力中，強調制度化的重要，其指出安全研究的學術組織制度的建立，這部分與鈕先鍾強調戰略研究是一種集體化研究與組織機構建立，具有相同的見解，這也是整合型研究所面臨的需求；顯然地，這部分在目前國內的戰略研究中尚須強化。

其次，為了避免西方戰略主張與中國傳統戰略的混淆，本文選擇了鈕氏戰略思想中的西方戰略思想部分進行說明。事實上，在他的思想中，還應包括他自己的認識，以及中國傳統戰略思想的「長治久安與深謀遠慮」的觀念；但是，為了整理戰略與安全的關係，將這兩部分暫時懸置，以便清晰地以鈕氏所認知的西方觀點做出對比，作為理解戰略與安全關係的參照。

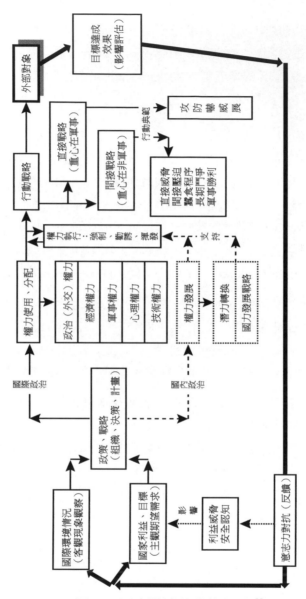

圖四：國家戰略的動態系統 [93]

93　張明睿，《鈕先鍾戰略思想研究—以文本詮釋為途徑》（新北市淡水區：淡江大學
　　國際事務與戰略研究所博士論文，2015 年 1 月），頁 360。此圖是依據鈕先鍾的
　　戰略思想繪製，理論的說明請參閱第三篇第二章第二、三節。該圖的基本模式是
　　「政治—軍事」，是現實主義的範疇主張，然而也是國家階層的表述，可以依此
　　概念進行學派與國家戰略間的建構，這也是未來戰略研究者的一項重要課題。

軍力與大國地位的變遷（1816-2015）

唐欣偉

摘要

　　攻勢現實主義者主張大國地位由其軍力決定。若以軍費為軍力指標，那麼 1816-1944 年的國際體系有三個以上的大國；1945-1991 年間只有美蘇兩個大國；1992-2015 年間則只有美國夠資格被稱為大國。依目前中國軍費相對於美國的增長趨勢研判，前者在不久的將來會取得足夠軍力，成為二十一世紀的第二個大國。

壹、前言

現實主義是國際政治理論界中的一項重要研究傳統，而現實主義者對大國間的軍事互動向來特別關心。以目前現實主義學派中最具影響力的學者 Mearsheimer 為例，其代表作《大國政治的悲劇》（*The Tragedy of Great Power Politics*）便全然聚焦於大國，而大國地位則由軍事實力決定。[1]

Mearsheimer 認為臺灣的前途主要受中國和美國這樣的大國所支配，[2]而美中間的衝突難以避免。[3]問題是以 Mearsheimer 為代表的國際政治學者，對大國的定義究竟為何？在理論與經驗研究中，對於那些國家在那些期間可以被算做大國，究竟有沒有前後一致的立場？現代中國究竟在甚麼時候可以被算做大國？體系中大國的數目，與大國間戰爭發生的可能性有何關聯？本文擬以過去兩百年來的國際政治史為基礎，探討這些問題。

貳、從軍事角度界定大國

Mearsheimer 認為其理論也能適用於非大國，但最主要的適用對象仍是大國政治。大國要從軍力角度界定，要有足夠軍力與世界上最強的國家打一場大規模的傳統戰爭。[4]但誰才是世界第一強國呢？ Mearsheimer 主張人口規模與財富水平是潛在國力的基礎，然而實際的國力深植於陸軍以及支援陸軍的海空力量中。[5]他強調權力指標有助於界定個別國家的權力水平，從而判定體系中「極」的數目，以及權力在大國間的分配是否平衡。[6]具體論及如何衡量軍力時，Mearsheimer 強調要考慮士兵數量、士兵素質、武器數量、武器素質，以及士兵與武器在戰爭中如何配合等五項因素。可是在他進行實際的案例分析時，卻只以對士兵數量與素質的論述為依據，以描繪軍事實力。此外，按照其定義，Mearsheimer 應該先列出每個時期

1　John J. Mearsheimer, *The Tragedy of Great Power Politics* (New York: Norton, 2014), Updated Edition.

2　內容請見 John J. Mearsheimer, "Taiwan in the Shadow of a Rising China," *Taiwanese Journal of Political Science*（《政治科學論叢》）, Vol. 58 (December 2013), pp. 1-16.

3　John J. Mearsheimer, *The Tragedy of Great Power Politics,* Updated Edition, pp. 360-411.

4　John J. Mearsheimer, *The Tragedy of Great Power Politics,* Updated Edition, p. 5.

5　John J. Mearsheimer, *The Tragedy of Great Power Politics,,* Updated Edition, pp. 55-56.

6　John J. Mearsheimer, *The Tragedy of Great Power Politics,,* Updated Edition, p. 13.

的體系第一強權，然後再判定那些國家有足夠實力以之交戰。可是他並沒有這麼做。也就是說，Mearsheimer 在實際的經驗研究中，並沒有運用自己主張的國力衡量標準。

在這種情況下，Mearsheimer 依照國際政治學界的傳統提出了一份二十一世紀之前的大國清單：俄國/蘇聯（1792-2000）、英國（1792-1945）、普魯士/德國（1792-1945）、法國（1792-1940）、奧國（1792-1918）、義大利（1861-1943）、日本（1895-1945）、美國（1898-2000）、中國（1991-2000）。他聲稱這份清單與其界定大致相符，而且他沒有足夠時間與資源個別檢視所有潛在的大國是否真的名實相符。[7]

事實上，若真正從 Mearsheimer 對權力的定義出發，將會得出一份相當不同的大國清單。我們先聚焦於學界公認由英、俄、法、奧、普五強構成的歐洲多極體系（1792-1859），探討軍隊人數、軍費開支以及 Correlates of War (COW) project 的綜合國力指標（CINC, Composite Indicator of National Capability）這三種衡量軍力的指標，哪一種比較符合權力政治的理論需求。

Mearsheimer 認為最強的國家就是擁有最強地面部隊的國家。在 1792-1815 年間的歐洲，法國被認為是體系中最強的國家。由於缺少關於軍費或 CINC 的數據，這段時間的比較只能以軍隊人數為準。1795 年時，法國軍隊人數為 484363。[8] 其他國家至少要有多強的兵力，才足以與法國打一場大規模的傳統戰爭，取得大國資格呢？Mearsheimer 並未提出具體明確的定義。在此可以借重另一位重要現實主義學者 Schweller 的主張：足以被稱為「極」的國家（相當於 Mearsheimer 所稱的大國），必須擁有體系中最強國家一半以上的軍力。

[9] 若以軍隊人數為評估標準，1795 年時至少要有 242182 名士兵，才算得上大國。擁有四十萬士兵的俄國符合此標準，然而英國卻只有十二萬士兵，還不到法國的四分之一。1801 年時，法軍規模為三十五萬，英國則是

7　John J. Mearsheimer, *The Tragedy of Great Power Politics*, Updated Edition, p. 414.

8　John J. Mearsheimer, *The Tragedy of Great Power Politics*, Updated Edition, pp. 55, 68, 284.

9　Randall L. Schweller, *Deadly Imbalance: Tripolarity and Hitler's Strategy of World Conquest* (New York: Columbia University Press, 1998), p. 17.

十六萬，也不到法國的一半；1809 年時，法軍與英軍數目分別為七十五萬與二十五萬，相當於三比一。在 Mearsheimer 所提供的 1792-1815 年間之可比較的兵力數字中，英、奧、普始終遠低於法國的一半，只有俄國越過的二分之一的門檻。[10] 以兵力標準判斷，這段期間的歐洲大致應屬於法俄兩極體系，而不是五極體系。但 Mearsheimer 等學者卻都認同五極而非兩極之說。

在 1816-1859 年間，俄國的士兵總數始終遠高於其競爭對手。根據 COW project 的資料，在 1816-1836 年、1847 年、1854-1856 年、1858 年，沒有任何其他歐洲國家的兵力超過俄國之半。從 1837 年到 1859 年，只有奧國或法國的兵力曾超過這個二分之一的門檻。除了 1838、1848 這兩年之外，普魯士的兵力甚至低於俄國的四分之一，有時也低於土耳其。[11] 以兵力標準判斷，這段期間的前半屬俄國單極體系，奧國與法國後來曾成為大國，但英國與普魯士則否。將整個時期合併計算，俄國兵力佔俄、法、奧、英、普總和的 45%，第二名的法國僅佔 19%，低於俄國之半（圖一）。整體而言，這段時期可以認定屬俄國單極獨霸，可是 Mearsheimer 等學者卻都聲稱這是五強並存的多極體系。

對 Mearsheimer 而言，士兵的素質也是重要因素。所以他會指出，1816 年後的俄國陸軍規模雖然遠大於任何其他歐美國家，然而素質並非最高，所以實際戰力的優勢並沒有那麼大。這段時期唯一一場讓俄、法、英三強都捲入的克里米亞戰爭之結果，顯示出士兵人數不能準確地反映出列強的戰力。因為俄國在 1854-1856 年間，兵力大於其對手法國、英國、土耳其與薩丁尼亞的總和，[12] 而且主戰場還是在俄國境內，最後該國卻是失敗的一方。

10　John J. Mearsheimer, *The Tragedy of Great Power Politics,* Updated Edition, p. 284.

11　J. David Singer, Stuart Bremer, and John Stuckey, "Capability Distribution, Uncertainty, and Major Power War, 1820-1965," in Bruce Russett, ed., *Peace, War, and Numbers* (Beverly Hills: Sage, 1972), pp. 19-48; J. David Singer, "Reconstructing the Correlates of War Dataset on Material Capabilities of States, 1816-1985," *International Interactions*, vol. 14 (1987), pp. 115-32.

12　COW 資料庫有完整的數字。另可參閱 Mearsheimer 從不同來源拼湊出的兵力對比表。John J. Mearsheimer, *The Tragedy of Great Power Politics*, Updated Edition, p. 352.

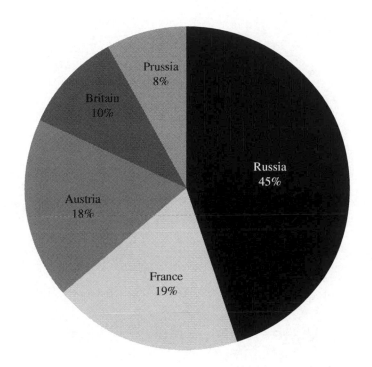

圖一：俄、法、奧、英、普兵力對比（1816-1859）

資料來源：COW project。

　　在 COW project 用來評估國家物質力量的指標中，軍費可能比軍隊人數更適合用來評估一國的軍力。軍事開支較高的國家不僅可以維持規模較大的軍隊，還可以購買更多更好的裝備，並且提升士兵的素質。在 1816-1859 年間，法國在歐洲列強中的軍費開支總和最高，但與排名第二、三的英、俄差距不大。排名第四的奧國軍費略低於法國之半。至於普魯士的軍費不及法國的四分之一，也低於奧國之半。因此，該時期的歐洲軍事體系大致上有法、英、俄三極，奧國有時成為第四極，至於普魯士則遠低於大國門檻。由於法、英的軍費總和比俄國高出許多，自然能在克里米亞戰爭中取勝。與兵力判準相比，軍費判準篩選的結果更接近 Mearsheimer 的大國清單，可是 Mearsheimer 卻沒有以軍費作為國力指標。

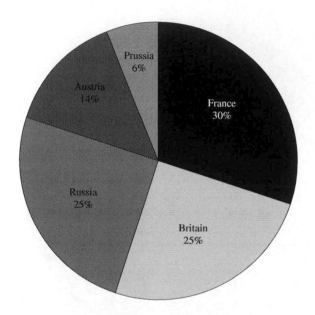

圖二：俄、法、奧、英、普軍費對比（1816-1859）

資料來源：COW project。

　　與軍隊人數或軍費開支這兩項指標相比，兼採鋼鐵產量、能源耗量、軍隊人數、軍費開支、都市人數與總人口數這六者的 CINC，更常被用做衡量國力的標準。[13] 在 1816-1859 年間，英國的 CINC 一直遙遙領先任何其他國家。法國或俄國的 CINC 值往往不到英國的一半，奧國的值大致在英國的四分之一到三分之一之間，而普魯士的 CINC 遠比英國的四分之一更低，連兩成都不到。

　　將這五個國家在這段期間內的 CINC 值加總之後，可知英國獨佔五國總得分的 43%，超過俄國或法國的兩倍，略低於奧國的四倍，而比普魯士的六倍更多。依此標準，英國乃是體系內唯一的大國，也就是 Mearsheimer 所謂的霸主。[14]

13　晚近的例子包括 Songying Fang, Jesse C. Johnson and Brett Ashley Leeds, "To Concede or to Resist? The Restraining Effect of Military Alliances," *International Organization*, Vol. 68, No. 4, (August 2014), p. 794; Seva Gunitsky, "From Shocks to Waves: Hegemonic Transitions and Democratization in the Twentieth Century," *International Organization*, Vol. 68, No. 3 (June 2014), p. 562.

14　John J. Mearsheimer, *The Tragedy of Great Power Politics*, Updated Edition, p. 40.

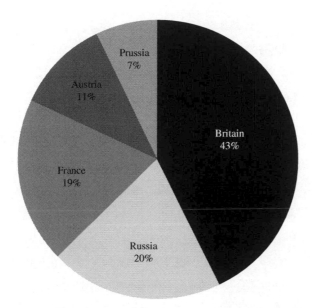

圖三：俄、法、奧、英、普 CINC 對比（1816-1859）

資料來源：COW project。

　　權力轉移論者認為英國是這段期間內的體系首強，而且與法國或俄國等最接近的競爭對手，保持不算小的實力差距。[15] 可是 Mearsheimer 明白表示，英國並非十九世紀中期的歐洲霸主，而奧、法、普、俄這四國都是大國。[16] 顯然利用 CINC 所描繪出的體系圖像，與 Mearsheimer 的設想有很大差異。

　　CINC 可能高估了當年英國在國際軍事體系中的地位，否則擁有大約俄國兩倍實力的英國，再加上土耳其，應該已足夠在克里米亞戰爭中取勝。但實際上英國與法國聯手之後，還不能打敗俄國，而要積極尋求奧國、瑞典等國的協助，最後再加上薩丁尼亞的力量，才取得對俄國的有限勝利。這不像霸主應有的表現。

　　薩丁尼亞王國於 1860 年擴大成為義大利王國，而被 Mearsheimer 列

15　Ronald L. Tammen et al., *Power Transitions: Strategies for the 21st Century* (New York: Chatham House Publishers, 2000), p. 46.

16　John J. Mearsheimer, *The Tragedy of Great Power Politics*, Updated Edition, p. 40.

為大國。就在同一年，中國和日本也被 COW project 列為參與評比的國家。從 1860-1910 年，中國的兵力數字在每一年都被登錄為一百萬，完全沒有變化。而且在 1871 年，德國與法國的兵力數字也被登錄為一百萬。這讓人強烈懷疑這些數據的準確程度。此外，擁有比俄國更大兵力的中國不但沒有被視為 1860-1910 年間的第一強權，甚至根本沒有被列入大國名單。更有甚者，COW 也沒有英國（1916）、俄國（1918）與義大利（1941）在世界大戰期間的兵力數字。由於 CINC 的數據是由包含軍隊人數在內的成分所算出，假如軍隊人數的數字不準確，或不能適當的反映軍事實力，那麼 CINC 數據的準確程度也會受影響。

在 COW 資料庫中，軍隊人數高居世界第一、CINC 居世界第三的中國，在甲午戰爭中被軍隊人數與 CINC 都不到中國四分之一的日本擊敗。日本在 1904 年時軍費高於俄國，但軍隊人數遠少於俄國，仍能於 1904-1905 年間的日俄戰爭中取勝。到了第一次世界大戰時，俄軍人數一直比德軍更多，只是德國的軍費高於俄國。到了 1917 年，人數較多但財力較弱的俄國徹底潰敗。在克里米亞戰爭、甲午戰爭、日俄戰爭與第一次世界大戰這四個重要案例中，人數較多的一方（俄國或中國），都敗於財力較強的一方（英法、日本或德國）。

簡言之，軍隊人數並不適合用來衡量國力，而軍費則比 CINC 指標更適合用來作為 Mearsheimer 的權力指標。然而即使採用軍費指標，以此界定出的大國數目還是比 Mearsheimer 所列者為少—普魯士顯然遠低於大國門檻，被排除在外，甚至連奧國也只能徘徊在及格邊緣。

自 1816 年以來，軍費開支曾居國際體系首位的國家只有六個：

● 英國（1816-1821, 1826-1827, 1854, 1868, 1885, 1899-1903, 1911, 1916-1917）

● 法 國（1822-1825, 1828-1849, 1851-1852, 1855, 1857-1860, 1866, 1869-1871, 1880-1884, 1886-1887, 1889, 1891-1894）

● 俄 國（1850, 1853, 1856, 1872-1879, 1895-1897, 1905-1910, 1912, 1921-1937, 1948-1950, 1971-1988）

● 美　國（1861-1865, 1867, 1898, 1919-1920, 1943-1947, 1951-1970, 1989-2013）

● 德國（1888, 1890, 1913-1915, 1918, 1938-1942）

● 日本（1904）

若以軍費超過開支最大國的一半為門檻，自 1816 年以降符合條件的共有九國：

● 英　國（1816-1830, 1832-1860, 1865-1869, 1872-1876, 1879-1904, 1906-1918, 1920-1921, 1923-1924, 1939）

● 俄　國（1816-1830, 1832-1853, 1855-1860, 1865-1869, 1872-1899, 1903-1913, 1915-1917, 1920-1938, 1947-1951, 1953-1988, 1991）

● 法　國（1816-1853, 1855-1860, 1865-1876, 1879-1899, 1903-1904, 1906-1918）

● 奧　國（1820-1822, 1824, 1834-1836, 1849-1853, 1857-1859, 1866, 1914）

● 美　國（1861-1869, 1872-1873, 1880, 1897-1899, 1903-1904, 1907-1913, 1918-1924, 1942-）

● 義大利（1866, 1888, 1912）

● 德　國（1870-1876, 1879-1899, 1903-1904, 1906-1918, 1923, 1936-1944）

● 土耳其（1876）

● 日本（1904）

Mearsheimer 最近特別重視的中國，直到 2013 年，軍費才首度超過美國的四分之一，但仍遠低於二分之一的門檻。難怪他認為，中國要到很久以後才會挑戰美國的地位。可是他卻認定中國早在軍費僅為美國十四分之一的 1991 年就已成為大國。該年俄國軍費超過中國七倍，而不被 Mearsheimer 視為大國的英、法、日、德的軍費約為中國兩倍，連義大利的軍費也高於中國。1991 年是蘇聯瓦解的時刻，但中國的軍力在當時並沒

有明顯增長。將中國列為大國，卻排除英法日德義等國，顯然不符合他自己提出的標準。

除了中國與土耳其之外，Mearsheimer 列出的大國與依軍費標準篩選出來的大國一致。可是 Mearsheimer 對於大國的存續期間仍然估計過長。例如日本就是另一個被大幅高估的亞洲國家。學界通常以 1895 年作為日本成為大國的起始年份，顯然是因為該國在甲午戰爭中打敗中國的緣故。可是落敗的中國並不被視為大國。打敗一個非大國的國家，為什麼能取得大國資格？更何況 Mearsheimer 自己強調，他不會依照結果來認定大國資格，而是要按該國的能力而定。為了與俄國交戰，日本在 1904 年大幅提升軍費，一度成為世界第一，並且打敗強敵俄國。可是在那之後，日本的軍費再也沒有超越首強二分之一的門檻。在第二次世界大戰期間，日本自己也體認到，它不可能僅靠自己就擊敗蘇聯或美國這樣的大國。所以無須等到 1945 年，日本就已經不是可以獨當一面的大國。依照嚴格的軍費標準，日本只有在 1904 年一年符合大國條件。

另一個二次大戰期間的軸心國義大利，也被傳統觀點大幅高估。Mearsheimer 將義大利成為大國的起點設在 1861 年，顯然因為這是義大利大致完成統一的次年。可是統一後的義大利，未必能自動獲得可以與俄、法、英等大國單打獨鬥的能力。義大利在 1866 年為了準備與奧國交戰而大幅增加軍費，終於突破了首強二分之一的門檻，並且取得勝利果實。但是 1866 年戰爭是義大利與普魯士聯手對奧國交戰。在奧義兩軍對陣的戰場，義大利軍慘敗。在 1888 年，義大利軍費再次超越首強（德國）之半，但仍低於法、英、俄國。在 1895-1986 年，義大利敗於伊索比亞，於 1899 年向甲午敗戰後的中國租借港灣也被拒。儘管在 1911-1912 年間的義土戰爭中打敗土耳其，可是在兩次世界大戰中，義大利顯然無法單獨對抗任何一個大國。該國實在不符合 Mearsheimer 的大國概念。

德國是比日本或義大利更重要的軸心國，而其前身普魯士也被 Mearsheimer 高估，賦予了不應得的軍事大國地位。在 1816 年之後約半世紀，普魯士在國際體系中沒有扮演重要角色，也沒有能力與體系中最強的

國家（不論是俄國、法國或英國）單獨進行一場大規模傳統戰爭。在 1848 年歐洲革命風潮後，想與較小的日耳曼邦國統一的普魯士，在奧國威脅下放棄了自己的立場。在 1853-1856 年，涉及俄法英三強的克里米亞戰爭中，普魯士也沒有甚麼影響力。要等到日耳曼統一運動有了實質進展，讓普魯士擴張之後，柏林才真正成為體系中的一「極」。統一後的德國在這兩百年中，有 53 年的時間成為名副其實的大國。

至於歐陸的英、法、奧三國，也同樣被高估。英國自 1940 年起就應從大國名單中移除。真正能決定的二次世界大戰結果的只有德、美、蘇這三個國家—這與 Schweller 的看法相符。法國則早在一戰結束之際，就已不再擁有超越首強過半軍費的實力。從這個角度出發，該國在 1940 年慘敗給德國，理所當然。奧國則是從 1860 年以降約半個世紀的期間，退出大國集團，只在 1914 年一度迴光返照。

美國是唯一被傳統學界低估的大國。直到 1898 年美西戰爭獲勝，它才被視為大國。但是為什麼打敗了西班牙這個不被認為是大國的對手，就可以取得大國資格？這個問題在先前探討日本的地位時也曾出現過。依據軍費標準，美國在 1861 年時已經是第一軍事大國，而且從 1989 年迄今的每一年，都沒有任何其他國家的軍費曾超過美國的一半。在軍事領域，美國單極獨霸的態勢非常明顯，而且持續超過二十年。

參、軍事強權的數目

選定了最適合衡量 Mearsheimer 大國概念的具體指標後，就可以實際算出每一個特定年份的大國數目，從而判定當年的國際軍事體系中有多少個「極」。Mearsheimer 在 Tragedy 中只對兩極與多極體系進行討論，並且得到與 Waltz 相同的結論：兩極體系比多極體系更穩定，爆發大國戰爭的可能性也比較低。但是如前所述，Mearsheimer 列出的大國清單並不準確，所以不能作為檢驗其攻勢現實主義的經驗基礎。

在此我們不妨將某國自軍費開支突破大國門檻起，視為體系中的一極，直到其軍費開支最後一次超過該門檻為止。倘若只有一年突破門檻，

則不能被視為一極，除非該國該年的軍費開支為體系第一名。依此標準，英國在 1816-1939 年間、俄國在 1816-1991 年間、法國在 1816-1918 年間、奧國在 1820-1914 年間、義大利自 1866-1912 年間、德國自 1870-1944 年間、日本在 1904 年，以及美國自 1861 年以來，都可以被視為體系的一極。

　　依照這個標準來劃分，那麼自 1816 年起至 1944 年止，國際軍事體系都處於多極狀態，直到 1945 年起才進入美蘇兩極體系。等到蘇聯於 1991 年瓦解之後，兩極體系又變成美國單極獨霸體系。目前中國快速成長的趨勢，可能造成下一次的體系轉變。

　　以瑞典斯德哥爾摩國際和平研究所的軍事開支統計數字為依據，我們可以算出 1989 年時的中國軍費僅約為美國開支的 3%，然而到了 2014 年時，已經超過美國的 30%。[17] 圖四描繪出這段期間中國軍費相對於美國軍費之百分比的變化：

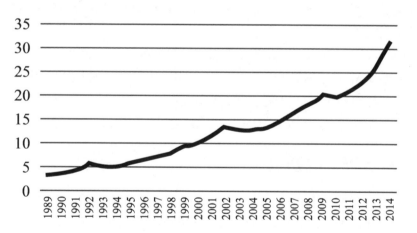

圖四：中國軍費相對於美國軍費之百分比（1989-2014）

資料來源：瑞典斯德哥爾摩國際和平研究所。

　　從圖四可以看出，中國軍費在 1990 年代還不到美國軍費的一成。到

17　"SIPRI Military Expenditure Database," *Stockholm international peace research institute*, <http://www.sipri.org/research/armaments/milex/milex_database/milex_database>.

了二十一世紀的第一個十年，中國軍費仍不及美國軍費的兩成。即使到了2015年，美軍仍很有信心能在包括南海與東海在內的西太平洋地區，戰勝人民解放軍。所以Mearsheimer將冷戰剛結束時的中國提升到大國俱樂部，顯然失之過早。不過中國相對增長的速度非常快。從圖四的趨勢看來，中國很可能會在二十一世紀前葉突破美國軍費二分之一門檻，成為真正符合Mearsheimer與Schweller等現實主義者理論要求的軍事大國。屆時，美國單極獨霸的國際體系將轉變為美中兩極體系。

肆、結論

Mearsheimer從攻勢現實主義的理論預設出發，主張國際政治受大國支配，所以台灣的命運理所當然地也是由大國決定。問題是，Mearsheimer自己並沒有提出一個前後一貫且具實際操作性的大國指標。當他進行個案研究時，只是沿襲前人所列出的大國清單，而沒有探討這份清單是否與他理論中的大國概念相符。

本研究顯示出，在各種可能的指標中，軍事開支最適合用來捕捉Mearsheimer的大國概念。依軍費標準判斷，Mearsheimer所採用的傳統大國清單過於寬泛，將很多在當時沒有能力與第一強國進行大規模傳統戰爭的國家納入。依據比較嚴謹的判準，普魯士、二戰之前的日本與義大利，以及後冷戰時期的中國都不能算是符合Mearsheimer要求的軍事大國。後冷戰時期的美國是世界上唯一的大國，遙遙領先俄國、中國、日本、英國、法國、德國、印度等可能被考慮到的競爭對手。

不過中國在二十一世紀迎頭趕上的態勢愈來愈明顯。在2010年後，中國軍事開支超過美國的兩成。美國就在這時開始推行「重返亞洲」的再平衡政策，爭取與越南、菲律賓等亞洲國家合作。可是這些國家對於宏觀的美中軍力對比並不顯著。在所有可能與美國聯手抗衡中國的國家中，最重要者首推日本。我們可以將美日同盟視為一個緊密合作的團體，然後將中國的軍費與美日兩國軍費的總和進行對比，繪製出圖五：

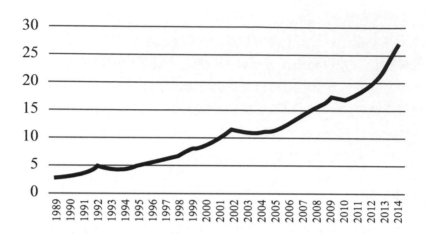

圖五：中國軍費相對於美日兩國軍費總和之百分比（**1989-2014**）

資料來源：瑞典斯德哥爾摩國際和平研究所。

　　不難看出，圖五與圖四非常相似。在圖五中，中國軍費從相當於美日軍費總和的 **3%** 左右，上升到 **2015** 年時的 **28%**。中國軍費在 **2002** 年超過美日同盟的一成，在 **2012** 年突破兩成。日本加入美國陣營，只能讓中國趕超的時間往後延兩年。至於其他任何東北亞或東南亞國家的分量，都遠比日本更小。

　　不論華府與北京之外的其他決策中心採取甚麼政策，都很難阻止國際體系從美國單極獨霸轉變成美中兩極體系的趨勢。在單極體系中，不可能發生大國間的戰爭，因為只有一個大國。當中國真正成為能與美國相提並論的軍事大國後，國際政治體系就會從目前的單極轉變成兩極體系，而大國間戰爭的發生機率也會從零開始略微提升。

　　從傳統現實主義角度來看，後冷戰時期的美中關係近似於十九世紀法國與普魯士的關係。起初美國或法國都佔有兩倍以上的優勢，但中國或普魯士逐漸發展茁壯，使領先者的優勢消失殆盡。在柏林的實力趕上巴黎之際，兩者之間的戰爭也隨之爆發。美中之間是否也會重蹈覆轍？這是很多人關切的問題。

從比較樂觀的自由主義角度出發，美中之間爆發像二十世紀前半或十九世紀那種大國間戰爭的可能性並不高。因為美中兩國在經濟等方面相互依存的程度，遠比先前大國間的相互依存程度高得多，兩國決策者都很清楚戰爭的巨大成本。即使從現實主義角度出發，未來的發展也未必像 Mearsheimer 所預測的那樣悲觀。因為克里米亞戰爭、普法戰爭、日俄戰爭、第一次世界大戰與第二次世界大戰等大國間的戰爭，都爆發於多極體系。1945-1991 年間的兩極體系時期，沒有發生任何大國間的戰爭。與多極體系相比，兩極體系中的大國仍然不難和平相處。除此之外，美國與中國都有相當強大的核武嚇阻能力。因此 Mearsheimer 關於美國與中國之間戰爭的預言，未必會實現。

歐巴馬政府的亞投行政策評析：
兼論台灣參與的相關議題

李大中 *

摘要

　　本論文的主要目的，是從美國的角度切入，探究歐巴馬政府面對亞投行挑戰的思維、考量與因應作為，並評析台灣參與亞投行的相關重要課題。本文的主要論點有四，第一，歐巴馬政府認為北京設立亞投行的主要動機，絕非僅基於經貿利益，而是全方位戰略布局的一環，目的是兼具攻勢與守勢的多重考量；第二，歐巴馬政府抵制亞投行的深層因素，在於質疑此舉無非是挑戰美國自二戰結束以來所主導的國際經濟秩序；第三，在美國針對亞投行創設的因應作為方面，歐巴馬政府在決策上缺乏決策靈活度與迴旋空間，也坐失發揮影響力的契機；第四，在一定的前提下（例如我方在參與名稱與權益上能獲確保），參與亞投行此一國際多邊機制，對台灣來說仍是正面多於負面效應的選擇，然而，針對我方的參與訴求，北京當局仍有複雜的政治盤算，故我方仍需謹慎觀察與因應亞投行的後續發展。

*　淡江大學國際事務與戰略研究所副教授，筆者感謝評論人中研院歐美所研究員林正義博士於戰略所年會研討會中所給予的寶貴意見與建議。

壹、前言

　　從 2013 年開始，「絲綢之路經濟帶（一帶）」與「海上絲綢之路（一路）」，就成為中國大陸的重要發展戰略，在北京「一帶一路」的規劃中，沿線共涵蓋數十國，GDP 總值超過 20 兆美元，占全球近三成，人口將近 45 億，北京當局預估在未來十年內，針對運輸、能源、醫療、資訊、電信、農業與環保等產業與基礎建設，將投入 1.6 兆美元的資金。[1] 根據亞洲開發銀行 / 亞銀（Asian Development Bank, ADB）在 2012 年的評估，亞洲地區的基礎建設，在未來的十年當中，至少需要 8 兆美金的資金，私人機構每年的投資規模，大約為 130 億美金，各國政府的官方開發援助金額，每年大約 110 億美金，就算全部加總，亞洲地區基礎建設的融資缺口仍然十分龐大，每年約莫 7000 億美金上下。[2] 就北京而言，亞洲基礎設施投資銀行（簡稱亞投行）（Asian Infrastructure Investment Bank, AIIB）的倡議對於「一帶一路」的實現，具有無與倫比的重要意義。2013 年 10 月，中國大陸國家主席習近平出訪東南亞，在與印尼總統尤多約諾（Susilo Bambang Yudhoyono）會晤之際，首度拋出了建立亞投行的想法。2014 年 4 月，在博鰲論壇年會開幕儀式的場合中，中國大陸總理李克強證實，北京將全力推動亞投行，2014 年 10 月，包括中國大陸在內的 21 國代表（首批創始成員）於北京正式簽訂《籌建亞投行備忘錄》。[3]

　　從北京的角度視之，亞投行不僅鎖定亞洲地區的基礎設施投資，更無疑是重要的地緣政治與金融平台，肩負政策工具的重任，中國大陸希望透過亞投行帶動經濟發展、促進產業轉型、協助人民幣國際化以及消化過剩產能。[4] 但對美國而言，亞投行的誕生，從想法出爐到具體成形，進展異常

1　行政院經濟部，〈我國加入亞洲基礎建設投資銀行（AIIB）之探討〉，《經新聞》，2015 年 3 月 18 日，< http://www.economic-news.tw/2015/04/AIIB-report.html >。

2　轉引自 Raj M. Desai and James Raymond Vreeland, "How to Stop Worrying and love the Asian Infrastructure Investment Bank," *Washington Post,* April 6, 2015, <http://www.washingtonpost.com/blogs/monkey-cage/wp/2015/04/06/how-to-stop-worrying-and-love-the-asian-infrastructure-investment-bank/>.

3　楊美玲、仝澤蓉、陳雲上、陳素玲、國際組，〈透視亞投行〉，《聯合新聞網》，2015 年 4 月 18 日，< http://theme.udn.com/theme/story/7490/845151-%E9%80%8F%E8%A6%96%E4%BA%9E%E6%8A%95%E8%A1%8C >。

4　行政院經濟部，〈我國加入亞洲基礎建設投資銀行（AIIB）之探討〉，《經新聞》，2015 年 3

迅速，很難不聯想北京的真正目的，在於積極擴張國際影響力，進而挑戰美國的主導地位，故具備超越經貿與金融思考的更宏遠企圖，從一開始，歐巴馬政府對於亞投行的創設，即採取質疑與抵制的冷漠立場，不僅語帶保留，對亞投行的治理標準與權力結構多所質疑，更不斷施壓與警告友邦與夥伴，勸阻其遠離亞投行陣營。2015 年 4 月 15 日，亞投行的創始成員塵埃落定，數目遠超乎美方與國際社會的預期，竟高達 57 國，其中亞洲國家佔 37 個，亞洲區域外的國家為 20 個，進一步分析其創始會員分布，涵蓋東協 10 國全體成員，在歐盟（European UNION，EU）的 28 個會員國中則有 10 國加入，至於在 20 國集團（Group of 20，G20）中也涵蓋 14國。[5] 依據目前規劃，創始會員將於 2015 年夏季，完成相關章程的談判與簽署事宜，在 2015 年結束前，完成章程的批准與生效程序後，亞投行可望正式運作。亞投行的法定資本額為 1000 億美元，初始認繳資本目標為500 億美元，至於亞投行總部則可望設於北京。面對此挫敗，美國歐巴馬（Barack Obama）政府在錯愕與失落之餘，國內的批判聲浪與國際社會的負面解讀，也旋踵而至。[6]

　　至於在台灣的參與方面，2015 年 3 月 23 日，行政院指示金管會、財政部等部門提出研究報告，3 月 24 日，我方告知美國可能參與亞投行的決定，3 月 27 日，財政部完成第二次評估報告，3 月 30 日，在政府高層召開國安高層會議後，終於拍板定案，決定申請成為亞投行的意向創始成員，並在《籌建亞投行備忘錄》所規定的接納新意向創始成員的申請截止日前，透過國台辦向亞投行多邊臨時秘書處提交申請書，而為避免國格矮化的疑慮，財政部將意向書傳真至亞投行多邊臨時秘書處。[7] 惟台灣終究未能成為意向創始成員，此一結果並不令人意外，目前我方仍希望以普通成員的身分，爭取參與亞投行的運作，因但此事涉及複雜的台灣內部、兩岸形勢與

月 18 日，< http://www.economic-news.tw/2015/04/AIIB-report.html >。

5　〈亞投行意向創始成員 英德法韓等 57 國定案〉，《中時電子報》，2015 年 4 月 15 日，< http://www.chinatimes.com/realtimenews/20150415002826-260409 >。

6　楊美玲、全澤蓉、陳雲上、陳素玲、國際組，〈透視亞投行〉，《聯合新聞網》，2015 年 4月 18 日，< http://theme.udn.com/theme/story/7490/845151-%E9%80%8F%E8%A6%96%E4%BA%9E%E6%8A%95%E8%A1%8C >。

7　〈亞投行是什麼？民眾質疑的問題點是 ...〉，《聯合新聞網》，2015 年 4 月 1 日，< http://theme.udn.com/theme/story/7491/809291 >。

國際政治因素，故未來變數仍多。

　　本文的主要目的，是希望從美方的角度切入，探究歐巴馬政府面對亞投行挑戰的思維、考量與因應作為，並嘗試於文末評析台灣參與亞投行的若干重要議題。在論文的架構方面，除第一節為前言之外，共分為六大部分，第二節為北京推動亞投行的動機以及美方的詮釋，第三節為華府抵制亞投行的原因分析，第四節為歐巴馬政府亞投行政策的全盤評估與檢討，第五節則聚焦於台灣加入亞投行的相關議題，包括我方參與障礙與未來關切重點等，至於最後一節則為本文結論。

貳、中方的動機與美方的詮釋

一、北京的動機判斷：在商言商抑或更宏遠的戰略企圖？

　　關於北京推動亞行的意圖，國際間有不同的詮釋。一派意見認為，中國大陸意圖挑戰二戰結束以來美國所主導的國際經濟秩序，故無論是「一帶一路」或亞投行倡議，其著眼點絕不僅是地緣政治與經貿利益而已，而應視為北京全方位戰略布局的一環，目的是兼具攻勢（延伸自身影響力）與守勢（突圍美方壓制與封鎖）的多重考量。

　　但有也截然不同的看法，例如北京當局總不忘強調，外界應就經貿論經貿，就金融論金融，不應過度解讀，將此事件渲染為北京的戰略告捷，或形容此為美國霸權衰敗與中國將取而代之的印證。[8] 順此邏輯，約翰霍普金斯大學孔誥烽（Ho-Fung Hung）教授於《紐約時報》（New York Times）的評論，也極具參考價值，其中最核心的觀點在於「創建亞投行不是北京稱霸世界的企圖，而是給自身施加的一種約束」。[9] 他認為華府決策者不需緊張，因過度憂懼而抵制亞投行，因為北京的亞投行政策，基本上仍源自於自身的經濟需要，受惠於改革開放的成果，中國大陸多年來所累積的龐

8　汪莉絹、林庭瑤，〈習：推動亞投行與世銀合作〉，《聯合新聞網》，2015 年 3 年月 29 日，< http://iekweb2.iek.org.tw/ieknews/Client/newsContentHistory.aspx?industryno=0&nsl_id=0353812adca5448a8ba3525d3e183ce3 >；《環球時報》，〈社評：切莫跟著外界炒作亞投行「政治勝利」〉，2015 年 4 月 7 號，< http://opinion.huanqiu.com/editorial/2015-04/6107706.html >。

9　Ho-Fung Hung, "China Steps Back," *New York Times* (op-ed), April 7, 2015, <http://www.nytimes.com/2015/04/06/opinion/china-steps-back.html?_r=0>.

大外匯，迫切需要安全無虞的投資機制與管道，再加上亞洲地區的許多國家，在邁向發展的過程中，急需基礎建設的大量資金，故亞投行可創造互利共贏的局面。[10] 該文更重要的解讀在於，北京打造亞投行的努力，正意謂向國際多邊主義，更進一步靠攏，象徵著承認過去所依賴的雙邊主義道路（直接提供巨額貸款與金援予以對象國），已經面臨若干困境，例如被貼上新型態帝國主義的標籤、政治干預以及企圖壟斷等批判。[11] 此外，孔誥烽也強調，外界不應只看到投入亞投隊伍的浩浩蕩蕩，卻忽略北京此舉，等同於自我鑲嵌於一個自我打造的多邊機制，因為隨著參與成員數目的遞增，每位成員的出資比例與投票權，都將隨之降低，中國大陸雖然份額比例最大，但也不例外，故其影響力無疑會進一步削弱，亦即被制度性制約，故中國大陸無意挑戰美國主導的國際經濟秩序。[12] 更何況長期以來，中方透過自身的銀行體系，對於發展中國家所提供的雙邊借貸，其數字遠超過未來亞投行所能夠提供的規模。[13] 簡言之，如果北京願意擁抱多邊主義，國際社會包括美國在內，理應歡迎都來不急，故何懼之有？

二、美方的詮釋：到底是「亞投行震撼」抑或「單純外交告捷」？

但從華府的角度解讀，則未必能夠如此雲淡風輕。到底亞投行設立的歷史意涵為何？針對此議題，美國各界也有不同詮釋，例如柯林頓（Bill Clinton）政府時期的財長、也曾任歐巴馬政府全國經濟委員會主席的桑默斯（Lawrence Summers），其論點可謂持悲觀意見者的典型代表，他在《金融時報》（Financial Times）的評論與後續的媒體專訪中，宣稱自布列敦森林體系（Bretton Woods system）以來，無任何事件能夠與亞投行相提並論。桑默斯認為 2015 年 3 月間的戲劇性發展，無疑是歷史重要轉捩點，不可等閒視之，無論此結果是否出乎中方意料，這絕不僅僅是單純外交告捷而已。[14] 關鍵在於，北京高層野心勃勃，試圖創建與主導一個新的國際銀行

10　同上註。
11　同上註。
12　同上註。
13　同上註。
14　Lawrence Summers, "U.S. Leadership Woke up to New Economic Era," *Financial Times*

體系，即便在華府如此強力動員下，軟硬兼施的結果，竟然無法打消英國、德國、法國、義大利、澳洲、以色列與南韓等國的加入意願，此結果不僅象徵美國霸權地位的動搖，也是美中權力興衰的縮影，更標誌美國全球經濟秩序的主導地位正遭逢嚴峻的挑戰，對於美國與全世界而言，可謂石破天驚的重大事件，無疑是一記警鐘，美國必須謹慎因應。[15]

　　但較為樂觀者則認為類似觀點，恐怕言過其實，美國無需如此悲觀，例如華府智庫戰略暨國際研究中心（Center for Strategic and International Studies，CSIS）的國際政治經濟問題專家古德曼（Matthew P. Goodman）即強調，過去數個月當中華府在亞投行議題上的進退失據，雖然為警訊，但有兩點值得注意，其一，是北京終將理解駕馭國際多邊機制的不易，種種治理層面與政治利益協調的難題必然是中方的重大挑戰；[16] 其二，面對北京在國際金融經濟場域的強勢作為，美國應對自身的制度優勢與領導地位更為自信，以積極的政策因應亞投行，而非尋求被動守勢與抑制對手的老路，歐巴馬政府的當務之急，是在亞太再平衡戰略的架構下，盡全力促成「跨太平洋夥伴協議」（The Trans-Pacific Partnership，TPP）的實現，以深化美國與亞太社群的緊密連結，進而提振國力。[17]

參、美方質疑亞投行的原因

　　2015 年 3 月下旬，當亞投行創始會員名單逐漸浮出檯面後，包括世界銀行／世銀（World Bank）總裁金墉（Jim Young Kim）與亞銀總裁中尾武彥（Takehiko Nakao）更明確承諾對於亞投行的支持，表示願意共同合作，並分享自身機構的經驗。[18] 鑑於最新形勢的發展，歐巴馬政府的高層官員，

(FT), April 5, 2015, <http://www.ft.com/cms/s/2/a0a01306-d887-11e4-ba53-00144feab7de.html#axzz3ZqRKTw00>.

15　Lawrence Summers, "AIIB: We Have Lost Influence," <http://larrysummers.com/2015/04/17/aiib-we-have-lost-influence/>; Jim Zarroli, "New Asian Development Bank Seen As Sign Of China's Growing Influence," *National Public Radio (NPR)*, April 2015, <http://www.npr.org/2015/04/16/400178364/finance-officials-to-discuss-asian-development-bank-at-spring-meetings>.

16　Matthew P. Goodman, "A Case for Smarter Economic Statecraft," *Global Economics Monthly* (CSIS), Vol. 4, No. 4 (April 2015), pp. 2-3.

17　同上註。.

18　Hua Shengdun, "China Watch: World Bank Welcomes AIIB," *Washington Post*, April 10, 2015,

包括財長李鳥（Jack Lew）在內，在口徑上也出現微妙轉變，對於此多邊機構的上路，公開表達歡迎之意。[19]4 月 28 日，在華府所舉行的美、日領導人峰會中，歐巴馬更一改原先的消極立場，態度趨於和緩務實，他當面對來訪的日本首相安倍晉三表示，如果亞投行能夠在治理與貸款上採取高標準，對於亞洲而言將是正面的事情。[20]

一、亞投行的治理問題

但在冠冕堂皇的外交辭令背後，我們仍有必要解讀，華府為何在一開始就決定抵制亞投行？觀察歐巴馬政府質疑亞投行的表面理由，主要集中在治理層面的問題，意即顧慮北京擁有絕對的主導權，其中股權分配、投票權以及人事安排的掌控，[21]也憂慮未來此機構在管理規範上，出現公平性、透明度與問責度不足等問題，並質疑其貸款規則，可能無法與現有的國際貨幣基金與亞銀等既有機制並駕齊驅，符合國際社會所認定的環保與人權等高標準。[22]事實上，以美國所擔憂的主控權而言，並非全無道理，中國大陸在亞投行的出資比例達半，雖然不斷對外釋放訊息，北京無意在投票規則上享有一國否決權，但最後結果為何，仍須由亞投行創始成員間的磋商與角力而定，目前尚在未定之天。但相較於美國在亞銀（美國 15.56%）、世銀（美國為 15.85%）、國際貨幣基金（美國為 16.75%）以

<http://chinawatch.washingtonpost.com/2015/04/world-bank-welcomes-aiib/>; Naila Balayeva , "ADB will ensure safeguards are upheld in cooperation with AIIB," *Reuters* (Business), May 2, 2015, <http://www.businessinsider.com/r-adb-will-ensure-safeguards-are-upheld-in-cooperation-with-aiib-2015-5>; David R. Sands, "Defensive Obama Denies Trying to Subvert China's New Bank after Diplomatic Humiliation," *Washington Times,* April 28, 2015, <http://www.washingtontimes.com/news/2015/apr/28/obama-denies-trying-subvert-chinas-new-bank/?page=all>.

19　Jack Lew "Remarks of Secretary Lew at the Asia Society Northern California on the International Economic Architecture and the Importance of Aiming High," Press Center, *U.S. Department of Treasury*, March 31, 2015, <http://www.treasury.gov/press-center/press-releases/Pages/jl10014.aspx>.

20　Geoff Dyer, "Obama Says AIIB Could Be 'Positive' for Asia," *Financial Times (FT)*, April 28, 2015, <http://www.ft.com/cms/s/0/80271e0c-eddc-11e4-90d2-00144feab7de.html>.

21　Shawn Donnan and Geoff Dyer, "U.S. Warns of Loss of Influence over China Bank," *Financial Times (FT),* March 17, <http://www.ft.com/cms/s/0/71e33aea-ccaf-11e4-b94f-00144feab7de.html#axzz3ZwlhBVrH>.

22　Jonathan D. Pollack, "Joining the Club: How Will the United States Respond to AIIB's Expanding Membership?" *Brookings Institute*, March 17, 2015, <http://www.brookings.edu/blogs/order-from-chaos/posts/2015/03/17-joining-the-club-aiib-pollack>.

及美洲開發銀行（Inter-American Development Bank, IDB）的優勢（美國高達 30.8%），中方在亞投行的優勢地位，很可能有過之而無不及。[23]

二、北京的「平行架構戰略」

　　然而，美方最深的憂慮，源自於更高的戰略層次思考。在美國眼中，近年來中國大陸在國際間所推動的「平行架構戰略」（包括先前類似的倡議與制度安排），在挑戰二戰結束以來美國所領導的既有制度與秩序，此為華府不言而喻的考量。北京雖然多次重申，亞投行與現有的國際多邊開發銀行，包括世銀與亞銀等機制，其主要功能並非完全重疊，例如因時空背景有別，亞投行將融資重點，鎖定亞洲發展中國家的基礎建設，至於 1966 年成立的亞銀，則以協助亞洲各國脫貧為首要之務。故中方總不忘強調，不同的機構間可以彼此互補，相輔相成，維持正向合作與良性互動，絕非零和遊戲。[24] 事實上，根據統計，亞銀與世銀的總資本近 4000 億美金（前者約 1750 億美金、後者約 2230 億美金），而世銀在 2014 年對於亞洲基礎建設的投入，約為 240 億美金，依據亞投行的資本規模，未來每年大約能夠為亞洲基礎建設，提供 300 億美元的融資。[25] 然而，無論中國大陸方面如何自謙與低調，都難以輕易卸除美國的戒心，尤其是北京此舉，已坐收離間華府與其夥伴與盟友之效。[26]

　　至於本文的觀點則為，亞投行一役對北京而言，確實意義非凡，也將更強化其自信，日後將鼓勵其進行更多類似或更大膽的嘗試，然而，北京的平行架構戰略，現在還只是剛由「點」至「線」的階段，故加諸在美國身上的壓力，尚不構成致命挑戰，更何況無論是亞投行或「一帶一路」的

23　Robert Wihtol, "Beijing's Challenge to the Global Financial Architecture," *Georgetown Journal of Asian Studies*, Spring/Summer, 2015, p. 11.

24　黃凱茜，〈金立群：亞投行不是顛覆者〉，《財新網》，2015 年 3 月 22 日，< http://economy.caixin.com/2015-03-22/100793546.html >。

25　Raj M. Desai and James Raymond Vreeland, "How to Stop Worrying and love the Asian Infrastructure Investment Bank," *Washington Post,* April 6, 2015, <http://www.washingtonpost.com/blogs/monkey-cage/wp/2015/04/06/how-to-stop-worrying-and-love-the-asian-infrastructure-investment-bank/>.

26　"Why China is Creating A New 'World Bank' for Asia?," *The Economist,* November 11, 2014, <http://www.economist.com/blogs/economist-explains/2014/11/economist-explains-6>.

成敗，仍有待時間檢驗，目前仍存在諸多變數與挑戰。[27] 現階段不必誇大亞投行對於美國的威脅，但若綜合意圖、能力與具體的策略運用等三面向判斷，中國大陸具備挑戰者的初始實力，意圖不易判斷，即便中國大陸無意取代美國的霸權地位，但亞投行的催生與實現，足可視為手段的行使，無疑是分庭抗禮與另起爐灶的明確印證，其效應已悄然出現，故可以理解，歐巴馬政府為何不得不防，但重點是應如何妥善回應，美國所採取的政策途徑又為何，此方為真正關鍵。

肆、歐巴馬政府亞投行政策的整體評估

本文認為，從 2014 年 10 月簽屬備忘錄時的 21 個亞洲創始成員的區域銀行，到目前的規模倍增，此結果對於美國而言，實已構成名符其實的「亞投行震撼」，原因在於，歐巴馬政府自過去一年多以來，低估了北京推動亞投行的決心，輕忽中國大陸在國際在全球經貿領域上的號召力，在外交戰場上，無法影響盟友與夥伴的動向，明顯誤判形勢。最明顯的證據在於 2014 年 10 月，印尼、澳洲與南韓等三國因各自原因，並未出席亞投行的備忘錄簽署儀式，但最終還是選擇加入此新興多邊機制。

除了戰略上的判斷失誤外，在實際的決策層面上，歐巴馬政府亦有需要檢討之處。例如，有美國學者認為，其中的可能原因在於，在亞投行的籌備過程中，也正逢華府進行相關重要人事調整 相關部會缺乏有效的橫向聯繫，原本財政部副部長布萊恩納德（Lael Brainard）為處理外交事務的靈魂人物，她於 2013 年 11 月離職，其後被歐巴馬任命為聯準會的董事，而布萊恩納德的繼任人選為馬里蘭州參議席茨（Nathan Sheets），但歐巴馬對於席茨的人事任命，直至 2014 年 9 月才獲參院確認，故在應對亞投行一事上，形成致命的空窗期。[28] 此外，值此關鍵期間，國務院高層正埋首於其他更棘手與更迫切的國際問題，諸如伊朗核談判、伊斯蘭國威脅、南海爭端、烏克蘭問題以及葉門內戰等。換言之，亞投行並未真正被華府視

27　關於北京推動「一帶一路」進程中所面臨的風險，參見李義虎，〈對「一帶一路」的國際政治考察〉，《中國評論》，第 209 期（2015 年 5 月號），頁 5-6。

28　Matthew P. Goodman, "A Case for Smarter Economic Statecraft," *Global Economics Monthly (CSIS)*, Vol. 4, No. 4 (April 2015), pp. 2-3.

為最優先關切的議題，再加上國安會幕僚在亞投行一事上，並未稱職扮演整合與協調角色，種種因素，均導致此不利結局的出現。[29]

　　重點在於，經過數月來北京高層的密集出訪，就成立亞投行一事，進行外交攻勢與溝通說明之後，自從 2015 年 3 月 12 日英國宣布參加亞投行開始，在關鍵的兩個星期之中，出現了微妙的骨牌效應。以西方國家而言，3 月 17 日，德、法、義三國跟進，盧森堡（3 月 19 日）、瑞士（3 月 20 日）與澳洲（3 月 23 日）亦相繼遞交成為創始成員的意向申請書。簡言之，亞投行的招牌已被擦亮，北京的經貿號召力再度被認可。面對亞投行的來勢洶洶，華府沒有理由不提高警覺，但該如何回應，則成為各界注視的焦點。但一般評估，歐巴馬政府不僅喪失制敵先機，事後的危機處置更是失當，值此期間，美國高層於公開場合中，依舊不避諱公開數落亞投行的潛在缺陷，甚至在私下大加攻訐倫敦的決策，批評其背叛美國，並重申無意加入亞投行的既定立場，故整體觀之，美方在政策上缺乏靈活度與迴旋空間。[30]

　　平心而論，前述批判歐巴馬政府的類似論點，其實很多不無「事後之明」，雖可能不盡公允，但未必是少數意見。舉例而言，前財長桑默斯即指出，面對國際環境的變化，美國的反應過於保守僵化，但他除了批評歐巴馬政府之外，更把檢討的矛頭，對準更深層的結構因素，也就是美國近年來的內部政治生態，桑默斯直言當今美國對外政策的最大困境，在於缺乏堅實的兩黨共識基礎，政治激化與相互拉扯的後果，不僅導致美國的國力虛擲，更讓國家的對外戰略左支右絀。[31] 保守勢力不斷阻撓國際貨幣基金的改革方案，拒絕賦予中國大陸與印度等新興經濟體，享有更合理的份額與投票權，但這種狹隘的國家利益認知，反而加深美國友邦對於華府政策合法性的困惑。[32] 至於左派則基於保護主義，則不吝抵制歐巴馬政府的

29　同上註。

30　Thomas Wright, "A Special Argument: The U.S., U.K., and the AIIB," *The Brookings Institution*, March 13, 2015, <http://www.brookings.edu/blogs/order-from-chaos/posts/2015/03/13-special-argument-us-uk-asian-infrastructure-investment-bank-wright>.

31　Lawrence Summers, "U.S. Leadership Woke up to New Economic Era," *Financial Times (FT)*, April 5, 2015, <http://www.ft.com/cms/s/2/a0a01306-d887-11e4-ba53-00144feab7de.html#axzz3ZqRKTw00>.

32　同上註。

自由貿易政策，並對既有國際開發銀行在全球基礎建設的投資上，設下了重重的關卡與限制，阻卻其他國家獲取融資的管道。凡此種種，都不利於美國形塑國際經濟秩序，並持續維繫其領導地位。更何況，在亞投行如此重要的多邊機制中，選擇駐足於外的美國，既無角色，更無發言權，當然沒有任何影響力可言，還奢言透過英、德等友邦監督此機構的運作。美國在亞投行的政策判斷上，選擇自我傷害，結果無異是坐視北京的坐大，放任其全球領導優勢的不斷流失。[33]再加諸既有多邊貸款機構資金不足的窘境，無法滿足亞洲地區基礎建設龐大需求，換言之，既有機制的運作出現問題，又無法與時俱進，真實反映國際經濟現狀，種種因素，都間接助長了北京的聲勢，也為亞投行的肇建更增添正當性的柴火。[34]

　　除了桑默斯的質疑之外，正值亞投行創始意向國申請封關之際，美國柯林頓 (Bill Clinton) 政府時期國務卿歐布萊特（Madeleine Albright）在出席華府智庫的演講時，也直言歐巴馬亞投行的決策失當，她認為美國不該將亞投行看成是中國大陸的權力禁臠，而應把加入亞投行視為推動透明化等國際治理原則的寶貴機會。[35]而前世銀總裁，亦為小布希執政時期副國務卿佐立克（Robert Zoellick）也批評歐巴馬政府的判斷，他認為美國應積極參與此由北京一手創設的多邊機制。[36]至於在美國智庫與學界的看法方面，布魯金斯研究院（Brookings Institution）中國事務專家波拉克（Jonathan D. Pollack），也點出了歐巴馬政府在亞投行決策思考上的盲點，他認為美國與其重要的盟友與夥伴間，由於做出不同的判斷，最後選擇分道揚鑣，對

33　同上註。事實上，桑默斯所言有其根據，國際貨幣基金（IMF）於 2010 年的改革方案，遲遲未能兌現，最大的阻力就是源自美國內部，如果能順利實現，中國大陸的份額，將從目前的 3.8% 提高至 6.39%，僅次於美國（16.75%）與日本（6.23%），其投票權將隨之提升，但此方案遭到美國參院擱置，原因正是基於對美國國家利益的狹隘判斷，故無意批准，尤其是美國於世界銀行與國際貨幣基金中，都享有一國否決權，因為重大的方案均需要突破 85% 以的門檻才能通過，故保守勢力不願放棄美國的既有特權與優勢。

34　Lawrence Summers, "U.S. Leadership Woke up to New Economic Era," *Financial Times (FT),* April 5, 2015, <http://www.ft.com/cms/s/2/a0a01306-d887-11e4-ba53-00144feab7de.html#axzz3ZqRKTw00>.

35　Dong Leshuo and and Lia Zhu, "China Watch: U.S. 'miscalculated' on AIIB: Albright," *Washington Post*, April 1, 2015, <http://chinawatch.washingtonpost.com/2015/04/us-miscalculated-on-aiib-albright/>.

36　Sabrina Snell, "U.S. Allies Split with Washington, Bank with China," *U.S.-China Economic and Security Review Commission*, March 31, 2015, <http://www.uscc.gov/trade-bulletin/april-2015-trade-bulletin>.

於卡麥隆與其他西方國家政府而言，在加入亞投行一事上，經貿層面與商業利益的考量，無疑是最重要的出發點，但如何確保自身的影響力？如何平衡北京在亞投行的主導角色？如何提高中國大陸的誘因，使其建立一個既注重合作與協調、又能符合既有國際標準與規範的新開發銀行？針對前述重要問題，到底加入（接觸與參與）或不加入（抵制與觀望），何種政策選項，更有可能達成目標，歐巴馬政府團隊很明顯採取了後者，但說服力與成效為何，仍有待時間檢驗。[37]

至於喬治城大學外交學院任教的德賽（Raj M. Desai）與佛里蘭（James Raymond Vreeland），以及在史丹佛大學國際研究所任教的利匹西（Philip Y. Lipscy）亦持類似觀點，他們認為大國籌創國際多邊機制的效應其實是一體兩面，一方面可賦予創始大國相當程度的便利性與影響力，但同時也會反過頭來制約此大國，假使北京願意依循真正的多邊主義，其在亞投行的影響力，在相當大的程度上會被制度性稀釋。反之，如果北京企圖單邊宰制亞投行的運作，或在透明度、投資標準、問責度與公正性等議題上，大打折扣，或將亞投行視為延伸中國大陸利益的政策工具，則此創設中的多邊貸款機構，注定會因為失去參與者的眾望與支持，淪為無足輕重的機構，故一切取決於北京的選擇，美國不需要反應過度。[38]

前亞銀負責東亞事務的官員魏圖（Robert Whitol）之分析，則相當具有啟發性，首先，他提醒我們應以史為鑑，其實美國自 19 世紀末以來，基於國家利益與內部考量（例如國會的異議），就曾經出現多次反對他國創設區域開發銀行的紀錄，故華府對於亞投行的保守態度，並非首例；[39]其次，多邊貸款與投資機制能否有效運作，取決於能否拓展會員數目，號

37　Jonathan D. Pollack, "Joining the Club: How Will the United States Respond to AIIB's Expanding Membership?" *Brookings Institute,* March 17, 2015, <http://www.brookings.edu/blogs/order-from-chaos/posts/2015/03/17-joining-the-club-aiib-pollack>.

38　Raj M. Desai and James Raymond Vreeland, "How to Stop Worrying and love the Asian Infrastructure Investment Bank," *Washington Post,* April 6, 2015, <http://www.washingtonpost.com/blogs/monkey-cage/wp/2015/04/06/how-to-stop-worrying-and-love-the-asian-infrastructure-investment-bank/>; Philip Y. Lipscy, "Who's Afraid of the AIIB: Why the United States Should Support China's Asian Infrastructure Investment Bank," *Foreign Affairs,* May 7, 2015, <https://www.foreignaffairs.com/articles/china/2015-05-07/whos-afraid-aiib>.

39　Robert Wihtol, "Beijing's Challenge to the Global Financial Architecture," *Georgetown Journal of Asian Studies*, Spring/Summer 2015, pp. 13-14.

召更多的國家參與，盡可能涵蓋多數國際舞台中的要角，並須避免成為不同陣營間的區塊對壘之勢，否則功能必定受限；[40] 第三，亞投行的出現，對於現有的國際經濟體系與秩序構成挑戰，此為不爭事實，不應迴避，或存鴕鳥心態而視而不見，關鍵在於美國應如何妥善因應，由亞投行的現況（創始會員的全球分布）觀之，已經明顯打破東西方的藩籬，如何能對亞投行施加影響力，美國與其他尚未加入的西方國家而言（以及日本在內），的確面臨抉擇的兩難，但權衡輕重後，為今之計，最有效的辦法就是進入棋局，而非企圖從外部抵制與施壓，否則後果可能是反遭孤立。[41]

而在美、日兩國未來的可能動向方面，根據日本媒體報導，安倍晉三政府在 2015 年 3 月底曾擬妥一份評估方案，謹慎判斷日本是否跟進，但大前提是必須維持美日間的密切協調與充分溝通，如果依照 GDP 估算，日本的分擔金額大概在 15 億美元左右，但日本的動向，迄今仍未明朗，很可能到 6 月底前才會達成最終定案。[42] 至於在美國方面，在拉攏各方採取抵制亞投行的策略失敗之後，短期內看不出申請加入的跡象，華府希望維持美、日雙方的一致立場，但也不能完全排除，美、日未來申請成為一般會員的可能性，但即便如此，由於不是創始成員，美、日兩國就算跟進，也無法對於亞投行的章程與遊戲規則，有任何置喙的餘地，但至少可於此新機制中，保留若干程度影響力與發言權。

事實上，本文的觀點在於，如果就美國在 2010 年以來所推動的重返亞太戰略來看，相較於過去的疏離，為維繫與強化美國的區域影響力與主導地位，歐巴馬政府信誓旦旦，美國將更廣泛與更深入地積極參與亞太地區的多邊架構安排，諸如東協（Association of Southeast Asian Nations, ASEAN）、亞太經合會（Asia-Pacific Economic Cooperation, APEC）與東亞峰會（East Asia Summit, EAS）等各組織在內，此本為亞太再平衡政策的組成要素或重要支柱。[43] 如果從此角度出發，不論此機構由誰發起，何者做莊，

40　同上註。

41　Robert Wihtol, "Beijing's Challenge to the Global Financial Architecture," *Georgetown Journal of Asian Studies*, Spring/Summer 2015, pp. 14-15.

42　〈日本謹慎評估入亞投行 6 月才會做出決定〉，《自由時報》（即時新聞），2015 年 4 月 8 日，< http://news.ltn.com.tw/news/business/breakingnews/1280855 >。

43　參見 Tomas Donilon, President Obama's Asia Policy and Upcoming Trip to the Region," Speech

或與美方的親疏程度如何，華府均不應刻意排斥，必須審慎維持政策的彈性與靈活度，如果以此邏輯為出發點，也不能完全排除美國未來順勢而為的可能性。

伍、台灣與亞投行

一、加入與否的考量

　　對我方而言，如果從避免邊緣化、接軌國際以及爭取商機等角度評估，台灣沒有缺席亞投行的理由。但從整體戰略的角度來看，情況自較為複雜。自 2014 年以來，華府的態度確實成為影響我政府決策的主要考量，自 2009 年迄今，由美國所主導且寄望甚深的「跨太平洋夥伴協定」，成為歐巴馬政府亞太再平衡政策的五大支柱之一，但其協商過程備感艱辛，遠超乎各方的預期，但歐巴馬政府力圖於 2015 年底以前達成協議。而我國也已明確宣示，希望積極爭取參與此協定，值此關鍵時刻，我方表態加入亞投行，對於美台關係是否造成影響，難免引起各界疑慮。尤其是從華府與東京的角度思考，無論北京的官方辭令如何冠冕堂皇，外交姿態如何柔軟，亞投行的出爐，對於世銀與亞銀而言，仍是一項挑戰，故我方也必須顧及美日的利益與感受。但依目前的形勢觀之，除了經貿層面的誘因之外，參與亞投行此一國際多邊機制，對台灣來說仍是妥適的選擇。尤其是除了美國的傳統盟國與重要夥伴外，在「跨太平洋夥伴協定」的 12 個現有談判方當中，包括澳大利亞、紐西蘭、新加坡、汶萊、越南與馬來西亞等國，均已取得亞投行門票。此外，正如同台灣的處境，已表達有興趣加入「跨太平洋夥伴協定」的南韓，如今也成為亞投行的創始成員。而身為「跨太平洋夥伴協定」談判成員之一的加拿大，也正研議加入亞投行的可能性，在此情勢下，台灣所面臨的壓力應較為緩和，在經過密切的溝通與說明後，華府應較能體會台北的苦衷與考量。[44] 更何況，北京對於亞投行

　　delivered at the CSIS, Washington D.C., November 15, 2012, <http://csis.org/files/attachments/121511_Donilon_Statesmens_Forum_TS.pdf>.

44　沈婉玉，〈財長老實說：遞亞投行意向書 因為 ... 美國不反對〉，《聯合新聞網》，2015 年 4 月 2 日，< http://udn.com/news/story/7953/811529-%E8%B2%A1%E9%95%B7%E8%80%81%E5%AF%A6%E8%AA%AA%EF%BC%9A%E9%81%9E%E4%BA%9E%E6%8A%95%E8%A1%8C%E6%84%8

的布局與思考重點，本不在台灣，故我朝野理應更能理性與冷靜地好好思考，形成最大共識。

二、參與變數與障礙

　　我方在申請截止前的最後一刻，遞交亞投行意向創始成員的申請書。4 月 13 日，中國大陸國台辦證實，根據亞投行多邊臨時秘書處的訊息，台灣無法如願成為亞投行的創始成員。雖然爭取創始成員的努力失敗，依照目前政府的政策，以及行政與立法兩院的共識，在平等與尊嚴的大原則下，我方仍希望爭取以一般成員的身分參與亞投行的運作，並享有完整的權利與義務，至於在使用的名稱方面，則仍以「中華台北」（Chinese Taipei）之參與亞太經合會模式為底線。[45] 另根據我財政部預估，若參加亞投行，台灣最大的責任出資金額，預估大約是 22 億台幣左右。[46] 北京方面除重申亞投行在接納成員方面，採取開放與包容的精神外，其發言重點有二，一是必須經過務實協商；二是歡迎台灣以適當名義參與，但並未回應我方在名稱上希望使用「中華台北」的訴求，讓外界有許多想像空間（例如北京是否將壓迫我方接受 Taipei, China 之亞銀模式）。[47]

　　事實上，長期以來，台灣在拓展國際空間方面，無法迴避中國大陸因素。過去六年多以來，兩岸互動有明顯的改善，但無論從世界衛生大會（World Health Assembly，WHA）到國際民航組織（International Civil Aviation Organization，ICAO）年會等國際組織活動的參與，持平而論，我方所取得的突破，除了自身的積極努力與友邦的大力支持外，背後仍可察覺北京的身影。重點在於，隨著綜合國力的大幅躍升，中國大陸在國際舞

　　　 F%E5%90%91%E6%9B%B8-%E5%9B%A0%E7%82%BA...%E7%BE%8E%E5%9C%8B%E4%B8%8D%E5
　　　 %8F%8D%E5%B0%8D ＞。

45　李昭安，〈政院、立院：仍將爭取亞投行一般會員〉，《聯合新聞網》，2015 年 4 月 13 日，
　　　 ＜ https://video.udn.com/news/302380 ＞

46　沈婉玉，〈財長老實說：遞亞投行意向書 因為 ... 美國不反對〉，《聯合新聞網》，2015 年
　　　 4 月 2 日，＜ http://udn.com/news/story/7953/811529-%E8%B2%A1%E9%95%B7%E8%80%81%E
　　　 5%AF%A6%E8%AA%AA%EF%BC%9A%E9%81%9E%E4%BA%9E%E6%8A%95%E8%A1%8C%E6%84%8
　　　 F%E5%90%91%E6%9B%B8-%E5%9B%A0%E7%82%BA...%E7%BE%8E%E5%9C%8B%E4%B8%8D%E5
　　　 %8F%8D%E5%B0%8D ＞。

47　《中央通訊社》，〈國台辦：台灣未能成亞投行創始會員〉，2015 年 4 月 13 日，＜ http://
　　　 www.cna.com.tw/news/firstnews/201504135009-1.aspx ＞。

台的影響力與日俱增，早已今非昔比。身為亞投行的催生者與發起國，相較於其他國際機構，在此舞台中，北京擁有更明顯的主場優勢，再加上習近平的對台政策更為強勢，這些因素都更加凸顯台灣的困境。理論而言，北京雖樂見台灣共襄盛舉，透過亞投行將台灣納入「一帶一路」的架構中，但在實際運作層面上，對岸還是設下層層防護關卡，也就是背後仍有複雜的政治盤算。[48]

　　至於北京的這些考量、擔憂與原則的出現，也並非一朝一夕，而是存在相當時日，更不只適用於台灣對於亞投行的參與。換言之，參與亞投行的諸多障礙或挑戰，對台灣而言，並非前所未聞或是孤例，從參與聯合國專門機構活動，至加入亞太區域經濟整合架構，莫不如此。只不過在亞投行的場域中，中國大陸的籌碼更多，影響力更無遠弗屆，更能好整以暇地看待台灣內部紛擾後的爭取加入。至於北京所在意的因素，本文認為，主要包括了台灣內部的政治情勢的走向、兩岸關係與台灣國際空間的連動掛勾、對台釋放善意與台灣民心走向有無正向關聯？是否形成「一中一台」或「兩個中國」（在名稱與參與方式上避免有主權方面疑慮或傷害一中前提）？以及兩岸應事先透過溝通協商達成共識等，上述種種，亦為我方所必須嚴肅面對與思考的議題。

　　由於台灣無法成為亞投行的創始成員，意謂我方無法參與章程制定與運作規範，我方仍應密切觀察其籌備過程的進展，相關會議目前已經舉行四次，分別為 2014 年 11 月（昆明）、2015 年 1 月（孟買）、2015 年 3 月（阿拉木圖）以及 2015 年 4 月底（北京）的首輪創始成員工作會議，未來，除了亞投行章程細節、分行地點、管理階層人事以及我方所在意的台灣加入方式外，包括董事會席次、股權分配以及投票權設計等重要提案，都是眾所關注的核心議題，尤其北京出資比率高達五成，雖然投票權不會過半，但預料仍會有重要影響力。另外，依據目前形勢判斷，由於僧多粥少，各

48　2015 年 5 月 4 日，在國民黨主席朱立倫與中共總書記所舉行的朱習會中，針對朱立倫所提出的台灣加入亞投行議題，習近平的回應為：「願意首先和台灣分享，願意優先對台灣開放，要更大器一點，對於區域合作加強研究，務實探討，對於亞投行我們會持歡迎態度。」參見《中央通訊社》，〈朱習會登場 都說了些什麼？〉，2015 年 5 月 4 日，< http://www.cna.com.tw/news/firstnews/201505045021-1.aspx >。

創始成員（包括歐洲國家）對於爭董事會席次的競爭必定異常激烈。更重要的是，依據歷史經驗，就任何的國際組織而言，初始的制度設計，通常具有決定性的定錨作用，因為這些遊戲規則，攸關各機制的權力分配與運作原則，一旦獲得確立，日後尋求任何與時俱進的調整，都將面臨一定程度的阻力，預料這也是各亞投行參與成員相互競爭、折衝與協商的真正關鍵所在。

陸、結論

　　本文的主要目的，是以美國歐巴馬政府的角度切入，探究其應對亞投行挑戰的思維與具體作為，並兼論台灣參與亞投行的若干重要議題。本文的主要論點有四，首先，就華府對於北京設立亞投行的動機判斷而言，歐巴馬政府相信絕非僅基於經貿利益與爭取商機的思考而已，而為北京全方位戰略布局的一環，目的是兼具攻勢與守勢的多重考量；其次，歐巴馬政府抵制亞投行的理由，除了檯面上的治理問題外，更深層的因素，在於質疑此舉無非是「平行架構戰略」的操作，意圖挑戰美國所主導的國際經濟秩序；第三，由於北京取得初始階段的成功，此結果對華府而言可謂「亞投行震撼」，多數美國內部的批判，均將矛頭指向歐巴馬政府的決策失當，不僅低估對手與誤判形勢，一味排拒與不知變通的結果，導致在因應作為上，喪失了靈活度與迴旋空間，反而折損美國的威信，並捨棄發揮影響力的機會；第四，在一定的前提下（例如名稱與權益），參與亞投行此一國際多邊機制，對台灣來說仍是妥適的選擇，但針對我方的參與訴求，北京當局仍有複雜的政治盤算，故我方仍需謹慎因應。

必也正名乎
從國安角度論網軍 [1]

林穎佑 [*]

摘要

　　近年來美中發生一連串的網路安全爭議，許多研究都直指中國所主導的網路部隊，簡稱「網軍」。但網路世界的「匿名性」讓判定攻擊者身分時有認定上的困難。如至今仍無一國承認對他國發動網路攻擊，且在資訊發達的時代，駭客激進團體或是恐怖組織也有可能透過網路發動大規模網路攻擊。若無法確定攻擊者，亦無法進行反制與報復攻擊。

　　而資安議題的興盛，也造成許多傳媒或是研究者對相關名詞的誤解，如許多專注輿論的網路水軍與政府納編的「網軍」便有不少差異。即便是駭客也可分成從事資安工作的白帽駭客、以及從事惡意網路行為的黑帽駭客，這些仍與屬於政府的網軍有所差異。更有甚者將利用網路操作輿論作為宣傳手法的使用者，皆視為「網軍」。這都造成名詞難以精確定義，更加混淆視聽。

　　本研究嘗試由理念、身份、攻擊手法、目標選定的不同來重新定義「網軍」一詞。希翼透過本文的分析，能釐清許多易混淆與誤用之名詞，以增進國家安全。

[*]　聖約翰科技大學兼任助理教授、中華鄭和學會 副理事長。
[1]　本文之完成感謝許多資安領域的好友，特別是 Team T5、HITCON、TDOH 等眾多高手對本人在資訊安全技術上的指教。

必也正名乎：從國安角度論網軍

　　隨著網際網路的發展以及消費性電子產品的普及，網路已經進入人類社會中的每一個角落。除了電子商務的興起所帶來的商機之外，許多研究也注意到網路在傳播以及塑造輿論上的功用，開始探討網路民眾的行為以及這些在虛擬空間的作為，如何影響現實世界？這都是在網路科技發達所帶來的效益。但隨著網路輿論的發酵，有部分媒體開始將網路民眾的討論以及其所帶來的風潮，冠以「網軍」的稱號，特別是在 2014 年年底台灣所進行的九合一大選之後，許多分析都認為利用網路進行輿論宣傳的作用會是主導勝負的因素。[2] 因此在一夕之間，全台灣網軍單位如雨後春筍的出現。但這些所謂的網軍，事實上只是單純利用網路的便利性，藉此凝聚而成的輿論力量。與國家主導專司軍事作戰以及情報竊取的網軍（Cyber-Army）相去甚遠，[3] 若隨意使用名詞只會讓民眾產生許多的誤會，對於網軍的定義有所誤解產生相當的偏見，最後反而不利於宣導正確的資訊安全理念。

　　此外，除了網路輿論的力量經常被外界誤解之外，日益增加的網際網路犯罪也隨著電子商務所帶來的利益而逐漸興起。犯罪組織利用網路的匿名性並利用科技的輔助來牟取利益，許多受害公司可能為了自身的顏面以及為了掩飾自身的資安防護網出現問題，[4] 只要一出現惡意入侵便將矛頭指向國家級網軍，但事實上很有可能只是單純的網路犯罪集團，為了獲取利益所採取的攻擊。[5] 若將任何網路攻擊皆視為國家網軍來犯，是有可能會引起國際間的誤會意外將危機升級，甚至不排除導致戰爭的可能。

2　楊毅，〈國民黨敗戰檢討怨婉君怪媒體〉，《中時電子報》，2014 年 12 月 8 日＜ http://www.chinatimes.com/newspapers/20141208000301-260102 ＞。

3　吳仁麟，〈婉君與網軍〉，《經濟日報》，2015 年 2 月 2 日，＜ http://udn.com/news/story/7244/681127-%E9%BB%9E%E5%AD%90%E8%BE%B2%E5%A0%B4%EF%BC%8F%E5%A9%89%E5%90%9B%E8%88%87%E7%B6%B2%E8%BB%8D ＞。

4　如 2014 年 Sony 影業遭駭客入侵，FBI 直指是北韓網軍所為，但許多資安專家持不同見解，顧佳欣編譯，〈資安專家：索尼影業遭駭 疑內鬼所為〉，《自由電子報》，2014 年 12 月 27 日＜ http://news.ltn.com.tw/news/world/paper/842380 ＞。

5　Mikko Hyppönen，〈從 Sony 遭駭事件的教訓，談數位隱私和物聯網〉，發表於「2015 台灣資訊安全大會」（台北：iTHome，2015 年 4 月 1 日），＜ http://static.itho.me/infosec/2015/track+k2-1.pdf ＞。

　　而另一容易產生誤解的部分，便是駭客與網軍之間的關係。事實上此兩者之間的關係並不大，但外界普遍對於駭客都保持著較為負面的觀感，[6] 這也造成社會對於資訊安全、駭客團體、網路犯罪集團與國家成立的政府網軍經常混淆的原因。當然，要追蹤網路攻擊來源，確認攻擊者，在技術上是有相當的困難，但若因此過於模糊用詞，混淆定義，並無助於推廣資安意識，甚至無法針對威脅來源做出正確的防護策略，而造成資源浪費或重複投資，這都是必須精確定義有關名詞的原因。

壹、駭客、網軍與網路水軍的定義

　　首先需界定的是當前大部分媒體對於網路輿論所形成的力量，皆稱之為網軍是完全錯誤的使用。或許在許多議題上，涉及政黨利益或是其他利益團體，因此在有心人士的炒作之下，利用網路做為媒介，採取建立輿論來影響社會觀感的行為。但即便是主導網路輿論的網民，其距離國家網軍仍相去甚遠。就類型上，當前媒體所稱的網軍，應較類似於過去行銷學上所稱的「病毒式行銷」（viral marketing）。[7] 其主要作用在於，先透過原先安排的「暗樁」，利用口耳相傳的模式建立產品的口碑，以增加曝光度與銷售量，類似的模式也經常應用在選舉或是政治議題上，亦透過網路的加持使其效益比起過往更是有過之而無不及。

　　而網路之所以能在短時間內成為民眾不可或缺的生活必需品，其原因在於：成本低廉、及時性、匿名性等幾項特點。過去在進行政治宣傳還是商業行銷，預算成本必定會是高層的首要考量。因此傳統上，無論是廠商或是政黨皆會編列大筆預算，來舉辦造勢晚會、產品發表會等實體活動，就是為了能在推出時獲得眾人的目光。日後再搭配電視廣告持續讓消費者留下深刻的印象。但在網路世代中，透過網路作為傳播的主流，並藉由社交平台以使用者現身說法的方式，讓民眾主動的分享訊息，藉此建立對己方有利的輿論，進一步達成行銷推廣的目的，而利用電腦也可以輕易的複

6　Steven Levy，Jedi/Pluto 譯，《黑客列傳》（台北：碁峰資訊，2012 年），頁 400-401。

7　徐盈佳、賴筱茜〈新型態病毒行銷－以理性行為理論探討 Facebook 使用者分享意圖〉，《2011 年中華傳播學會年會論文集》（嘉義：中華傳播學會，2011 年 7 月），< http://ccs.nccu.edu.tw/paperdetail.asp?HP_ID=1363 >。

製相關訊息文字或是影片，以低廉的成本達到推廣的功用，並在行動數位裝置（如智慧型手機、平版電腦）的配合之下，透過網路傳遞，任何訊息都可以即時達到分享的目的，對於在短時間內形成討論有相當的幫助。

一、網路水軍的定義

因此當前媒體所稱的「網軍」在性質上反而較類似所謂的「網路水軍」。[8] 其基本定義為：特定組織雇用網路公關公司，為他人針對特定產品或是特定議題發表文章或是回應他人文章，期望藉此打響自身的知名度。[9] 若再配合傳播學中的「沈默螺旋」（Spiral of silence）理論，[10] 便有機會成為社會輿論的領頭羊。這會造成當多數社群成員的發言有特定傾向，贊同的人會有正面的反應，反對的人則保持沉默。即使有人會分享貼文，但這些轉載文章也多是經過立場篩選。這將會導致社群成員更增強其原有的觀點，缺乏不同論點的對照與思考。此外，許多以議題為主的討論區雖鼓勵發表多元論點，卻由於網路的特性造成言論內容淺薄或流於情緒的批判，缺乏了理性對話或評論的機會。[11] 但類似的效果正是網路水軍所追求的目的。近期網路水軍也出現轉型，其運作的方式已經不再是等待他人的委託或是針對特定產品進行言論上的護航，而是採取主動出擊的方式，配合時事發展來運作特定議題，甚至開始利用負面文宣，藉此形塑出有利於己方的勢態。

這些輿論力量又經常會針對公共議題而出現，並藉由社群媒體的高互動性以及及時的訊息回饋（如早期 BBS 的回文與推文系統、Facebook 的分享與按讚都是對發文者的肯定）更加強化民眾對於政治的參與。特別是在

8　〈網路水軍是黑手還是黑鍋〉，《今日新聞網》，2012 年 12 月 12 日，< http://www.nownews.com/n/2012/12/12/355725 >。

9　林叢晞，〈從傳播視角探析「網絡水軍」現象〉，《中國傳媒科技》，第 12 期（2012 年），頁 139-140。

10　沈默螺旋理論主要意義為：個人在表明自己的觀點之際首先要對周圍的意見環境進行觀察，當發現自己意見屬於多數或具優勢時，會更傾向積極大膽地表明自己的觀點。反之，就保持沉默。
　　王崑義，《輿論戰：兩岸新戰場》（台北：華揚出版社，2006 年 8 月），頁 37-39。

11　黃國鴻，〈網路資訊傳播與大學生的社會參與〉，《台灣教育評論月刊》，第四卷，第一期（2015 年 1 月），頁 86-87。

政治人物以及媒體的推波助瀾之下，其散播的效益更為擴大。如 2012 年
歐巴馬競選美國總統時，除利用網路科技加以宣傳之外，更是充分利用網
路的互動性，提供參與動機，激勵終端使用者參與投入、建立互動關係（而
不僅是利用科技傳播資訊），並將線上社群網站做為實現科技效益的關鍵
戰場。[12] 類似的手法也出現在 2014 年台灣的九合一選舉。[13]

　　但此類的網路效益並無使用任何科技技術，其與利用程式漏洞以及運
算邏輯突破資安防護網的網軍截然不同，甚至連駭客都稱不上。隨著媒體
的推波助瀾，「網軍」此一名詞已經到達濫用的地步，對於「網軍」一詞
的使用皆有所混淆，將只要是利用網路從事特定目的的群體便視為網軍，
這與原先的定義有相當大的不同。一般對於網軍（Cyber Army）的定義在
於：作為攻擊媒介的武裝部隊，隸屬於特定國家機構或武裝部隊之資訊戰
士，是與政府部門有密切關係的團體，即便是這些人員不一定有軍職身份，
但其行動都是經由國家授意的攻擊行為，就應被視為上述類型。[14] 因此網
軍是一個極具有高度專業的作戰部隊，與目前媒體所稱專注於與論宣傳的
「網軍」有相當大的不同。[15]

二、駭客的本質

　　駭客一詞在中文的領域中，是較為負面的名詞，其意已經將駭客的行
為視為非法，會造成恐慌的犯罪份子。但事實上，駭客是來自於英文的音
譯詞 Hacker，其原意主要是指對於電腦資訊技術有所專精的人士，其會為
了鑽研創新技術而廢寢忘食。[16] 日後駭客一詞也延伸成所謂的駭客精神，
其意涵也超越了資訊範圍也開始包含了創業精神與對社會的挑戰。[17] 因此，

12　〈歐巴馬：用科技打贏選戰的 CEO〉，《IThome》，2010 年 06 月 10 日，< http://www.
　　ithome.com.tw/node/61708 >。

13　曾俊豪，〈臉書互動吸選票 九合一選舉掀社群「網戰」〉，《TVBS 新聞》，2014 年 11 月 19 日，
　　< http://news.tvbs.com.tw/entry/555104 >。

14　張競，〈網路空間衝突與戰爭的法理概念〉，發表於「中國大陸在網路空間戰略的競逐」研
　　討會（台北：中共研究雜誌社，2014 年 7 月 7 日），頁 39。

15　吳仁麟，〈婉君與網軍〉。

16　Paul Graham 著，阮一峰譯，《黑客與國家：來自計算機時代的高見》（北京：人民電郵出版社，
　　2013 年），頁 52-55。

17　海莫能著，劉瓊云譯，《駭客倫理與資訊時代精神》（台北：大塊文化，2002 年 5 月），頁
　　39。

駭客一字其實是一中性的名詞，主要強調人士對於電腦技術的高超，至於
對於駭客的動機而言，較為精確的名詞應為：黑帽駭客、白帽駭客以及介
於中間的灰帽駭客。

　　一般認為會利用自身對資訊科技的瞭解而進行惡意攻擊，並從中獲利
的便是所謂的黑帽駭客（Black-hat）；而同樣是利用自身對於電腦技術的
專精而找尋程式的漏洞，並對該公司或是平台提出善意警告的資安人員，
便是一般業界俗稱的白帽駭客（White-hat）。[18] 而也有部分人士其雖然從
事的是資安領域的工作，但在私下仍然難以忘懷找尋防護網漏洞的誘惑，
只是在成功入侵之後，不一定會將所取得的資訊販賣獲利，而是單純的享
受破解程式漏洞的快感。這便是介於黑帽與白帽之間的灰帽駭客。至於與
黑帽駭客類似行為利用電腦程式從事不法行為的還有所謂的「腳本小子」
（script kiddies），其對於電腦技術的研究並沒有像駭客一樣高超，但是其
利用網路上下載的惡意程式，直接對目標進行網路攻擊，而非利用自身的
研究來嘗試破解目標的防禦安全網，類似的行為一般都是駭客團體較為鄙
視的對象。[19] 經過上述討論，我們可以從這些名詞中發現，在駭客團體之
中也會依其行為模式而有所區分，不應將駭客此一名詞妖魔化，而忽略了
其本意。

　　因此駭客團體的本質只是單純對電腦技術有所專精的人士，為了交流
資訊而形成的社群團體，但是在大眾不瞭解的情形之下，造成外界對駭客
團體的許多誤解。值得注意的是，駭客團體也有許多自己的不成文規範，
如發揚自由的精神，以及不能向公權力屈服的反叛精神，如維基解密創始
人，朱利安·亞桑傑（Julian Assange）描述了他心目中的駭客法則：「不
要損壞（包括崩潰）你所侵入的電腦系統；不要更改那些系統中的訊息（除
了修改日誌掩蓋自己的蹤跡）；分享所獲得的訊息。」這也成為後來成立
維基解密的核心價值。[20] 但這些潛在的駭客群體卻會讓部分政府人士感到

18　Vic Hargrave, "Hacker, Hacktivist, or Cybercriminal?," *Trend Micro*, June 17, 2012, <http://fearlessweb.trendmicro.com/2012/hackers-and-phishing/whats-the-difference-between-a-hacker-and-a-cybercriminal/>.

19　Bruce Schneier 著，吳蔓玲譯，《秘密與謊言》（*Secrets & Lies*）（台北：商周出版，2001年），頁57。

20　Sulette Dreyfus、Julian Assange，《維基解密創辦人帶你揭開駭客手法》（*Underground*）（台

不安，也讓政府對於與駭客團體的合作會有所質疑。

三、網軍的特性

　　雖然網軍的成員必然是精通電腦資訊科技的人員，因此其本身如具有駭客的身份也不意外，但對於網軍的定義，應是聚焦於政府單位所組織的駭客團體，在政府的命令之下對特定目標進行攻擊或是竊取重要資料。換言之，即便其不一定具有公務員的身份，但是其與國家合作關係密切。只是類似的竊取行為不會是只有國家網軍，許多的網路犯罪，甚至網路犯罪集團也有可能採取類似的作為來獲取利益，或是藉此達到宣揚自身理念的目的。因此，雖然都是利用網路作為攻擊媒介，但目的與動機確有相當大的差異，這也是區分攻擊來源以及惡意攻擊團體身份的一種方式。

　　此外網路世界最大的特點，便在於其可匿名的特性，因此沒有人知道到底是誰操作此台電腦，這也是網路虛擬世界中最大的特點。[21] 匿名性讓使用者多了一層保護，即便透過註冊帳號以及 IP 位址的追蹤，亦只能找到部分訊息。特別是在現今透過 VPN 跳板以及大量註冊的假帳號（網路世界稱：馬甲），甚至是利用遭到殭屍網路（Bot-net）控制的其他電腦（網路世界稱肉雞）發起攻擊，[22] 這些手段都讓以技術追蹤的方式，雖有可能找到攻擊者但在實際的操作面上，仍有相當大的問題。尤其是大部分的駭客都會利用實作匿名通訊的軟體（Onion Routing, Tor）來進行溝通與交易，[23] 更添加了追蹤上的難度。

　　因此在對惡意攻擊的分析上，從技術面上的分析必須要從更細膩的程式語言以及攻擊的手法上來做分析。如當前主流的惡意竊取型態是以 APT（進階持續性滲透攻擊 Advanced Persistent Threat, APT）攻擊為主，其利用零時攻擊（0-day）[24] 或檔案名稱的反向排序以及語法的更改，讓原本的惡意執行檔看起來與一般常見的附加檔案類似（惡意程式多半偽裝成 Word、

　　北：國際漢字，2012 年 3 月），頁 475-479。

21　Bruce Schneier 著，吳蔓玲譯，《秘密與謊言》，頁 80-84。

22　Christopher C Elisan，《惡意軟件、Rootkit 和殭屍網絡》（北京：機械工業出版社，2013 年 10 月），頁 41-43。

23　中文一般多使用「洋蔥」代稱。〈「暗網」江湖：另一個平行的網路地下世界〉，《Inside 網摘》，2014 年 10 月 17 日，< http://share.inside.com.tw/posts/8030 >。

24　零時攻擊主要是指系統的漏洞在廠商修補前，已遭駭客利用。

PDF、Excel、RTF）藉此讓受害人放下警戒心，直接下載並執行含有惡意程式的檔案。[25] 雖然攻擊的手法隨著科技的進步而日新月異，但是許多攻擊時慣用的漏洞以及程式的編碼撰寫邏輯，並不會隨著時間有太大的改變，因此是可以從攻擊者的檔案中回溯出若干的蛛絲馬跡，並比對過去攻擊的歷史資料找尋攻擊者可能的所在地點。[26] 當然在這樣的分析中，需要有大量的攻擊資料作為分析樣本，或使用蜜罐誘捕（Honeypot）並保留完整的數位資料（如 log 檔）以供資安人員進行數位鑑識，藉此比對相關資料。如 2014 年我國某位積極參與政治活動的學者，便收到假冒為演講邀請函的惡意郵件，且透過此信箱跟對方聯絡提供相關個人資料，但直到當天才發現並無此活動。在透過資安人員的追蹤之下，發現其手法以及程式的編排都與過去長期追蹤位於中國江蘇的網軍團體 DragonOK 有關。[27]

　　即便如此，若單純的以技術分析作為憑證，依然難以證明此黑帽駭客團體是否會跟國家網軍有所關連，其可能只是單純的網路犯罪組織。因此在分析上又必須回到攻擊者的動機以及選定的目標，來作為判別的標準。

貳、網路攻擊類型的差異

　　從技術面上，網軍與網路犯罪甚至激進網路團體都有類似的手法，因此出現判定上困難。若從攻擊目標以及所竊取的資料來看，或許可以將攻擊者的來源做出分類。如目前資安公司與社群普遍將網路攻擊簡單分類成以下幾項：[28]

一、網路間諜：（Cyber Espionage, CE）

　　當前資安界大多將涉及國家安全的網路竊盜事件，皆以網路間諜

25　黃耀文，〈福爾摩斯兄弟性格差異：主動式 APT 之追蹤與偵測技術分享〉，發表於「2014 亞太資訊安全」論壇（台北：資安人，2014 年 3 月 20 日）。

26　Charles Li & zha0，〈APT Fail〉，發表於「2014-HITCON」第十屆台灣駭客年會（台北：台灣駭客年會，2014 年 8 月 22 日）。相關資料請至＜ http://hitcon.org/2014/ ＞搜尋。

27　〈「鬼電郵」邀演講 黃國昌慘遭欺騙〉，《蘋果即時新聞》，2014 年 11 月 07 日，＜ http://www.appledaily.com.tw/realtimenews/article/new/20141107/501987/ ＞。

28　請參考此網站＜ http://hackmageddon.com/ ＞，其中收集當前世界重要的網路資安事件，並對其做出明確的定義與追蹤。

（CF）為分類的代號。除了透過技術分析之外，重要的判定就是在於這些組織攻擊的目標選擇。如果是犯罪團體大多都會與現實的利益有關，可能是盜賣信用卡資料或是竊取顧客個資並販賣囤利，故犯罪團體會根據成本效益來做攻擊目標選擇的評估，會在搜尋目標時，特別鎖定具有資安漏洞的企業，以最快速以及方便的模式進行滲透，從中獲取資料。因此若該企業組織已建立自身的資安防護網，需要耗費犯罪組織過多的時間與精力進行破解，在時間成本的考量之下，很有可能會轉移目標至其他資安漏洞較多的企業。

但對國家級網軍而言，這些利益並不是其關注的目標，其可以不惜任何成本代價只為了得到具有戰略價值的情報。而其選取的目標也不會是具有商業價值的銀行或是一般公司企業，而是會以政府單位、關鍵基礎設施（Critical Infrastructure, CI）、軍火公司、重要智庫研究單位為攻擊目標。當然這些單位理論上都會有一定的資訊安全防護措施。因此對網軍而言，會為了竊取情報長期潛伏在上述單位之中，等待適當機會進行網路攻擊。甚至從組織外圍（外包商）進行滲透，只為了最終能夠得到情報。

如 2011 年，美國航太公司洛克希德馬丁（Lockheed Martin）所研製的 F-35 戰機數據資料遭網軍竊取。[29] 其攻擊的流程，便是先以洛馬所採用的動態密碼供應商 RSA 為目標，將惡意程式偽裝成 Excel 檔並以人員應徵的名義寄送至 RSA 員工信箱，取得帳號密碼竊取動態密碼的演算法相關資料，攻破最後目標（洛馬）的資安防線，竊取重要的戰機資料。[30] 類似的攻擊手法也出現在許多國安相關產業中，如能源產業、航太公司、甚至國防安全的相關學術機構也都是網路間諜覬覦的目標。

二、網路戰 (Cyber-Warfare, CW)

有別於國家網軍所發動的間諜行為，近期國家網軍也從單純的竊取情資，升級成主動對政府或是媒體、企業進行大規模網路攻擊，期望藉此干

29　〈中國駭客入侵 BAE 竊取 F35 機密〉，《自由電子報》，2012 年 03 月 13 日，< http://www.libertytimes.com.tw/2012/new/mar/13/today-int5.htm >。

30　Clarke and Knake, *Cyber War,* pp. 233-235.

擾該單位的網路系統。類似的案例並不是首次出現，早從 2007 年俄羅斯對愛沙尼亞發動網路攻擊開始，類似的案例便層出不窮，[31] 早期可能只是單純置換官網首頁、更換領導人照片等騷擾行為，其宣示意義大於實際破壞。但隨著人類對於科技的依賴、網路攻擊開始透過所謂的分散式阻斷服務攻擊（Distributed Denial of Service attack, DDoS 以下簡稱 DDoS）攻擊癱瘓目標的網路伺服器，使其失去作用。[32] 類似的攻擊手法經常出現在於針對某國家政府單位的攻擊，以及一些立場相異的媒體。如 2014 年，對中國態度一向較不友善的蘋果日報，就遭到了國家級網軍有系統的攻擊，並且利用 DNS 反射與散布在各地的殭屍網路，同時發起大量的訊號，嘗試癱瘓該媒體的網路功能。[33] 而 2013 年南韓政府遭到北韓發動的網路攻擊，北韓成功癱瘓南韓金融系統。上述事件都是由國家所發動的網路戰。[34]

　　此外，隨著關鍵基礎設施防護觀念的興起，人們對於許多重要設施的依賴程度日益上升，而這些系統也多半利用資訊化管理，因此若是有心人士透過資訊滲透的方式，進入關鍵基礎設施資訊系統中，適當的時機發出錯誤的訊息，或是藉機破壞資訊系統，使其失去效能，[35] 其所衍生出來的國安問題不亞於戰爭。如美國與以色列聯手開發的震網病毒（Stuxnet），便是針對伊朗核電廠的電腦系統所特別量身打造的惡意程式。[36] 先入侵工程師的家用電腦，再透過可攜帶式電腦裝置，進入機密的電腦系統，藉由干擾控制器的方式，讓核子離心機的轉速過超出現故障，成功的拖延伊朗在核子武器上的研發速度。

31　Mark Bowden 著，陳修賢、吳艾萱譯，《第一次網路世界大戰》（台北：大寫出版社，2013年 4 月），頁 63。

32　請參考：洪海、曹志華、鮑旭華，《DDoS 分散式阻斷服務攻擊深度解析》（台北：碁峰出版社，2014 年 7 月）。

33　〈解析網軍攻擊蘋果新步數！新型態 DNS 反射攻擊難以防禦〉，《蘋果電子報》，2014 年 06 月 19 日，< http://www.appledaily.com.tw/realtimenews/article/new/20140619/419554/ >。

34　趨勢科技全球技術支援與研發中心，〈APT 攻擊南韓 DarkSeoul 大規模 APT 攻擊事件事件 FAQ〉，《趨勢科技》，2013 年 3 月 29 日，< http://tech.huanqiu.com/it/2015-01/5452665.html >。

35　劉培文，〈從長期資安事件，看資安工作〉，發表於「資安服務、啟動元年」第十四屆亞太資訊安全論壇（台北：資安人，2014 年 4 月 30 日）。

36　張笑容，《第五空間戰略，大國間的網路博奕》（北京：機械工業出版社，2014 年 1 月），頁 101。

從上述案例中，我們都可以發現國家級網軍的行為，已超脫過去單純的竊取資訊，其造成的影響已經從虛擬走向現實，透過網路攻擊是可以直接對國家安全造成直接的影響。這也是美國開始將網路攻擊視為戰爭行為的主要原因。

三、網路犯罪 (Cyber Crime, CE)

相對於國家網軍造成的損害，網路犯罪集團雖然不會將關鍵基礎設施列為攻擊目標，但其所衍生的國安問題以及造成的經濟損失，亦隨著資訊科技的進步而日益擴大。其經濟規模與利益龐大到出現集團式管理，形成具有上中下游的黑色產業鏈。[37]

當前網路黑產業的類型可以分為：以技術為主的黑帽駭客、社交工程為主的詐欺、以及涉及黃賭毒的犯罪團體。技術類主要是指利用網路和電腦存在的安全性漏洞和缺陷，竊取資料和資訊，以及對網路和電腦發起的各類滲透攻擊。甚至出現專門接案對其他公司進行網路攻擊或是竊取商業機密的「網路傭兵」，在高額報酬之下，出賣自身的技術。而網路詐欺則是透過社交工程的方式，利用偽造成官方或是系統商所發送出的電子郵件，讓受害者信以為真並主動交出個人相關資訊。而犯罪集團再將這些個資轉售，或是進一步利用這些資訊申請假帳號進行網路詐騙。[38]

對這些網路犯罪集團來說，如何獲取最大的利益會是關鍵，因此在目標選擇上，會以保存大量個資以及金融交易紀錄的組織單位為主，如銀行、戶政事務單位、保險公司、或是經由第三方支付的線上交易平台，都是犯罪機團所覬覦的目標。[39] 如美國知名連鎖零售商 Target 便在 2013 年遭到黑帽駭客入侵其 POS 刷卡終端系統，竊取顧客資料、信用卡簽帳卡號碼、到

37　〈2014 年騰訊雷霆行動 網路黑色產業鏈年度報告〉，《環球網》，2015 年 1 月 20 日，< http://tech.huanqiu.com/it/2015-01/5452665.html >。
38　畢裕，〈寄生在騰訊業務下的黑色產業〉，發表於「*2014-HITCON*」第十屆台灣駭客年會（台北：台灣駭客年會，2014 年 8 月 20 日），< http://hitcon.org/2014/downloads/E2_04_%E6%AF%95%E8%A3%95%20-%20%E5%AF%84%E7%94%9F%E5%9C%A8%E8%85%BE%E8%AE%AF%E4%B8%8B%E7%9A%84%E9%BB%91%E8%89%B2%E4%BA%A7%E4%B8%9A.pptx >。
39　Ean S. Costigan& Jake Perry 著，饒嵐等譯，《賽博空間與全球事務》（北京：電子工業出版社，2013 年 11 月），頁 128。

期日與驗證碼，影響 1 億多名客戶權益，也導致其公司執行長引咎辭職，其公司的商譽也受到嚴重的影響。[40] 雖然在各國政府的強力要求之下，許多金融單位都開始使用雙認證或是其他保護措施來加強對消費者的資安保障，但道高一尺、魔高一丈，網路犯罪的技術仍然持續精進，並利用人性的弱點以社交工程做為掩護，令有關單位防不勝防。

四、網路激進主義（Hacktivism）[41]

　　有別於網路犯罪以及國家組織的網軍，近年來在網路世界中也出現了一群特殊的駭客團體，其所做出的滲透和攻擊與利益並無關係，甚至會為了理念而去對特定政府組織網站進行攻擊，但他們並無受到任何政府的授意，完全是自發性的採取行動。此類團體成員大多擁有相當高的駭客技術，並利用自身的技術隱藏其真實身份，因此在現實生活中是很有可能同時具有白帽駭客與黑帽駭客的身份。

　　這些組織的成立與其理念有相當的關係，大多都會為了其「自認的正義」來面對「不公平的世界」（可能是與政府理念或立場不同的團體），並將其對資訊技術的瞭解轉化成攻擊的工具。其模式十分多元，從單純的置換目標的官方網站照片，[42] 到公布竊取的機密文件（文件內容大多都與國家陰謀論，或是與台面下的政治利益交換有關，如知名的維基解密網站），甚至直接發起 DDoS 攻擊癱瘓某組織的網路。這些行為與實際的利益完全無關，也非特定政府所要求的，完全都是出自該組織的自我認知。因此其成員並不固定，甚至來自於全世界，只要對其理念認同便是其一份子。由於這些組織的共同理念與最早出現的駭客精神有相當多的類似之處（如強調網際網路的全面開放、人民的自由權以及網路隱私權），因此也吸引不少人投入其中。

40　陳曉莉，〈報導：Target 輕忽可疑警訊，釀成 1.1 億筆資料外洩大禍〉，《iThome》，2014
　　年 3 月 14 日，< http://www.ithome.com.tw/news/85838 >。
41　大部分的資安報告中都是用 H 來代替。
42　〈駭客入侵北韓官網 金正恩變豬八戒〉，《奇摩新聞網》，2013 年 4 月 5 日，< https://
　　tw.news.yahoo.com/%E9%A7%AD%E5%AE%A2%E5%85%A5%E4%BE%B5%E5%8C%97%E9%9F%93
　　%E5%AE%98%E7%B6%B2-%E9%87%91%E6%AD%A3%E6%81%A9%E8%AE%8A%E8%B1%AC%E5%8
　　5%AB%E6%88%92-114557283.html >。

　　知名的網路駭客激進團體：匿名者（Anonymous）便是其翹楚。[43] 其為目前世界上相當知名的駭客團體，為一個網路上的虛擬組織，只要認同其理念歡迎任何人參與其行動。雖然其最終目的標榜是為了維護網際網路自由，但隨著其名氣與實力增長，其對抗的目標除了權威政府之外（北韓、中國），也在維護正義的名目之下對參與戀童與人口販運有關的網站展開攻擊，甚至直接對 ISIS 恐怖組織宣戰，這都是其近期知名活動。[44] 雖然上述行為可能都有違法的嫌疑，匿名者團體認為身為一個灰帽駭客，自然要為其所做的事負責，同時這些行為雖可能觸法，但絕對經的起道德的考驗。

　　經由以上的探討，可以瞭解雖然使用網路進行的惡意攻擊手法有相同之處，但是背後動機以及組織的型態有相當大的差異。這也是常讓外界混淆的部分，經常只要遭遇資安事件，立刻對外宣稱遭受到國家網軍的攻擊，似乎過於強調企業無法與國家力量對抗，因此會有資料外洩的問題是不得已的。但在經過追蹤以及攻擊特性的分析之後，經常可以發現，許多的網路攻擊與網軍的關係並不大，反而是企業自身的資安防護的疏失，而讓資訊犯罪者有機可乘。因此，對於名詞的使用與精確的定義是有其必要，越瞭解自身的威脅也有助增進風險分析擬定正確的資安策略。[45]

參、國家網軍的特色與運作模式

　　經過以上的討論，可得知網路攻擊的來源相當多，很難單憑手法或是 IP 位置進行追蹤，技術面所能提供的協助十分有限，但若從戰略面進行探討可能會有不一樣的答案。

43　關於匿名者（Anonymous）的相關資訊可參閱其組織的聲明：OfficiallyAnonymous，〈We are Anonymous, This is what we are capable of doing〉，《Youtube》，2011 年 8 月 11 日，< https://www.youtube.com/watch?v=SNLPXvWpP4o >。

44　〈「匿名者」駭客網戰 攻擊上千 IS 帳號〉，《聯合新聞網》，2015 年 02 月 13 日，< http://udn.com/news/story/7599/705200-%E3%80%8C%E5%8C%BF%E5%90%8D%E8%80%85%E3%80%8D%E9%A7%AD%E5%AE%A2%E7%B6%B2%E6%88%B0-%E6%94%BB%E6%93%8A%E4%B8%8A%E5%8D%83IS%E5%B8%B3%E8%99%9F >。

45　吳啟文，〈政府資安管理與資安治理〉，發表於「2015 台灣資訊安全大會」研討會（台北：IThome，2015 年 4 月 1 日），< http://static.itho.me/infosec/2015/track+j-4.pdf >。

一、網軍的目標選擇

　　首先從被害者來看，會遭受國家網軍攻擊的大多都是與政府有關的組織為主。網軍與網路犯罪不一樣，其主要的目的是為了竊取重要情報，以利自身國家的未來發展。故其不用考量成本的問題。網路犯罪最重要的還是期望能從這些漏洞中，找到可以販售變現的資料，因此其目標會是具有高價值的銀行個資、第三方支付、甚至是利用加密勒索軟體（CryptoLocker）[46] 直接對民眾或是企業高層主管進行攻擊。但這些行動其目的都是為了背後的利益，若企業與個人有架設相當的資訊安全防護系統，網路犯罪在所付出的成本不符合利益的情形之下，應會轉移攻擊目標，找尋較易入侵的系統。因此對網路犯罪集團而言，一般不會採用曠日廢時的 APT 攻擊（APT 攻擊需要長時間的觀察，針對目標的作業程式進行分析，並植入 Rootkit 進入電腦[47]），其分析的過程以及收集的情資都不是一般網路犯罪集團可以輕易獲得，以及願意花費長時間進行潛伏以利竊取資料。

　　對國家網軍而言，在政府的要求之下，其會不惜一切代價只為達成高層的命令，和為利益以及理想而行動的駭客不同，國家網軍所採取的行動是與政府組織的利益息息相關，因此其竊取資訊的對象大多都是與政府有關的公家單位，無論是黨政軍的重要組織，甚至是重大經濟建設，只要政府單位認為這些資訊有用，便會要求網軍出動。而網軍為完成目標自然會無所不用其極，只為竊取到所要的情資。故這些網路攻擊，已經不是犯罪集團的行為，而是國家實力的展現。這些網路竊取的行為，若拋開網路因素，其與過去的間諜情報作戰相去不遠。換言之，使用網軍竊取資訊只是一種得到情報的手法而已。當然過去可能需要情報員出生入死，潛入敵營並安全傳送訊息後，才能有所收穫。現在只要透過鍵盤就可以利用數位化的便利，成功獲取大量情報。但即便手法不同，最終目的還是離不開情報取得。[48]

46　黃彥棻，〈勒索軟體又來了！這次更本土化〉，《iThome》，2014 年 12 月 28 日，< http://www.ithome.com.tw/news/93217 >。

47　Greg Hoglund and James Butler, *Rootkits: Subverting the Windows Kernel* (MA: Pearson Education, 2006), pp. 239-245.

48　Sean Bodmer、Max Kilger、Gregory Carpenter、Jade Jones 著，Swordlea Archer 譯，《請君入甕：

　　上述的思維也會影響到組織體系。如過去探討中國網軍的組織時，普遍認為專職電子情報的總參三部（中國人民解放軍總參謀部技術偵察部）與總參四部（中國人民解放軍總參謀部電子對抗與雷達兵部）是負責網軍的主要單位。[49] 從技術層面分析，此觀點並無錯誤。但今天在網軍主要運用的 APT 攻擊上，重視的是攻擊者的基本資料、工作執掌、交友狀況、研究喜好、生活特徵、作業系統，並藉由這些情資的收集，來對攻擊目標量身打造設計專屬的社交工程策略，藉此突破目標的資安防護。收集資訊以及分析對手是一個相當耗費精神的過程，因此 APT 攻擊大多出現在攻擊政府重要單位之上。近年開始轉向民間單位，[50] 最大的原因還是在於政府逐漸重視資安，迫使網軍開始將目標置於外包商，企圖藉此繞過政府的資安防護網。

　　社交工程與人性心理學有相當的關係，如史上有名的駭客凱文 米特尼克，除了對於資訊技術的掌握之外，其最善用的就是利用人性來為自己創造入侵的機會。[51] 但在取信於受害者的過程中，必須要瞭解目標的資料以利策劃，這便屬於總參二部（中國人民解放軍總參謀部情報部）的職責，而二部也相當重視網路的功用。[52] 因此在分析國家網軍的行動與目標時，除了單純的技術分析之外，若能結合情報學的觀點，甚至是該國情報體系的特色，或許更能發揮事半功倍之效。

二、網軍組織的特性

　　雖然網路的虛擬性早已超越了地緣戰略的觀點，但在分析中國網軍

APT 攻防指南之兵不厭詐》（Reverse Deception: Organized Cyber Theat Counter-Exploitation）（北京：人民郵電出版社，2014 年 11 月），頁 54-56。

49　Mark Stokes, Jenny Lin and L.C.Russell Hsiao, *The Chinese People's Liberation Army SignalsIntelligence and Cyber Reconnaissance Infrastructure* (November 11, 2011), <http://project2049.net/documents/pla_third_department_sigint_cyber_stokes_lin_hsiao.pdf>.

50　趨勢科技全球技術支援與研發中心，《進階持續式滲透攻擊 APT 發展趨勢 2014 年度報告》，2015 年 4 月 22 日，< http://blog.trendmicro.com.tw/wp-content/uploads/2015/04/rpt-targeted-attack-trends-annual-2014-report-v2-APT-fix.pdf >。

51　關於社交工程的手法，請參閱：凱文米特尼克、威廉賽門著，鍾協良譯，《駭客人生》（台北：悅知文化，2014 年 1 月）。凱文米特尼克、威廉賽門著，子玉譯，《駭客大騙局》（The Art of Deception: Controlling the Human Element of Security）（台北：藍鯨出版社，2003 年 9 月）。

52　尼柯拉斯著，李豔譯，《中國情報系統》（台北：明鏡出版社，1998 年 8 月），頁 117。

時，還是與過去的大軍區部署有關。雖然在科技技術的加持之下，攻擊是可跨越地理位置的障礙，但國家網軍是屬於國家公務體系下的一環，受限於公務單位的屬性與文化。造成國家網軍只會專注在自身的攻擊目標，不同軍區各有職責分配都有自身專屬的任務，這也是網路犯罪或是激進駭客團體與國家網軍的不同之處。如位於蘭州的網軍組織便與入侵印度的網路系統有關係，而對台攻擊的發起大多除與軍區有關之外，也與台商的接觸有部分的關係。

另一值得注意的角度在於，網軍是屬於國家指揮的網路作戰部隊，但不同的部門也會有各自的網軍單位，這又與該國的情報蒐集體系有所關連。如中國負責情報的單位除了隸屬軍方的總參謀部體系與總政治部的聯絡部外，還有隸屬國務院的國家安全部，以及司法公安單位。這些組織理應都有所屬的網路作戰單位，只是其所負責的領域各有不同。根據中國情報體系的分工，主要對外情搜主要由總參體系負責（包括政軍經心各類），而國安部以反情報以及針對反對勢力組織（如藏獨、疆獨、法輪功）為主，而公安體系底下是以治安事件為主，反情報為輔（但中國國安部成員也自稱警官，因此真實身份外人不易瞭解）。[53] 不同的職能也反應到網路部隊的任務之上，如國安體系會針對境內管控，網路封鎖為主，並且針對海外反對勢力進行網路攻擊（除竊取資料之外、近年也開始利用 DDoS 技術嘗試癱瘓境外主機）；隸屬解放軍體系的網軍則是配合部隊需求竊取相關資料。因此在分析資安事件時，若能先透過資產鑑別，瞭解自身單位的屬性，並配合對中國情報組織的瞭解，在輔以數位鑑識（log 檔的紀錄），應能對攻擊來源作進一步的確認。現今中國對於網路安全的議題日益重視，如在 2014 年成立中央網路安全和信息化領導小組，由習近平擔任小組長，顯示中國已將網路安全及發展，提升為國家安全戰略一環。並統合軟體、硬體、人才與指揮，以確保網路安全。[54]

關於組織的影響也可從美國的情報體系上做出觀察。美國在 2009 年

53　平可夫，《中國間諜機關內幕》（加拿大：漢和出版社，2011 年 11 月），頁 112-115。

54　白德華，〈習近平領軍 網路安全成國家戰略〉，《中時電子報》，2014 年 2 月 28 日，< http://www.chinatimes.com/newspapers/20140228000789-260108 >。

成立的網戰司令部（USCYBERCOM）雖是隸屬於軍事作戰的單位，由陸、海、空、海軍陸戰隊的網路作戰單位所組成。[55] 而需注意的是，美國網軍司令部領導人也是美國國家安全局（NSA）局長，美國國安局主要負責電子情搜，其監控與偵搜能力為世界首屈一指。[56] 而網戰司令部的成立，最重要在於將網路戰正式的納入軍事作戰的一環，過去無論是中央情報局（CIA）、聯邦調查局（FBI）以及國安局雖都有各自的網路部隊，但大多偏重於情搜與預防犯罪，而非主動發動攻擊。今日網路作戰的發展已經到了可從虛擬破壞實體的階段（如美國攻擊伊朗的震網病毒），甚至在網狀化作戰的思維之下，藉由入侵、癱瘓、破壞敵方的網路系統以及作為攻擊對方的手段，都是可能的作戰方式。過去的情報單位，在組織或體制上是否適合執行類似的任務，便有待商榷。因此不同的政府組織，也會賦與網路部隊不同的任務。

三、網軍與其成員的特性

而美國司法部也在 2014 年 5 月底，以網路間諜罪起訴了五名解放軍軍官，並。被告五人遭到指控涉嫌入侵美國許多重要民間工業公司（如：西屋、美國鋼鐵、美國鋁業等六間公司），並竊取其商業機密以圖利位於中國的競爭對手，而在司法部長舉行的記者會中，指出美國不會容忍外國政府持續竊取美國企業的機密。除列出其罪名之外，直接的指出軍官姓名：（以下中文姓名均為媒體譯名）王東（Wang Dong）、孫凱良（Sun Kailiang）、文新宇（Wen Xinyu）、黃鎮宇（Huang Zhenyu）、顧春暉（Gu Chunhui），其所隸屬的部隊為位於上海的 61398 部隊。[57]

根據美方的資料顯示，在追蹤網軍的攻擊來源時，注意到同一個 IP 除在進行攻擊與竊取之外，也同時在登入社交網站以及收發私人信件。而美國也依據這些資料逐漸抽絲剝繭，確定特定人士進行追蹤，最後終於成功確定攻擊來源。

55　Richard A. Clarke and Robert K. Knake, *Cyber War* (NY: HarperCollins, 2010), pp. 36-39.
56　姚祖德，《美國國家安全與情報機制》（台北：時英出版社，2012 年 4 月），頁 395。
57　〈美國首次正式起訴 5 名大陸網軍 中方：賊喊捉賊〉，《ETtoday 東森新聞雲》，2014 年 5 月 20 日，< http://www.ettoday.net/news/20140520/359006.htm >。

　　另外從駭客本身的思維來觀察，對於網軍成員來說，他們的攻擊行為是接受上級的指示，而非出於自身的意願。一般若是出於自身的熱情而從事的工作，都會比單純為了薪資而從事的行為，更為積極與力求創新。因此國家網軍，無論是公務系統中的成員，或單純與政府合作的民間駭客，其在攻擊的手法上普遍較為規律，甚至其行為模式都有一定的規範，如在分析其網路攻擊模式，在時間上有固定的攻擊與休息間距，這也成為日後美國資安人員將其歸類於組織性網路攻擊的主要原因。[58] 可見即便是國家網軍，仍然會有部分的疏失容易留下若干的蛛絲馬跡，這類的問題主要在於這些網軍對於情報觀念的缺乏。以情報觀點來看，從事情搜工作中最重要的便是做出身份的區隔，[59] 避免將私領域的生活與公事混淆，因為這樣只會留下更多的線索，方便對手進行反情報作業。

　　這也是政府在招募網軍時必須注意的要項。由於駭客相關技術的培養，許多是屬於與生俱來的天賦，軍事與情報公務組織體系的環境不一定能培養出類似專長的天才。這些原因造成大部分對於電腦技術具有天才的電腦駭客多藏於民間，甚至部分會利用其專長來進行網路犯罪，而政府雖然也會透過不同的管道與其接觸合作甚至考慮直接招募。[60] 但這些駭客，透過本身的能力所賺取的報酬可能已超過政府能給予的固定薪資，以及其未來是否能適應公務體系的生活，甚至是對於駭客精神而言，本身便對政府體系所追求的目標（穩定、紀律）有所衝突。而政府部門也會擔心從民間招募的駭客高手，是否會在未來造成政府的麻煩（如史諾登事件[61]），因此在資格審查上會更加嚴格，這些都可能造成網軍招募上的困難，[62] 也是官方網軍與民間駭客在行為上的不同之處。

58　林志成，〈全球駭客「練兵」重砲鎖定台灣〉，《中國時報》，2007 年 11 月 1 日，頁，A12。

59　曾流康，《中國諜夢》（台北：領袖出版社，2014 年 8 月），頁 207-211。

60　D.Bruce Roeder, "CyberSecurity: It isn't Just for Signal Officers Anymore," *Military Review,* May-June, 2014, <https://server16040.contentdm.oclc.org/cdm4/item_viewer.php?CISOROOT=/p124201coll1&CISOPTR=1216&CISOBOX=1&REC=8 .2 015/04/14>.

61　2013 年 5 月前美國政府幹員的史諾登，於媒體揭露 NSA 濫權監聽。請參閱：格倫 格林華德著，林添貴譯，《政府正在監控你》（台北：時報出版社，2014 年 5 月）。

62　〈國安局徵防駭高手 首創無人報考紀錄〉，《自由電子報》，2014 年 4 月 24 日，< http://news.ltn.com.tw/news/society/breakingnews/1296535 >。

經過上述的討論，可發現除了技術，對網軍而言其行動是建立在情報的基礎上，比起入侵技術，更重要的是情報價值。特別是目標的情資分析，都是未來網軍發動針對式攻擊的依據。因此在分析國家網軍的行動與目標時，除了單純的技術分析之外，若能結合情報學的觀點，甚至是該國情報體系的特色，或許更能發揮事半功倍之效。

肆、結論

經過上述的討論可得知，國家網軍是一群接受政府命令的駭客，其職責是依據政府單位的指導而進行網路活動。理論上應具有公務身份，但目前多半採取接案合作的方式與駭客接觸。由於網軍行動是與國家利益息息相關，會是國家行動的一環，因此如何培養具有國際實力的網軍部隊，便是涉及國家發展的戰略問題。通常可由硬體、軟體以及資訊人才實力等各面向進行觀察。

硬體面是建構一國資安實力的基礎，也是培育駭客的搖籃。但現今硬體面的發展已經不只探討資訊化的程度，更著重探討一國硬體在商品化後的市場佔有率。如過去美國所產的數位化產品，具有獨佔的地位，各國都必須購買其生產的電子產品。但現今中國以低廉成本生產的電子商品，正迅速席捲市場，這些產品是否有可能在韌體上就有掛碼的可能，甚至為日後的入侵植入後門程式。[63] 上述考量都是美國限制使用中國廠商電信網路周邊設備的主要原因（如華為、中興），甚至小米機都有洩漏個資的可能。[64] 雖然這些中國製的產品都有安全上的疑慮，但是在考量價格與性能之後，仍然獲得不少消費者的青睞。因此商業上的強勢也帶動了該國網軍的優勢。

在軟體面上，也是各國資訊實力角力的戰場，特別是在雲端科技的應用與行動裝置搭配之後，手機系統的安全更是受到各國重視。中國政府為

63　何怡蓓，〈美國指華為中興疑涉間諜活動 美大選貿易保護主義是始作俑者〉，《亞洲週刊》，第 26 卷，第 42 期（2012 年），頁 8。
64　翁毓嵐，〈異常傳輸 小米資安風險待解〉，《中時電子報》，2014 年 10 月 2 日，< http://www.chinatimes.com/newspapers/20141002000600-260110 >。

了避免資訊外洩，也禁止政府高層使用 IPHONE 手機。[65] 特別是在史諾登事件之後，披露美國進行的全球監聽計畫，更是迫使中國積極開發自己的系統，以免受制於他國。而中國也了解運用自身的商業優勢，配合軟體系統更能輕易入侵目標，甚至做到監控的目的。如中國開發的防毒軟體以及中國主流的通訊軟體（早期的 QQ、現今使用的 WeChat），根據分析報告在使用上都有資訊安全的疑慮。[66]

值得注意的是，中國政府為了掌握民眾使用網路的情形，監控網路的歷史與使用的時間幾乎一樣長久。除了採取網路實名制外，而也設計了三種不同的系統來對網路做出監控。其中「防火長城」是由宣傳系統所掌握；「金盾系統」則是中國公安部門來監管；而「綠壩」則是由工信部所掌握。[67] 而這些監控單位不只是解放軍內部保衛部門與國安體系，也與公安部有業務情報上的合作。[68] 近期這些封鎖系統更為進化，主動攻擊境外對中國發表不利言論的網站，利用 DDoS 方式嘗試癱瘓這些網站使其失去效能。[69] 這些監控與攻擊都有可能隨著中國軟體而擴散至世界。

最後則是在人才培育上，固然部分的天才是難以培養，但如何塑造出可以發現天才的環境又是另當別論。資訊安全的議題涵蓋甚廣，且在現今社會其重要性已經不容忽視。過去相關科系除了資管與資工之外，並無所謂的資安相關科系，許多駭客技術的討論都處於網路的灰色地帶。如今中國政府透過經營資安產業以及與民間大學的合作，[70] 逐漸以正統的教育方式訓練其資安人才，亦有可能成為日後網軍的主力。並透過舉辦世界級

65　陳曉莉，〈上海規定官員只能使用國產華為手機，iPhone 和三星手機皆禁用〉，《iThome》，2014 年 9 月 23 日，< http://www.ithome.com.tw/news/91050 >。

66　陳曉莉，〈奇虎之後騰訊也被三大防毒評測除名〉，《iThome》，2015 年 5 月 7 日，< http://www.ithome.com.tw/news/95707 >。

67　劉文斌、孔德瑞，〈中共網際網路控制作為研析〉，《展望與探索》，第 8 卷，第 10 期（2010 年 10 月），頁 33。

68　王官德，《中國共產黨對解放軍的控制》（台北：知書房，2008 年 9 月），頁 185。

69　Bill Marczak, Jakub Dalek, John Scott-Railton, Reports and Briefings, Ron Deibert, Sarah McKune, "China Great Cannon," The Citizen Lab, April 10, 2015. <https://citizenlab.org/2015/04/chinas-great-cannon/>.

70　Mark Stokes, L.C.Russell Hsiao, Countering Chinese Cyber Operations: Opportunities and Challenges for U.S. Interests (October 29, 2012), <http://project2049.net/documents/countering_chinese_cyber_operations_stokes_hsiao.pdf>.

駭客競賽（百度盃全國網路安全技術對抗賽）[71] 以及支持民間駭客社團，並鼓勵漏洞回報的方式整合民間資安人才，如知名的烏雲安全網便獲得中國國家網際網路應急中心贊助，以民間組織的身份，承擔部分國家資訊安全性漏洞資料庫的工作。[72] 同處東北亞的南韓亦傾全國之力發展資訊戰能量。南韓每年均有諸多國際規模的高額獎金資安競賽，如 Codegate、SECUINSIDE 和 PoC（Power of Community），更 推 展 BoB（Best of the Best）菁英計劃，延攬世界頂尖的駭客來韓指導。並結合資訊產業就業無縫接軌。在國防上南韓軍方與大學有軍官養成計劃，全額補助資訊防衛系（Cyber Defense）的學生進入國家的資電作戰部隊。[73] 這些都是我國可以借鏡之處。

我國過去在資訊產業上所累積的發展是國際有目共睹，也擁有相當完善的網路環境，資訊化程度相當高，因此在硬體發展上，我國並無落後他國太多。甚至在駭客人才的素質上，我國民間組成的駭客戰隊（HITCON），屢次在國際駭客競賽中創下佳績，[74] 許多資安公司也受到國際大廠的青睞以高價併購，[75] 我國的資安實力絕對不容忽視。但民間對於駭客的污名化，並未給予發揮的空間以及對資訊安全概念的不足，都造成我國成為許多網軍的練兵場。[76] 雖然有許多民間社團不斷投入資安領域（如台灣駭客年會HITCON、TDOH），甚至建立線上公益漏洞回報平台（VulReport），[77] 期望健全國內資安環境。但重要的關鍵還是在於政府能否有效整合產官學的力量，配合由高到低的資安策略以及學習養成環境，建立未來網軍的人才庫。

71　〈大陸「百度杯」駭客賽台灣奪冠 積分大勝 6 隊加總〉，《ETtoday 東森新聞雲》，2014 年 5 月 5 日，< http://www.ettoday.net/news/20140505/353454.htm >。

72　甄鼎丞，〈專訪烏雲網：白帽子不是駭客〉，《中國財經網》，2014 年 12 月 23 日，< http://big5.china.com.cn/gate/big5/tech.china.com.cn/news/20141223/161075.shtml >。

73　吳明蔚（Benson），〈我們可以成為資安強國〉，《蘋果電子報》，2014 年 7 月 24 日，< http://www.appledaily.com.tw/appledaily/article/headline/20140724/35978177/ >。

74　陳炳宏，〈波士頓駭客大賽 台灣 HITCON 拿下世界賽門票〉，《自由電子報》，2015 年 3 月 2 日，< http://news.ltn.com.tw/news/life/breakingnews/1244789 >。

75　陳炳宏，〈阿碼科技納斯達克敲鐘 宣布併購 APT 防禦公司 NetCitadel〉，《自由電子報》，2014 年 5 月 23 日，< http://news.ltn.com.tw/news/business/breakingnews/1014719 >。

76　陳仔軒，〈台灣網域成中國網軍練兵場〉，《自由電子報》，2013 年 7 月 20 日，< http://news.ltn.com.tw/news/world/paper/698144 >。

77　郭芝榕，〈台灣資安弱點多，HITCON 推出 VulReport 公益漏洞回報平台〉，《數位時代》，2015 年 1 月 9 日，< http://www.bnext.com.tw/article/view/id/34956 >。

　　而在資訊安全研究的整合上，固然我國在資安技術分析上處於領先地位，但現今的資安問題，卻已脫離純技術的領域。如網軍攻擊其造成的影響與破壞早已超過黑帽駭客的威脅，這也表示資安問題的層級需提昇至國家戰略的高度。[78] 過去資訊安全的學術研究大多集中在密碼學與理論上，導致於實務脫節。[79] 而資安公司的研究又多偏重在實務的操作上，卻忽略了整體面上的思考。因此，未來在資安領域的研究，若能結合國家戰略的觀點，輔以情報學的思維，以科際整合的角度來看待資安議題，以期達成最終目標：重資安者，所以保國安，保國安者，所以衛台灣。

78　惠志斌，《全球網絡空間信息戰略研究》（上海：世界圖書出版社，2013 年 9 月），頁 59-66。

79　Austin En，〈分析台、中、韓三國駭客養成文化，專訪世界級駭客團隊 HITCON 總召蔡松廷〉，《有物報告》，2014 年 10 月 8 日，< https://yowureport.com/%E7%95%B6%E9%A7%AD%E5%AE%A2%E4%B9%9F%E5%8F%AF%E4%BB%A5%E6%98%AF%E5%B9%B4%E8%BC%95%E4%BA%BA%E7%9A%84%E5%A4%A2%E6%83%B3%EF%BC%8C%E5%B0%88%E8%A8%AA%E4%B8%96%E7%95%8C%E7%B4%9A%E9%A7%AD%E5%AE%A2%E5%9C%98/ > 。

中國不聯盟戰略之起源

陳麒安 *

摘要

　　中華人民共和國成立以後，為了取得蘇聯共產黨的支持，雙方曾於 1950 年簽署《中蘇友好同盟互助條約》締結聯盟關係。但當兩國於 1950 年代晚期開始產生齟齬，1969 年又因「珍寶島事件」發生武裝衝突後，《中蘇友好同盟互助條約》便在期滿後自動失效。筆者此文便欲探討中華人民共和國為何在 1960 年代晚期斷絕對蘇聯的聯盟關係後，便鮮少與其他國家簽訂正式的軍事聯盟條約。

　　根據初步研究發現，首先是受到清末以來割地賠款的百年屈辱歷史記憶影響，中共在政黨成立之初對於歐美等外國充滿不信任感，另一方面則主要是考量爭取政權支持所需，才願意與蘇聯建立聯盟關係。其次，中共在其外交政策中，特別重視領土主權爭議，除了與蘇聯之間的珍寶島事件，在冷戰期間也和印度與越南等鄰國爆發武裝衝突。美國自第二次世界大戰結束後，在中俄周邊建立起反共的聯盟體系，也使得中共極不容易找到鄰近國家締結聯盟。再次，由於共產黨體制的特性，使得領導階層的信念變動更容易主導國家外交政策的發展。最後，當中共於 1960 年代中期研發核子武器成功，獲得了有效的嚇阻能力，便不需要依賴其他國家提供安全保障，因而確立了中國的不聯盟戰略。

---

* 　現任：國立政治大學國際事務學院韓國研究中心助理研究員。學歷：國立政治大學外交學系博士。經歷：國立台灣大學政治學系、淡江大學國際事務與戰略研究所博士後研究員。聯絡方式：chen0917@gmail.com

壹、前言

2015 年 3 月初，中國外交部長王毅在第 12 屆全國人民代表大會第三次會議的記者會上明白表示，中國著眼於「構建以合作共贏為核心的新型國際關係，正在走出一條結伴而不結盟的對外交往新路」「中國的『朋友圈』越來越大，我們的好朋友、好夥伴越來越多」。[1]

回顧歷史，當中國共產黨於 1949 年 10 月 1 日建立政權以後，為了取得蘇聯共產黨的支持與外交承認，雙方曾於 1950 年 2 月 14 日簽署有效期限為 30 年的《中蘇友好同盟互助條約》，建立起軍事聯盟關係。[2] 但當兩國於 1950 年代晚期漸生摩擦，後來又於 1969 年因「珍寶島事件」而發生武裝衝突後，《中蘇友好同盟互助條約》便形同虛文，在期滿後失效。另一方面，中共也與北韓在 1961 年簽訂了《中朝友好合作互助條約》，雙方承諾一旦締約的一方受到任何一個國家的或者幾個國家聯合的武裝進攻，因而處於戰爭狀態時，另一方應立即盡全力給予軍事及其他援助。該條約有效期限 20 年，後來於 1981、2001 年兩次延長，目前期限至 2021 年為止。[3] 然而，時任中國外交部發言人劉建超卻於 2006 年 10 月 10 日在例行記者會上明白表示，中國與北韓並非同盟關係。由於中國採取的是不結盟政策，中國和北韓的關係是建立在國際關係準則基礎上的正常國與國之間的關係。[4]

除此以外，中國幾乎未與其他國家簽署正式的聯盟條約。[5] 相較於其

---

1   〈中國外交部長：中國的「朋友圈」越來越大〉，《BBC 中文網》，2015 年 3 月 8 日，＜http://www.bbc.co.uk/zhongwen/trad/china/2015/03/150308_china_wang_yi_press ＞。本文部分文獻引述中國大陸學者著作與官方網站，為求行文用字一致，原則上以「中國」作為「中華人民共和國」的簡稱，以「臺灣」作為「中華民國」的代稱。如有特殊意義，將另作說明。

2   條約全文參見：〈中蘇兩國關於締結友好同盟互助條約及協定的公告〉，《新華網》，1950 年 2 月 14 日，＜ http://news.xinhuanet.com/ziliao/2004-12/15/content_2336329.htm ＞。《中蘇友好同盟互助條約》與《中蘇友好同盟條約》並不相同，後者係由中華民國政府代表王世杰和蘇聯政府代表莫洛托夫於 1945 年 8 月 14 日在莫斯科簽訂。

3   條文全文參見：〈中朝友好合作互助條約〉，《中文百科在線》，2011 年 2 月 6 日，＜ http://www.zwbk.org/zh-tw/Lemma_Show/116168.aspx ＞。

4   〈2006 年 10 月 10 日外交部發言人劉建超在例行記者會上答記者問〉，《中華人民共和國外交部》，2006 年 10 月 10 日，＜ http://www.fmprc.gov.cn/mfa_chn/fyrbt_602243/t275579.shtml ＞。

5   習近平於 2014 年 11 月訪問巴基斯坦時，雖然曾將其稱為「鐵桿朋友」與「全天候戰略合作夥伴」，但仍未正式簽署軍事聯盟條約。學界對於中巴兩國是否可被視為是傳統意義上的軍

他國家經常透過建立或參與聯盟體系的方式來維護國家安全與利益，中國在1950年代晚期「中蘇分裂」以後，[6]卻鮮少與其他國家發展軍事聯盟關係。本文便欲針對此特殊現象提出合理的解釋推論，俾便作為日後分析當前中國外交戰略的基礎。

　　在本文當中，係採取較為嚴格的標準，將聯盟關係視為至少兩個以上國家官方代表簽署的協定，包含了在軍事衝突中協助夥伴、在衝突事件中保持中立、限制彼此不發生軍事衝突，或在會造成潛在軍事衝突的國際危機事件中相互諮詢合作的承諾。[7]以此為標準，才能具體確認中國在「中蘇分裂」以後，是否確實採取了「不聯盟戰略」。部分學者或許慣用「同盟」一詞，但在本文中為求一致，皆以「聯盟」稱之。[8]此外，1950年代中期開始，印度、埃及與南斯拉夫等國家陸續主張不參與美國與蘇聯兩大聯盟陣營，一般稱之為「不結盟運動」（Non-Aligned Movement）。為避免混淆，本文將以「不聯盟戰略」來說明中國鮮少與其他國家締結正式聯盟關係的發展脈絡。

　　文章將首先闡述中國發展不聯盟戰略的起源，分為歷史文化背景、周邊國際局勢、領導者信念、擁有核子武器等面向。其次說明中國何時確立了不聯盟戰略的立場。再次對於中國選擇不聯盟戰略的政治考量提出理論分析，認為聯盟只是國家用以維護自身安全的手段之一，並非是必然的選擇。最後則是結論。

事聯盟關係，仍未有定論。

6　關於中蘇分裂的原因，並非本文核心主題，故在此暫不深入說明。可參見：沈志華，《冷戰中的盟友：社會主義陣營內部的國家關係》（北京：九州出版社，2012年）；沈志華，《冷戰的轉型－中蘇同盟建立與遠東格局變化》（北京：九州出版社，2012年）；沈志華、李濱（Douglas A. Stiffler）編，《脆弱的聯盟：冷戰與中蘇關係》（北京：社會科學文獻，2010年）；沈志華、李丹慧，《戰後中蘇關係若干問題研究：來自中俄雙方的檔案文獻》（北京：人民出版社，2006年）。

7　參見：Brett Ashley Leeds, Jeffrey M. Ritter, Sara McLaughlin Mitchell and Andrew G. Long, "Alliance Treaty Obligations and Provisions, 1815-1944," *International Interactions*, Vol. 28, No. 3 (January 2002), pp. 238-239；根據李茲的說法，採取較嚴格的定義係因其建立的「聯盟條約義務與規定」（ATOP）資料庫是為了能讓研究者針對條約中的正式化關係予以量化統計，並探討如何影響到國家相互間的表現行為。

8　有關學界近期對於「聯盟」定義上的探討，可參見：陳麒安，〈重新檢視瓦特的聯盟理論〉，《問題與研究》，第53卷，第3期（2014年9月），頁88，註釋6彙整的書目。

貳、中國不聯盟戰略之起源

　　第二次世界大戰結束以後，由於美國與蘇聯在戰略利益與意識型態上的對立，世界主要大國幾乎都主動或被迫選擇加入了其中一個聯盟陣營，國際體系呈現出兩極化的特徵，也開啟了冷戰時期。[9]中華人民共和國成立以後，在 1950 年代至 1960 年代初期，曾經先後向蘇聯與北韓建立聯盟關係，但在 1970 年代以來來，逐漸發展出「不聯盟戰略」，作為獨立自主的外交政策之一大特徵。

　　本文不僅探討追溯中國提出「不聯盟戰略」的政策起源，還欲進一步瞭解中國長期以來鮮少透過參與或建立聯盟體系的方式來維護自身安全與利益的深層因素。這些因素主要來自於：歷史文化背景、周邊國際局勢、領導者信念與擁有核子武器等四項。

一、歷史文化背景—百年屈辱

　　張清敏認為，中國是一個擁有悠久歷史的多民族國家。在悠久的歷史中既有輝煌的五千年，又有屈辱的二百年。完全不同的經歷形成了兩個矛盾的方面—自大和自卑、自豪感和屈辱感、仇外和媚外、向西方學習和抵制西方—交替影響中國人的觀點，構成中國民族心理最重要的內容。由於中國是透過一系列不平等條約被拉入西方主導的國際體系，而且一進入這一體系就被拋在最底層。[10]門洪華則指出，中國的外交哲學扎根於中國傳統文化，又與中國近現代的歷史進程有著直接關連。[11]李少軍表示，從鴉片戰爭遭到列強入侵，到中華人民共和國成立，這一段歷史所凸顯的就是鬥爭與反抗。對於民眾來說，要解決中西文明之間的不平等關係，解決被

9　關於美蘇兩強在冷戰時期的對峙究竟是物質利益的對抗，或是意識型態的對立，可參見：Mark Kramer, "Ideology and the Cold War," *Review of International Studies,* Vol. 25, No. 4 (Oct., 1999), pp. 539-576; William C. Wohlforth, "Ideology and the Cold War," *Review of International Studies,* Vol. 26, No. 2 (April, 2000), pp. 327-331；Mark Kramer, "Realism, Ideology, and the End of the Cold War: A Reply to William Wohlforth," *Review of International Studies,* Vol. 27, No. 1 (Jan., 2001), pp. 119-130.

10　張清敏，〈中國的國家特性、國家角色和外交政策思考〉，《太平洋學報》，第2期（2004年），頁 4-52。

11　門洪華，〈中國外交哲學的歷史演進〉，門洪華主編，《中國外交大佈局》（杭州：浙江人民出版社，2013年），頁2。

侵略與侵略、被壓迫與壓迫的關係，主要的目標就是為了實現國家的獨立
與解放。事實上，正是國際關係的不平等，決定了中國革命的必然性。[12]
因此，中國近代史上的經驗與教訓自然會對於中華人民共和國主要政治人
物的外交思維與政策作為產生潛移默化的影響。

　　根據學者的統計資料指出，從 1689 年中國與俄國簽訂「尼布楚條約」
後，至 1949 年之間，中國與外國簽訂了約 1182 件書面形式的外交文件。[13]
若是以不平等條約來說，從 1842 年的「中英南京條約」到 1949 年間，中
國與外國總共簽訂 736 項條約，其中有 343 項屬於不平等條約，佔條約總
數的 47%。如果再加上 290 項準條約，其中帶有不平等性質的有 112 項，
就共有 455 項不平等條約。[14] 許多學者認為，中國近代外交史就是一段廢
除不平等條約的艱苦歷程。諸如，李育民便表示，近代中外條約廣泛而又
深刻地影響著近代中國各個領域的社會變遷，諸如政治局勢、外交軍事、
社會經濟、思想文化等等，乃至於相關人物的政治生涯、人生走向及其命
運，均與其有著不可分割的關連。[15]

　　曾有學者總結 1911 年至 1949 年中華民國時期中國的地緣外交與得失
時指出，在北洋軍閥統治時期（1912-1928 年），中國地緣外交的基本特
點就是依附性外交。袁世凱先依附西方帝國主義，在第一次世界大戰爆發
期間，歐美各國無暇他顧，又為了復辟帝制，改為依靠日本帝國主義，於
1915 年大致接受日本提出的「二十一條要求」，簽訂「民四條約」。袁世
凱死後，北洋軍閥分裂為不同派系，直系軍閥依附英美帝國主義，皖系和
奉系軍閥則依靠日本帝國主義。這些軍閥受到外國勢力的支持，彼此相互
開戰，使得中國長期處於分裂的狀態。同時，他們為了獲取帝國主義的支

---

12 李少軍，《國際政治學概論（第三版）》（上海：上海人民出版社，2009 年），頁 416-417。

13 王鐵崖主編，《國際法》（北京：法律出版社，1981 年），頁 328。

14 侯中軍，《近代中國的不平等條約—關於評判標準的討論》（上海：上海書店出版社，2012 年），頁 610-611。

15 李育民，〈總序〉，《近代中外條約關係當論》（長沙：湖南人民出版社，2010 年），頁 6。另可參見：李育民，《中國廢約史》（北京：中華書局，2005 年）；李育民，《近代中國的條約制度》（長沙：湖南人民出版社，2010 年）；另可參見：Dong Wang, *China's Unequal Treaties: Narrating National History* (Lanham, Md.: Lexington Books, 2005).

持，大肆犧牲了國家主權和利益。[16]

　　俄國於 1917 年發生了「十月革命」後，宣布新政府將不受革命前舊政府締結條約的約束，並通知中國將放棄沙皇政府時期在滿州奪取的一切權利，恢復中國在最重要商業運輸線—中東鐵路沿線地區的主權，並放棄俄國公民在中國、蒙古等地的地產權。[17]由於蘇俄對於中國釋出的善意，再加上「十月革命」成功推翻俄國帝制，使得共產主義（或社會主義）逐漸受到中國民眾重視，在提供經費資助的情況下，最後促成了中國共產黨於 1921 年正式成立，1922 年 7 月加入了第三國際，接受俄國共產黨的領導。

　　中國共產黨成立以後，對於歐美帝國主義國家在中國的諸多作為更是大加批判。在 1922 年 7 月的《中國共產黨第二次全國代表大會宣言》中就指出，「帝國主義的列強歷來侵略中國的進程，最足表現世界資本帝國主義的本相。中國因為有廣大的肥美土地，無限量的物產和數萬萬賤價勞力的勞動群眾，使各個資本主義的列強垂涎不置，你爭我奪，都想奪得最優越的權利，因而形成中國目前在國際上的特殊地位。」「但是被壓迫的中國勞苦群眾最要明瞭現今世界大勢，才能從受壓迫的痛苦中加快的救出自己來。最近世界政治發生兩個正相反的趨勢：（一）是世界資本帝國主義的列強企圖協同宰割全世界的無產階級和被壓迫民族；（二）是推翻國際資本帝國主義的革命運動，即是全世界無產階級的先鋒—國際共產黨和蘇維埃俄羅斯—領導的世界革命運動和各被壓迫民族的民族革命運動。」[18]

　　在中國共產黨正式建立政權之前，毛澤東便曾於 1949 年 6 月 30 日表示，「十月革命一聲砲響，給我們送來了馬克思列寧主義。」「在國外，聯合世界上以平等待我的民族和各國人民，共同奮鬥。這就是聯合蘇聯，聯合各人民民主國家，聯合其他各國的無產階級和廣大人民，結成國際的

16　葉自成主編，《地緣政治與中國外交》（北京：北京出版社，1998 年），頁 302。也有學者針對民國初年北洋政府「修改」不平等條約的歷程加以研究探討，對於袁世凱在中國外交上的努力有不同解讀。參見：唐啟華，《被"廢除不平等條約"遮蔽的北洋修約史（1912-1928）》（北京：社會科學文獻出版社，2010 年）。

17　李育民，《近代中外條約關係當論》（湖南：湖南人民出版社，2011 年），頁 289-290。

18　〈中國共產黨第二次全國代表大會宣言〉，《人民網》，1922 年 7 月，< http://cpc.people.com.cn/GB/64162/64168/64554/4428164.html >。

統一戰線。」「中國人不是倒向帝國主義一邊。就是倒向社會主義一邊，絕無例外。騎牆是不行的，第三條道路是沒有的。我們反對倒向帝國主義一邊的蔣介石反動派，我們也反對第三條道路的幻想。」[19] 換言之，對於當時的中國共產黨而言，同樣也由共產黨統治的蘇聯並不是傳統意義上的帝國主義國家，因而可以爭取合作，追求具體的政治目標與外交承認。當中華人民共和國於 1949 年 10 月 1 日正式成立以後，先是於 10 月 3 日立即獲得蘇聯承認，後來又於 1950 年 2 月 14 日與蘇聯簽署《中蘇友好同盟互助條約》，建立聯盟關係。

周恩來於 1952 年 4 月 30 日在駐外使節會議上再次表示，「中華人民共和國建國以來，一直堅持和平的外交政策。我們堅持這一政策，相信以和平競賽的方法來勝過帝國主義是完全可能的。」「1949 年春，毛澤東同志就說過，我們的一個重要外交方針是『另起爐灶』，就是不承認國民黨政府同各國建立的舊的外交關係，而要在新的基礎上同各國另行建立新的外交關係。」「帝國主義總想保留一些在中國的特權，想鑽進來。有幾個國家想同我們談判建交。我們的方針是寧願等一等。先把帝國主義在我國的殘餘勢力清除一下，否則就會留下它們活動的餘地。帝國主義的軍事力量被趕走了，但帝國主義在我國百餘年來的經濟勢力還很大，特別是文化影響還很深。這種情形會使我們的獨立受到影響。因此，我們要在建立外交關係以前把『屋子』打掃一下，『打掃乾淨屋子再請客』。」[20] 毛澤東也曾於 1958 年表示，「中國人民為了消滅帝國主義、封建主義和官僚資本主義在中國的統治，花了一百多年時間，死了大概幾千萬人之多，才取得 1949 年的勝利。」[21] 江憶恩（Alastair Iain Johnston）等人認為，許多強權在 19 世紀中期到 20 世紀中期這段中國的「百年羞辱」（century of humiliation）期間曾經霸凌過中國，那種經驗散佈在中國當前的戰略思想

19　中共中央文獻編輯委員會編，《毛澤東選集，第四卷》（北京：人民出版社，1991 年），頁 1471-1473。

20　中共中央文獻編輯委員會編，《周恩來選集，下卷》（北京：人民出版社，1984 年），頁 85-87。

21　毛澤東，〈關於帝國主義和一切反動派是不是真老虎的問題〉，《人民網》，1958 年 12 月 1 日，< http://cpc.people.com.cn/BIG5/64184/64186/66665/4493215.html >。

中。[22] 由此可見，中共對於以往曾經在（清末）中國享有特殊政治經濟利益的「帝國主義」國家，仍然抱持著排斥抗拒的心理。尤其是 1950 年 6 月發生了韓戰，以美國為主的多國聯軍在聯合國授權之下，一度越過北緯 38 度線，更逼近中國邊境。韓戰結束以後，中共與同為共產黨領導的北韓也於 1961 年簽訂《中朝友好合作互助條約》。

對於歐美等傳統上被視為帝國主義的國家，中共即便日後透過不同管道接觸，陸續尋求建立邦交、爭取承認的可能性，但並未試圖與這些「非共產黨統治」的國家建立軍事聯盟關係。這項歷史背景因素也解釋了為何中蘇分裂以後，中國在 1970 年代提出「聯美制蘇」與「一條線、一大片」的戰略主張時，仍然未與美國或歐洲國家簽訂軍事聯盟條約。[23]

二、周邊國際局勢—彼此交惡

第二次世界大戰結束以後，美國為了防範蘇聯共產主義的擴張，在肯楠（George F. Kennan）的建議下，提出了圍堵政策。[24] 根據估計，當時的國務卿杜勒斯（John Foster Dulles）可能在 1950 年代先後與近百個國家締結了正式條約，因而出現了「締約狂」（pacto-mania）的稱號。[25] 美國與各國締結條約之目的，一方面提供安全保護維持區域穩定，避免再次爆發衝突；另一方面則是鼓勵盟國在安全無虞的考量下，竭力發展經濟，以促進全球經濟復甦。這些美國在冷戰期間建立起來的聯盟體系包括：以伊朗、伊拉克、巴基斯坦、土耳其等國為主的「中部公約組織」（The Central Treaty Organization, CENTO）、[26] 東南亞公約組織（The Southeast Asia Treaty

---

22　Elizabeth Economy and Michel Oksenberg, eds., *China Joins the World: Progress and Prospects* (New York: Council on Foreign Relations Press, 1999), p. 100.

23　參見：張潤，《冷戰背景下的聯美抗蘇戰略研究》（北京：九州出版社，2014 年）。即便學者季辛吉近來指出，美國與中國當時建立了準聯盟關係。但筆者認為，由於雙方沒有簽訂正式的聯盟條約，仍然不能算是軍事聯盟關係。參見：Henry Kissinger, *On China* (New York: Penguin Press, 2011), ch. 10.

24　X (George F. Kennan), "The Sources of Soviet Conduct," *Foreign Affairs,* Vol. 25, No. 4 (July 1947), pp. 566-582.

25　Cornelia Navari, *Internationalism and the State in the Twentieth Century* (New York: Routledge, 2000), p. 316.

26　中部公約組織（CENTO）原名為「中東條約組織」（Middle East Treaty Organization, METO）。在 1955 年成立之初，美國雖然未正式加入該組織，但在 1958 年時，參與了該聯盟的軍事委員會。最後於 1979 年解散。

Organization, SEATO）、[27]美澳紐公約（The Australia, New Zealand, United States Security Treaty, ANZUS）、[28]中美共同防禦條約、美日聯盟、美韓聯盟、美菲聯盟等。換言之，中共在 1950 至 1970 年代幾乎被美國主導的聯盟網絡包圍，無法另外爭取盟國。毛澤東於 1955 年 3 月在中國共產黨全國代表大會上表示，「帝國主義勢力還是在包圍著我們，我們必須應付突然事變。今後帝國主義如果發動戰爭很可能像第二次世界大戰時期那樣，進行突然襲擊」。[29]

　　對於鄰近的東南亞國家來說，在第二次世界大戰結束後，受到全球「非殖民化」潮流的影響，紛紛獨立建國。雖然同樣曾遭受西方帝國主義國家殖民統治，但一方面由於物資缺乏，戰爭結束以後仍極度仰賴歐美國家的經濟援助與政治支持，另一方面則因政權初立，擔心受到共產主義擴張的影響，反倒使得各國對中國嚴加提防，抱持戒心。1960 年代，更以促進經濟發展為目的，由印尼、馬來西亞、新加坡、菲律賓與泰國共同成立東南亞國家協會（Association of Southeast Asian Nations, ASEAN）。學者認為，東南亞國家協會成立之初，其實具有明顯的反對共產主義色彩，但這些國家與其說是擔心被中國被侵略，還不如說是擔心共產主義思想從內政上對於各國政權穩定造成的威脅。[30]

　　除了受到美國主導的聯盟體系包圍以外，中國也與鄰近國家發生多起邊境衝突。早在 1913 年 10 月，中華民國政府曾派出代表前往印度西姆拉參加「中英藏會議」。由於當時印度尚在英國統治之下，英國代表麥克馬

27　東南亞公約組織（SEATO）於 1955 年成立，1977 年解散。
28　美澳紐公約（ANZUS）於 1952 年生效，但於 1985 年時，因紐西蘭拒絕美國核子船舶進入該國領海，因而退出了美澳紐公約。但在澳洲與紐西蘭間、澳洲與美國間仍然存在聯盟關係。實際上，根據美國國務院 2013 年的《有效條約彙編》（Treaty in Force），美國只是暫時「中止」（suspend）其與紐西蘭在該條約下的義務關係。參見：The White House, *Treaties in Force,* January 1, 2013, p. 369, <http://www.state.gov/documents/organization/218912.pdf>.
29　中共中央文獻研究室編，《毛澤東文集，第六卷》（北京：人民出版社，1999 年），頁 392。
30　 Amitav Acharya, *Constructing a Security Community in Southeast Asia : ASEAN and the Problem of Regional Order* (New York: Routledge, 2001), p. 204；Kernial Singh Sandhu, et al., eds., *The ASEAN Reader* (Singapore: Institute of Southeast Asian Studies, 1992), pp. 453-454；Dewi Fortuna Anwar, "ASEAN's Enlargement: Political, Security, and Institutional Perspectives," in Mya Than and Carolyn L. Gates, eds., *ASEAN Enlargement: Impacts and Implications* (Singapore: Institute of Southeast Asian Studies, 2001), pp. 26-28.

洪（Henry McMahon）曾提出暫時劃分中印邊界的方案。1914 年 3 月間，英國以支持西藏獨立等為條件，與西藏談判代表私下換文，劃定麥克馬洪線為中國（西藏）與印度邊界，但未被我方政府正式承認接受。1947 年印度脫離英國獨立後，主張應以原麥克馬洪線為國界。1951 年，中共進入西藏。1954 年 4 月，中共與印度簽訂《關於中國西藏地方和印度之間的通商和交通協定》，在前言中雖明文規定了和平共處五原則，但由於中印之間並未就邊界爭議達成明確共識，再加上西藏民眾爭取獨立問題，經常有零星糾紛發生，最終導致 1962 年間中國與印度爆發大規模武裝衝突。[31]

此外，中國在 1970 年代晚期也與同為共產黨統治的越南發生衝突。1955 至 1975 年越南戰爭期間，中共曾對北越（越南民主共和國）提供經濟協助和武器裝備，對抗受美國支持的南越（越南共和國）。由於美軍傷亡嚴重，使得尼克森（Richard Milhous Nixon）政府在飽受國會與民意抨擊的情況下，逐步將部隊撤出，最終導致南越慘敗。在歷經了多次談判以後，美國、越南民主共和國、越南南方共和臨時革命政府和越南共和國四方於 1973 年 1 月 27 日在巴黎簽訂《關於在越南結束戰爭、恢復和平的協定》（Agreement on Ending the War and Restoring Peace in Vietnam）。然而，由於中國在 1960 年代晚期已經和蘇聯決裂，1970 年代初期又尋求改善對美關係，新成立的越南共產黨政府為了取得蘇俄經濟援助與政治支持，一方面在國內提出「反華政策」，另一方面也參與蘇聯主導的「經濟互助委員會」（Council for Mutual Economic Assistance, COMECON），更於 1978 年簽訂「蘇越友好條約」。在中國於 1978 年 12 月 15 日宣布即將與美國建交時，中越關係持續惡化，最後於 1979 年 2 月發生「中越戰爭」。[32]

換言之，中共在 1950 至 1960 年代晚期與蘇俄斷絕聯盟關係之前，周邊國家對其大多具有戒心，或受美國支持而主張反共立場，除北韓與越南等少數共產主義國家外，並無太多結交盟國的選擇。當中國與鄰國因邊界

31　參見：洪停杓、張植榮，《當代中國外交新論》（香港：勵志出版社，2004 年），頁 156-158。

32　參見：Robert C. Horn, "Southeast Asian Perceptions of U.S. Foreign Policy," *Asian Survey*, Vol. 25, No. 6 (Jun., 1985), p. 678；張登及，〈1979 年中共「懲越戰爭」的歷史結構分析－武力使用（Use of Force）〉，《東亞季刊》，第 31 卷，第 1 期（民國 89 年 1 月），頁 91-114。

而產生糾紛時，又受到百年屈辱際遇的影響，往往對領土議題採取強硬態度，不惜透過激烈手段加以解決。中蘇雙方便曾因邊境烏蘇里江上的珍寶島歸屬問題而於 1969 年爆發武裝衝突。

　　有學者認為，中共建立政權以後的 40 多年，特別是前 30 年，仍然面臨著十分嚴峻的地緣政治形勢。1950 至 1960 年代，美國對中國採取敵視政策，表現為政治上孤立、經濟上封鎖和軍事上威脅。1960 年代末至 1970 年代，蘇聯取代美國成為中國國家安全的主要和直接威脅。在這種地緣形勢下，中國人民被迫生活在受到包圍而缺乏安全感的環境之中，因此就不得不把維護國家的主權、獨立和安全，作為外交政策的首要目標。[33]

三、領導者信念—掌握詮釋

　　共產國家或不民主國家領導者，相對於民主國家來說，前者的個人信念對於國家政策發展有著更大的影響。江憶恩（Alastair Iain Johnston）便認為，在毛主義時期，中國對於外部批評是不屑一顧的。[34] 其他學者也表示，在低度發展的國家，由於社會組織多半是新建的，規模不大也不完備，缺乏結構嚴密的政府機構和組織程序，也缺少對於個人擔任公職行為標準的完整說明；在這種社會中，尤其是在比較封閉的國家，領導者的個性變得比較重要，一方面是因為這些政治人物很少受到輿論監督和利益團體的約束，另一方面也是由於低度發展社會的領導人往往擁有特殊的歷史遺產或奮鬥經歷。[35] 宮力等人則指出，在 1949 至 1966 年的 17 年間，中國外交決策呈現出高度集權化的基本態勢，核心權力集中掌握在中央高層，毛澤東具有「最後決定權」。但同時，也存在黨內民主機制和「毛-劉-周」體制兩個機制，並發揮了重要作用。[36] 由此可知，相較於一般民主國家，中共領導階層對於國家的外交政策有較高的主導權，甚至掌握了對內詮釋與界定國際局勢的影響力。

33　葉自成主編，《地緣政治與中國外交》，頁 324-325。
34　江憶恩著，王鳴鳴譯，〈中國參與國際體制的若干思考〉，《世界經濟與政治》，第7期（1997年），頁 9。
35　參見：王逸舟，《全球政治和中國外交》（北京：世界知識出版社，2003 年），頁 54-55。
36　宮力、門洪華、孫東方，〈中國外交決策機制的變遷〉，門洪華主編，《中國外交大佈局》，頁 18。

在中國對日抗戰勝利之後，毛澤東於 1945 年表示，「世界上的事情，都是這樣。鐘不敲是不響的。桌子不搬是不走的。蘇聯紅軍不進入東北，日本就不投降。我們的軍隊不去打，敵偽就不繳槍。」「我們並不孤立，全世界一切反對帝國主義的國家和人民都是我們的朋友。但是我們強調自力更生，我們能夠依靠自己組織的力量，打敗一切中外反動派。蔣介石同我們相反，他完全是依靠美國帝國主義的幫助，把美國帝國主義作為靠山。獨裁、內戰和賣國三位一體，這一貫是蔣介石方針的基本點。美國帝國主義要幫助蔣介石打內戰，要把中國變成美國的附庸，它的這個方針也是老早定了的。」「蘇聯的參戰，決定了日本的投降，中國的時局發展到了一個新的時期。」[37] 由此可以窺知中國共產黨勢必會靠向蘇聯尋求政治支持，最後還建立了政權。

當中蘇關係友好時，毛澤東甚至在 1956 年 9 月召開的中國共產黨第八次全國代表大會上表示，「在國際上，我們要團結全世界一切可以團結的力量，首先是團結蘇聯，團結兄弟黨、兄弟國家和人民，還要團結所有愛好和平的國家和人民，借重一切有用的力量。」「我們團結黨內外、國內外一切可以團結的力量，目的是為了什麼呢？是為了建設一個偉大的社會主義國家。」「我們這個國家建設起來，是一個偉大的社會主義國家，將完全改變過去一百多年落後的那種情況，被人家看不起的那種情況，倒楣的那種情況，而且會趕上世界上最強大的資本主義國家，就是美國。」[38] 在中共建立政權之初這種「一邊倒」的思維指導下，自然會尋求與共產主義國家建立友好關係，因而在 1950 年與蘇俄簽署《中蘇友好同盟互助條約》，在 1961 年與北韓簽訂了《中朝友好合作互助條約》。

儘管如此，中共領導階層仍然希望避免遭受過去中國備受外國宰制的困境，盡可能爭取自主決策的空間，或者至少不要受到其他國家的過度干涉。趙磊認為，由於當時中國透過與蘇聯結盟，固然獲得了在遭受侵略時得到蘇聯援助的權利，但因此也承擔了在重大外交、軍事上與蘇聯磋商的

37 中共中央文獻編輯委員會編，《毛澤東選集，第三卷》（北京：人民出版社，1991 年），頁 1132-1134。

38 〈增強黨的團結，繼承黨的傳統〉，《人民網》，1956 年 8 月 30 日，＜ http://www.people.com.cn/GB/shizheng/8198/30446/30452/2196047.html ＞。

義務。蘇聯表現出來的「大國主義」情緒，也讓中國領導階層留下了極不愉快的記憶。[39] 門洪華也分析指出，「一邊倒」是新中國成立之初的外交戰略重心，但並非外交戰略的全部。而且，「一邊倒」短期有利於新生政權的鞏固，長期發展而言並不符合中國的長遠利益，它造成了外交戰略上的不平衡。[40] 張小明則表示，毛澤東明確提出「一邊倒」的方針，無疑也是為了消除史達林（Joseph Stalin）對中共所懷有的疑慮，以獲得蘇聯的積極支持。但是，「一邊倒」並不意味著要在國際舞臺上追隨蘇聯，亦步亦趨，喪失獨立性。「一邊倒」戰略方針本身就是中國共產黨領導人從最大限度地維護自我國家利益出發、獨立自主地制定出來，而不是別國影響和作用的結果。因此，「一邊倒」戰略的提出，並不意味著中國在冷戰中成為蘇聯的「衛星國」。不理解這一點，就不能充分認識 50 年代末、60 年代初中蘇兩黨、兩國矛盾、分歧乃至最後分裂。[41]

　　時任中華人民共和國政務院[42]總理兼外交部長周恩來於 1953 年底會見印度代表團時，首次提出「和平共處五項原則」，包括：互相尊重主權和領土完整、互不侵犯、互不干涉內政、平等互利、和平共處。特別是尊重主權和領土完整此項更是中共外交政策的核心思想。1956 年 2 月，蘇共召開第二十次全國代表大會，針對 1953 年逝世的史達林及其社會主義政策提出了檢討和批判。根據遲愛萍的分析，1956 年蘇共二十大後，中蘇兩黨對馬列主義理論、國際共運原則、當代世界形勢等重大問題出現一些不同看法。對於這些分歧，毛澤東始終主張透過內部討論來解決，而不應影響兩國正常關係。但赫魯雪夫（M. Nikita Khrushchev）為了要追求和美國平起平坐共同主宰世界的外交戰略，一心想把中國納入他的戰略體系，並為此向中國不斷施加各種壓力，以致於意識型態的分歧擴大到國家關係上，中蘇之間爭取控制與反控制的抗爭越來越激烈。為了維護國家主權和民族尊嚴，毛澤東決定放棄「一邊倒」的國際戰略，把蘇聯稱之為「修正主

39　趙磊，《建構和平：中國對聯合國外交行為的演進》（北京：九州出版社，2007 年），頁 59，註釋 3。

40　門洪華，〈中國外交戰略與大國進程〉，門洪華主編，《中國外交大佈局》，頁 37。

41　張小明，〈冷戰時期新中國的四次對外戰略抉擇〉，《當代中國史研究》，第 5 期（1997 年），頁 43-44。

42　中華人民共和國國務院於 1954 年 10 月 25 日前稱政務院。

義」，並在此基礎上提出在世界範圍內建立「反帝、反修」統一戰線的國際戰略。[43] 但沈志華根據晚近收集的資料認為，1956 年 9 月中共召開第八次全國代表大會，對於蘇共二十大和批判史達林問題總體上還是給予高度評價。以後的情況表明，中蘇關係不僅沒有出現嚴重分裂，反而更加緊密。當然，中蘇之間也不是完全沒有意見紛歧，主要反映在「和平過渡」和批判「個人崇拜」這兩種問題上。如果談到潛在影響，應該是蘇共揭露史達林的錯誤，降低了莫斯科的威信，中國共產黨反而逐漸崛起。在蘇共陷入思想混亂之際，包括蘇共黨員在內的不少共產黨人感覺到，也許中共和毛澤東本人更有能力和資格來指導當前的國際共產主義運動。從歷史過程來看，導致中蘇同盟最終破裂的種子大概埋藏在這裡。[44]

　　1956 年中共召開八大以後，中蘇之間發生多起摩擦，也使得雙方領導階層之間的合作信念逐漸被消磨殆盡。[45]1958 年 7 月 22 日，毛澤東在與蘇聯駐中國大使尤金（Павел Фёдорович Юдин）會談時更直接表示：「我們對米高揚不滿意。他擺老資格，把我們看作兒子。……當時我說過，什麼兄弟黨，只不過是口頭上說說，實際上是父子黨，是貓鼠黨。這一點，我在小範圍內同赫魯曉夫等同志談過。他們承認。這種父子關係，不是歐洲式的，是亞洲式的。……我對米高揚在我們八大上的祝詞不滿意，那天我故意未出席，表示抗議。很多代表都不滿意，你們不知道。他擺出父親的樣子，講中國是俄國的兒子。」[46]

　　在 1969 年珍寶島事件後，兩國之間的聯盟關係也隨之終結。1970 年代，蘇聯反倒成為中國主要的安全威脅。1971 年 7 月，季辛吉（Henry Alfred Kissinger）假道巴基斯坦訪問中國大陸。此後，中國逐漸改善與其

43　遲愛萍，〈毛澤東國際戰略思想的演變〉，《黨的文獻》，第 3 期，1994 年，頁 48。

44　沈志華主編，《中蘇關係史綱：1917-1991 年中蘇關係若干問題再探討—增訂版》（北京：社會科學文獻出版社，2011 年），頁 139-156，特別是頁 155-156。

45　這些事件包括：八二三砲戰、長電波電台、共同艦隊、原子彈研發、中印邊界衝突等事項。參見：牛軍，〈毛澤東的「危機意識」與中蘇同盟破裂的緣起（1957-1959）〉，《冷戰與中國外交決策》（北京：九州出版社，2012 年），頁 118-133。

46　中共中央文獻編輯委員會編，《毛澤東文集，第七卷》（北京：人民出版社，1999 年），頁 386-387。米高揚（Анастас Иванович Микоян）當時擔任蘇聯共產黨中央主席團委員、蘇聯部長會議副主席。赫魯曉夫（Никита Сергеевич Хрущёв）臺灣學者多譯為赫魯雪夫，此處因為引述中國大陸文獻，故保留原文字。

他大國，特別是美國的關係。由於 1971 年 10 月 25 日，聯合國大會通過 2758 號決議，中華人民共和國代表得以取代中華民國在聯合國安理會常任理事國的席位。1972 年 2 月，美國總統尼克森更親自訪問中國大陸並簽訂了《上海公報》，兩國關係大幅改善，也埋下了日後美國與我國於 1978 年底斷交的伏筆。在此脈絡之下，1970 年代初期，毛澤東甚至一度提出了「一條線、一大片」的戰略主張。1973 年 2 月 17 日，毛澤東在會見季辛吉時表示：「我跟一個外國朋友談過，我說要搞一條橫線，就是緯度，美國、日本、中國、巴基斯坦、伊朗、土耳其、歐洲。這實際上是提出了一個聯合抗蘇的國際統一戰線的戰略構想」。[47] 張植榮等人認為，中美關係改善後，中國對於美國霸權主義本質的認識並未改變。毛澤東提出三個世界劃分的觀點，把美蘇作為第一世界，作為全世界革命人民的敵人。中國政府根據蘇攻美守的形勢，認為當時蘇聯的擴張政策對全世界人民比美帝更具有危險性與欺騙性，蘇聯不只是對中國而且是對世界發動戰爭的主要威脅，所以確定了反對兩霸、側重打擊蘇霸的對外戰略。中國提出一條線的戰略，不意味著中國向美國「一邊倒」，喪失獨立的原則。中國領導人十分清楚，對中國來說，中美聯合的主要目的是反對蘇聯的霸權主義，維護中國的安全。[48] 因此，中國要強化或弱化與特定國家之間的關係，這些外交戰略的變化，相當程度上取決於中國領導人對於國際局勢的理解與詮釋，並無法由國際體系的權力結構變遷作出推論。縱使中國此時需要和美國加強合作，但仍然堅持了不聯盟的立場。

四、擁有核子武器一足以自保

在美國於 1945 年 8 月對日本的廣島與長崎投下原子彈以後，中共便開始注意到了此項武器的作用。當時中共《解放日報》曾將其稱為「戰爭技術上的革命」，但毛澤東則在黨內表示「不應誇大原子彈的作用」。[49]1946

47　宮力，〈毛澤東「一條線」構想的形成及戰略意圖〉，《毛澤東鄧小平理論研究》，第 5 期（2012 年），頁 68。

48　洪停杓、張植榮，《當代中國外交新論》（香港：勵志出版社，2004 年），頁 78-79。另可參見：張潤，《冷戰背景下的聯美抗蘇戰略研究》（北京：九州出版社，2014 年）。

49　中共中央文獻編輯委員會編，《毛澤東年譜（1893-1949 年）中卷》（北京：人民出版社，1993 年），頁 616-617。

年 8 月 6 日，毛澤東在接受美國記者斯特朗（Anna Louise Strong）採訪時表示，「原子彈是美國反動派用來嚇人的一只紙老虎，看樣子可怕，實際上並不可怕。當然，原子彈是一種大規模屠殺的武器，但是決定戰爭勝敗的是人民，而不是一兩件新式武器。」[50] 在 1949 年 8 月下旬，蘇聯第一次試爆原子彈成功以後，毛澤東於 1950 年初前往莫斯科訪問，史達林還陪同觀看了原子彈試爆的影片，毛澤東回國以後就向身邊人士表示，中國也可以搞一點。[51] 由於中蘇雙方在 1950 年 2 月 14 日簽署的《中蘇友好同盟互助條約》第一條即指出，「……一旦締約國任何一方受到日本或與日本同盟的國家之侵襲因而處於戰爭狀態時，締約國另一方即盡其全力給予軍事及其他援助。」[52] 學者牛軍分析指出，由於蘇聯已經擁有核子武器，這相當於規定了蘇聯將向中國提供保護。但在 1950 年 6 月 25 日韓戰爆發以後，蘇聯並未介入朝鮮半島與美國開戰。這樣的教訓讓中共領導階層決定，日後不會將重大的戰略利益寄託在蘇聯的核子保護傘之下。[53] 但沈志華則根據俄國軍方的檔案資料指出，在韓戰最危急，即美國在仁川登陸成功的時候，蘇聯總參謀部制訂的四個方案之一，就是動用核子武器來對付美軍。換言之，蘇聯可以向社會主義國家提供核子保護，但不希望跟其他國家分享核子武器的秘密。[54]

　　1950 年代中期開始，毛澤東等人提出了積極防禦的軍事戰略，並決定要開始發展核子武器。以當時的條件而言，中共若想要取得和發展先進武器與軍事技術，最好的甚至是唯一的途徑就是獲得蘇聯援助。便有學者認為，毛澤東是基於軍事安全與國際地位的需要，所以才試圖極力爭

50　中共中央文獻編輯委員會編，《毛澤東選集，第四卷》（北京：人民出版社，1991 年），頁 1194-1195。

51　葉子龍口述，溫衛東整理，《葉子龍回憶錄》（北京：中央文獻出版社，2000 年），頁 185-186。

52　條約全文參見：〈中蘇兩國關於締結友好同盟互助條約及協定的公告〉，《新華網》，1950 年 2 月 14 日，< http://news.xinhuanet.com/ziliao/2004-12/15/content_2336329.htm >。

53　牛軍，《冷戰與新中國外交的緣起 1949-1955（修訂版）》（北京：社會科學文獻出版社，2013 年），頁 451-452。

54　沈志華，〈援助和限制：蘇聯對中國研製核武器的方針（1949-1960）〉，《冷戰中的盟友：社會主義陣營內部的國家關係》，頁 155。俄方的資料參見：Viktor M. Gobarev, "Soviet Policy toward China: Developing Nuclear Weapons 1949-1969," *The Journal of Slavic Military Studies*, Vol. 12, No. 4 (1999), pp. 7-8.

取。[55]1954 年 10 月，赫魯雪夫訪問中國大陸，毛澤東趁機提出希望蘇聯能援助中共發展原子能與核子武器等項目。原本赫魯雪夫還勸說毛澤東應該要集中力量發展經濟建設，並表示只要有蘇聯的核子保護傘就夠了，但後來依舊答應在原子能的和平使用方面幫助中國。[56]毛澤東在 1954 年 10 月 23 日接見前來北京訪問的印度總理尼赫魯（Jav harl l Nehr ）時便曾透露，「在武器方面，美國以為它有原子彈和大砲，以為它的海、空軍強大，因為它依靠這些東西。我想武器雖然有變化。但是除了殺傷的人數增多以外，沒有根本的不同。……中國現在沒有原子彈，不知道印度有沒有。我們正在開始研究，原子彈是要花本錢的，我們一下子還搞不起來。」[57]

此後，中共與蘇聯便開始了一系列的合作計畫，逐步發展建立中國的核子工業能力。1955 年 1 月 20 日，雙方先是簽訂《關於在中華人民共和國進行放射性元素的尋找、鑑定和地質勘察工作的議定書》，兩國將在中國境內合作勘探，由中方開採鈾礦石，除了滿足自身需要以外，其餘皆由蘇聯加以收購。同年 4 月 27 日，中共代表團在莫斯科與蘇聯簽訂《關於為國民經濟發展需要利用原子能的協定》，蘇聯將協助中共進行核子物理研究，為和平使用原子能而進行核子試驗，還要派遣專家協助設計和建造實驗性的原子反應堆，並且培訓中國的核子物理專家和技術人員。1956 年 8 月 17 日，中蘇簽訂《關於蘇聯援助中國建設原子能工業的協定》，蘇聯將援助中國建設一批原子能工業項目與實驗室。1957 年 10 月 15 日雙方又簽訂了《關於生產新式武器和軍事技術裝備以及在中國建立綜合性原子能工業的協定》。1958 年 9 月 29 日，中蘇進一步簽訂《關於蘇聯為中國原子能工業方面提供技術援助的補充協定》，對於前一年所簽署的協定內有關項目的規模、設計完成期限和設備供應期限大致確認。[58]1956 年 4 月下旬，毛澤東在中共中央政治局擴大會議上還曾一度指出，「我們現在還沒

55　牛軍，〈毛澤東的「危機意識」與中蘇同盟破裂的緣起（1957-1959）〉，《冷戰與中國外交決策》，頁 121。

56　沈志華，〈援助和限制：蘇聯對中國研製核武器的方針（1949-1960）〉，《冷戰中的盟友：社會主義陣營內部的國家關係》（北京：九州出版社，2013 年），頁 156, 158。

57　中共中央文獻編輯委員會編，《毛澤東文集，第六卷》，頁 367。

58　戚嘉林，〈國防科技跨越半個世紀(三)〉，《海峽評論》，208 期，4 月號（2008 年），< http://www.haixiainfo.com.tw/208-7172.html >。

有原子彈。……我們現在已經比過去強，以後還要比現在強，不但要有更多的飛機和大砲，而且還要有原子彈。在今天的世界上，我們要不受人家欺負，就不能沒有這個東西。」[59]

然而，由於 1958 至 1959 年間，整體國際局勢與中蘇之間都有不同的事件發生，連帶影響了中蘇雙方的核子合作計畫，蘇聯更是多次藉口拖延與保留原本承諾提供給中共的核武科技的重要原料與資訊，毛澤東對此感到十分不滿。

1958 年 7 月 22 日，毛澤東在與蘇聯駐中國大使尤金會談時直接表示，「你們就是不相信中國人，只相信俄國人。俄國人是上等人，中國人是下等人，毛手毛腳的，所以才產生了合營的問題。要合營，一切都合營。陸海空軍、工業、農業、文化、教育都合營，可不可以？或者把一萬多公里長的海岸線都交給你們，我們只搞游擊隊。你們只搞了一點原子能，就要控制，就要租借權。此外，還有什麼理由？你們控制過旅順、大連，後來走了。為什麼控制？因為當時是國民黨的中國。後來你們自動走了，因為是共產黨領導的中國了。」[60]1958 年 8 月 23 日，中共在未知會蘇聯的情況下砲擊金門，希望迫使中華民國政府放棄大陸沿海的島嶼。為了避免美國干預，毛澤東早在 7 月底時便邀請赫魯雪夫訪問北京，雙方更發表了聯合公報，營造蘇聯支持中共行動的氣氛。但這也埋下了蘇聯與中共分裂的種子。[61]

最後，蘇共中央於 1959 年 6 月 20 日通知中共，由於蘇聯與美國等西方國家在日內瓦舉行禁止核子試驗的談判，為了避免影響談判進程，蘇聯方面決定暫緩按照相關協議提供模型和資料，兩年以後再視情況來決定。[62] 同年 9 月底，赫魯雪夫在結束與美國總統艾森豪（Dwight David

59　中共中央文獻編輯委員會編，《毛澤東文集，第七卷》，頁 27。
60　中共中央文獻編輯委員會編，《毛澤東文集，第七卷》，頁 385-386。
61　沈志華，〈砲擊金門：蘇聯的應對與中蘇分歧〉，《歷史教學問題》，第 1 期（2010 年），頁 4-21，尤其是頁 7-8。
62　李覺等主編，《當代中國核工業》（北京：中國社會科學出版社，1987 年），頁 32。由於蘇聯正式拒絕向中國提供有關原子彈教學模型和圖紙資料的信函是在 1959 年 6 月發給中共，所以中國便將第一枚原子彈研製工程定名為「596 工程」。參見：晶文婷，〈中國第一顆原子彈研製歷程與重大意義研究綜述〉，《西北工業大學學報（社會科學版）》，第 31 卷，

Eisenhower）會晤後，前往中國大陸，準備參加中華人民共和國國慶活動，毛澤東卻與赫魯雪夫在 10 月 1 日的雙方會談間爆發激烈的爭執。根據沈志華彙整的資料，赫魯雪夫當時表示，蘇聯已經擁有核子武器，並準備根據中蘇同盟條約像保衛自己一樣保衛中國。毛澤東則回應，中國是一個擁有主權的大國，需要有自己的核子武器。[63] 但此時毛澤東已經按耐不住對於蘇聯的不滿。10 月 2 日，毛澤東與赫魯雪夫再次會面，赫魯雪夫先是抱怨中共於 1958 年 8 月 23 日砲擊金門卻未事先與蘇聯溝通商量，後來又批評中國與印度之間在 1959 年發生的邊界衝突與西藏問題，影響美蘇領袖高峰會議的氣氛。[64] 雙方因此不歡而散。

　　1960 年 7 月，蘇聯宣佈撤回派往中國大陸的所有專家與技術人員，突顯出中蘇之間的聯盟關係已經陷入冰點，也使得中共核能工業與核子武器的研究發展陷入停滯。有學者指出，由於許多專案和工程都已經有了基本架構，一旦蘇聯停止援助，設備材料停止供應，工程也就無法繼續下去；在已經供應的設備中，一般設備多，關鍵設備少。有些工程設計雖然蘇聯已經完成，但是檔案資料不完整，中方人員並沒有掌握核心技術。[65] 毛澤東當時明確指示，要下決心搞尖端技術，不能放鬆或下馬。時任外交部長陳毅也指出：「我這個外交部長的腰桿還不太硬，你們把原子彈、導彈搞出來了，我的腰桿就硬了。」[66]

　　1964 年 10 月 16 日，中共第一顆原子彈在新疆試爆成功，成為繼美國、蘇聯、英國、法國之後，第五個擁有核子武器的國家。10 月 17 日，時任國務院總理周恩來表示，「中國進行核試驗、發展核武器，是被迫而為的。中國掌握核武器，完全是為了防禦，為了保衛中國人民免受美國的核威脅。中國政府鄭重宣布，在任何時候、任何情況下，中國都不會首先使用核武

第 1 期（2011 年 3 月），頁 40。

63　沈志華主編，《中蘇關係史綱：1917-1991 年中蘇關係若干問題再探討—增訂版》，頁 263。

64　同上註，頁 265。

65　劉戟鋒、劉艷瓊、謝海燕，《兩彈一星工程與大科學》（山東：山東教育出版社，2004 年），頁 190。

66　王素莉，〈毛澤東國防尖端科技戰略的成功決策與「兩彈一星」的歷史經驗〉，《觀察與思考》，第 12 期（2013 年），頁 10。

器。」[67] 雖然有文獻指出，毛澤東曾在 1964 年 10 月 22 日表示，必須立足於戰爭，從準備大打、早打出發，積極備戰，立足於早打、大打、打原子戰爭。[68] 但根據其他學者近來研究發現，這只能說是毛澤東於 1960 年代對於中國所面臨的國際局勢，以及世界戰爭與和平發展脈絡的基本思想，並不見得是一個完整的政策立場。[69]

參、不聯盟戰略的確立

當中國於 1960 年代與蘇聯斷絕了聯盟關係以後，雖然形式上仍然與北韓仍有聯盟關係，但在整體外交戰略上，也逐漸確立日後「不聯盟戰略」的基本態勢。

趙磊認為，由於毛澤東等人於 1966 年起發動「文化大革命」，所以 1970 年代初期中國政治局勢還不可能完全擺脫極「左」勢力的干擾。1976 年 1 月和 9 月，周恩來、毛澤東相繼去世。同年 10 月粉碎江青集團以後，極「左」勢力被徹底清除，「文化大革命」宣告結束。1977 年 7 月 21 日，中共中央十屆三中全會決定，恢復鄧小平中共中央委員、中央政治局委員、常委、中共中央副主席、中共中央軍委副主席、國務院副總理、中國人民解放軍總參謀長的職務。此時，中央重新確立以國內經濟建設為全國的工作重點。[70]1977 年 12 月，鄧小平在中共中央軍委的全體會議上表示，國內與國際局勢都是好的，但是不能大意，要看到困難。「因為我們有毛澤東同志的關於劃分三個世界的戰略和外交路線，可以搞好國際的反霸鬥爭。另一方面，蘇聯的全球戰略部署還沒有準備好。美國在東南亞失敗後，全球戰略目前是防守的，打世界大戰也沒有準備好。所以，可以爭取延緩戰爭的爆發」。[71] 正因為中共於 1970 年代初期進入聯合國，隨後又與日本建立正式邦交，並持續改善中美關係，美國與蘇聯也在此時期推動和解政策。

67　中共中央文獻編輯委員會編，《周恩來選集，下卷》，頁 431。
68　廖國良主編，《毛澤東軍事思想發展史》（北京：解放軍出版社，1991 年），頁 539。
69　袁德金，〈毛澤東與「早打、大打、打核戰爭」思想的提出〉，《軍事歷史》，第 5 期（2010 年），頁 1-6。
70　趙磊，《建構和平：中國對聯合國外交行為的演進》，頁 59，註釋 94。
71　中共中央文獻編輯委員會編，《鄧小平文選，第二卷（第二版）》（北京：人民出版社，1994 年），頁 76-77。

在外部沒有面臨立即威脅的情況下，中國也沒有參與或建立軍事聯盟來維護國家安全的迫切需要。

　　鄧小平於 1982 年在中共第十二次全國代表大會上表示：「中國的事情要按照中國的情況來辦，要依靠中國人自己的力量來辦。獨立自主，自力更生，無論過去、現在和將來，都是我們的立足點。中國人民珍惜同其他國家和人民的友誼和合作，更加珍惜自己經過長期奮鬥而得來的獨立自主權利。任何外國不要指望中國做他們的附庸，不要指望中國會吞下損害我國利益的苦果。」[72] 閻學通認為，在 1982 年中共十二大報告提出「中國絕不依附於任何大國或國家集團」的「不結盟」原則之前，中國的外交理念是明確區分敵友的。[73] 對於國家在國際關係中採取的是制衡或扈從大國戰略，往往是傳統聯盟理論關注的焦點。

　　到了 1980 年代中期，中國更加堅持獨立自主的外交政策原則，並不希望跟其他國家建立聯盟關係。鄧小平於 1985 年 6 月 4 日表示，中國的對外政策有了轉變。「粉碎『四人幫』以後，特別是黨的十一屆三中全會以後，我們對國際形勢的判斷有變化，對外政策也有變化，這是兩個重要的轉變。」「過去有一段時間，針對蘇聯霸權主義的威脅，我們搞了『一條線』的戰略，就是從日本到歐洲一直到美國這樣的『一條線』。現在我們改變了這個戰略，這是一個重大的轉變。」「我們奉行獨立自主的正確的外交路線和對外政策，高舉反對霸權主義、維護世界和平的旗幟，堅定地站在和平力量一邊，誰搞霸權就反對誰，誰搞戰爭就反對誰。」「根據獨立自主的對外政策，我們改善了同美國的關係，也改善了同蘇聯的關係。我們中國不打別人的牌，也不允許任何人打中國牌，這個我們說到做到。這就增強了中國在國際上的地位，增強了中國在國際問題上的發言權。」[74] 鄧小平在 1985 年 8 月會見坦尚尼亞總統時又再次強調：「我們現在奉行的是獨立自主的對外政策，不傾向於任何一個超級大國。誰搞霸權主義，

72　中共中央文獻編輯委員會編，《鄧小平文選，第三卷》（北京：人民出版社，1993 年），頁 3。

73　閻學通，〈大國外交得區分敵友〉，《環球網》，2014 年 8 月 25 日，<http://opinion.huanqiu.com/opinion_world/2014-08/5115961.html>。原文中使用的是「不結盟」一詞，筆者於引用時仍維持不做更動。

74　中共中央文獻編輯委員會編，《鄧小平文選，第三卷》，頁 126-128。

就反對誰，誰願與我們友好，我們也願意與誰友好，但決不捲入任何集團，不同它們結盟。」[75]

王逸舟認為，在毛澤東掌權的 1949 年至 1970 年代中後期，中國參與各種國際組織主要是希望能得到更多的國際承認。由於歷史因素及外部壓力，中國領導者在外交路線上最初選擇「一邊倒」的方針，向蘇聯靠攏，並沒有把那些非社會主義性質的、一眼就看出是西方主導的國際組織，視為要真心合作的對象。[76]葉自成則表示，獨立自主的原則在中國地緣外交的不同時期有不同的表現形式。在建國初期是「一邊倒」政策，聯蘇反美；60 年代，既反蘇又反美，但以反美為主；70 年代，聯美反蘇，恢復了和美國的關係；80 年代，又提出不與超級大國結盟或建立戰略關係，實行獨立自主的和平外交政策等，全面開創獨立自主外交。[77]其他學者也表示，中國領導者採取的是一種「以國家為中心的權力平衡計算，試圖要維持中國的戰略獨立」，並不在於強化相互安全。因此，中共領導階層並不認同有關安全的合作概念，也不接受對於中國軍事力量的實質限制。相較於經濟領域，中國更不願意參與國際或區域的安全建制。這些行為其實是受到某些根深蒂固的戰略與戰術引導，包括：保持外交政策作為的彈性，避免長期的承諾和糾纏不清的聯盟。被排除在一個國際建制之外是痛苦的，但在建制內部而受到限制也是一樣痛苦。[78]

肆、理論分析

現實主義學者華爾滋（Kenneth N. Waltz）認為，國家生存在國際體系無政府狀態下，安全是最高目的。只有在生存得到保證的情況下，國家才能安全地追求其他目標。權力只是手段，而非目的。[79]國家為了追求安全

75　中共中央文獻研究室編，冷溶、汪作玲主編，《鄧小平年譜 1975-1997》（北京：中央文獻出版社，2004 年），頁 1068。

76　王逸舟，《全球政治和中國外交》，頁 245。

77　葉自成主編，《地緣政治與中國外交》，頁 327。

78　Elizabeth Economy and Michel Oksenberg, eds., *China Joins the World: Progress and Prospects,* p. 21, 25.

79　Kenneth N. Waltz, *Theory of International Politics* (Reading, Mass.: Addison-Wesley Pub. Co.,1979), p. 126.

以確保生存，因此各國面臨的任務是相似的。[80] 然而，這樣的論點其實只有指出國家追求安全之目的，並沒有說明國家實踐此目的之手段。事實上，國際關係理論現實主義學派的諸位學者正是在國家如何追求安全的手段，以及如何判斷影響安全的因素來源之層次等議題有所爭論。

對於國家追求安全的手段來說，多數現實主義學者認為國家往往會選擇制衡對手。華爾滋便曾表示，「如果在國際政治中有什麼獨特的理論，那就是權力平衡理論。」為了要達到權力平衡的目標，國家會採取的內部努力手段包括：增強經濟實力、增強軍事實力、發展聰明戰略；外部努力手段則包括：強化或擴大己方聯盟、弱化或縮小敵方聯盟。[81] 瓦特（Stephen M. Walt）則是主張「威脅平衡」的觀點，認為國家主要制衡的是具有威脅性的對手，而不見得是權力較大的對手。所以美國在兩次世界大戰發生之後，都是加入了整體實力較為強大的陣營。[82] 只有當國家相較於對手的實力過於弱小、缺乏盟國保護而無法形成有效的制衡聯盟、勝負情勢越趨明顯而對己方不利時，國家才會選擇扈從（bandwagoning）威脅來源。[83]

對於多數現實主義學者而言，他們都將「扈從」視為被迫靠向強權或具有威脅性的一方。華爾滋就指出，制衡強權而不是扈從強權才是國際體系引發的行為，否則就會出現世界霸權。國家重視的是如何維持在國際體系中的地位。[84] 瓦特則表示，「扈從」指的是向威脅來源聯盟。[85] 然而，施韋勒（Randall L. Schweller）卻反駁指出，具有維持現狀偏好的國家才會希望制衡對手，以免破壞現狀所能帶來的利益。對於試圖改變現狀的國家（revisionist）來說，正是由於對現狀不滿，因此選擇扈從（或接受扈從）才能聚集更大的權力以獲取衝突後的利益。因此提出了「利益平衡」（balance of interest）或「扈從利益」（bandwagoning for profit）的觀點，說明國家往往是考慮利害關係後選擇了扈從強權來獲取和確保利益。[86]

80　*Ibid.*, p. 96.
81　*Ibid.*, pp. 117-118.
82　Stephen M. Walt, *The Origins of Alliances* (Ithaca: Cornell University, 1987), pp. 16-22.
83　*Ibid.*, pp. 29-31.
84　Kenneth N. Waltz, *Theory of International Politics*, pp. 125-126.
85　Stephen M. Walt, *The Origins of Alliances*, p. 17.
86　Randall L. Schweller, "Bandwagoning for Profit: Bring the Revisionist State Back in," *International*

　　由此可見，建立或參與聯盟只是國家透過外部努力來實現制衡的手段之一，國家若欲制衡對手，還是可以選擇經由內部努力而不需要透過聯盟的手段來實現目標；更進一步來說，國家也有可能選擇扈從其他國家來獲得利益，特別是當彼此都有類似的傾向來維持或改變現狀時，並不必然一定要選擇制衡。筆者認為，應將「扈從」界定為「弱國靠向強國」的行為，但根據不同情境與動機來區分積極追求利益的「順從」，以及消極避免損失的「屈從」。[87] 如此才能較為合理的解釋兩種不同的行為：其一是小國被迫靠向不同傾向的大國以尋求生存機會，另一種則是小國積極靠向相同傾向的大國以尋求安全保障或利益分享。

　　另一方面，聯盟意味著參與各方對於彼此的安全作出承諾，因而對於盟國會有不同程度的限制。在此前提之下，弱國參與聯盟的動機，往往是為了獲得安全和利益而願意犧牲部分外交自主權利；強國建立聯盟的動機，則主要是凸顯正當性、分攤防衛責任與經費，或是透過制度約束來牽制其他盟國。[88]

　　以本文所探討的案例來說，在中共建立政權之初，一方面長期受到蘇聯共產黨援助，在意識型態上較易接受合作；另一方面，此時中共勢力最為脆弱而又需要外交承認時，和蘇聯建交並爭取建立聯盟關係就成為最為有利的政策。然而，聯盟只是維護國家生存與安全的手段之一，並非絕對需要的戰略選擇。為了獲得足以保護自己的核武力量，中國甚至也不惜撕破與蘇聯之間的合作關係。

　　當中國於 1964 年 10 月成功試爆原子彈以後，民族自信心也更加高昂。毛澤東便於同年 12 月 13 日指出：「我們不能走世界各國技術發展的老路，跟在別人後面一步一步地爬行。……我們不是也爆炸了一顆原子彈嗎？過去西方人加給我們的所謂東方病夫的稱號，現在不是拋掉了嗎？為什麼西

　　 Security, Vol. 19, No. 1 (Summer, 1994), pp. 72-107, especially pp. 80-82.

87　完整說明可參見筆者拙著：陳麒安，〈重新檢視瓦特的聯盟理論〉，《問題與研究》，第 53 卷，第 3 期（2014 年 9 月），頁 87-115。

88　關於強國透過聯盟來約束較為弱小的盟國，參見：Jeremy Pressman, *Warring Friends: Alliance Restraint in International Politics* (Ithaca: Cornell University Press, 2008); Victor D. Cha, "Powerplay: Origins of the U.S. Alliance System in Asia," *International Security*, Vol. 34, No. 3 (Winter 2009/10), pp. 158-196.

方資產階級能夠做到的事，東方無產階級就不能夠做到呢？」[89] 因此，在蘇聯協助之下而開始研發核子武器，並最終獲得實際成果，一方面受惠於中蘇聯盟合作關係，但另一方面卻也成為促使中蘇分裂的原因之一。此後，中國便可主張，不需要透過參與或建立聯盟體系來維護自身國家安全。

伍、結論

作為國家生存在國際體系無政府狀態下保護自身安全的措施之一，建立或參與聯盟關係並非是每個國家必然的選擇，也不見得最符合自身利益。實際上，每個國家決策者都是在綜合考量戰略文化、歷史背景、國內因素、地緣環境與國際局勢等多項因素以後，才會作出是否建立或參與聯盟體系的決定。換言之，國家內部與外部環境，物質利益與理念規範等因素都發揮了作用。

經由本文的初步探討，吾人可以發現，歷史文化背景、周邊國際局勢、領導者信念、獲得核子武器等四大因素其實是相互交織、綜合塑造了中國在與蘇聯斷絕聯盟關係後，長期不結交盟國的政策立場。

首先是受到清末以來割地賠款的百年屈辱歷史記憶影響，中國共產黨在成立之初就對於歐美等外國充滿了不信任感，此時共產革命後的蘇俄雖然釋出部分善意，但中共領導階層仍然抱持戒心。起初主要是考量在中國境內爭取政權支持所需，才願意與蘇俄建立聯盟關係。但從 1950 年代晚期中蘇之間因為相互懷疑猜忌而產生的摩擦與誤會看來，民族屈辱的悲憤情緒確實對於中共領導階層處理對外事務的思維模式產生影響。

因此，中國在其外交政策中，特別重視領土主權爭議，在 1950 年代晚期至 1970 年代間，除了曾和鄰國印度與越南發生武裝衝突，1969 年更不惜和蘇聯爆發爭奪珍寶島事件。此外，由於第二次世界大戰結束後，美國為了防堵共產主義擴張，在中蘇周邊建立起反共的聯盟體系，使得中國在與蘇俄斷絕合作後，即便想要另尋發展聯盟關係，除了北韓以外，幾乎

89　中共中央文獻編輯委員會編，《毛澤東文集，第八卷》（北京：人民出版社，1999 年），頁341。

找不到適合的國家。

再次，由於共產黨體制的特性，政治領導階層的信念更容易影響國家外交政策的發展與變遷。在中華人民共和國建立政權之初，毛澤東有求於蘇聯時，兩國建立聯盟關係似乎成為必然的發展。在 1956 年 9 月的中國共產黨第八次全國代表大會上，毛澤東還一再表示要團結蘇聯，團結兄弟黨。但是當中蘇雙方因為諸多齟齬而漸行漸遠，最後甚至決裂而兵戎相向時，毛澤東又提出了「一條線」戰略，希望拉攏其他國家共同對付蘇俄，但仍不能視為真正的聯盟政策。在美蘇兩強對峙的國際局勢於 1970 年代出現和態勢而略顯和緩之際，鄧小平則是提出了「獨立自主」外交政策，正是突顯出「不聯盟戰略」的確立。

最後，正是在前述背景之下，中共建立政權以後便力圖發展核子武力。一方面可以維護自身安全，另一方面也象徵著大國地位的提升。當 1964 年 10 月成功試爆原子彈以後，便獲得了保護國家安全的利器，自然不需要參與或建立聯盟體系而使得自身的外交作為受到拘束限制。

安全化困境下的亞太區域發展：
兼論台灣之戰略選項

蔡東杰[*]　盧信吉[**]

摘要

　　雖然如何分析「安全」的概念眾說紛紜，但是國家安全成為領導者優先關注的議題在國際關係領域中無庸置疑。安全化理論框架下，首重安全主體，其次是「存續威脅 (existential threat) 與「緊急（應變）措施」，兩大要素成為判別主體安全與否的關鍵。本研究以安全化理論的假設，從軍事、政治、經濟、社會與環境等五大面向切入分析安全概念，以及探討前亞太區域中的安全化困境。

　　當前亞太區域中的安全化困境來自於美中戰略競合。美國安全戰略的調整與重返亞洲政策，是美中亞太地區競合發展的課題。話語權和政治網絡的運用，讓美中各自在軍事以及經濟領域中賦予安全保證。台灣在兩者安全化的結構中並未擁有太多話語權，也未因為台灣的特殊地位在政治網絡中佔有關鍵影響力。如果不能在經濟領域中握有話語權，或者在政治、軍事領域下持續向國際發聲，則台灣的戰略選項將不斷消蝕。

[*]　國立中興大學國際政治研究所教授
[**]　國立中興大學國際政治研究所博士候選人

壹、安全化理論

　　對國際關係領域而言，安全研究乃是一個既複雜又關鍵的議題。在傳統的國際關係中，所謂安全係指「國家安全」，亦即以國家為基礎來建構國家利益、探討國家如何透過決策與其他行為者互動並藉此維護自身生存；一般來說，在認定國際社會以國家為主要行動單位的研究中，國家安全無庸置疑成為國家領導者優先關注的議題。

　　以國際無政府狀態（anarchy）為前提認知，現實主義者如 Kenneth Waltz 認為，由於不存在制式規範的國際關係，行為者的數量和各自實力將決定其彼此之互動，國家既無法依賴他者提供保障，只能自助（self-help）以求生存，安全乃成為國家追求的最終目標。進言之，此種國際體系鼓勵國家追求安全極大化，而非權力極大化，國家在乎的是如何維持其在體系中地位。[1] 國家的行動原則基於不確定它國意圖，擴張自我權力自保為確保安全的最佳途徑，John Mearsheimer 認為國家有兩種自我保障的不同模式，包含較消極地增加本國防禦能力與較積極地削弱它國攻擊能力，前者讓國家不滿足於現狀，後者則讓國家試圖改變它國行為模式，透過削弱潛在敵人以增加對其他所有國家的相對權力。[2] 不同於現實主義者對於國際社會狀態的認知，新自由主義者如 Robert Keohane 對實現安全目標的模式則有如下歧異看法：他以行為者具理性而自利為假設，在尋找最大化利益的理性下，合作亦為選項之一，國家終將認知到，利益的和諧所能發揮的效用一定大於因衝突而產生的利益；[3] 雖然此派認為合作協調下必然產生穩定無政府狀態的機制，在安全議題中是否存在仍需特別探討，但或將增加國際安全實現的機率。總而言之，無論如何加以定義，安全既都是國家考量重點，至於將某一事物視為與安全相關的過程，則可稱為「安全化」。

　　進言之，在分析安全概念的過程中，安全主體的界定乃安全化中值得

1　Kenneth N. Waltz, "The Origins of War in Neorealist Theory," *Journal of Interdisciplinary History*, Vol. 18, No. 4 (1988), p. 616.

2　John J. Mearsheimer, *The Tragedy of Great Power Politics* (New York: W.W. Norton, 2001), p. 21.

3　Robert Keohane, "Institutional Theory and the Realist Challenge after the Cold War," in David A. Baldwin, ed., *Neorealism and Neoliberalism: The Contemporary Debate* (New York: Columbia University Press, 1993), p. 273.

關切的首要議題。對安全概念的解釋與延伸而言，直到個體應對安全威脅後的作為，均可稱為「安全化」的過程。在安全事務的實踐上，其對國家與其他行為者或個體間有不同的回應，對國家而言向為兩面刃。往昔的國際環境下，適當地運用安全化議題（亦即主觀詮釋何謂安全）是實踐主權國家應有權力的途徑之一，但即便國家不再受到威脅，仍將繼續無限上綱國家安全的位階，從而製造出新的「不安全」（insecurity）。在國際關係中，解釋國家安全如主權國家、政權，以及固定的領土疆界受到威脅與破壞，是一個最容易被接納的「安全」概念。其次，在可能遭受到威脅後，如何界定是否遭遇「存續威脅（existential threat）與「緊急（應變）措施（emergency measure）」，成為判別安全與否的要素。

在國家事務上，各層次的存續威脅是否存在，常因時勢變化有些微差異，例如在軍事領域上，便經常探討最常見的行為者（國家）如何行使軍事力量的權利以應對其他行為者的威脅。如何證明對安全威脅的認知，進而擁有正當性並掌握行使軍事力量的權力，乃軍事領域受存續威脅時經常採取的緊急措施，傳統而言即為國家的應變，但時至今日，則包含正當性意念的傳達（如人道干預或者和平維護）等，這類更積極的廣義措施也逐漸被納入觀察。至於政治領域的存續威脅主要在於「主權」行使受到挑戰，有時還包含國家主權背後代表的意識形態，例如對於統治合法性的質疑或者承認等。

相較於軍事與政治領域，在經濟領域上要明確界定存續威脅則較有困難；由於國家並沒有辦法如經濟面向的主體（公司）般被「宣告」破產，因此在經濟領域中，很難將國家面臨之重大困難（例如財務危機）定義為對國家的威脅，惟當代國際社會中，由於互賴日深帶來更密切之連動，經濟領域對於國家的影響乃逐漸擴大，甚至連能夠改變國際社會的規範，或影響國際社會的制度等，都可能是未來經濟面向上可被接受之新型態的存續威脅。至於社會領域方面，被列入存續威脅的對象，一般為宗教與民族之類的認同式集體意識（collective identity），它們會因為對於某種形式的認同而改變其對國家的看法，其中又以封閉式的認同對國家影響較深，尤

其是若干難以改變的意識形態（或傳統），將根植在信仰者中並傳承於後代，在求取意識形態接續的過程中，求取更多其他領域的權力將改變現有的模式；環境領域中則將個體存在的範圍擴及所有行為者，包含物種、環境類型，從生物存續的大範圍探討，理解國際社會中對安全概念的主要指涉對象（國家）的權利義務。[4]

　　值得注意的是，若進一步檢視所謂安全化的定義，則安全化或可稱為一種極端的「政治化」，其超越一切既有之政治結構、政治規則，以及當下所有的政治手段，成為一種特殊的模式。所有的安全問題都可能在當下不特別受到重視，但當其指涉對象遭受某種「被認知」的存續威脅，其採取安全化手段，將改變國家決策者的優先順序、對於目標執行的決心毅力、採取手段的激烈程度，以及維護行為體的正當性，安全化政策躍然於一切目標之上。

　　除此之外，袁易從兩個層次探討安全化的實踐，首先，「安全化是一種自我參照的實踐」，其次則「安全化是相互主體性的實踐」。前者是透過分析 Alexander Wendt 與 Dale C. Copeland 在建構國家安全上與現實主義者的差異，指出從歷史經驗而來的自我反思，將吸取安全化的精要，進而反映出自我對於安全化的體悟與時間，據此，「安全化過程，即一個行為主體適應其他行為主體對一種威脅內容構成的認知。」後者意指安全化所指涉對象經常是動態的，在行為體變動的情況下面臨的存續威脅不同，就會導致不同程度的安全化。[5]最後，對原本的指涉對象（也就是國家）而言，安全化的啟動與後續政策施行，則是「安全化」議題存在與否的關鍵，不過，礙於實際情勢的解讀差異，也可能無法完全正面論證存續威脅的存在，[6]針對此一情況，林挺生認為，即便對於存續威脅的解讀產生落差，但對於安全化進行中的程序而言，解讀本身之重要性將逐步降低（甚至被認定為不證自明）。[7]也就是一旦存續威脅導致進行中的安全化主體（如國家

4　Barry Buzan, Ole Waever and Jaap de Wilde, 1997, *Security: A New Framework for Analysis* (Lynne Rienner Publishers), pp. 21-23.

5　袁易，〈重新思考外空安全：一個中國建構安全規範之解析〉，《中國大陸研究》，第52卷，第 2 期（2009），頁 3-8。

6　Barry Buzan, Ole Waever and Jaap de Wilde, *op. cit.*, p. 24.

7　林挺生，〈兩岸經濟合作與經濟安全化：與 ECFA 有關爭議的分析〉，《全球政治評論》，第

或者人民）接收訊息，就開始啟動越過一切正常程序的應變措施，例如期望讓國家變的更安全，直到指涉對象的感受改變為止。

　　因此，在安全化架構下，如何衡量安全化成為當代國際社會中爭論不止的議題。對此，Barry Buzan, Ole Waever 與 Jaap de Wilde 認為，研究話語權（discourse）與政治網絡（political constellations）面向是基本的判斷標準。

　　可以這麼說，「話語權」讓欲透過存續威脅創建安全化途徑的他者，能夠完全理解安全化的需要，進而願意接受被安全化議題的特殊性，進而配合相關政策的施行，以國家安全為例，即為戒嚴或宣戰等特殊狀況的產生，在當下有危害指涉對象安全的前提下，接受異於常態的規則；搭配「政治網絡」的判斷指導，其判斷必須倚靠指涉對象在政治結構下位階的認定、權力的施行，以及話語權擁有與否做一綜合判斷，這種動態的互動模式，常常因為指涉對象的互動模式改變而變動，如國家在同盟條約中被賦予某種安全承諾後，有時便會因為承諾落實的程度高而放棄部分國家安全防禦的政策，但仍不排除隨時可能因為落實減少，而改弦易轍的轉變國家政策。話語權的運用得當，將促使指涉對象在政治網絡的地位提升，政治網絡地位的上升也將導致話語權更有影響力，兩者有助於指涉對象掌握安全化過程中，對於「安全」議題的設定。

貳、當前亞太區域中的安全化困境

　　進入新世紀以來，亞太地區不僅在國際政治經濟議題中，扮演愈發重要的角色，也因為此地區複雜的環境內涵，尤其涉及諸多大國（例如目前全球經濟體排名前三位之美國、中國與日本，以及前冷戰霸權俄羅斯）與長期存在的傳統安全問題（例如冷戰時期所創造之 4 個分裂國家，迄今僅存尚未解決的兩個，即兩岸與兩韓問題），更讓它受到關注。至於在此地區中，可能產生安全化困境的對象大致可略分為三：東海地區、台海兩岸以及南海地區。

　　有關東海地區與南海地區的紛爭，主要始於多個國家行為者認定其擁有這些地區部分島嶼的領土主權，而台海兩岸則為不同的政府擁有治理部分區域，且認定其權力未及的地區應為可治理的異議（兩韓關係雖類似，但近期因北韓核武危機不斷升溫，已超越安全化層次而為實際之安全問題，故在此不論）。前者引發的問題在於國家是否擁有相關島嶼主權，得以擴及 1982 年國際海洋法規約內訂定 12 海浬的專屬經濟海域（Excluded Economic Zone, EEZ），以及島嶼周圍擁有的豐富天然資源，至於後者，台海兩岸之主要內涵為政治性議題，目前台灣擁有的治理範圍是否可視為在中國大陸政權掌控之外，擁有獨立行為能力，對於後者行使主權有著部分關聯性。

　　在此，本文將嘗試從 Buzan 前述針對安全化理論所提供的 3 個面向，即軍事領域、經濟領域，以及政治領域等之定義出發，嘗試去分析當前亞太區域中存在的安全化困境。

　　回到理論本身，傳統的軍事領域研究雖包含了部分安全化理論下討論的軍事安全，但並非所有的軍事領域議題都與安全有關係，例如當前的亞太區域主要行為者（國家）基本上都宣稱其彼此之間並沒有安全化議題的衝突。舉例來說，無論中國人民解放軍（PLA）或者日本自衛隊的武裝力量維持，多半自稱基於防護國家存在目的，而非為了抵抗「存續威脅」而存在，但這顯然牴觸了某些國際政治「常識」（例如對中日潛在衝突之討論）；儘管有此種落差，Buzan 依舊傾向保守地認為，在指涉對象（也就是對於國家安全威脅）的認定上，必須有「危害國家」的可能，即對國家控制之領土與人口有「排他」權力的發生，或者「影響政府國內職能」（例如破壞國內秩序與和平現狀，包含制定法律和執行法律）時才是「存續威脅」因素的發端，[8] 否則其他「常態性」的軍事行動與政策執行，都只涉及主權國家欲達成在其他領域目標的結果。值得一提的是，若採取 Buzan 的保守詮釋，雖可能限縮我們對安全化議題的鎖定過程，但檢視各國對東海或南海島嶼的主張不難發現，[9] 由於內容涉及固有領土主張，具明顯「零和」

8　Barry Buzan, Ole Waever and Jaap de Wilde, *op. cit.,* pp. 49-52.

9　華民國外交部，〈中華民國對釣魚臺列嶼主權的立場與主張〉，2014 年 2 月 5 日，< http://

性質（源自主權之單一性），且所涉及領土對象多半已存在實際治理，而非不確定之無主狀態，排他現象愈發明顯，因此確實浮現潛在之存續威脅，也構成被安全化的邏輯出發點。

其次，在經濟領域上，經濟安全根基於經濟網絡建立和健全與否。在自由主義者主張的自由貿易體系下，由於身為霸權（體系維持者）之美國近期經濟狀況呈現相對下滑，導致制度維持不若以往穩定（例如 WTO 多哈回合談判延宕，或 2008 年以降之全球金融海嘯等），世界經濟因為全球化連結的便利與區域經濟快速整合等諸多新特徵，都讓 Buzan 傾向認為，當代經濟安全將會受到下列事件的影響：（1）軍事動員能力的經濟脈絡，（2）仰賴外部資源的不穩定，（3）與全球市場連結的風險，（4）經濟犯罪問題，（5）國際經濟危機的牽連。[10] 換言之，主權國家願意透過甚麼方式與成本，獲得經濟面向的回收，乃是經濟安全化判別的主要依據，經濟網絡下相互之間的依賴與共同維持，是當代國際社會穩定與否很重要的關鍵，也是維護國家安全與否的因素。

在當前亞太區域中，中國透過對外援助建立經濟基礎建設為由，逐步建構相關經濟組織，也透過經濟願景的給予（例如 2013 年以來包括絲路基金與亞洲基礎建設投資銀行之倡議與實際推動，後者已於 2015 年簽署協議），為亞太地區乃至於東亞地區的共榮創造正面可能性；雖然各國對於中國的最終政治意向判斷尚未確定，但從世界各主要國家都表達參與亞投行創始會員的作為而言（包括 57 個區域內外國家，其中 50 個已簽署協議），中國正以建構東亞經濟體制來試圖減緩各國經濟安全的顧慮。

政治領域的安全化議題核心價值在於主權，也就是指涉對象能否執行其對安全化期望的相關規則是政治安全判別的依據，且在政治領域下，指涉對象在政治網絡中地位的安全程度亦是 Buzan 關注的焦點。從政治的領

---

www.mofa.gov.tw/News_Content.aspx?n=AA60A1A7FEC4086B&sms=60ECE8A8F0DB165D&s=B803FFD6FD6148DD >；中華人民共和國外交部，〈《釣魚島是中國的固有領土》白皮書〉，2012 年 9 月，< http://www.fmprc.gov.cn/mfa_chn/ziliao_611306/tytj_611312/zcwj_611316/t973235.shtml >；日本外務省，〈尖閣諸島について〉，< http://www.hk.emb-japan.go.jp/chi/territory/senkaku/index.html >。

10　Barry Buzan, Ole Waever and Jaap de Wilde, *op. cit.*, pp. 95-99.

域與範圍來看，其與國家領域的重疊性非常高，例如像主權、領土，以及人民，或者國家組織下的軍事、經濟，以及社會領域，但 Buzan 仍以政治性的詞語，亦即「承認」來定義兩者間的差異，亦即一個政治性實體必須獲得政治領域內其他組成對象的承認，才會成為政治領域內的實體，也才因此獲得其內部統治合法性，以及相對的國際合法地位。國際間組織多有其象徵政治地位的功能，如聯合國，因此符合聯合國的規則而獲得承認的指涉對象，才有其對聯合國政治地位的相對意涵。[11] 從這個角度看來，目前東亞地區面臨政治安全存續威脅的政治實體，主要為台灣，但值得一提的是，近年台灣並沒有因為存續威脅而採取緊急（應變）措施，甚至努力與安全威脅對象發展實質互動以降低安全化困境的疑慮，這樣的妥協選擇固然反映出台灣當政者在國際現勢下的妥協，但背後之國際環境內涵，依舊值得深入觀察與分析；對此，我們將於下段進一步說明。

　　總的來說，話語權與政治網絡建構了安全化指涉對象的環境，在大致呈現高度動態的互動環境中，包含著軍事、經濟、政治、環境，以及社會面向等極其複雜之環境要素內涵。其中，後兩者並不存在於當前亞太區域安全化困境中，原因在於後兩者需要更為緊密的社會網絡以及互動連結。相對地，亞太區域的經貿網絡以及政治關係，雖受到第二次世界大戰以及地緣政治的影響，一度因呈現附屬性或邊緣化特徵而降低安全化疑慮，不過，由於近年來中國經濟崛起，以及發展中的大國關係之重新建構（無論是美國推動之重返亞洲，或中國希望與美國建構之新型大國關係），這些都讓亞太區域當中部分行為者，在某些特定領域中再度遭逢安全化議題之影響。

參、安全化困境下美中競合之影響

　　可以這麼說，在新一波的亞太地區安全化浪潮中，美國無疑扮演的最關鍵的角色之一。2009 年 11 月，美國總統 Barack Obama 訪問日本並於東京演說，宣示「新政府將重視並強化與亞太盟邦間的合作關係。」[12]

11　Barry Buzan, Ole Waever and Jaap de Wilde, *op. cit.* pp. 119-124.
12　Barack Obama, "Remarks by President Barack Obama at Suntory Hall," *The White House,*

國務卿 Hillary Clinton 隨即亦在與對外關係委員會等地發表的演說中，頻頻強調美國對亞太地區的高度重視。[13]2011 年 11 月，Clinton 更在《外交政策》雜誌（Foreign Policy）以〈美國的太平洋世紀〉（America's Pacific Century）為題，指出在外交、經濟與戰略等面向強化對亞太地區的投入，將成為美國未來十年中最重要的任務之一。[14] 與此同時，美國重新佈署其在亞太地區的戰略發展，在安全戰略規劃的調整上，時任美國國防部長 Leon Panetta 於 2012 年的香格里拉對話（Shangri-La Dialogue）中表示，美國將逐步將戰略中心移往亞洲，太平洋與大西洋的艦隊部署比例目標，將在 2020 年時由過去的 5:5 調整至 6:4。[15] 在區域安全事務合作上，美國也更積極地鞏固其與亞太盟邦的邦誼，並提供更為堅強的安全協防政策，例如 2011 年亞太訪問行程中，Obama 不但前往澳洲進行訪問，於其國會發表演說中，更強調與亞太伙伴盟邦強化安全合作的意願。[16]2012 年 3 月的訪韓行程中，Obama 亦透過公開演說重申對南韓安全承諾不變及支持半島統一的立場。2015 年 4 月底美日兩國外交國防（2+2）會議更公布了自 1997 年以來的第一次更新消息，除防衛合作擴大至全球範圍外，更將尖閣諸島（我稱釣魚台列嶼）列入美日安保條約的適用範圍中。[17] 由此可見近期美國重返亞洲政策，將美中亞太地區競合發展推向另一發展階段。

　　從安全化理論檢視當前美中競合過程，可以發現兩國在「安全」的詮

November 14, 2009, <http://www.whitehouse.gov/the-press-office/remarks-president-barack-obama-suntory-hall>.

13　Hillary Clinton, "America's Pacific Century", *U.S. Department of State*, November 10, 2011, <http://www.state.gov/secretary/rm/2011/11/176999.htm>；Hillary Clinton, "Remarks on United States Foreign Policy", *U.S. Department of State*, September 8, 2010, <http://www.state.gov/secretary/rm/2010/09/146917.htm>.

14　Hillary Clinton, "America's Pacific Century," *Foreign Policy*, November, 2011, <http://www.foreignpolicy.com/articles/2011/10/11/americas_pacific_century&usg=ALkJrhghJbgGZJq2oQnuLBhrbulFJuoDpg>.

15　News of U.S. Department of Defense, "Panetta Describes U.S. Shift in Asia-Pacific," *U.S. Department of Defense*, June 1, 2012, <http://www.defense.gov/news/newsarticle.aspx?id=116591>.

16　The White House, "President Obama Addresses the Australian Parliament", *The White House*, November 17, 2011, <http://www.whitehouse.gov/blog/2011/11/17/president-obama-addresses-australian-parliament>.

17　John Kerry, "Press Availability with Secretary of Defense Ash Carter, Japanese Foreign Minister Fumio Kishida, and Japanese Defense Minister Gen Nakatani," *U.S. Department of State*, April 27, 2015, <http://www.state.gov/secretary/remarks/2015/04/241162.htm>.

釋層次上略為有所不同。

　　美國主要從區域安全的上層框架，設定其在亞太地區的安全認知，例如在東海部分便透過維護美日安全的「安保條約」，圈入日本所稱之尖閣諸島島嶼；其目標在於穩定美日兩國在東海區域的優勢影響力，並透過既存之話語權運用向周遭國家說明其區域安全的底線，也期望透過美日防衛指針的宣布，告知相關行為者（例如中國大陸）其安全化的決心以及可能施行的範圍，讓妨礙其所設定之區域安全目標成為不能夠觸碰（untouchable）的對象。相對地，中國在並未實質掌控釣魚島列嶼且影響力不足的情況下，現階段仍以維護國家安全為目標，將國家安全政策凌駕於其他政策之上，例如可能危及經濟利益之反日商活動，或透過大筆經費支出支援軍事力量巡弋釣魚台周邊海域。從當前中國持續對釣魚島島嶼進行巡弋，並對日方施壓以進行軍事對談看來，中國對國家領土安全之堅持不僅可謂顯而易見，由此，安全化政策也同時成為兩個區域霸權的目標。換言之，兩個國家皆認為遭受存續威脅而其緊急（應變）措施卻又互相衝突，將造成區域在安全議題上的困局。

　　儘管有關綜合國力（comprehensive national power）的討論，迄今仍存在「量化」困境，亦即依舊無法找出可靠之客觀評量指標，但對於中國近期影響力日益崛起的「感覺」，既不斷成為美國各種年度安全報告之「威脅」來源，也成為美國在亞太地區推動「安全化」議題與政策之主要正當性基礎，從而在美中競合局勢的廣泛認知下，形塑出一系列的「重返亞洲」（Pivot to Asia）政策，並成為今日美國全球霸權戰略的關鍵一環。

　　在落實「安全化」政策之實際作為方面，美國除進一步為盟邦提供軍事層面的安全承諾與實質屏障外（包括軍售、駐軍與新協定等），也試圖重新建立因應時局的一套新經濟網絡，例如加速「跨太平洋夥伴協定」（TPP）談判程序，便為美國避免經濟層面的存續威脅擴大的應對政策。美國國務卿 John Kerry 在 2015 年 4 月答覆眾議員 Gerry Connolly 針對《台灣關係法》36 周年質詢的書面答覆時曾表示，對於台灣有興趣加入 TPP 表示

歡迎。[18] 相對地，或許為回應美國愈趨積極之區域經濟戰略，中國對建立新的亞太地區經濟脈絡也不斷推出倡議，例如表示將從提供 500 億美元給金磚五國新開發銀行（NDB）成為初始資本、承諾出資 400 億美元用以建立絲路基金、提供 500 億美元初始資本建立亞洲基礎設施投資銀行（AIIB），以及創建上海合作組織的融資機構等，皆顯示未來中國對於亞太地區經濟相關基礎建設的重要性。此外，根據我國經濟部資料顯示，2014 年經濟規模占全球 GDP 約 29%（達 23 兆美元左右），成員包含東協 10 國、中國、印度及日本等亞太地區重要經濟體的「區域全面經濟夥伴協定」（RCEP），也在中國與東協共同大力推廣下加速談判，預計於 2015 年完成談判簽署，並於 2017 年經各國國會批准生效後發揮實質效益，值得注意的事，此一涵蓋貨品貿易、服務貿易、投資、經濟與技術合作、智慧財產權、競爭政策以及爭端解決等議題項目的龐大經貿框架正在東亞地區成形，但美國並未被包含在此框架中。[19] 顯然地，在亞洲形成「沒有中國的 TPP vs. 沒有美國的 RCEP」時，美國既可能因此感受到喪失經濟領導權及規則制定權力的潛在性，經濟層面的存續威脅也持續強化其「安全化」之理解與安排。

如前所述，當代亞太區域下對於安全化的關注多為軍事、經濟，以及政治領域，為確保自身「安全」，亞太區域內多數指涉對象亦願意透過前述 3 項領域中的相互保證，取得其對安全的承諾。如軍事領域中對於軍事同盟的信賴，以相互資源、技術，以及資訊的交換，獲得相互間軍事安全的保障，已成為當代亞太區域的特徵；美中戰略競合的發展亦表現出類似趨勢。事實上，以軍事同盟或者經濟貿易夥伴關係形勢而存在的協議遍布亞太地區，如下表一所列，中國近期不斷推動簽署雙邊貿易協定，即為中國賦予周邊國家經濟面向的安全承諾，近期中美推廣之 TPP、RCEP、NDB、AIIB、APEC、博鰲論壇等多項經貿組織均為經濟領域安全的考量。考慮到所謂「安全化」給予當代亞太地區指涉對象在現實環境下的顧慮仍

18　廖漢原，〈凱瑞：美將持續擴大提升對台灣關係〉，《中央通訊社》，2015 年 4 月 15 日，
　　＜ http://www.msn.com/zh-tw/news/world/%E5%87%B1%E7%91%9E%E7%BE%8E%E5%B0%8
　　7%E6%8C%81%E7%BA%8C%E6%93%B4%E5%A4%A7%E6%8F%90%E5%8D%87%E5%B0
　　%8D%E5%8F%B0%E9%97%9C%E4%BF%82/ar-AAb1DJW ＞。

19　經濟部國貿局，《TPP/RCEP 專區》，2015 年 2 月 13 日，＜ http://www.trade.gov.tw/Pages/
　　List.aspx?nodeID=1312 ＞。

深，在美中競合策略將持續維持，且尚未深化相互間聯繫之前，相關指涉對象對於安全的維護既仍有戒心，於是不可能如同歐洲整合上的快速進展，也不會產生如同美洲自由貿易（NAFTA）概念下的信任感。當然，亞太區域發展或將以自我步調，建構亞太地區應有的步伐，在逐漸的相互聯繫、理解，以及信任後再邁出安全的下一步。

肆、台灣的戰略挑戰和抉擇

　　由前述可知，至少自新世紀以來，亞太地區既部分（若由所涉及國家之區域代表性看來，也可稱之普遍）存在著若干「安全化」挑戰，從而埋下區域衝突之潛在根源，至於位居這一連串安全化浪潮核心位置之美中競合互動，儘管可能存在「外張內弛」或「鬥而不破」的穩定態勢，但相關發展依舊方興未艾，離最終解決也還有很長一段路要走。更重要的是，面對此一戰略情勢，台灣不但在亞太地區（若限縮於東亞的話）居於地緣戰略中央位置，很難不受到情勢波及，更甚者，兩岸關係與美台關係又是我國對外互動中，兩對最關鍵之雙邊互動對象，由此更帶來在「巨人夾縫」中的沉重壓迫感。

　　大體言之，在國際間沒有「話語權」以及只擁有極少數的「政治網絡」的台灣，在戰略挑戰上有著先天的劣勢。前者讓主權國家擁有對外說明自身安全化顧慮與主張的機會，同時對內擁有執行安全化政策的正當性，喪失話語權讓台灣在亞太地區沒有發揚其主張的機會，唯有在危機產生時，透過局部政策宣揚方式消極地說明自身的期望，例如「東海和平倡議」便是一例。[20] 雖然可藉此證明我政府對維持地區和平的信念與做法，但無法保證其在國際間的效益，也難以真正獲得周遭國家實質支持其執行，因此，話語權的缺乏將持續困擾台灣當局。缺乏當代國際政治結構地位的正式承認，成為台灣當局面臨的第二個挑戰，話語權是指涉對象得以主動說明本身認知的方式，而獲得政治網絡的承認則是被動獲取認同的模式。對於兩

20　中華民國總統府，《「東海和平倡議」－合作開發東海資源》，2012 年 8 月 5 日，< http://www.president.gov.tw/Default.aspx?tabid=1103&itemid=27867 >。

項重要手段都缺乏的台灣，必須認清所處環境，才能因應挑戰做出正確抉擇。

　　從軍事領域而言，雖然當代國際社會已經極少發生軍事侵略活動，但台灣仍需持續證明我政府沒有對外擴張領土與侵略它國主權行使範圍之意圖。以長期和平的事實出發，相信能說服亞太地區周遭國家，讓台灣在軍事領域上獲得絕對的信任。就經濟領域而言，當前洽簽雙邊、多邊貿易協定的方式雖是正確的，但因在相關政治領域上與中國大陸仍存在競爭性，也就是政治領域的承認影響了台灣政府在經濟領域的表現，雖然對於亞太地區其它國家而言並沒有安全疑慮，但實際上台灣無法發揮當前在經濟領域上的既有優勢，因此，只有明確制定台灣在政治領域上之「安全」界線，才能在此一範疇內建立自身之政策。也因為台灣在軍事、經濟，以及政治領域的無礙其他指涉對象的安全，才能夠連結環境與社會領域，成為結構下所有指涉對象的安全保障。

表一：中國推動雙邊自由貿易協定統計

年度	FTA名稱
2003	簽署中國-香港緊密經貿關係安排（CEPA） 簽署中國-澳門緊密經貿關係安排（CEPA） 簽署中國-泰國夥伴貿易協定（PTA）
2004	簽署中國-東協（ASEAN）自由貿易協定（FTA） 簽署中國-紐西蘭貿易與經濟合作框架 展開中國-南部非洲關稅同盟自由貿易協定談判 展開中國-海灣合作委員會自由貿易協定談判
2005	簽署中國-智利自由貿易協定（FTA） 展開中國-澳大利亞自由貿易協定談判
2006	簽署中國-巴基斯坦自由貿易協定（FTA）
2007	展開中國-冰島自由貿易協定談判 展開中國-印度自由貿易協定談判可行性研究 展開中國-南韓自由貿易協定可行性研究
2008	簽署中國-紐西蘭自由貿易協定（FTA） 簽署中國-新加坡自由貿易協定（FTA） 展開中國-挪威自由貿易協定談判
2009	簽署中國-祕魯自由貿易協定（FTA） 展開中國-日本-南韓自由貿易協定談判可行性研究
2010	簽署中國-哥斯大黎加自由貿易協定（FTA） 簽署海峽兩岸經濟合作框架協定（ECFA）
2011	展開中國-瑞士自由貿易協定談判
2012	展開中國-日本-南韓自由貿易協定談判 展開中國-南韓自由貿易協定談判
2013	簽署中國-冰島自由貿易協定（FTA） 簽署中國-瑞士自由貿易協定（FTA） 展開中國-哥倫比亞自由貿易協定可行性研究

資料來源：蔡東杰，《當代中國外交政策》（台北：五南圖書公司，2014年），頁145。

「福建自貿區」對台戰略與政策推動之研析

邱垂正 *

摘要

　　中國（福建）自由貿易試驗區（簡稱：福建自貿區）於 2015 年 4 月 20 日正式掛牌上路，鑑於過去「海峽西岸經濟區」、「平潭綜合實驗區」對台經濟對接成效並未凸顯，「福建自貿區」挾著中國政府「絲綢之路經濟帶和 21 世紀海上絲綢之路」（簡稱：「一帶一路」）國際戰略的新格局，展現前所未有對台吸納的政策力度，加上東亞區域整合國際環境與趨勢，台灣若無法突破區域主義邊緣化困境，「福建自貿區」將是中國刻意精心部署對台吸納的戰略構想與政策實踐，面對北京新一輪「圍堵與吸納」操作模式，台灣要有全新思維加以因應。

* 國立金門大學國際暨大陸事務學系助理教授

壹、問題意識

本文主要從中國大陸發展次區域合作整合脈絡，來理解兩岸經濟整合的意義。特別是大陸針對台灣所規劃的次區域合作區 —「福建自貿區」戰略意圖與運作模式。

中共自 2002 年十六大開始積極加強與周邊國家的次區域合作，包括以大陸雲南、廣西為合作主體的大湄公河計畫（GMS）、以吉林、遼寧為合作主體與的大圖們江計畫（GTI）皆是；2003 年大陸與香港澳門簽署內地與港澳更緊密經濟合作安排 CEPA，以廣東為合作主體的粵港澳次區域合作。

順著中共發展跨邊境次區域合作的趨勢，針對台灣，2004 年中共福建領導人便已提出開始「海西區」概念，直至 2009 年中共國務院公布「加快建設海峽西岸經濟區的若干意見」，「海西區」次區域合作的相關優惠政策與 2011 年相繼提出「平潭綜合實驗區」、「廈門綜改區」整體規劃並加以落實。2014 年 12 月中國國務院公布福建特定區域將成立自由貿易試驗區，[1]2015 年 3 月公布「推動共建絲綢之路經濟帶和 21 世紀海上絲綢之路的願景與行動」，[2]其中標舉出「支持福建建設 21 世紀海上絲綢之路核心區」，2015 年 4 月 20 日正式公布「中國（福建）自由貿易試驗區總體方案」。[3]

過去討論或理解大陸推動「海西區」的成立，往往大都從中共強化對台經濟統戰角度，或是福建地方政府積極對台招商引資以謀求地方發展等角度切入，而較忽略從整個中國大陸推動次區域合作戰略構想進行理解。本文嘗試以次區域合作相關分析架構與理論初步檢視「福建自貿區」，期

1　朱建陵，〈納入廈門、平潭、福州及泉州，比上海大 19 倍，福建自貿區專為台商打造〉，《中國時報》，2014 年 12 月 13 日，版 A16；賴湘茹，〈福建自貿區肩負兩大重任　對台經貿、海上絲路為主要定位，將在明年 3 月宣佈具體政策〉，《工商時報》，2014 年 12 月 18 日，版 A12。

2　中國國家發展改革委、外交部、商務部聯合發佈，《推動共建絲綢之路經濟帶和 21 世紀海上絲綢之路的願景與行動》，2015 年 3 月 28 日，< http://www.sdpc.gov.cn/xwzx/xwfb/201503/t20150328_669089.html >。

3　中國國務院，《國務院關於印發中國（福建）自由貿易試驗區總體方案的通知》，2015 年 4 月 20 日，< http://www.gov.cn/zhengce/content/2015-04/20/content_9633.htm >。

望能勾勒出中共推出「福建自貿區」的戰略意圖與政策意涵。

貳、次區域合作理論與合作主體評估

一、次區域合作理論介紹

除了全球化與各國多邊區域整合之外，在國與國、區域與區域之間整合的層次，也出現所謂次區域合作或次區域整合，至於次區域合作是相對於區域合作而言，迄今為止，自 20 世紀 80 年代末、90 年代初冷戰結束後次區域經濟合作現象出現以來，學者對此討論概念包括：「成長三角」（Growth Triangle, GT）、「自然經濟區域」（Natural Economic Territories, NETs）、「次區域經濟區」（Sub-Regional Economic Zones, SREZs）、「次經濟自由貿易區」（Sub-Regional Free Trade Areas, SRFTA）、「跨國經濟區」（Transnational Economic Zone）、「跨國成長區」（Cross-National Growth Zones）、「次區域主義」（Sub-regionalism）、「微區域主義」（Micro-regionalism）等等「次區域」概念。[4] 說明如下：

首先出現的次區域合作案例是在 1989 年 12 月，由新加坡總理吳作棟倡議，在新加坡、馬來西亞的柔佛州、印尼的廖內群島之間的三角地帶建立經濟開發區，並稱之為「增長三角（成長三角）」（growth triangle），吳作棟將「增長三角」定義為：在政治型態、經濟發展階段不同的三個國家（地區）的互補關係、促進貿易投資，以達到地區政治安定、經濟發展目標而設置的多國籍經濟地帶。[5]

美國學者 Scalapino、Robert A 列舉了珠江三角洲－香港之間的經濟合作以及新 / 柔 / 廖「增長三角」等案例，提出了「自然經濟領土」（Natural Economic Territories，NETs）的概念，說明了 NETs 生產要素充分互補後所

4　所謂「次區域」（Sub-region）是「區域」的相對概念，例如亞太區域，東北亞就是一個次區域；東北亞是一個區域，圖們江流域就是次區域；兩岸關係經貿整合若是一個區域的概念，海峽西岸經濟區（簡稱「海西區」），或是平潭綜合實驗區（簡稱「平潭島」）與金馬地區、臺灣部分地區的經濟對接就是屬於次區域。

5　Lee, Tsao Yuan, *Growth Triangle: The Johor-Singapore-Riau Experience* (Singapore: Institute of Southeast Asian Studies, 1991), pp. 2-5.

帶來的經濟成長與經濟體系的建立。[6]

　　大陸學者李鐵立與姜懷寧則以邊界效益的角度來說明次區域經濟合作可能性與機制建立，他們認為邊界效應有「屏障效應」與「中介效應」，次區域合作就是將「屏障效應」轉為「中介效應」的過程，目前國際間出現次區域合作就是趨勢，就是邊界的「中介效應」取代「屏障效應」，而「中介效應」是指兩國（地）間的經濟、社會、文化具有交流合作需求，可以大大降低雙方合作的交易成本，中介效應條件有：自然人文地理具有連續性與相似性、經濟發展水平具有梯度差異、具有腹地優勢與過境需要等優勢。[7]

　　近年來隨著跨區域經濟合作盛行，學界將區域主義、次區域主義做更清楚的劃分，不只是相對的範圍大小的概念，出現了所謂「微區域主義」（micro-regionalism），次區域主義專指一些中小型經濟體而言，至於「微區域主義」則是一種次國家或次區域的地緣概念，推動合作的推動者主要是地方政府，此一「微區域主義」合作模式主要是指跨邊境城市合作，如金廈跨域合作頗具啟發意義。[8]

　　有學者認為「次區域合作」概念要以是否跨越國界或邊境為標準可再予區分為「國際次區域經濟合作」和「國內次區域經濟合作」，或是以參與主體是否具有「獨立行政權」為標準與國際區域經濟合作進行區分。[9]本文主要探討「福建自貿區」對台灣的影響，探討中國大陸推動跨邊境次區域合作為主要研究範圍，至於大陸內部次區域合作不是本研究的課題。

　　目前大陸推動邊境地區次區域合作案例主要包括：1.「粵港澳次區域經濟合作」，以香港澳門和廣東為核心的。2.「圖們江跨國自由貿易區」，

6　Scalapino, Robert A., "Challenges and Potentials for Northeast Asia in the Twenty-First Century," *Regional Economic Cooperation in Northeast Asia, North East Economic Forum* (Honolulu, Hawaii: 1999), p. 31.

7　李鐵立、姜懷寧，〈次區域經濟合作機制研究：一個邊界效應的分析框架〉，《東北亞論壇》，第三期（2005 年 3 月），頁 90-94。

8　Sasuga, Katsuhiro, *Micro-regionalism and Governance in East Asia* (New York: Routledge, 1999), pp. 1-10。

9　董銳，〈國際次區域經濟合作的概念演進與理論研究綜述〉，《呼倫貝爾學院學報》，第 17 卷，第 5 期（2009 年 10 月），頁 23。

參與國家有大陸、俄羅斯、朝鮮等次區域經濟合作，大陸以吉林省為參與主體。3.「大陸與朝鮮次區域經濟合作」，以大陸遼寧省為參與主體。4.「新疆跨邊界次區域經濟合作」，合作國家有哈薩克、吉爾吉斯、烏茲別克、土庫曼，大陸以新疆為參與主體。5.「大湄公河次區域經濟開發」，參與國家包括緬甸、寮國、柬埔寨、泰國與越南等，大陸主要參與以雲南省與廣西省為主。6.「海西區次區域合作」主要是針對台灣的次區域經濟合作，主要以大陸「海西區」為主（如圖1）。

圖1：中國跨邊界次區域經濟合作區分佈圖

資料來源：作者自行製表

二、次區域合作主體評估

　　歸納次區域合作的特質，以及綜觀大陸與周邊國家跨邊境次區域經濟合作的經驗，有中央政府、地方政府、國際組織（或超國家組織）、企業等四項合作主體，分別扮演不同的角色與功能，必須加以思考。[10] 上述四項次區域合作主體對兩岸間次區域合作的互動頗具啟發性，概述如下：

10　馬博，〈中國跨境經濟合作區發展研究〉，《雲南民族大學學報》，第1期（2010年7月），頁117-118；王元偉，〈跨境經濟合作區發展戰略研究〉，《時代金融》，第7卷，第450期（2011年4月），頁4。

（一）中央政府是授權單位：跨邊境的合作往往涉及國家主權、外交事務與邊境管理，合作初始階段往往需要由中央政府出面主導與授權，這是次區域合作的必要條件，中央政府決定著跨邊境次區域合作區的前景與內容。因此，若想促進兩岸在「海西區」次區域合作，兩岸的中央政府就必須展開協商，因此目前兩岸官員已倡議在兩岸經濟合作框架協議 ECFA 下協商「海西區」或「平潭實驗區」，[11] 或是金門、廈門等兩岸地方政府對推動「金廈合作」深化次區域合作，已有朝向「金廈跨境經濟合作區」達成共識的默契等，但上述兩岸次區域合作仍僅限於倡議階段，尚未由兩岸的中央政府正式介入授權與簽署合作協議，因此缺乏中央政府正式授權，兩岸在「海西區」次區域合作尚在起步醞釀階段，合作層次仍只維持民間企業自發性投資合作，而非政府間合作所驅動投資行為。

（二）地方政府是次區域合作主要的利益代表：以次區域合作發展經驗而言，次區域合作的發動者與倡議者往往是地方政府，地方政府也往往是真正的利益代表。[12] 在中央政府授權後，基於邊境地緣關係所展開的跨邊境次區域合作案例（含跨境經濟合作），合作的主體大都是地方政府，而且地方政府往往是主要的利益代表。地方政府成為次區域合作的主要利益代表原因有二，一是地緣關係的連結與經濟發展的需要，二是國家大小比例差異所致。以大陸加入大湄公河次區域發展而言，代表簽約與授權皆來自北京中央政府，但真正處理次區域合作的實際運作的卻是廣西與雲南地方政府，負責參與越南、緬甸、寮國、柬埔寨與泰國的經常性的對話或工作小組。回到兩岸次區域合作，以金馬小三通而言，金馬兩縣地處外島，鄰近大陸海西區，金門、連江等縣政府往往是小三通這項次區域合作項目的主要倡導者與利益代表。

（三）國際組織（超國家組織）經常可以扮演次區域合作的倡導者（facilitators）：例如聯合國開發計畫署（UNDP）與亞洲開發銀行（ADB）積極介入並協調各國推進「大湄公河開發計畫」、「圖們江地區次區域經

11　蘇秀慧，〈杜紫軍：兩岸經濟特區合作要談我經濟示範區可與平潭島、古雷半島或海西等產業進行交流 要在 ECFA 架構下協商〉，《經濟日報》，2013 年 6 月 10 日，版 A12。

12　張玉新、李天籽，〈跨境次區域經濟合作中我國沿邊地方政府行為分析〉，《東北亞論壇》，第 4 期（2012 年 7 月），頁 77-84。

濟合作」、「新-柔-廖」等成長三角各項進度,「上海合作組織」對推動「新疆與中亞各國的次區域經濟合作」更扮演關鍵性角色。然而在兩岸次區域合作上,基於中共對台一貫立場,國際機構組織將較難以發揮作用。北京向來對兩岸問題國際化十分敏感而充分戒心,對任何國際組織或機構介入次區域合作均抱持反對立場。也正因為如此,過去海西區、平潭島與台對接的針對性過於明顯,也因缺乏國際機構扮演平衡者或催化劑的角色,以致於台灣政府向來對海西區合作倡議保持提高戒心,採取保守態度,導致海西區、平潭島與台灣經濟合作與產業對接的成效,出現中國大陸方面「單邊主義」而乏善可陳。

但是,這次「福建自貿區」具有「一路一帶」國際合作的格局與成分,並設有國際合作機構--「亞投行」(AIIB)進行未來合作區的基礎設施投資開發,「福建自貿區」較以往大陸單邊主義的海西區、平潭島的規劃,增加不少國際倡導議成分,「福建自貿區」對台灣的對接,也因國際參與成分增加,對台灣所傳達深化合作將較以往積極而正面。

(四)企業是次區域合作的主要建設力量與成效指標:跨邊界次區域合作最重要的經濟行為體是企業。各國政府推動次區域經濟合作主要在吸引國內外企業積極投入,能夠吸引更多企業加入,象徵次區域合作成效越加成功,能否吸引外資進駐次區域合作區,往往是確保次區域合作的成敗指標。因此要衡量以對台次區域合作而規劃的「海西區」、「平潭島」或「福建自貿區」成效,最簡單的指標便是檢視外資進駐合作區的數量與投資金額。

參、中國大陸「福建自貿區」戰略構想

過去北京中央與地方福建敲鑼打鼓宣傳「海峽西岸經濟區」與「平潭綜合實驗區」特區規劃,經過五年多的實施,這些實驗特區對台經濟吸納成效仍相當有限,[13] 並沒有太多或舉足輕重的台商前往投資,這次「福建自貿區」如何發揮對台經濟、產業與人才的吸納作用呢,值得關注?

13　邱垂正、張仕賢,《「海峽西岸經濟區」與「粵港澳合作框架」綜論》(台北:獨立作家出版,2014),頁128-132。

　　2014 年 12 月中國國務院公布福建特定區域將成立自由貿易試驗區，預計要將福州、平潭、廈門納入，成立的目的是加大對台灣經濟對接與吸納，預計 2015 年 4 月以後正式上路，「福建自貿區」目前已「一區多園」的提法，將福州、平潭、廈門等三地規劃為自貿區，目的在與台灣的自由經濟示範區相互對接，以實現兩岸更加緊密的經貿關係。[14] 籌設「福建自貿區」被視是繼海西區、平潭島的升級版，中國政府要用政策全力拉動福建經濟發展，並設定 2018 年經濟成長總值 GDP 超過台灣的目標，對台如此針對性的規劃，將是對台最重要的次區域合作戰略，其實踐成效與台灣如何因應，頗值得探討。

　　中國國務院陸續宣佈第二波自貿區名單廣東、福建、天津三地，原則以 120 平方公里區域空間為規劃原則，[15] 中國第一個自貿區 --- 上海自貿區也由 28 平方公里擴大至 120 平方公里。因此劃給各省市的自貿區範圍大小具有平衡主義考量，皆以不超過 120 平方公里為原則，例如原本福建自貿區提出約六百多平方公里，最後定案也是 120 平方公里，廣東省申請時提出一千平方公里，最後核定也是 120 平方公里。

　　至於，福建自貿區在 120 平方公里（實際為 118 平方公里），則又區分福州（31 平方公里）、廈門（43 平方公里）、平潭（43 平方公里），其中平潭自貿區有分為高新技術產業區 15 平方公里、港口經貿區 16 平方

14　朱建陵，〈納入廈門、平潭、福州及泉州，比上海大 19 倍，福建自貿區專為台商打造〉，《中國時報》，2014 年 12 月 13 日，版 A16；賴湘茹，〈陳德銘：福建自貿區將增對台特別政策〉，《工商時報》，2014 年 12 月 14 日，版 A5；賴湘茹，〈福建自貿區肩負兩大重任　對台經貿、海上絲路為主要定位，將在明年 3 月宣佈具體政策〉，《工商時報》，2014 年 12 月 18 日，版 A12。

15　根據作者訪談得知，中國國務院 2014 年 12 月 15 日召開會議，對自貿區實施範圍提出四個原則：一是每個試點省市不超過 3 個片區；二是確定的片區應依託經國家批准的新區、園區，四至範圍明確，必須符合城市建設總體規劃和土地利用總體規劃；三是每個試點省市面積大概在 100 平方公里左右；四是可以在非海關特殊監管區開展試點。按照國家確定的原則，經 2014 年 12 月 24 日國務院常務會議、25 日政治局常委會議審議，最後確認福建自貿區實施範圍為「一區三片」，面積 118.04 平方公里（廣東 116.2 平方公里、天津 119.9 平方公里、上海擴區後 120.72）。福建省實施範圍已通過國土資源部、住建部初步審核。三個片區中，平潭片區 43 平方公里，包括港口經貿區、高新技術產業區和旅遊休閒區；廈門片區 43.78 平方公里，包括兩岸貿易中心核心區和東南國際航運中心海滄港區；福州片區 31.26 平方公里，包括福州經濟技術開發區和福州保稅港區。12 月 28 日，全國人大常委會審議通過授權法律調整議案，在新設自貿區和上海自貿區擴展區域暫時調整外資企業法、合資企業法、合作企業法和臺灣同胞投資保護法的 12 個條款。

公里，以及旅遊休閒區 12 平方公里。（如下表 1）

表 1：福建自貿區面積分佈與功能地位表　　　　單位：平方公里

福建自貿區（118.04 平方公里）		
平潭自貿區（43）	廈門自貿區（43）	福州自貿區（31）
港口經貿區（16）	東南國際航運中心海滄港區（24.41）	福州出口加工區
高新技術產業區（15）	兩岸貿易中心核心區（19.37）象嶼保稅（物流園）區	福州保稅港區
旅遊休閒區（12）		福州保稅區

資料來源：作者自行製表

　　2015 年 4 月 20 日中國國務院正式發佈「中國（福建）自由貿易試驗區總體方案」，籌備多時的各地自貿區正式掛牌營運，「福建自貿區」並立刻成為中共對台政策的新名詞，「福建自貿區」被界定為兩岸經濟合作與產業對接的新平台。[16] 根據參與規劃「福建自貿區」大陸學者指出，「福建自貿區」主要有兩項優勢，一、複製「上海自貿區」，上海的運作模式都可以借鏡，亦即「上海自貿區」可以做的，「福建自貿區」都可以做。設立「自貿區」的目標主要在，減少制度化成本、降低市場准入門檻與促進要素流動等，「自貿區」除了貨物貿易進出口的封關免稅運作之外，還包括投資准入開放、服務貿易與金融自由化等，因此與偏重商品貿易的保稅區不同，自貿區偏重企業投資註冊地管理的政策配套，二、針對台灣的特殊政策，亦即配合兩岸形勢與對台工作需要，主要是針對台灣而言，主要是公布優先准入市場開放規定，如跨境電子商務的配套清單，以及對外商限制部分負面清單，可能會對外商比例設限，台商則可能全面開放等對台優惠。至於對台部分，例如兩岸服貿協議未正式實施前，可優先在「自貿區」內實施，成為「ECFAplus」（ECFA+）。[17]

16　李仲維，〈三經高峰論壇 李亞飛：兩岸把脈 3 帖藥方 固本培元 扶正解表 疏通活絡〉，《聯合報》，2015 年 4 月 23 日，版 A2。

17　作者 2 月份前往福建平潭、廈門、福州等地考察自貿區，歸納當地學者官員意見。

　　至於產業功能定位方面，福州、廈門、平潭自貿區各有不同，例如平潭未來將朝向自由島方向規劃，現階段則分成三塊小片區：高新技術產業區、港口經貿區以及旅遊休閒區等；廈門自貿區則分成東南國際航運中心海滄港區、兩岸貿易中心核心區；福建自貿區則分成福州保稅（港）區、福州加工出口區。

一、建立在「廈門綜改區」與「平潭綜合實驗區」基礎之上

　　根據中國國務院商務部公佈自貿區的規劃原則，現階段自貿區規劃地點必須是原本就是國家級的保稅區、技術區與投資區。以「福建自貿區」所挑選都是過去「海峽西岸經濟區」對台經濟產業對接的實驗區與示範區，如「廈門市綜改區」、「平潭綜合實驗區」與「福州經濟技術開發區」等，因此「福建自貿區」是當局經過精心挑選，其目的是要作為繼續發揮福建與台灣經濟合作與產業對接的增長極作用，以便帶動整個海西區二十個城市群的整體發展。

　　自 2009 年開始的「海峽西岸經濟區」、2011 年提出「平潭綜合實驗區」、「廈門市綜改區」，經過五年多來實施，與台灣經濟合作與產業對接的實踐成效並不明顯，雖然近幾年福建與台灣經濟對接有增長，但基本上福建或海西區對台灣並沒有發揮明顯的吸納效果，福建對台灣地緣優勢也未見發揮出來。

　　因此，「福建自貿區」可以說是規劃在原本就是國家級的實驗區、試驗區，如「平潭綜合實驗區」、「廈門市綜改區」的基礎之上，又進一步規劃出最具發展潛力的區域作為「增長極」，以便帶動其他周遭地區或城市群的發展，在 120 平方公里的「自貿區」特區空間，可謂專門對台經濟合作與產業對接的新平台，並被賦予帶動福建整體區域發展的「增長極」任務。[18]

18　增長極理論認為，增長極與周邊區域存在相互作用關係，他對周圍區域的經濟發展會產生正面的擴散作用與負面的極化效果兩種，請參閱李鐵立，《邊界效應與跨邊次區域經濟合作研究》（北京，中國金融出版社，2005），頁 71-72。

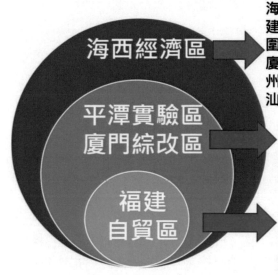

圖 2：福建自貿區扮演拉動福建發展的增長極作用

二、建構在「一帶一路」大戰略下，具有國際戰略格局

　　「福建自貿區」與過去「海西區」、「廈門市綜改區」、「平潭綜合實驗區」最大不同之處，「福建自貿區」鑲嵌在整個中國剛剛公布「一帶一路」大戰略下，根據 2015 年 3 月 28 日國務院發佈「推動共建絲綢之路經濟帶和 21 世紀海上絲綢之路的願景與行動」，中國「一帶一路」倡議是對古絲綢之路的傳承與提昇，貫穿亞歐非洲大陸，東邊連接亞太經濟圈，西邊進入歐洲經濟圈，強調沿線許多國家與中國有著共同利益，中國與各沿線國家共建國際大通道和經濟走廊。其中「一路」（21 世紀海上絲綢之路）是從中國沿海港口過南海到印度洋，延伸到歐洲。關於自中國沿海部分與台灣對接發展部分，《願景與行動》明確提出要「支持福建建設 21 世紀海上絲綢之路核心區」、「為台灣地區參與「一帶一路」建設做出妥善安排」。[19] 茲說明「福建自貿區」具有國際戰略格局如下：

19　中華人民共和國國家發展和改革委員會，《推動共建絲綢之路經濟帶和 21 世紀海上絲綢之路的願景與行動》，2015 年 3 月 28 日，< http://www.sdpc.gov.cn/xwzx/xwfb/201503/t20150328_669089.html >。

（一）成為新海上絲綢之路核心區

　　福建被規劃作為 21 世紀海上絲綢之路的核心區，被列為核心區其實踐經驗與成效往往會被列為首要指標。福建作為新海上絲綢之路的核心區，從中國國際大戰略而言，福建推動「一帶一路」實施經驗具有關鍵指標性意義，作為整體福建增長極「福建自貿區」，更肩負起「只許成功、不許失敗」的政策任務與使命。

（二）為過去「海西區」所沒有的國際高度

　　4 月 20 日中國國務院公布「中國（福建）自由貿易試驗區總體方案」中，「福建自貿區」的發展目標，除了加強對接台灣之外，就是要配合開拓「一路一帶」的對外開拓工作。「福建自貿區」總體方案在戰略定位中明訂：「把自貿區建設成為深化兩岸經濟合作的示範區，充分發揮對外開放的前沿優勢，建設 21 世紀海上絲綢之路核心區，打造面向 21 世紀海上絲綢之路沿線國家和地區開放合作新高地。」；在發展目標也揭櫫「福建自貿區」要「創新兩岸合作機制，推動貨物、服務、資金、人員等各類要素自由流動，增強閩台經濟關聯度。加快形成更高水平的對外開放新格局，拓展與 21 世紀海上絲綢之路沿線國家和地區交流合作的深度與廣度。」[20]

　　過去以福建為主的對台對接合作戰略規劃，如「海西區」、「平潭綜合實驗區」、「廈門綜改區」，大都只屬於是中國國家層級經濟開發區，除了強調與台灣合作對接之外，甚少提出要與其他國外加強合作，目的是避免兩岸合作問題出現國際化，這次「福建自貿區」可說是首次向絲綢之路沿線國家爭取合作，顯見其國際化企圖心超越以往。

（三）配合國際區域整合的新時期與新機遇

　　此外，中國選擇 2015 年推出「自貿區」戰略，正值 2015 年也是為東亞自由貿易區域整合的關鍵年，根據中國商務部長高虎城在 2015 年兩會期間的記者會表示，「中國 - 東盟自貿區的升級」和「區域全面經濟夥伴

20　中華人民共和國國務院，《國務院關於印發中國（福建）自由貿易試驗區總體方案的通知》，2015 年 4 月 20 日，< http://www.gov.cn/zhengce/content/2015-04/20/content_9633.htm >。

關係協定談判（RCEP）」兩場談判都要爭取在 2015 底前結束。[21] 加上美國主導的「跨太平洋經濟夥伴協議」TPP 預計 2015 年完成第一階段入會談判。北京當局在亞太區域整合大趨勢下，配合整個國際區域整合的趨勢，「福建自貿區」極有可能成為北京刻意精心圍堵台灣國際區域經濟整合的戰略配套措施，台灣屆時可能是亞太國家中唯一被孤立的經濟體，基於台灣業者因邊緣化遭受貿易歧視，中國適時推出為台灣精心量身打造的「福建自貿區」，提供台灣業者找尋「唯一新出路」，逼台就範。

因此「福建自貿區」與過去「海西區」戰略規劃，明顯結合更多的國際環境因素，對台灣也會構成更大的影響力與吸引力。

肆、「福建自貿區」初步政策推動

一、作為兩岸經濟合作先行區

如何擺脫過去「海西區」、「平潭實驗區」對接台灣成效有限的困境，「福建自貿區」係基於過去北京所批准的新區或園區的基礎上，再附加自貿區更加開放開發的政策誘因之外，對於兩岸協議未能落實的協議內容也能在「福建自貿區」優先實施，形成所謂「ECFA plus」，以作為兩岸經濟合作先行先試的示範區，吸引更多台商前往投資。除了強化政策吸引力之外，國際區域整合趨勢對台構成邊緣化威脅，也更凸顯「福建自貿區」的及時性與必要性，而「福建自貿區」又是鑲嵌在「一帶一路」國際經濟戰略，背後又有「亞投行」等國際機構，「福建自貿區」所增添的國際成分也將有利於被台灣政府與相關企業所接受，成為閩台合作的新平台與新亮點。但就國家安全角度，「福建自貿區」對台經濟操作模式已構成台灣國家發展的國安隱憂不得不重視，茲說明如下：

（一）配合國際區域整合圍堵，積極吸納台灣經濟

中國規劃「福建自貿區」，與其他各項「海西區」規劃一樣，向來不

---

21 曉輝、胡浩、侯麗軍，〈兩會授權發佈：開創對外經貿合作新格局 -- 商務部部長高虎城答中外記者問〉，《新華社》，2015 年 3 月 7 日，< http://news.xinhuanet.com/politics/2015lh/2015-03/07/c_1114557976.htm >。

避諱對外公開表示完全是要針對台灣而來，因台而生。根據福建內部官員學者透露，福建過去若要向中央北京爭取特殊或優惠政策，一定要談到對台與兩岸議題的效應，一定要把台灣拉進來，否則各種對福建的特殊政策被北京核准的可能性恐怕不大。[22]

正當 2015 年又被視為東亞或亞太自由貿易區域整合的關鍵年，根據前述中國商務部長高虎城在全國兩會召開的記者會表示，「中國 - 東盟自貿區的升級」和「區域全面經濟夥伴關係協定談判（RCEP）」兩場談判都要爭取在今年底前結束。加上美國推動的「跨太平洋經濟夥伴協定」TPP也將完成第一輪談判，[23] 在東亞與亞太兩大區域整合的大趨勢下，在中共刻意打壓下，台灣社會恐將籠罩在嚴峻的邊緣化與危機感。

北京當局就在東亞與亞太區域整合趨勢下，推出「福建自貿區」就成為北京刻意精心圍堵台灣國際區域經濟整合戰略的配套措施，台灣屆時可能是亞太國家中唯一被孤立的經濟體，基於台灣業者因邊緣化遭受貿易歧視，中國適時推出為台灣精心量身打造的「福建自貿區」，提供台灣業者找尋「唯一新出路」，逼台就範。

因此北京配合國際區域整合趨勢，針對台灣身陷邊緣化處境採取步步進逼戰略，「福建自貿區」就成為中國「吸納」台灣經濟與產業的新型戰略佈局，在中國刻意對台「圍堵」與並透過「福建自貿區」對台「吸納」，在「圍堵與吸納」兩手操作，亦即透過對台灣的國際區域合作的「圍堵」，並強化兩岸次區域合作的「吸納」，這種對台經濟操作新模式（如下圖），猶如「三面架機槍，只留一活路」，逼台就範。這種幾乎是半強迫式的兩岸經濟合作模式，主要想達到兩項目標：一是深化兩岸經濟合作與產業對接，進而帶動福建「海西區」發展，二是使台灣經濟與產業必須更加依賴中國大陸。

22　邱垂正，《中國大陸對台灣次區域合作的戰略與合作—以「平潭綜合實驗區」實徵研究為例》（台北：獨立作家出版，2015），頁 122-123。

23　TPP 是第一個連結亞太地區的區域自由貿易協定，目前加入談判計有新加坡、紐西蘭、汶萊、智利、秘魯、澳洲、美國、馬來西亞、越南、墨西哥、加拿大及日本等 12 國。TPP 內容上除傳統自由貿易協定中常見的貨品貿易、服務貿易、貿易救濟措施及投資外，還納入勞工、環境及競爭政策等新興議題，是一個標榜高標準貿易協定。目前成員國希望在本（104）年 6 月底前完成談判。

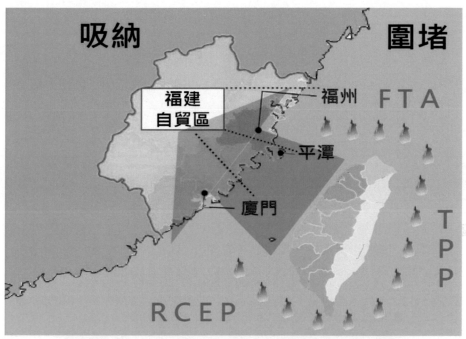

福建自貿區對台吸納戰略示意圖

圖三：福建自貿區對台「圍堵與吸納」戰略操作示意圖。

資料來源：作者自行繪製

（二）兩岸經濟合作直接對接區，開放台灣產業優先准入

　　台灣思考「福建自貿區」戰略意圖，必須加入北京對台整體經濟戰略佈局構想。從其所公布「福建自貿區」總體方案，更能掌握其實際政策意圖，目前規劃吸納對接的台灣產業只適用於註冊於自貿區內的企業，除了積極尋求與台灣自由經濟示範區對接合作，[24] 特別集中在「轉口貿易」與「跨境電子商務」兩項業務上，這兩項產業合作看似無奇，但對台吸納、逼台就範操作模式，值得加以關注。

24　廈門市地稅局課題組，〈我國自貿區發展策略選擇與稅收政策構想—兼論福建自貿區的發展策略〉，《福建論壇 . 人文社會科學版》，第一期（2015），頁 126-131。

　　以「轉口貿易」而言，隨著東亞區域經濟整合進一步深化後，台灣遭遇更嚴重邊緣化危機，台灣產業避免關稅損失最佳方案，就是透過鄰近「福建自貿區」進行轉口貿易，可利用中國加入「區域全面經濟夥伴協議」RCEP 或中國與其他國家簽署 FTA 的優勢，以減少關稅損失，例如「福建自貿區」在總體規劃方案，明確規定「可對進口原產台灣的普通商品採取簡化手續，實行快速檢疫檢驗通關模式」，這對台灣商品出口到自貿區轉口，無疑提供有利的政策誘因。

　　至於「跨境電子商務」，因中國網路管制封鎖台灣網域，因此出現兩岸在電子商務交易部分，台灣竟然出現嚴重入超現象，據統計單就 2014 年台灣向中國大陸買進近 700 億元的電子商務產品，可是台灣卻難與中國進行電子商務，因此未來台灣業者只要進入「福建自貿區」成立商業據點，就可打開大陸「跨境電子商務」的大門。大陸學者李非等也將「建構閩台跨境信息平台，推進電子商務深度合作」列為福建自貿區的四項戰略之一，要以跨境電子商務為對台產業對接的重要抓手。[25]

　　就連與台灣毫無淵源的阿里巴巴創辦人馬雲，2015 年初也以 100 億元大手筆來台投資年輕人主導的電子商業創業團隊，固然有其企業擴大市場、甄選人才的考量，但其出手之大方，對台灣青年人之青睞，卻遠遠超越台灣本土企業家，為何？中國大陸企業家對台投資計畫向來需要中國有關部門審核，但特地選在「福建自貿區」即將運作的時機，來台大肆宣傳，是否也為變項行銷「福建自貿區」？根據中國相關期刊報導，馬雲阿里巴巴集團企業已入駐福州自貿區，看好未來兩岸跨境電子商務。[26]

　　過去基於對台地緣因素，推動「海峽西岸經濟區」與「平潭實驗綜合區」向來是中共對台政策的重要招牌，並被列入各項中國對台工作的政策方針與重點，甚至與台灣簽署「服貿協議」以「海西區」範圍為主的市場准入條款，達 15 項之多，[27] 從對台工作的績效與戰略部署的角度，「福建

25　李曉偉、李非，〈福建自貿區建設現狀及戰略思考〉，《中國經貿》，第一期（2015），頁 11-35。

26　〈福州自貿區掛牌進入倒計時 273 家企業搶灘亞馬遜有意進駐〉，《贏商網》，2015 年 02 月 11 日，＜ http://fj.winshang.com/news-445895.html ＞。

27　邱垂正，〈中國大陸次區域戰略構想與運作模式－以「海峽西岸經濟區」為例〉，《展望與

自貿區」肩負著對台經濟對接的戰略任務，清晰無比，台灣未來將面臨一波波「福建自貿區」宣傳攻勢，以及日趨嚴峻東亞區域整合邊緣化挑戰，在中國精心刻意「圍堵與吸納」操作模式，台灣如何因應？對中國「福建自貿區」最新吸納戰略，台灣政府應要有一套因應戰略與政策作為。

（三）兩岸協議落實前的先行示範區，服貿協議的先行區

這次「福建自貿區」總體規劃幾乎將服貿協議內容全部納入，在以註冊地為前提下，對台灣企業幾乎是享受「國民待遇」，自貿區內擴大對台服務貿易開放，包括：電信和運輸、商貿、建築業、產品認證、工程技術與專業技術等七大服務領域都是兩岸服貿協議下實施，因此「福建自貿區」如同是兩岸服務貿易的先行區。

二、作為兩岸國民待遇的政策優先區

自貿區制度創新在於提供外來合格投資者取得「國民待遇」，對於「福建自貿區」針對台灣成為「國民待遇」政策優先區，主要包括開放台資企業國民待遇化以及引進台灣人才的國民待遇化兩項。

（一）開放台資企業國民待遇化

主要是自貿區在服務貿易、投資便利化與金融自由化等制度創新措施，複製上海自貿區模式，在制度創新模式實行「負面清單」，凡是不在負面清單之列與內資企業一樣享有國民待遇。「福建自貿區」特別針對台灣經濟合作與產業對接部分，實施部分產業台灣優先准入，部分開放領域台商優先於其他外商，如服務貿易領域、金融業等項目。

（二）引進台灣青年人才與國民待遇化

擴大吸引台灣人才包括福州、廈門、平潭等自貿區積極對台吸納人才，目前福建在全球各地成立 10 個海外人才連絡站，其中包括台灣在內。除了定期舉辦人才項目與資本對接會專場對接活動，以及兩岸人才交流合

作大會之外，也會不定期舉辦台港澳創新人才開發論壇、兩岸專業人才互
訪交流、台灣中高級人才獵人頭等一系列活動，目前福建自貿區正積極對
台吸納高層次人才。

因此，為了加強並擴大與台灣之間的合作交流，未來「福建自貿區」
正以各種「國民待遇」優惠措施吸引台灣人，以體現兩岸「共同家園」形
象。例如福建自貿區總體方案在擴大對台服務貿易開放方面，特別提出：
「對符合條件的台商，投資自貿試驗區內服務行業的資質、門檻要求比照
大陸企業。允許持台灣地區身份證明檔的自然人到自貿試驗區註冊個體工
商戶，無需經過外資備案（不包括特許經營，具體營業範圍由工商總局會
同福建省發佈）。探索在自貿試驗區內推動兩岸社會保險等方面對接，將
台胞證號管理納入公民統一社會信用代碼管理範疇，方便台胞辦理社會保
險、理財業務等。探索台灣專業人才在自貿試驗區內行政企事業單位、科
研院所等機構任職。」[28]

伍、「福建自貿區」台灣因應建議

台灣面臨挑戰是，北京維持在國際經濟區域整合趨勢下持續對台進行
「圍堵」，以確保「福建自貿區」設置成功，北京可能會利用台灣社會陷
入邊緣化危機之中，讓台灣處於「邊緣化」陣痛，不得不與「福建自貿區」
對接，因此研判北京近期將不會同意台灣參與區域經濟整合，以利「圍堵
與吸納」戰略奏效。[29] 相對地，除非台灣在政治方面讓步，否則台灣只能
選擇加速在兩岸經濟合作框架內尋找大陸與國際商機。

28　中華人民共和國國務院，〈國務院關於印發中國（福建）自由貿易試驗區總體方案的通知〉，
　　2015 年 4 月 20 日，< http://www.gov.cn/zhengce/content/2015-04/20/content_9633.htm >。
29　台灣方面曾由蕭萬長前副總統參加博鰲論壇、APEC 等機會向中共總書記習近平多次當面提及
　　有關台灣加入國際區域整合或兩岸共同參與區域經濟整合的提議；2014 年兩岸事務首長陸委
　　會主委王郁琦與國台辦主任張志軍三次會晤也談及「兩岸共同參與區域經濟整合」議題，在
　　11 月 12 日第三次王張會達成「近期由兩部門就啟動共同研究兩岸經濟共同發展與區域經濟
　　合作進程相銜接事宜的準備工作進行具體溝通」，越發顯示雙方針對台灣加入區域經濟整合
　　事宜要達成共識仍需漫長的協商，並非短時間可以完成。2015 年 5 月 4 日「朱習會」國民黨
　　主席朱立倫向中共總書記習近平談到「不管是亞投行、一帶一路或 RCEP，當然也包括其他亞
　　太地區的經濟整合組織，我們能夠參與，大家攜手合作」，習近平回覆「在台灣參與區域經
　　濟合作問題上，兩岸可以加強研究、務實探討，在不違背一個中國原則的情況下作出妥善安
　　排。」

　　針對上述挑戰，台灣堅定自身核心價值與政治原則不變的前提下，減緩經濟與產業被鎖進「福建自貿區」，可能的因應方向有三：

一、台灣加速加入 TPP 入會談判

　　積極尋求美方協助，加入由美方主導的跨太平洋戰略夥伴協議（TPP），避免對中國經濟依賴日深；在與中國深化經濟整合之際力求維持台灣經貿國際化的努力，以平衡過度對中國經貿傾斜所衍生經濟安全的風險。但北京仍可透過其邦交國對台灣加入 TPP 的入會申請進行阻撓。

二、以金門作為因應福建自貿區的優先試點

　　提出以金門、馬祖做為「福建自貿區」的合作建議，面對福建自貿區的宣傳攻勢，似可提出以金門、馬祖作為深化兩岸經濟合作的先行先試區，「兩岸合作、金馬先行」，其優點有下列：（1）以金馬作為保衛台灣經濟的屏障與縱深，爭取有利條件（2）向大陸證明沒有抗拒兩岸深化經濟合作，而是循序漸進（3）「福建自貿區」發展框架下，讓金門、馬祖得到發展機會。

三、評估兩岸國民待遇化的未雨綢繆

　　「福建自貿區」勢必持續推動各項兩岸「國民待遇」優惠措施，以吸引更多台灣人才。「福建自貿區」成為各界焦點後，將陸續釋出一系列的對台「國民待遇措施」，包括：擴大台灣專業證照可在自貿區執業、爭取成立台灣醫療院所設有健保門診、允許台車登島入閩、台灣各項服務產業優先市場准入、招攬台灣農漁會設立免稅商城、持續公開招攬台灣人才參與自貿區建設開發，核發新的入境身分證（卡式台胞證）等國民待遇化措施等等。因此面對「福建自貿區」，中共亟可能陸續推動兩岸「國民待遇化」新政策，其可能衍生對台灣法律與政策造成一連串衝擊，建議台灣政府宜儘早研析因應，以免屆時只能被動因應，進退失據。

中國填海造陸之後：臺灣未來南海戰略選擇與挑戰

林廷輝 *

摘要

　　美國總統歐巴馬在任內雖喊出「重返亞太」或「再平衡」等口號，但中國藉著美國在中東以巴、伊拉克、敘利亞、阿富汗及克里米亞等事件上無法抽身的機會，試圖在南海進化其戰術作為，由於國際局勢的變動，使得美國在亞太政策尚未能全力「部署重兵」，歐巴馬政府透過與盟國的軍事再保證，表達了美國支持盟邦的態度，但就在同一時間，中國也不斷利用釣魚台、東海防空識別區、東海大陸礁層外部界限等議題測試美國在東海及對美日安保之決心，因此，中國在東海部分尚不致於輕舉妄動；但就南海而言，由於東南亞各國意識形態與美國不盡相同，國家間未能團結，這也給了中國可以採取分化、進擊、收買這些國家的機會。

　　在美國無暇兼顧之下，中國對其南沙島礁採取了積極作為，2013年下半年，南薰礁、華陽礁、東門礁、永暑礁等島嶼進行填海造陸工程，並預估在 2015 年年底前完成吹填工程，對南海和平穩定形成嚴重挑戰；而菲律賓所提南海仲裁案，2015 年年底前，仲裁庭將有初步的審查結果，無論是駁回或受理，南海議題將再次被挑起。中國填海造陸的作法，其意圖究竟為何？又，臺灣在馬英九政府執政後期，究竟該採取何種立場與政策作為，以維護自身在南海之權益？未來 2016 年 5 月 20日後接替馬政府的新政權，在東亞區域結構下的南海戰略又該如何擬定？為本文探討重點。

---

* 中央警察大學水上警察學系兼任助理教授

壹、前言

2013 年下半年開始，中國分別在其所占領的南沙島礁大興土木，填海造陸，包括安達礁（Eldad Reef）、南薰礁（Gaven Reefs）、永暑礁（Fiery Cross Reef）、東門礁（Hughes Reef）、華陽礁（Cuarteron Reef）、赤瓜礁（Johnson Reef）、渚碧礁（Subi Reef）等礁，均已從珊瑚礁擴大成為島嶼，太平島已非南沙群島第一大島，當中的赤瓜礁面積已達 25 英畝，東門礁已建成兩個碼頭，南薰礁面積則有 28 英畝，島上正興建直升機停機坪及塔台，永暑礁規劃興建長約 3,000 公尺的機場跑道。美國國防部發言人普爾（Jeffrey Pool）也證實，中國正在永暑礁上進行大型填海作業，永暑礁完成填海作業後，島上可修建一條機場跑道。不論中國的意圖為何，填海造陸的強硬作為已引起區域內其他聲索國緊張，美國參議員麥侃（John McCain）、里德（Jack Reed）等人已聯名致函國防部長卡特（Ash Carter）及國務卿凱瑞（John Kerry），要求行政單位不要忽略中國在南海的行為。[1]

中國在南沙群島進行填海造陸的行為，對南海和平穩定形成嚴重挑戰，臺灣朝野各界大多認為，中國此舉對太平島形成威脅，例如國安局局長李翔宙在立法院備詢時表示，中國近幾個月以來在南海諸島的填海造陸行動越來越積極，若中國當局將整個島礁填平，可能會在這「人工島」上修建空軍基地，成為「南海防空識別區」，未來勢必將嚴重威脅太平島的防務，他對此表示很憂心。[2] 李翔宙此種憂心並不是沒有道理的，由於中國未來在填海造陸完成後，擴充軍備，將會造成越南與菲律賓的跟進，形成一定的軍備競賽，安全困境由此產生，太平島在沒有增強防務的前提下，或許認為應置身事外，但南海權力格局並不因此而停頓不前，就算是中國不侵犯太平島，但在越南敦謙沙洲擴充軍備後，是否會在鄰近的太平島挑釁，進而造成中國駐軍介入的藉口，此種機率並非等於零。

中國填海造陸的作法，其意圖究竟為何？又，台灣在馬英九政府執政

---

1 "Conquering the South China Sea," *The Wall Street Journal,* March 26, 2015, p. 11, <http://www.wsj.com/articles/conquering-the-south-china-sea-1427325614>.

2 〈中共積極南海造陸，國安局憂心威脅太平島〉，《自由時報》，2014 年 10 月 16 日，< http://news.ltn.com.tw/news/politics/breakingnews/1132461 >。

後期，究竟該採取何種立場與政策作為，以維護自身在南海之權益，2016年 5 月 20 以後接替馬政府的新政權，在東亞區域結構下的南海戰略又該如何選擇？為本文探討重點。

貳、南海的格局與結構

　　南海與東海是中國邁向海洋強國重要的出口，從東海往東穿越日本琉球群島相關海域至太平洋，從南海經過麻六甲海峽至印度洋，在美國採取重返亞太策略後，中國試圖在太平洋上直接以實力與美國面對面的機率變小，中國轉而往南，以海上絲綢之路名義，開展了所謂「一帶一路」的大戰略構想，中國自 2013 年由領導人提出「絲綢之路經濟帶」和「海上絲綢之路計畫」，此一戰略引發了廣泛的關注。迪斯（Lauren Dickey）認為，對中國而言，經濟帶有利於增進區域能源合作，確保能源安全、永續經濟增長及對抗危及國內穩定的威脅。隨著新絲綢之路不斷拓展，俄羅斯與中亞國家的關注重點將繼續「東向」。中國絲綢之路戰略將產生全球性地緣政治影響，連接三大陸的貿易路線一旦完成，將對歐亞經濟圈和北美貿易區構成挑戰。[3]而隨著中國正式提出此一戰略構想的具體方案後，在「一路」部分為海上絲路，而南海為此一海上絲路必經之途，配合「亞洲基礎設施投資銀行」（AIIB）的創立，中國認為南海其他周邊國家需要基礎設施資金，中國透過經濟手段，試圖擴大對東南亞國家的影響力，當中國在南海展現硬作為時，東南亞國家勢必不敢與中國直接對抗，拉攏區域外的國家涉入南海事務，成為東南亞國家的外交戰略選擇，除了美國以外，日本、印度、澳大利亞、俄羅斯等國也是東南亞國家「善用」的結盟對象。

　　如果說中國在南海填海造陸的作為是國際政治權力鬥爭之下的產物，實際上並沒有言過其實，在中國崛起的過程中，拓展海權，積極突破既有的國際格局與框架，是中國在考慮未來國家發展時不得不的作法，然而這種作法，國際關係著名學者華爾茲（Kenneth N. Waltz）在《人、國家和戰

3　Lauren Dickey, "China Takes Steps Toward Realizing Silk Road Ambitions," *China Brief,* June 4, 2014, <http://www.jamestown.org/single/?tx_ttnews%5Btt_news%5D=42466&no_cache=1#.VUzCG_mqqko>.

爭》（Man, the State and War）書中的理論，以三個層次分析戰爭的起因，正可說明這種衝突的發展。華爾滋由範圍大至小分析層次問題，區分為體系層次（system level）、國家層次（state level）及個人層次（individual level）。華爾茲在國際體系層次主要是通過審視國際政治的無政府特性來解釋國際事件。他解釋國際政治體系時指出：「國際政治體系體現的是協調關係。是每一國都與所有其他國家平等。沒有處於支配地位的國家，也沒有被要求服從的國家。國際體系是處於分權和無政府狀態。」因此，國際體系結構的特色就是無政府狀態，而無政府狀態就是指在國際層面缺少政府的明顯特徵。由於國際社會或是無政府狀態，國家將面臨來自其他國家的安全威脅必須有所防備，因此衍生出國際無政府狀態的三種特性：（1）自助（Self-help）：在無政府狀態下，國家必須尋求自力更生，依賴自己的力量來保障自我的安全與福祉。（2）安全困境（Security Dilemma）：在無政府狀態下，國家最基本的、最重要的目標就是求取生存，然而當所有國家都為求取生存而追求安全為目標時，一國增加安全的行動，卻構成了另一個國家的安全威脅。（3）權力分配：雖然國際社會屬於無政府狀態，但是國際權力分配卻建立起一個無形的國際層次架構，各國在國際權力結構所處的位置將會決定各國在國際關係的角色與地位，強權扮演著主導性的角色，弱國必須服從。

現階段亞太地區的格局，我們可以很清楚地理解到，美國「重返亞太」與中國的「一帶一路」將在亞太無政府的格局下，國家此一行為者也必須透過自助來保障自我的安全與福祉，填海造陸構成中國在南海自助的行為之一，不過，所產生的效果是，當中國進行填海造陸，增設軍事設備時，亦會引發越南及菲律賓等南海其他聲索國的跟進，以此為藉口強化其目前所占領之島礁之基礎設施與防衛能量，例如中國外交部發言人洪磊在 2015 年 4 月底表示，越南也在南海 20 多個島礁實施大規模填海造地，並同步建設港灣、飛機跑道、導彈陣地、辦公大樓、軍營、旅館、燈塔等固定設施，還在萬安灘、西衛灘、奧南暗沙等建設多座高腳屋和直升機起降平台。[4]

4　中華人民共和國外交部，〈2015 年 4 月 29 日外交部發言人洪磊主持例行記者會〉，2015 年 4 月 29 日，< http://www.fmprc.gov.cn/mfa_chn/wjdt_611265/fyrbt_611275/t1259195.shtml >。

菲律賓三軍參謀總長卡塔潘（Gregorio Pio Catapang Jr.）則在 5 月 11 日參訪南海中業島宣示主權，卡塔潘稱途中看到中國在南海區域的部分填海工事，如渚碧礁，工程「浩大」，[5] 但卡塔潘也聲稱，中業島的機場跑道很短，增加飛機起降的難度，所以菲律賓有必要對跑道進行擴建。無論填海造陸、擴建島礁、增長機場跑道，均是一個國家自助的行為，不過，如華爾滋所論，自助的結果當然會產生「安全困境」，換言之，倘將中國填海造陸的意圖簡化，雖然對外聲稱僅以防衛其所占島礁為主要目的，但其他聲索國必會恐懼，構成安全上的威脅，也可能迫使這些國家強化其國防能力，南海亦可能因不小心擦槍走火而隨時爆發海上衝突。

至於在權力分配上，「重返亞太」與「一帶一路」形成了區域的權力分配效果，東南亞國家某些國家在南海態度上在中國與美國之間做選擇，中國也因此成功分化了東南亞國家的團結，而正是這兩大強權扮演著主導性的角色，而東南亞國家大多僅能屈從這兩大國的意向，藉此換取自身的安全。不過值得認清的事實是，中國的「一帶一路」究竟是試圖與美國的「重返亞太」對抗？或「一帶一路」是面對美國「重返亞太」後所採取的迴避戰術？無論何者，南海是兩者勢力的重疊區，也成為強權競逐勢力的海域。

要具體落實美國「重返亞太」的政策，無非是在亞太地區佈署美國得以主宰海洋的實力。從美國在 2015 年公布的「21 世紀海上力量合作戰略」（A Cooperative Strategy for 21st Century Seapower）[6] 中發現，新版海洋戰略是一種公開針對中國反進入與區域阻絕能力的反應，面對中國海軍實力的不斷崛起，美國必須做好應對。但為了避免與中國之間發生地區不測事態，美國在新版海洋戰略也提出了將通過三個組織的前沿部署保持威懾力，並與中國海軍繼續保持建設性的交流。在陸海空、網絡空間及太空展開活動的全方位進入方針。新版海洋戰略還確認了在包括印度在內的亞太

5　〈宣示主權，菲參謀總長訪中業島〉，《中央社》，2015 年 5 月 11 日，< ttp://www.cna.com.tw/news/aopl/201505110384-1.aspx >。

6　General, U.S. Marine Corps, Admiral, U.S. Navy and Admiral, U.S. Coast Guard, *A Cooperative Strategy for 21st Century Seapower*, May, 2015, <http://www.navy.mil/local/maritime/150227-CS21R-Final.pdf>.

地區部署最先進軍事系統的方針，提出將強化同日本、澳大利亞、韓國等同盟國的合作關係，加深同印度、緬甸等國的友好關係。

參、中國南沙填海造陸之意圖

自習近平在 2012 年擔任總書記，2013 年正式成為國家主席後，中國對周邊海洋事務，朝著「海洋強國」戰略目標邁進；在對周邊國家方面，雖維持其睦鄰外交政策，然其所奉行的「韜光養晦，有所作為」，更會將重心放在「有所作為」。

中國的「有所作為」，首先是健全南海相關法制，從 2009 年中國將九斷線圖提交到聯合國大陸礁層界限委員會後，一連串的法律主張，已非單純應對周邊國家的法律主張，在中菲黃岩島對峙事件後，2012 年 7 月 24 日，中國三沙市正式成立，2013 年 11 月 29 日，海南省人大常委會修訂海南省實施《中華人民共和國漁業法》辦法；2014 年 6 月底，湖南地圖出版社出版新編豎版中國全國地圖，將南海九斷線更改為十斷線，並將台灣等島嶼納入十斷線內，中國對國際社會透露出的訊息是，地圖由湖南省地方提出，除測試各界對此反彈力度外，也向菲律賓所提南海仲裁庭表示，九斷線是可變動的，無論多少斷續線，對中國而言，其意涵為線內包覆的島嶼均歸屬中國，就算仲裁庭判決中國敗訴，中國對南海斷續線的主張仍舊，甚至是可變動的。

中國在東海採取「避其（美國）鋒」的策略，將優先目標設定在南海，在戰術運用上，不斷透過實際作為，測試東南亞國家與美國的底線，對中國來說，只要能在其掌控的限度內，不爆發戰爭，減損其經濟發展之戰略目標，中國在南海任何權益，勢將積極取得，且力道勢將越來越大，但危機就是轉機，對中美而言，南海議題或許在未來，可能成為中美雙方積極安排協調與建構新型大國關係。

過去由於兩岸關係緊張，中國內部問題層出不窮，無暇顧及南海權益，在馬英九政府上台後，台海局勢相對穩定，中國便將重心轉向南海，但中國在南沙群島所占島礁並無機場跑道，馳援不易，因此在赤瓜礁等處

大興土木進行填海造陸，以利運輸便利與軍事戰略部署。中國除在黃岩島與菲律賓對峙外，也試圖封鎖在仁愛礁坐灘的菲律賓報廢軍艦，此外，只要進入到南海九斷線內的探勘船，中國海警便會干擾甚至將其纜線剪斷，例如 2011 年 5 月越南啟明 2 號（Binh Minh 02）遭中國海監船破壞纜線；2014 年 5 月中國海洋石油 981 鑽井平台在西沙群島中建島南方 16 浬處開始作業，引發中越衝突，中國人民解放軍總參謀長房峰輝表示，中國南海這個井一定要打成，顯示了中國的決心。

　　不過，中國在南海採取任何行動與作為，勢必經過縝密的規劃與安排，背後的意圖才是我們需要進一步觀察的。2013 年 1 月 22 日菲律賓將南海爭端提交仲裁，當中菲律賓要求法庭宣告中國占領的黃岩島、赤瓜礁、華陽礁、永暑礁在漲潮時低於海平面以下，依據 1982 年《聯合國海洋法公約》第 121 條第 3 項規定，僅有不超過 12 浬的領海，超出此海域的其他海洋權利聲稱均屬非法，菲律賓挑戰中國占領島礁不能擁有專屬經濟區及大陸礁層，應是中國在 2013 年決定填海造陸最主要因素，不過，耗費那麼龐大的成本，僅為證明擁有相關海洋權利之單一理由仍太過薄弱，伴隨而來建構足以維護海洋權益的軍事基地與能量，才是中國填海造陸之戰略目標。

一、使島礁符合海洋法公約第 121 條規定

　　中國在南沙群島所占領的島礁，被其他聲索國所挑戰，認為其所占島礁太小，並不符合海洋法公約第 121 條規定，即不能維持人類居住或其本身的經濟生活的岩礁，不應有專屬經濟海域或大陸礁層，因此主張中國不能在南沙海域主張專屬經濟海域。由於中國島礁上均為人民解放軍駐紮，要解釋成得以維持人類居住，將會受到國際社會挑戰，中國同時也觀察到越南在其所占島礁民事化的作為，依據 1949 年《日內瓦戰時保護平民公約》及戰爭法規，民用設施及平民百姓不能成為被攻擊的對象，採取民事化以保障自身的力量，而以保護平民為由以武力抵抗入侵的敵軍，在自衛權的主張與行使上取得正當性，不過，在南沙群島要進行民事化必須要有足夠的空間，由於中國所占島礁腹地不夠，填海造陸當然成為唯一選擇。

至於菲律賓所提南海仲裁案，倘若仲裁庭最後受理並作出菲律賓勝訴的判決，中國在仲裁庭中的缺席，將形塑其不願遵守國際法之負面形象，而菲律賓在訴狀中提及中國所占島礁並無主張專屬經濟區及大陸礁層之權利，也讓中國積極思考以填海造陸的方式，將礁變成島，符合 1982 年《聯合國海洋法公約》條件，進一步主張相關海洋權利，不過，各界也特別關注，中國在填海造陸過程中，是否破壞了原本自然形成部分，倘已破壞並使礁石沉沒在海平面以下，則填海造陸的結果將使該島礁形成人工島，反倒弄巧成拙，依海洋法公約規定，人工島僅能擁有半徑 500 公尺的安全地帶，喪失原本可享有的 12 浬領海及 24 浬鄰接區之海洋權利，這也是國際社會審視中國填海造陸結果的一項重要指標。

二、成為開採天然資源後勤基地

2014 年 5 月 2 日，「中國海洋石油 981」鑽井平台在北緯 15 度 29 分 58 秒、東經 111 度 12 分 06 秒，也就是在西沙群島的中建島南方約 17 浬處展開作業，引爆了越南排華事件，事件開始發生時，中國派遣了 80 艘船艦護衛鑽井平台，當中包括 7 艘軍艦、33 艘海警、海監與漁政船以及漁船等等，其後最高增援到 120 艘左右，而補給基地便以西沙群島及海南島為主。

然而，未來在 2016 年「中國海洋石油 982」下水後，將與「中國海洋石油 981」共同擔任深海鑽井任務，而南海 U 形線內富含天然氣資源的萬安灘與禮樂灘，必定成為中國探採目標，未來在萬安灘及禮樂灘附近，就沒有像西沙群島與海南島此一補給基地，因此，南沙群島的擴大能量方案，便成為中國首要考慮，就近的補給基地南沙群島島礁無法擔綱後勤補給基地，換言之，填海造陸有其必要，而島礁上的設備與器材，也絕非僅有人民解放軍的設施，海洋科學研究站的設立也是中國會去思考的。

三、為拓展南海海上維權力度預作準備

2012 年 11 月，前中共總書記胡錦濤在十八大的報告中指出：「我們應提高海洋資源開發能力，堅決維護國家海洋權益，將中國建立為海洋強

國。」[7]2013 年 7 月 30 日，中共總書記習近平專門召集以海洋強國研究為主題的第八次政治局集體學習，並明確表示海洋權益對中國至關重要。習近平稱，未來將通過和平、發展、合作、共贏方式推進海洋強國建設，但前提是「主權屬我」。在集體學習中，由中國海洋石油總公司副總工程師、中國工程院院士曾恒一、國家海洋局海洋發展戰略研究所研究員高之國負責講解。習近平在肯定海洋在國家經濟發展格局和對外開放中的作用更加重要，在維護國家主權、安全、發展利益中的地位更加突出後，描繪涉及提高海洋資源開發能力、保護海洋生態環境、發展海洋科技技術、維護海洋權益的龐大計劃。在維護海洋權益方面，習近平明確提出維護海洋權益的 12 字方針「主權屬我、擱置爭議、共同開發」。堅持用和平方式、談判方式解決爭端，「但決不能放棄正當權益，更不能犧牲國家核心利益」。[8]

2015 年 3 月 5 日，國務院總理李克強在中國第十二屆全國人大三次會議《政府工作報告》中提到，中國是海洋大國，要編制實施海洋戰略規劃，發展海洋經濟，保護海洋生態環境，提高海洋科技水平，以及加強海洋綜合管理，他又指出，要堅決維護國家海洋權益，妥善處理海上糾紛，積極拓展雙邊和多邊海洋合作，向海洋強國的目標邁進。而外交部長王毅也在記者會上針對南海填海造陸問題時表示：「中國在自己的島礁展開必要建設，不針對也不影響任何人，不像有的國家跑到別人家裡搞違章建築，所以中國不會接受別人指手劃腳。」中國雖不至於在現在去其他島礁拆除違章建築，但繼續完成填海造陸工程是可以確定的，而填海造陸背後確有其海洋戰略目標在支撐，是發展成為海洋強國的一環。在具體作法上，中國將以島礁為天然資源開發基地，作為維護海洋權益的前進基地，未來填海造陸後的島礁將可提供軍艦或中國海警船停靠維修與補給之用，增加停靠南沙各島礁的巡護船艦，拓展其在鄰近海域內的維權力度。

四、測試相關國家底線

7　〈胡錦濤十八大提建海洋強國，日方立即回應〉，《大公網》，2012 年 11 月 9 日，< http://news.takungpao.com.hk/military/view/2012-11/1256022.html >。

8　〈主權屬我，中國十二字方針護海權〉，《人民網》，2013 年 8 月 1 日，< http://www.blog.people.com.cn/article/1/1375326945002.html >。

　　中國對外策略，通常不會一步到位，不斷地測試區域內外國家的底線，原本國際社會將焦點放在中國是否會在南海宣布「防空識別區」（ADIZ），更沒想到中國可以在短時間內開始進行填海造陸作為，這些舉動除代表中國積極維護南海權益外，更重要的是測試其他南海聲索國（claimants）及美日等國的底線，因此，區域內外國家倘無任何因應作為，中國將採取蠶食鯨吞的方式，逐步鞏固其在南海的利益，例如在填海造陸完成後，公告其相關基線，進而公告南海「防空識別區」，步步進逼，國際社會雖有反對意見，但對中國的片面行為也無可奈何。

　　美國學者葛來儀（Bonnie Glaser）在國會「美中經濟暨安全檢討委員會」（USCC）舉行的「中國與東南亞的關係」聽證會上指出，北京意圖改變南海現狀的策略並非動武，而是以「切香腸」手段，採取不會引發戰事的小型與漸進行動。她表示，中方由 2014 年 3 月開始，在南沙群島的 7 個島礁共填出達 2,000 英畝的土地，未來幾年，可能畫設南海防空識別區，對飛越區域的各國航空器執行中方的規定，包括識別身分與訊號發射器，並與中方進行無線通訊。[9]

參、國際社會反應與對臺灣及區域和平發展之影響

　　原先中國規劃欲與台灣在南海合作，同時能夠登島使用太平島，以串連西沙群島的永興島與太平島之能量，不過，由於台灣在亞太區域內地位特殊，兩岸在南海合作將觸動區域政治敏感神經，特別是高政治性的合作，更可能引起美國及東南亞國家的關心，因此，中國對與台灣在太平島上的合作已不抱希望，填海造陸才能立即順應中國擴張海權的意圖。不過，填海造陸的結果，已引發區域內外國家的關切，美國國會已要求行政部門採取措施，避免中國作為影響區域和平穩定。美國希望中國能回到 2002 年《南海各方行為宣言》之前的狀態，根據宣言第 5 點規定，各方承諾保持自我克制，不採取使爭議複雜化、擴大化和影響和平與穩定的行動。

9　〈主權屬我，中國十二字方針護海權〉，《人民網》，2013 年 8 月 1 日，< http://www.blog.people.com.cn/article/1/1375326945002.html >。

一、美、日與七大工業國的疑慮

　　美國國務院發言人普薩基（Jen Psaki）在 2015 年 3 月表示，填海造陸的行為破壞區域和平穩定，美國將持續表達關切，也會進一步採取具體行動支持區域盟國。美國在南海的立場是維持南海和平穩定、確保區域的航行及飛航自由、暢行無阻的合法貿易及各方遵守國際法，因是關乎美國國家利益的。特別是東門礁和赤瓜礁地理位置極其重要，扼守三亞戰略核潛艇基地到南海的出海通道，加強赤瓜礁建設，具重大戰略意義。這些填海造陸工程，規劃設計大多出自中國海軍工程設計研究院，填海造陸完工後，中國戰機可將整個南海納入作戰範圍。

　　2015 年 4 月 15 日，七大工業國外長在德國集會，會後發表海事安全聲明時指出：「我們承諾基於國際法，特別是《聯合國海洋法公約》維護海洋秩序，我們持續觀察東海及南海的局勢，關切任何單邊行動，例如大規模的填海造陸以改變現狀，增加緊張；強烈反對任何為維護領土或海洋權利主張而採取恐嚇、脅迫或武力。」[10] 對此，菲律賓立即表示歡迎這份宣言，認為它凸顯了國際社會遵守國際法原則的承諾，特別是 1982 年《聯合國海洋法公約》。[11] 同月 28 日，歐巴馬與日本首相安倍晉三在白宮進行會談，歐巴馬表示，美日「共同關切」中國在南海礁島闢建機場等活動，「美國與日本共同承諾致力於自由航行、尊重國際法，以及以和平而非以強制方式解決爭端」。[12]

　　為化解各國對中國南沙填海造陸的疑慮，2015 年 4 月 29 日，中共中央軍委委員、海軍司令員吳勝利在與美國海軍作戰部長格林納特（Jonathan Greenert）視訊通話時表示：「中方在南沙駐守島礁進行相關建設，不會

10　German Federal Foreign Office, "G7 Foreign Minister's Declaration on Maritime Security in Lübeck," *G7 Press Release*, 15 April, 2015, <http://www.auswaertiges-amt.de/sid_14ACA1E5D56C 4C3225202AC03956D5EF/EN/Infoservice/Presse/Meldungen/2015/150415_G7_Maritime_Security. html?nn=683456>.

11　〈菲總統：南海主權爭議是全球問題〉，《中央社》，2015 年 4 月 17 日，< http://www. cna.com.tw/search/hydetailws.aspx?qid=201504170246 >。

12　〈歐巴馬、安倍會面『反對中國改變南海現狀』〉，《聯合新聞網》，2015 年 4 月 29 日，< http://udn.com/news/story/6809/870474-%E6%AD%90%E5%B7%B4%E9%A6%AC%E5%AE%89% E5%80%8D%E6%9C%83%E9%9D%A2-%E3%80%8C%E5%8F%8D%E5%B0%8D%E4%B8%AD%E5%9C %8B%E6%94%B9%E8%AE%8A%E5%8D%97%E6%B5%B7%E7%8F%BE%E7%8B%80%E3%80%8D >。

威脅南海的航行和飛越自由，反而會提高在這一海區進行氣象預報、海上救助等方面的公共產品服務能力，履行維護國際海域安全的國際義務。歡迎國際組織和美國及相關國家在未來條件成熟時利用這些設施，開展人道主義救援減災合作。」[13] 不過，吳勝利的提議，卻遭美國國務院的回絕，美國國務院代理發言人拉特克（Jeff Rathke）表示：「在有爭議地區人工建造的土地上修建設施不會有助於地區和平與穩定，即使像中國某些官員聲稱的那樣，該設施是為了災難就助，倘欲降低緊張，中國應採取明確的步驟暫停填海造陸。」[14]

雖然中國不斷對外表達其填海造陸的理由是為了人道主義、減災合作，同時歡迎其他國家共同合作，不過，由於中國軍事並不透明，且各國對中國猜忌甚深，認為人道主義僅是掩蓋其擴張意圖，因此，中國要在南海事務上獲得周邊國家及美國等國釋疑，並不容易。

美國國防部長卡特（Ash Carter）曾要求國防部官員研究各種方案，包括命令海軍偵察機飛越這些島嶼上空以及派遣美國軍艦駛入距離這些島礁12浬以內的水域。中國正在這些島礁上進行建設，並已宣佈擁有這些島礁的主權，如果獲得白宮批准，這些舉動的目的將是向北京釋放訊息，即美方不會承認中國對這些人造島嶼的領土主張，美國認為這些島嶼屬於國際水域和空域。[15] 換言之，美國可能利用軍艦或軍機通過來間接表達對填海造陸後的島礁，認為其破壞了自然形成的陸地區域部分，而已不符合《聯合國海洋法公約》第121條第1項定義的島嶼，因此僅能視為人工島，而人工島依據公約的規定，只有半徑500公尺的安全地帶，換言之，美國用

13　〈歐巴馬、安倍會面『反對中國改變南海現狀』〉，《聯合新聞網》，2015年4月29日，＜ http://udn.com/news/story/6809/870474-%E6%AD%90%E5%B7%B4%E9%A6%AC%E5%AE%89%E5%80%8D%E6%9C%83%E9%9D%A2-%E3%80%8C%E5%8F%8D%E5%B0%8D%E4%B8%AD%E5%9C%8B%E6%94%B9%E8%AE%8A%E5%8D%97%E6%B5%B7%E7%8F%BE%E7%8B%80%E3%80%8D ＞。

14　原文為 Building facilities on reclaimed land in disputed areas will not contribute to peace and stability in the region, this is true even if, as some Chinese officials have stated, the facilities in question were used for civilian disaster response purposes. If there is a desire to reduce tensions, China could actively reduce them by taking concrete steps to halt land reclamation. 援引自 "US Rejects China's Offer Over Disputed Islands," *The China Post*, May 3, 2015, <http://www.chinapost.com.tw/asia/regional-news/2015/05/03/435056/US-rejects.htm>.

15　〈美軍方考慮對抗中國，在南中國海的領土主張〉，《華爾街日報中文版》，2015年5月13日，＜ http://cn.wsj.com/big5/20150513/bgh110143.asp?source=whatnews2 ＞。

軍艦進入島礁12浬內，便是挑戰中國的填海造陸，將視其為人工島。不過，倘美國並無特別去強調或認定其為人工島，另一個考量即是，中國在南沙群島仍未公告領海基線，既然沒有領海基線，又何來領海外部界線，換言之，除了島礁領土主權屬於中國外，中國自身行為仍未主張領海寬度之權益，因此，美軍進入12浬範圍，也在測試中國對U形線真正立場為何，目的也希望中國儘速確定南沙群島的領海基線後，來間接解釋U形線意義並化解各方疑慮。

二、其他聲索國將強化島礁建設與軍事防衛

如前所述，填海造陸會引起示範效果，其他聲索國將仿照中國的填海造陸而逐步跟進，或是針對目前已占領之島礁進行大規模的建設，例如除了菲律賓三軍參謀總長的視察與言論外，外長羅薩里奧（Albert del Rosario）也曾在2015年3月表態，菲律賓也將開始修補其機場跑道、島上設施，並稱此舉並不會破壞區域穩定，中國外交部也對菲律賓此舉表達嚴重關切。除了台灣在太平島興建碼頭外，越南及馬來西亞也積極整建所占島礁，強化島上軍事設備與雷達系統，越南外交部也多次聲稱該國在南沙群島建造任何工事都是「正常與合法的」，[16] 美國要求各方讓南海要回到2002年《南海各方行為宣言》前的狀態，現已不可能。

三、中國面對菲律賓所提仲裁案更有「底氣」？

「底氣」來自於實力，中國填海造陸其中一個因素便是應對菲律賓所提的南海仲裁案，中國的不應訴雖有其海洋法上的論述，不過觀察自2001年以來根據海洋法公約而成案的6個強制仲裁案件，分別包括：（一）2009年11月4日克羅地亞和斯洛文尼亞，關於領土和海洋爭端一案，雙方簽訂協定將爭端提交仲裁，2014年6月，仲裁庭舉行了聽審。（二）2010年12月20日模里西斯訴英國，關於英國在Chagos群島周圍建海洋保護區一案。模里西斯訴英國，關於英國在Chagos群島周圍建海洋保護區

16　Tan Qiuyi, "Vietnam Defends Construction in Disputed South China Sea," *Channel NewsAsia*, 14 May 2015, <http://www.channelnewsasia.com/news/asiapacific/vietnam-defends/1847516.html>.

一案。2014 年 4 月 22 日至 5 月 9 日，仲裁庭就管轄權和實體問題舉行了聽審。（三）2013 年 1 月 22 日菲律賓訴中國，關於菲律賓在南海海洋管轄權一案。最新進展是 2014 年 12 月 17 日，仲裁庭請菲律賓提交更進一步的書面論證。（四）2013 年 4 月 23 日東帝汶訴澳大利亞《帝汶海條約》仲裁案。（五）2013 年 10 月 4 日荷蘭訴俄羅斯北極日出號（極地曙光號）仲裁案。2015 年 2 月 18 日，荷蘭提交補充性申請文件；以及在維也納舉行了聽審。1.2014 年 11 月 26 日，仲裁庭就管轄權問題公佈了裁決（Award on Jurisdiction），裁定法庭對案件有管轄權。2. 案件被告方俄羅斯不接受、不參與案件。（六）2013 年 10 月 22 日馬爾他訴聖多美及普林西比島朵拉關於 Duzgit Integrity 號船舶仲裁案。[17]

當中，2013 年荷蘭訴俄羅斯北極日出號案與菲律賓訴中國南海案相類似，俄國斯拒不應訴，在組成仲裁庭的五名仲裁員中，與菲律賓南海仲裁案的五名仲裁員，有兩名仲裁員重疊，包括庭長門薩（Judge Thomas A. Mensah）及荷蘭籍教授松斯（Professor Alfred H. A. Soons）。在本案中，俄羅斯主張荷蘭並未履行聯合國海洋法公約第 283 條第 1 款中有關爭端雙方交換意見的義務，與中國提出菲律賓應先履行交換意見義務之主張相同，因此，俄羅斯主張北極日出號案不具有可受理性，「國際海洋法法庭」不享有初步管轄權。

荷蘭仲裁請求包括：（一）俄羅斯在未經荷蘭許可的情況下登臨、調查、核查、逮捕和拘禁北極日出號的行為侵害了海洋法公約第 58 條第 1 款、第 87 條第 1 款 a 項以及國際習慣法意義上的航行自由權；（二）俄羅斯的行為侵害了海洋法公約第 58 條以及國際習慣法意義上的船旗國管轄權；（三）俄羅斯未經荷蘭許可逮捕和拘押北極日出號船員並啟動司法程序的行為，侵害了荷蘭對其國民的外交保護權，以及船員在自由與安全、以及離開沿海國領土與海域方面尋求救濟的權利。

至於俄羅斯則缺席了 2013 年 11 月 6 日的庭審，國際海洋法法庭於 11 月 22 日發佈臨時措施命令，要求俄羅斯在荷蘭提交 360 萬歐元的擔保

17　案例內容詳見常設仲裁法院網站（Permanent court of arbitration court Permanente D'arbitrage），< http://www.pca-cpa.org/showpage.asp?pag_id=1029 >。

金後，立即釋放北極日出號及其船員，並且確保該船和船員順利離開俄羅斯領土和海域。2013 年 12 月底，在收到了荷蘭提交的擔保金後，俄羅斯籍國內全面大赦之機，撤銷了對 30 名船員的指控。最終，北極日出號和船員於 2014 年順利離開俄羅斯。俄羅斯缺席 2013 年 11 月 6 日的庭審，國際海洋法法庭於 11 月 22 日發佈臨時措施命令，要求俄羅斯在荷蘭提交 360 萬歐元的擔保金後，立即釋放北極日出號及其船員，並且確保該船和船員順利離開俄羅斯領土和海域。2013 年 12 月底，在收到了荷蘭提交的擔保金後，俄羅斯籍國內全面大赦之機，撤銷了對 30 名船員的指控。最終，北極日出號和船員於 2014 年順利離開俄羅斯。

　　中國在菲律賓所提南海仲裁案中拒不出庭所主張的理由，與俄羅斯依第 298 條提出排除仲裁庭管轄聲明的主張相同，俄羅斯曾在 1997 年 3 月 12 日的聲明指出，俄羅斯在以下三個方面的爭端不受公約第 15 部分第 2 節的約束：

　　第一，涉及公約第 15 條，第 74 條，第 83 條解釋或適用的爭端，亦即海洋劃界方面的爭端，或者是涉及歷史性海灣或權利的爭端；

　　第二，涉及軍事活動的爭端，包括政府船隻和航空器軍事活動的爭端，以及與行使主權權利和管轄權相關的執法活動爭端；

　　第三，與安理會行使《聯合國憲章》職能相關的爭端。按照俄羅斯的主張，由於北極日出號事件屬於俄羅斯當局的執法活動，因此自然被排除在 UNCLOS 強制性爭端解決機制之外。

　　根據第 297 條第 2 和第 3 款「不屬法院或法庭管轄的關於行使主權權利或管轄權的法律執行活動的爭端」，與俄羅斯 1997 年聲明中的關於行使主權權利或管轄權的執法活動的爭端有所區別。按照公約第 297 條第 2 款和第 3 款的規定，強制爭端解決機制在部分涉及專屬經濟區海洋科研或漁業的爭端中受到限制。相應地，公約第 298 條第 1 款 b 項中允許的執法行動例外聲明也僅限於該部分海洋科研或漁業執法引起的爭端。從公約的談判歷史來看，因第 297 條第 1 款而產生的專屬經濟區執法活動爭端—即

涉及船舶航行，飛機飛越，鋪設海底電纜或管道，以及維護海洋環境方面的爭端，仍應受到強制性爭端解決機制的管轄，而只有第 297 條第 2 款中部分的海洋科研或漁業執法爭端才可以通過聲明的形式排除法院或法庭的管轄權。因此，將俄羅斯 1997 年聲明中的執法活動例外等同於第 298 條第 1 款 b 項中的例外，俄羅斯質疑國際仲裁庭和 ITLOS 管轄權的主張就顯得無法成立。

2014 年 11 月 26 日，國際仲裁庭專門就俄羅斯聲明是否排除仲裁庭管轄權的問題做出裁決。國際仲裁庭認為，俄羅斯 1997 年聲明的範圍應當和第 298 條的規定保持一致，即該聲明只是排除有關海洋捕魚和海洋科研方面的部分執法活動，而非俄羅斯所主張的全部執法活動。仲裁庭在確定俄羅斯聲明未能排除管轄權的同時，強調未來仍需就管轄權和可受理性，以及實質問題進行裁決（All issues not decided in this Award on Jurisdiction, including all other issues relating to jurisdiction, admissibility, and merits, are reserved for further consideration.）。

俄羅斯不應訴所持理由是依據第 298 條規定，仲裁庭卻採取第 297 條不得作擴大解釋，換言之，第 298 條排除仲裁庭裁決並不適用，菲律賓所提南海仲裁案中，中國雖採取第 298 條有關領土主權部分，並依據 2006 年中國提出之聲明主張仲裁庭並無權管轄權，然菲律賓在所提要求仲裁庭裁決的項目中，並未處理領土主權，要注意的是，仲裁庭倘直接以海洋法公約來適用或解釋菲律賓所提內容，就會得出仲裁庭得以管轄的結論，相同邏輯也可能適用在菲律賓所提南海仲裁案上。

在北極日出號案中，確定俄羅斯聲明未能排除管轄權，但未來會繼續就管轄權之可受理性、實質問題進行裁決，由於北極日出號船員已被釋放，臨時措施的問題已解決，但進入實質問題時，可能仲裁庭會整體考量俄羅斯國內（片面）行為之結果（如全面大赦），其結果可能使荷蘭所提訴求已失去立基，進而駁回荷蘭所提仲裁。換言之，倘屆時菲律賓所提仲裁請求，如 U 形線法律地位在中國內部已確立，或者島礁是否擁有主張專屬經濟區及大陸礁層之權利，中國會主張在填海造陸後已獲得解決，中國片面

的行政或立法措施，進一步回應菲律賓所提仲裁項目時，則法不確定性即可解決，而使仲裁庭的管轄實質問題的基礎喪失，仲裁庭在程序上雖然可能受理管轄，然駁回實質審查部分的機率非常高。由上可知，中國在南沙群島填海造陸的動作，除引發國際社會憂慮外，促使其他國家迅速進行結盟，同時也表達將與中國同樣進行填海造陸之行動，對中國而言，其可能面對的挑戰將接踵而至，從周邊國家競相仿效填海造陸、越南與菲律賓尋求美日的協助，菲律賓採取提交仲裁方式主張以國際法解決，越南也考慮跟進，在美菲軍事演習，日菲強調海上救難演習，美日安保條約體系等，也讓中國感受到區域內外的壓力，換言之，未來南海紛擾仍舊不斷，區域內國家結盟美國，落實美國重返亞太計畫，而中國的海上絲綢之路效用是否能突破既有格局，使得越南與菲律賓在南海事務上稱臣，前景將是悲觀的，畢竟當經濟效用遇上領土主權問題，前者是無法取代後者。

肆、未來臺灣南海戰略選擇與挑戰

中國填海造陸行為是在亞太格局下不得不採行之自助行為，周邊國家的反應也將南海帶入安全困境的格局。過去，台灣雖實質佔領並擁有東沙群島、太平島與中洲礁，但並未因此而獲得公平參與區域協商機制，質言之，台灣在南海事務上，由於國際地位的特殊性，因此無法納入區域機制內與其他行為主體共同協商，但台灣亦無需悲觀，由於國際格局是變動的，在美國「重返亞太」與中國「一帶一路」的亞太結構下，台灣的戰略價值反而可被凸顯。

首先，中國自 2013 年進行的填海造陸作為，已激起周邊國家的反彈，中國此舉正可凸顯出台灣在區域和平中扮演和平的角色，特別是台灣是否要與中國在南海合作，包括其他南海聲索國、美國及日本均非常在意，倘若兩岸聯手，在填海造陸以及島嶼防衛等事務上聯手，周邊國家及美國會認為雙方加總的軍力，更會造成東南亞國家的緊張，而一個沒有採用台灣問題分化中國在南海的軍事布局，也會讓中國無後顧之憂地專心應對東南亞國家與美日等國。換言之，台灣在南海事務上的重要性，從新現實主義

角度出發，在於權力分配上的變化，台灣雖無法獨自在南海事務上扮演主導者的角色，但在結盟關係上，倘偏向中國一方，將可使中國全力發展應對其他國家挑戰之能量；倘偏向美國一方，則將騷擾中國在南海的規劃與運作成效，對中國來說，台灣站在其他國家陣營，更有傷害中國民族自信與感情的效果。

其次，南海 U 形線的問題與論述，中華民國政府在 1946 年劃設此虛線的用意以及法理論述，恐怕是各國所關切的，當中華民國政府對 U 形線進行法理論述時，將對菲律賓所提南海仲裁案最後裁決可能造成嚴重的影響，要不要說清楚，便成為執政者必須權衡利弊得失，至於如何權衡利弊得失，則必須回到整個亞太戰略格局來觀察，美國「重返亞太」2011 年 11 月，美國前國務卿希拉蕊（Hillary Diane Rodham Clinton）於《外交政策》（Foreign Policy）所發表的「美國的太平洋世紀」（America＇s Pacific Century）中，再次表達美國在亞太地區的領導決心，並列舉六大方針：「加強雙邊軍事同盟、與包括中國在內的新興大國開展關係、參與區域多邊組織、擴展經貿投資、增加軍事存在、促進民主人權。」[18] 加強雙邊軍事同盟讓美國軍事存在，南海議題為美軍存在南海區域提供了正當性的基礎，台灣在戰略抉擇上已非常清楚，南海議題中國與美國及美國盟邦形成對峙局面，在現實主義的國際政治結構下，台灣並非平衡者，只有選擇扈從任何一方，無論是馬政府或後來繼任者，相信選擇空間有限。

在菲律賓所提南海仲裁案的實質部分，包括島礁的海洋權益，U 形線的法律地位等等，台灣進退維谷，倘強烈地主張南海島礁領土主權，勢必引發東南亞國家的抗議，倘將 U 形線的法律地位說清楚，將可獲得美國及菲律賓的讚許，但卻會引發兩岸關係的緊張，畢竟站在中國政府的立場來說，中國解釋 U 形線的法律地位在國際法上才合法，然 U 形線劃定是承繼中華民國政府而來，而中華民國政府仍未在世界上消失，因此產生了非常尷尬且模糊的空間，不過，中國現階段認為南海 U 形線不宜在此刻對外說清楚，主要原因是中國體認到國際政治的現實，在法律主張背後仍舊要有

18　Hillary Clinton, "America＇s Pacific Century," *Foreign Policy,* Oct. 11, 2011, <http://foreignpolicy. com/2011/10/11/americas-pacific-century/>.

實力為依靠，因此，包括填海造陸，增強海上執法能量，實質有效掌握南海海上空間（例如針對黃岩島及仁愛礁，以及在西沙群島中建島南方進行海洋鑽井等作為），在未來闡述 U 形線法律地位時，方能將其利益最大化。此時，台灣雖然處於尷尬的位置，但危機便是轉機，過去各界在南海議題忽視台灣已久，2002 年《南海各方行為宣言》談判簽署時，亦不讓台灣參與，而今為了南海仲裁案，美國與菲律賓方面都希望台灣能夠說明與中國立場相左的法律論述，但中國卻希望台灣保持靜默，希望台灣將相關檔案提供給中國，而由中國「統一對外論述」，台灣在南海事務上頓時成為國際寵兒，此際，台灣應掌握契機，運用各國彼此間的矛盾關係，以及自身掌握的籌碼，獲取戰略最大利得。

第三，從台灣長遠的戰略角度出發，在中美競逐權力結構下，台灣的選擇並不是在十字路口中去選擇某一路徑那樣單純，也不能依主觀判斷採機會主義倒向美國或者中國任何一方，從戰略籌碼的角度來說，全部偏向美國，意謂著台灣將採取負面的作為，包括放棄 U 形線，放棄增加太平島軍事防衛能量，不得在太平島填海造陸等等，倘全部偏向中國，代表台灣將在南海陣營上站在與中國同一立場，需配合中國加強島礁建設，再次派遣軍隊守衛太平島，甚至擺設攻擊性武器至島上，然而，這兩種作法均為不智，更何況，2015 年下半年中美關係將會展開修補，在習近平 9 月前往美國訪問後，雙邊關係可能暫趨穩定，台灣便沒有了迴旋空間，中美大國間的關係究竟是緊張或和緩，總體趨勢來說，在中國軍力無法大幅度超越美國的前提下，兩國發生軍事戰爭的可能性微乎其微，此架構下，衝突、爭議雖必不可免，但也形成兩大國間建立解決衝突機制的契機，例如 2001 年中美軍機擦撞事件後，經由雙方努力，至 2007 年終於建立起軍事熱線[19]。

台灣在此要先釐清自身立場，台灣防衛軍事力量來自美國的協助，大多數的武器設備均由美國售予，台美間的情報與軍事互動頻繁，而對台灣具有野心與敵對狀態的卻是中國，然而台灣與中國間的經貿與投資狀態，

19　〈中美軍事關係走向理性〉，《新華網》，2007 年 11 月 11 日，< http://big5.news.cn/gate/big5/news.xinhuanet.com/world/2007-11/11/content_7049004.htm >。

卻是超越台美間的經貿額度,換言之,所謂「安全靠美國,經濟靠中國」的意向一直存在美中台三邊關係內,在此種政治與戰略態勢顯明的前提下,在南海事務的戰略選擇上便很清楚,在權力分配上,太平洋是美國的勢力範圍,東海及南海是中國近海防衛首要之海域,然中國為發展其海洋戰略,突破東海將容易與美日造成直接對峙,因此,東海公告「防空識別區」(ADIZ),反倒是中國希望透過此一識別機制來辨視敵機,避免誤判,而南海情勢複雜,中國公告南海「防空識別區」將自找麻煩,自我弱化其主張的 U 形線的法律意涵,與填海造陸一般,恐將得不償失,台灣在此環境下,倘能提出自有主張,在國際政治背景下,提出符合國際法的論述基礎,因應多變複雜的南海局勢,尋求台灣在國際結構下利益最大化。

伍、結論

　　歐巴馬政府雖喊出「重返亞太」及「再平衡」等口號,但中國藉著美國在中東以巴、伊拉克、敘利亞、阿富汗及克里米亞等事件上無法抽身的機會,試圖在南海將其戰術作為進化與升級,在戰略上提出了「一帶一路」以回應美國「重返亞太」策略,國際局勢的變動,使得美國在亞太政策尚未能全力「部署重兵」,歐巴馬政府透過與盟國的軍事再保證,表達了美國支持盟邦的態度,但就在同一時間,中國也不斷利用釣魚台議題、東海防空識別區、東海大陸礁層外部界限等議題測試美國在東海及對美日安保之決心,中國在東海部分雖然尚不致於輕舉妄動,但就南海而言,由於東南亞各國意識形態與美國不盡相同,國家間未能團結,這也給了中國可以採取分化、進擊、收買這些國家的機會。

　　新現實主義強調的自助、安全困境與權力分配,在南海不斷上演,中國填海造陸的作為,無論其意圖是使這些島礁符合海洋法公約第 121 條而主張 200 浬專屬經濟區及大陸礁層外,島礁成為天然資源開發後勤基地、為準備擴展執法維權力度,或測試相關國家底線,中國此舉已引起了區域外國家的疑慮,包括七大工業國聲明,日本涉入南海事務,南海仲裁案中菲律賓的主張與立場,以及希望美國扮演更為積極的角色,在中國填海造

陸工程即將完工之際，美國在亞太盟邦共同敦促下，也不得不對此進行表態，其不悅與強硬的說法，包括拒絕中國海軍司令員吳勝利的提案，海軍直接表達將挑戰填海造陸 12 浬的航行權，定位為自由航行權的行使，更加說明美國的立場將不承認由填海造陸形成的大面積島嶼享有專屬經濟區與大陸礁層之權利，甚至挑戰其擁有領海，認為中國的作法適得其反，僅能擁有 500 尺的安全地帶之人工島。

　　台灣於此國際政治權力結構下，在自助層面，應該建立起自己和平的形象，與中國在南海的作為與國際形象進行區別，成為負責任的和平締造者，換言之，不宜跟進進行硬實力的建構，而應多多思考在軟實力該如何推動與進行的綜合方案；其次，U 形線或島嶼的法律論述，台灣應採較聰明的策略，即接招而不回招，換言之，國際社會無論美國、中國與菲律賓，均希望台灣採取較為主動的作為，但其目的與內容不一，台灣的任何作為均會讓各方受到傷害，台灣要善用此一時機，以此為戰略籌碼，爭取台灣加入南海相關多邊會議或機制內，畢竟，台灣在南海的真正實力有限，但站在一個較佳的位置，以此為籌碼，達到台灣長久以來追求的目標，即參與國際活動、空間與國際組織。最後，台灣在南海事務的立場上不能偏向中國與美國的任何一方，應提出自有主張，在國際政治背景下，提出符合國際法的論述基礎，以因應多變複雜的南海局勢。

國家圖書館出版品預行編目資料

台灣的安全挑戰／翁明賢 主編--
一版，--新北市 ： 淡大出版中心，2016.5
面 ； 公分.
ISBN 978-986-5608-13-2（平裝）

1.國家戰略 2.文集 3.臺灣

599.7933　　　　　　　105005640

叢書編號 PS009　　　　　ISBN 978-986-5608-13-2

台灣的安全挑戰

著　　　者	翁明賢　主編	

社　　　長	林信成
總 編 輯	吳秋霞
行政編輯	張瑜倫
行銷企劃	陳卉綺
助理編輯	劉宛禎、張聖杰
文字校對	劉宛禎
內文排版	吳秋霞
封面設計	斐類設計工作室
印 刷 廠	百通科技股份有限公司

發 行 人	張家宜
出 版 者	淡江大學出版中心
	地址：25137 新北市淡水區英專路151號
	電話：02-86318661/傳真：02-86318660
出版日期	2016年10月 一版二刷
定　　　價	680元

總 經 銷　紅螞蟻圖書有限公司

展 售 處　淡江大學出版中心
地址：新北市25137 淡水區英專路151號海博館1樓
電話：02-86318661　　傳真：02-86318660

淡江大學─驚聲書城
地址：新北市淡水區英專路151號商管大樓3樓